U0171192

国家出版基金项目
NATIONAL PUBLICATION FOUNDATION

智能电网技术与装备丛书

高比例可再生能源电力系统优化运行

Optimized Operation of Power Systems with High Proportional Renewable Energy

姚良忠　徐　箭　赵大伟　周　明　王洪涛　林振智　著

科学出版社

北京

内 容 简 介

本书主要介绍高比例可再生能源电力系统协同优化运行方法。全书内容大体上可以分为五部分：高比例可再生能源电力系统运行的相关问题与挑战（第1章）；高比例可再生能源电力系统的场景构建、态势感知、协调控制（第2～4章）；高比例可再生能源配电系统优化运行（第5、6章）；高比例可再生能源输电系统优化运行（第7、8章）；高比例可再生能源输电与配电系统协同优化运行（第9章）。

本书可供可再生能源并网、电力系统调度运行等相关领域的科技人员和管理人员阅读，也可供高等院校可再生能源、电力系统相关专业的教师、研究生、本科生阅读参考。

图书在版编目（CIP）数据

高比例可再生能源电力系统优化运行 = Optimized Operation of Power Systems with High Proportional Renewable Energy / 姚良忠等著. —北京：科学出版社，2022.7

（智能电网技术与装备丛书）

国家出版基金项目

ISBN 978-7-03-069132-3

Ⅰ. ①高… Ⅱ. ①姚… Ⅲ. ①再生能源 – 发电 – 研究 Ⅳ. ①TM619

中国版本图书馆CIP数据核字（2021）第109444号

责任编辑：范运年 霍明亮 / 责任校对：王萌萌
责任印制：师艳茹 / 封面设计：赫 健

科 学 出 版 社 出版
北京东黄城根北街 16 号
邮政编码：100717
http://www.sciencep.com
三河市春园印刷有限公司 印刷
科学出版社发行 各地新华书店经销

*

2022 年 7 月第 一 版 开本：720 × 1000 1/16
2022 年 7 月第一次印刷 印张：21 1/2
字数：431 000

定价：116.00 元
（如有印装质量问题，我社负责调换）

"智能电网技术与装备丛书" 编委会

"智能电网技术与装备丛书"序

国家重点研发计划由原来的"国家重点基础研究发展计划"（973 计划）、"国家高技术研究发展计划"（863 计划）、国家科技支撑计划、国际科技合作与交流专项、产业技术研究与开发基金和公益性行业科研专项等整合而成，是针对事关国计民生的重大社会公益性研究的计划。国家重点研发计划事关产业核心竞争力，整体自主创新能力和国家安全的战略性、基础性、前瞻性重大科学问题，重大共性关键技术和产品，为我国国民经济和社会发展主要领域提供持续性的支撑和引领。

"智能电网技术与装备"重点专项是国家重点研发计划第一批启动的重点专项，是国家创新驱动发展战略的重要组成部分。该专项通过各项目的实施和研究，持续推动智能电网领域技术创新，支撑能源结构清洁化转型和能源消费革命。该专项从基础研究、重大共性关键技术研究到典型应用示范，全链条创新设计、一体化组织实施，实现智能电网关键装备国产化。

"十三五"期间，智能电网专项重点研究大规模可再生能源并网消纳、大电网柔性互联、大规模用户供需互动用电、多能源互补的分布式供能与微网等关键技术，并对智能电网涉及的大规模长寿命低成本储能、高压大功率电力电子器件、先进电工材料以及能源互联网理论等基础理论与材料等展开基础研究，专项还部署了部分重大示范工程。"十三五"期间专项任务部署中基础理论研究项目占24%；共性关键技术项目占 54%；应用示范任务项目占 22%。

"智能电网技术与装备"重点专项实施总体进展顺利，突破了一批事关产业核心竞争力的重大共性关键技术，研发了一批具有整体自主创新能力的装备，形成了一批应用示范带动和世界领先的技术成果。预期通过专项实施，可显著提升我国智能电网技术和装备的水平。

基于加强推广专项成果的良好愿景，工业和信息化部产业发展促进中心与科学出版社联合以智能电网专项优秀科技成果为基础，组织出版"智能电网技术与装备丛书"，丛书为承担重点专项的各位专家和工作人员提供一个展示的平台。出版著作是一个非常艰苦的过程，耗人、耗时，通常是几年磨一剑，在此感谢承担"智能电网技术与装备丛书"重点专项的所有参与人员和为丛书出版做出贡献的作者和工作人员。我们期望将这套丛书做成智能电网领域权威的出版物！

　　我相信这套丛书的出版，将是我国智能电网领域技术发展的重要标志，不仅可供更多的电力行业从业人员学习和借鉴，也能促使更多的读者了解我国智能电网技术的发展和成就，共同推动我国智能电网领域的进步和发展。

2019 年 8 月 30 日

序 一

在国际社会推动能源转型发展、应对全球气候变化背景下，大力发展可再生能源，实现能源生产的清洁化转型，是能源可持续发展的重要途径。近十多年来，我国可再生能源发展迅猛，已经成为世界上风电和光伏发电装机容量最大的国家。"高比例可再生能源并网"和"高比例电力电子装备接入"将成为未来电力系统的重要特征。

由中国电力科学研究院有限公司牵头、清华大学康重庆教授担任项目负责人的国家重点研发计划项目"高比例可再生能源并网的电力系统规划与运行基础理论"（2016YFB0900100）是"智能电网技术与装备"重点专项"十三五"首批首个项目。在该项目申报阶段的研讨过程中，根据大家的研判，确定了两大科学问题：一是高比例可再生能源并网对电力系统形态演化的影响机理和源-荷强不确定性约束下输配电网规划问题，二是源-网-荷高度电力电子化条件下电力系统多时间尺度耦合的稳定机理与协同运行问题。项目从未来电力系统结构形态演化模型及电力预测方法、考虑高比例可再生能源时空分布特性的交直流输电网多目标协同规划方法、高渗透率可再生能源接入下考虑柔性负荷的配电网规划方法、源-网-荷高度电力电子化的电力系统稳定性分析理论、含高比例可再生能源的交直流混联系统协同优化运行理论五个方面进行深入研究。2018 年 11 月，我在南京参加了该项目与《电力系统自动化》杂志社共同主办的"紫金论电——高比例可再生能源电力系统学术研讨会"，并做了这方面的主旨报告，对该项目研究的推进情况也有了进一步的了解。

经过四年多的研究，在 15 家高校和 3 家科研单位共同努力下，项目进展顺利，在高比例可再生能源并网的规划和运行研究方面取得了新的突破。项目提出了高比例可再生能源电力系统的灵活性理论，并应用于未来电网形态演化；建立了高比例可再生能源多点随机注入的交直流混联复杂系统高效全景运行模拟方法，揭示了高比例可再生能源对系统运行方式的影响机理；创立了高渗透率可再生能源配电系统安全边界基础理论，提出了配电系统规划新方法；发现了电力电子化电力系统多尺度动力学相互作用机理及功角-电压联合动态稳定新原理，揭示了装备与网络的多尺度相互作用对系统稳定性的影响规律；提出了高比例可再生能源跨区协同调度方法及输配协同调度方法。整体上看，项目初步建立了高比例可再生能源接入下电力系统形态构建、协同规划和优化运行的理论与方法。

项目团队借助"十三五"的春风，同心协力，众志成城，取得了一系列显著成果，同时，他们及时总结，形成了系列著作共 5 部。该系列专著的第一作者鲁宗相、程浩忠、肖峻、胡家兵、姚良忠分别为该项目五个课题的负责人，其他作者也是课题的主要完成人，他们都是活跃于高比例可再生能源电力系统领域的研究人员。该系列专著的内容系项目团队成果的集成，5 部专著体系结构清晰、富于理论创新，学术价值高，同时具有指导工程实践的潜在价值。相信该系列专著的出版，将推动我国高比例可再生能源电力系统分析理论与方法的发展，为我国电力能源事业实现高效可持续发展的未来愿景提供切实可行的技术路线，为政府相关部门制定能源政策、发展战略和管理举措提供强有力的决策支持，同时也为广大同行提供有益的参考。

祝贺项目团队和系列专著作者取得的丰硕学术成果，并预祝他们未来取得更大成绩！

周孝信

2021 年 6 月 28 日

序　二

发展风电和光伏发电等可再生能源是国家能源革命战略的必然选择，也是缓解能源危机和气候变暖的重要途径。我国已经连续多年成为世界上风电和光伏发电并网装机容量最大的国家。据预测，到 2030 年至 2050 年，我国可再生能源的发电量占比将达 30%以上，而局部地区非水可再生能源发电量占比也将超过 30%。纵观全球，许多国家都在大力发展可再生能源，实现能源生产的清洁化转型，丹麦、葡萄牙、德国等国家的可再生能源发电已占重要甚至主体地位。风、光资源存在波动性和不确定性等特征，高比例可再生能源并网对电力系统的安全可靠运行提出了严峻挑战，将引起电力系统规划和运行方法的巨大变革。我们需要前瞻性地研究高比例可再生能源电力系统面临的问题，并未雨绸缪地制定相应的解决方案。

"十三五"开局之年，科技部启动了国家重点研发计划"智能电网技术与装备"重点专项，2016 年首批在 5 个技术方向启动 17 个项目，在第一个技术方向"大规模可再生能源并网消纳"中设置的第一个项目就是基础研究类项目"高比例可再生能源并网的电力系统规划与运行基础理论"（2016YFB0900100）。该项目牵头单位为中国电力科学研究院有限公司，承担单位包括清华大学、上海交通大学、华中科技大学、天津大学、华北电力大学、浙江大学等 15 家高校和中国电力科学研究院有限公司、国网能源研究院有限公司、国网经济技术研究院有限公司 3 家科研院所。项目团队以长期奋战在一线的中青年学者为主力，包括众多在智能电网与可再生能源领域具有一定国内外影响力的学术领军人物和骨干研究人才。项目面向国家能源结构向清洁化转型的实际迫切需求，以未来高比例可再生能源并网的电力系统为研究对象，针对高比例可再生能源并网带来的多时空强不确定性和电力系统电力电子化趋势，研究未来电力系统的协调规划和优化运行基础理论。

经过四年多的研究，项目取得了丰富的理论研究成果。作为基础研究类项目，在国内外期刊发表了一系列有影响力的论文，多篇论文在国内外获得报道和好评；建立了软件平台 4 套，动模试验平台 1 套；构建了整个项目层面的共同算例数据平台，并在国际上发表；部分理论与方法成果已在我国西北电网以及天津、浙江、江苏等典型区域开展应用。项目组在 *IEEE Transactions on Power Systems*、*IEEE Transactions on Energy Conversion*、《中国电机工程学报》、《电工技术学报》、《电力系统自动化》、《电网技术》等国内外权威期刊上主办了 20 余次与"高比例可再生能源电力系统"相关的专刊和专栏，产生了较大的国内外影响。项目组主办和参与主办了多次国内外重要学术会议，积极参与 IEEE、国际大电网组织(CIGRE)、国际电工委员会(IEC)等国际组织的学术活动，牵头成立了相关工作组，发布了多本技术报告，受到国际广泛关注。

基于所取得的研究成果，5 个课题分别从自身研究重点出发，进行了系统的总结和凝练，梳理了课题研究所形成的核心理论、方法与技术，形成了系列专著共 5 部。

第一部著作对应课题 1"未来电力系统结构形态演化模型及电力预测方法"，系统地论述了面向高比例可再生能源的资源、电源、负荷和电网的未来形态以及场景预测结果。在资源与电源侧，研判了中远期我国能源格局变化趋势及特征，对未来电力系统时空动态演变机理以及我国中长期能源电力典型发展格局进行预测；在负荷侧，对广义负荷结构以及动态关联特性进行辨识和解析，并对负荷曲线形态演变做出研判；在电网侧，对高比例可再生能源集群送出的输电网结构形态以及高渗透率可再生能源和储能灵活接入的配电网形态演变做出判断。该著作可为未来高比例可再生能源电力系统中"源-网-荷-储"各环节互动耦合的形态发展与优化规划提供理论指导。

第二部著作对应课题 2"考虑高比例可再生能源时空分布特性的交直流输电网多目标协同规划方法"。以输电系统为研究对象，针对高比例可再生能源并网带来的多时空强不确定性问题，建立了考虑高比例可再生能源时空分布特性的交直流输电网网源协同规划理论；提出了考虑高比例可再生能源的输电网随机规划方法和鲁棒规划方法，实现了面向新型输电网形态的电网柔性规划；介绍了与配电网相协同的交直流输电网多目标规划方法，构建了输配电网的价值、风险、协调性指标；给出了基于安全校核与生产模拟融合技术的规划方案综合评价与决策方法。该专著的内容形成了一套以多场景技术、鲁棒规划理论、随机规划理论、协同规划理论为核心的输电网规划理论体系。

第三部著作对应课题 3"高渗透率可再生能源接入下考虑柔性负荷的配电网规划方法"。针对未来配电系统接入高比例分布式可再生能源引起的消纳与安全问题，详细论述了考虑高渗透率可再生能源接入的配电网安全域理论体系。该著作给出了配电网安全域的基本概念与定义模型，介绍了配电网安全域的观测方法以及性质机理，提出了基于安全边界的配电网规划新方法以及高比例可再生能源接入下配电网规划的新原则。配电安全域与输电安全域不同，在域体积、形状等方面特点突出，安全域能够反映配电网的结构特征，有助于在研究中更好地认识配电网。配电安全域是未来提高配电网效率和消纳可再生能源的一个有力工具，具有巨大应用潜力。

第四部著作对应课题 4"源-网-荷高度电力子化的电力系统稳定性分析理论"。

针对高比例可再生能源并网引起的电力系统稳定机理的变革，以风/光发电等可再生能源设备为对象、以含高比例可再生能源的电力电子化电力系统动态问题为目标，系统地阐述了系统动态稳定建模理论与分析方法。从风/光发电等设备多时间尺度控制与序贯切换的基本架构出发，总结了惯性/一次调频、负序控制及对称/不对称故障穿越等典型控制，讨论了设备动态特性及其建模方法以及含高比例可再生能源的电力系统稳定形态及其分析方法，实现了不同时间尺度下多样化设备特性的统一刻画及多设备间交互作用的量化解析，可为电力电子化电力系统的稳定机理分析与控制综合提供理论基础。

第五部著作对应课题 5 "含高比例可再生能源的交直流混联系统协同优化运行理论"。针对含高比例可再生能源的交直流混联电力系统安全经济运行问题，该著作分别从电网运行态势、高比例可再生能源集群并网及多源互补优化运行、"源-网-荷"交互的灵活重构与协同运行、多时间尺度运行优化与决策、高比例可再生能源输电系统与配电系统安全高效协同运行分析等多个方面进行了系统论述，并介绍了含高比例可再生能源交直流混联系统多类型"源-荷"互补运行策略以及实现高渗透率可再生能源配电系统"源-网-荷"交互的灵活重构与自治运行方法等最新研究成果。这些研究成果可为电网调度部门更好地运营未来高比例可再生能源电力系统提供有益参考。

作为"智能电网技术与装备丛书"的一个构成部分，该系列著作是对高比例可再生能源电力系统研究工作的系统化总结，其中的部分成果为高比例可再生能源电力系统的规划与运行提供了理论分析工具。出版过程中，系列专著的作者与科学出版社范运年编辑通力合作，对书稿内容进行了认真讨论和反复斟酌，以确保整体质量。作为项目负责人，我也借此机会向系列专著的出版表示祝贺，向作者和出版社表示感谢！希望这 5 部专著可以为从事可再生能源和电力系统教学、科研、管理及工程技术的相关人员提供理论指导和实际案例，为政府部门制定相关政策法规提供有益参考。

2021 年 5 月 6 日

前　言

近年来，为降低碳排放、减少化石能源消耗，以风电、光伏发电为代表的可再生能源开发和利用得到了迅猛发展。截至 2020 年底，我国风光发电总装机容量达到 5.34 亿 kW，在全国电源总装机容量的占比超过 24%；风光总发电量为 7270 亿 kW·h，在全社会用电量的占比约为 10%。我国坚持绿色复苏的气候治理新思路，在 2020 年第七十五届联合国大会一般性辩论上做出了二氧化碳排放力争于 2030 年前达到峰值，努力争取 2060 年前实现碳中和的表态[①]，对可再生能源并网与消纳提出了新要求。习近平总书记在气候雄心峰会上宣布，到 2030 年，中国风电、太阳能发电总装机容量将达到 12 亿 kW 以上[②]。为实现碳达峰碳中和的战略目标，高比例可再生能源电力系统将成为未来电力系统发展的必然趋势。

风能和太阳能的间歇性、随机性及波动性，以及可再生能源资源与电力负荷的分布差异性等特点，为高比例可再生能源电力系统优化运行带来了重大挑战。随着可再生能源发电占比的逐渐提高，上述特点将加剧电力系统调度运行的不确定性。我国风电、光伏发电主要集中在西北、华北及东北地区，但负荷中心大多位于中部和东部地区，这对大规模可再生能源集中外送技术和跨区协同消纳能力提出了更高要求。此外，随着配电系统中分布式可再生能源渗透率的逐渐提高，传统配电系统也逐渐转型为集电力交换和分配于一体的有源配电系统，改变了传统配电系统结构形态以及功率单向流动的特点，为配电系统稳定运行带来了新挑战。综上所述，急需开展高比例可再生能源电力系统的优化运行研究。

本书主要内容源于国家重点研发计划课题“含高比例可再生能源的交直流混联系统协同优化运行理论”（2016YFB0900105）的研究成果，是课题组各参与单位集体智慧的结晶，围绕高比例可再生能源电力系统的协同优化运行展开，具体包括可再生能源发电运行特性建模及场景构建、高比例可再生能源电力系统态势感知、可再生能源场站并网主动控制与多源协调运行、含高渗透率分布式可再生能源的配电系统协同优化运行、市场环境下含可再生能源配电系统的协同运行与博弈、高比例可再生能源电力系统备用需求评估与优化、含大规模可再生能源的交直流电力系统协同优化运行、高比例可再生能源接入的输配电网协同优化等理论方法。旨在以高比例可再生能源电力系统的态势感知为基础，以高比例可再生能源集群并网及多源互补优化运行、源-网-荷交互的灵活重构与协同运行、多尺度

---

① 习近平在第七十五届联合国大会一般性辩论上的讲话.（2020-9-22）. http://www.gov.cn/xinwen/2020-09/22/content_5546169.htm.

② 习近平在气候雄心峰会上的讲话.（2020-12-13）. http://www.gov.cn/xinwen/2020-12/13/content_5569138.htm.

运行优化与决策为手段,建立高比例可再生能源电力系统优化运行分析方法体系。

全书内容共分为 9 章。

第 1 章主要概述国内外可再生能源发电和输配电系统发展现状,分析高比例可再生能源电力系统运行面临的问题与挑战,指出高比例可再生能源电力系统实现优化运行的关键技术。第 1 章主要由姚良忠、徐业琰、赵大伟、朱凌志、徐箭撰写。

第 2 章重点介绍可再生能源发电运行特性建模及场景构建方法,通过挖掘可再生能源场站间的时空相关性,建立可再生能源发电耦合特性模型,并基于时空相关性生成典型运行场景,为可再生能源发电出力预测与并网控制奠定基础。第 2 章主要由徐箭、姚良忠、杨怡康、董甜、朱凌志、赵大伟撰写。

第 3 章主要介绍高比例可再生能源电力系统态势感知方法,结合 Endsley 态势感知理论,建立高比例可再生能源电力系统运行指标体系,并实现含高比例可再生能源交直流输配电系统的实时状态感知和运行态势风险评估。第 3 章主要由林振智、刘晟源、章天晗、邱伟强、章博、陈哲、赵昱宣、朱凌志、钱敏慧、赵大伟、徐箭、姚良忠撰写。

第 4 章聚焦可再生能源场站并网主动控制与多源协调运行,介绍可再生能源场站的有功和无功分配方法;围绕可再生能源场站并网运行控制中的两个典型热点问题(海上风电场经交流电缆送出系统的无功配置与协调控制、光伏电站参与大电网一次调频的控制增益整定)开展研究,介绍新的控制策略和分析方法;针对含多个可再生能源场站的多源协调运行问题,介绍一种日前规划与实时运行相互协调的双层优化方法。第 4 章主要由赵大伟、朱桂萍、钱敏慧、兑潇玮、朱凌志、罗毅、李子坤、邰超、韩越、姚良忠撰写。

第 5 章主要介绍含高渗透率分布式可再生能源的配电系统协同优化运行方法,分析梳理高渗透率分布式可再生能源接入下配电系统的新特征,针对其带来的新问题、新挑战,提出高渗透率分布式可再生能源配电系统的协调优化运行模型与方法、支撑高渗透率分布式可再生能源配电系统优化运行的配电网络重构方法,以及高渗透率有源配电系统协同运行中的源-网-荷分布式优化控制方法。第 5 章主要由罗凤章、郭创新、宋依群、邵经鹏、矫政、陈玮、周贤正、李晏君、徐熙林撰写。

第 6 章引入电力市场,介绍含可再生能源配电系统的协同运行与博弈,建立可再生能源与灵活负荷间的多边交易机制,利用市场手段和区块链技术,实现配电系统内多能源主体协同运行;并搭建市场环境下的售电公司-电力用户双层博弈、发电商-售电公司双层博弈模型,分析不同能源主体间的博弈行为,为市场环境下的配电系统运行机制制定提供了重要理论支撑。第 6 章主要由严正、宋依群、陈思捷、平健、孙云涛、索瑞鸿撰写。

第 7 章主要介绍高比例可再生能源电力系统备用需求评估与优化方法，在时间-空间双维度刻画不同区域备用需求的不确定性特征；利用不同区域备用需求的时空差异性，分别提出统一调度体系和多层级信息交互两种场景下的跨区域备用优化方法，以实现备用资源在系统范围内的高效利用和分配。第 7 章主要由徐箭、姚良忠、张丹宁、董甜撰写。

第 8 章关注可再生能源远距离输送与分配问题，提出考虑多重不确定性、备用互济和直流传输功率优化的交直流电力系统分散协调调度方法，并采用改进目标级联分析法实现分散协调调度，所提方法适用于我国分层分区调度模式。第 8 章主要由周明、翟俊义、张适宜撰写。

第 9 章将输电系统与配电系统关联起来，关注高比例可再生能源接入的输配电网协同优化，为应对输电系统与配电系统调度因潮流双向化而紧密耦合的发展趋势，建立多层级协调的输配协同优化调度方法，在保护隐私的前提下，考虑配电网的自治性，合理利用配电网侧灵活性资源缓解输电网出现的可再生能源消纳问题。第 9 章主要由王洪涛、杨慧婷撰写。

本书在写作过程中先后多次进行内容讨论，并采纳了多位业内同行专家的宝贵意见，在此一并向他们表示衷心的感谢。

本书的研究工作得到了国家重点研发计划"智能电网技术与装备"重点专项项目"高比例可再生能源并网的电力系统规划与运行基础理论"（2016YFB0900100）的资助，特此致谢。

我们希望本书能够起到抛砖引玉的作用，能为高比例可再生能源电力系统的运行理论方法研究和工程现场实践提供一些参考。由于作者水平有限，书中难免存在不妥之处，恳请读者批评指正。

作　者

2021 年 12 月 25 日

目　　录

第1章 绪 论

1.1 可再生能源及输配电系统发展现状

1.1.1 国内外可再生能源开发和利用现状

1. 世界可再生能源发展现状

能源是人类生存和社会经济发展的重要物质基础，但长期以化石能源为主导的能源消费体系在世界范围引发了化石能源危机、环境污染、温室效应等一系列问题，大力开发和利用可再生能源、促进能源体系转型，成为世界各国能源战略部署的共同选择。以风力发电、光伏发电为代表的可再生能源发电是实现电力能源消费向清洁转型的一种主要方式。本书着重关注风力发电和光伏发电的开发与利用现状。

近年来，在世界各国可再生能源发电政策鼓励下，风力发电和光伏发电装机容量一直呈现着快速增长态势。据统计[1]，截至 2020 年底，全球光伏发电年新增装机容量高达 139GW，总装机容量累计达到 760GW；风力发电的增速也很显著，年新增装机容量达到了 93GW，累计总装机容量约为 743GW。截至 2020 年底，中国风光新增总装机容量达到 120GW，累计总装机容量达到 534GW，连续两年居世界第一位[1,2]，全球风力发电和光伏发电资源大国的装机容量如表 1-1 所示。

表 1-1 截至 2020 年底风力发电和光伏发电资源大国的装机容量信息[1-4]

国家	风力发电累计装机容量/GW	光伏发电累计装机容量/GW
中国	281	253
美国	118	74
印度	39	40
德国	63	54
日本	4	67
英国	25	14

2. 我国风力发电和光伏发电并网运行现状

为构建清洁低碳、安全高效的能源体系，以风力发电、光伏发电为代表的可再生能源发电并网运行得到了高质量推进与发展，风力发电和光伏发电的装机容量和发电量呈现持续猛增态势。

在风力发电方面，我国风电累计并网装机容量及年发电量的发展趋势如图 1-1 所示。截至 2020 年底，全国风电累计并网装机容量达到了 281GW，占全国电源总装机容量的 13%[2]；2020 年全年风电年发电量为 4665 亿 kW·h，承担了约 6% 的全社会用电量[5]。

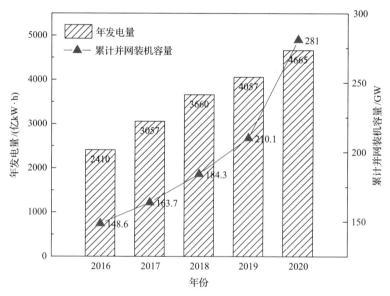

图 1-1　2016～2020 年我国风电累计并网装机容量和年发电量发展趋势

随着风力发电并网装机容量在电源总装机容量占比的不断提升，风电利用效率成为关注重点。我国风电资源主要分布在河北、吉林、黑龙江、内蒙古、甘肃、新疆、江苏、山东等省(自治区)。得益于风电并网技术的不断提高、输电通道建设的不断加强，全国风电弃用现象逐步得到遏制，如图 1-2 所示。截至 2020 年底，全国弃风电量约为 166 亿 kW·h，平均弃风率降低至 3%。但部分地区大型风电基地的弃风率仍然较高，如新疆、甘肃和内蒙古西部地区弃风率分别为 10.3%、6.4% 和 7%，均远高于平均值。

我国近年来光伏发电同样发展迅猛。光伏发电累计并网装机容量和年发电量变化趋势如图 1-3 所示。截至 2020 年底，我国光伏发电累计并网装机容量达到 253GW，约占全国电源总装机容量的 12%[2]；2020 年全年光伏发电量为 2605

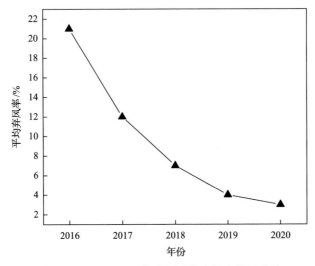

图 1-2 2016~2020 年我国平均弃风率发展趋势

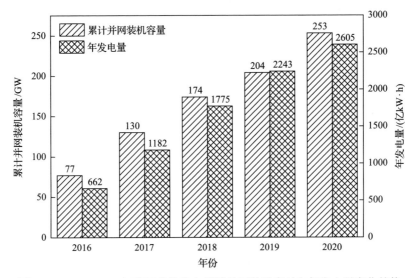

图 1-3 2016~2020 年我国光伏发电累计并网装机容量和年发电量变化趋势

亿 kW·h，在全社会用电量的占比超过 3%[5]。光伏发电弃用现象也得到明显改善，如图 1-4 所示。2020 年底，我国平均弃光率与前一年持平，大型光伏发电基地的弃光现象得到有效控制，例如，西北地区的弃光率由 2019 年的 5.9%下降至 4.8%。

光伏发电并网可分为集中式和分布式两种方式，其中，集中式光伏电站通常位于西北地区的大型光伏发电基地，经由特高压输电系统实现远距离输送；分布式光伏电站，如屋顶光伏等，主要分布在华北、华南地区，直接接入低压

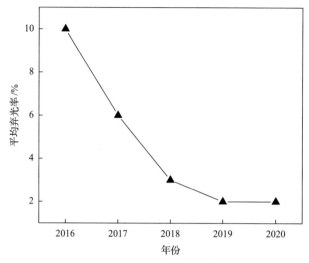

图 1-4　2016～2020 年我国平均弃光率发展趋势

配电网实现就地消纳。如图 1-5 所示，2016～2020 年，分布式光伏发电的占比呈递增趋势，光伏发电的地理分布正逐步蔓延向中东部和南方地区等负荷中心。截至 2020 年底，分布式光伏发电在光伏发电总装机容量的占比已达到 31%。高比例分布式光伏发电接入配电网，将改变配电系统的运行特征，如何促进分布式可再生能源就地消纳、同时提高配电系统运行可靠性，将成为未来配电系统运行亟待解决的关键问题。

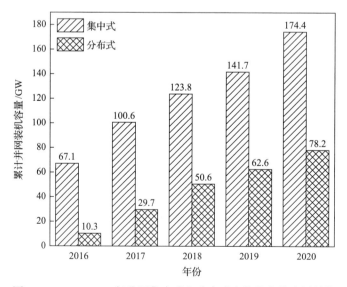

图 1-5　2016～2020 年我国集中式和分布式光伏发电的发展趋势

电力行业是我国碳排放占比最大的行业，为应对全球气候变暖趋势、实现

2050～2100 年全球碳中和的共同目标，以风力发电、光伏发电为典型的可再生能源发电技术已成为推动电力行业低碳化的核心技术之一。在 2020 年 12 月 12 日气候雄心峰会上，中国宣布，到 2030 年，中国非化石能源占一次能源消费比重将达到 25%左右，风电、太阳能发电总装机容量将达到 12 亿 kW 以上[6]。截至 2020 年底，我国风电及光伏发电总装机容量为 534GW，与 2030 年战略目标仍有较大差距。在可预见的未来 10 年内，我国电力系统的可再生能源发电占比将显著提高，高比例可再生能源系统将成为未来电力系统的必然趋势，可再生能源并网与消纳问题也将成为未来电力系统优化运行的一个核心问题及挑战。就当前形势而言，尽管全国平均弃风率和弃光率已得到有效遏制，但大型风光发电基地的弃用率仍高于平均值；大容量可再生能源发电依赖跨区输送与分配，可再生能源的间歇性和波动性特征对输电系统运行调度的影响将日益显著；此外，大量分布式可再生能源发电单元直接接入配电系统，也将改变配电系统结构形态及潮流分布特征，如何在保障供电可靠性的同时最大化可再生能源就地消纳能力，是未来配电系统运行调度的首要任务。

因此，为适应未来高比例可再生能源的接入，亟须研究并建立高比例可再生能源电力系统优化运行理论与方法体系，改善可再生能源并网技术，挖掘输电系统和配电系统的可再生能源分配与消纳潜力。

1.1.2 国内外输电系统发展现状

输电系统是实现大规模可再生能源输送与分配的通道，以缓解可再生能源资源分布与电力负荷分布匹配性差的问题。以我国为例，我国风电和光伏发电基地主要集中在西北、华北及东北地区，但负荷中心大多位于中部及东部地区，因此，亟须建设可再生能源大基地与负荷中心间的大容量远距离电力输送通道，促进可再生能源跨区域输送和广域消纳。本节以全球能源互联网[7]、欧盟"超级电网"计划和中国特高压输电工程为例，简要介绍国内外输电系统的发展现状。

1. 全球能源互联网

能源危机已成为世界面临的共同难题，世界能源资源与能源消费在空间上分布不均，多个能源消费大国的能源对外依存度不断提高，而部分能源资源丰富的国家的能源仍有巨大开发潜力。因此，为了充分利用全球各地区能源开发优势，促进可再生能源在全球范围内广域消纳，统筹解决世界能源和环境问题，全球能源互联网概念应运而生。

为了充分利用全球的风能和太阳能资源，有学者提出，将以特高压交直流输电通道为骨架，建立北半球亚洲、欧洲、北美洲电网互联格局，实现北极风电资源外送消纳，建立非洲、大洋洲、北美洲与欧洲、亚洲电网互联通道，促进太阳能资源跨洲外送，最终形成全球电网互联互通的新格局。全球能源互联网的建设将依赖于特高压输电技术和可再生能源发电技术的发展,互联互通格局下的电网运行调度也将面临新格局。

2. 欧盟"超级电网"计划

为实现"2050 能源路线图"提出的碳排放目标、充分利用欧洲各地区可再生能源,2010 年欧盟提出构建"超级电网"计划,依托长距离智能交直流混合广域电力传输系统,将多个不同种类的发电系统连接,并将大量可再生能源电力传输至几千千米外的负荷中心,实现大规模的可再生能源接入[8]。

"超级电网"是在原有欧洲电网的基础上引入交直流互联技术,实现可再生能源跨国家跨电网的高效传输与消纳,进一步提高能源的利用率。目前欧洲互联电网(ENTSO-E)是世界上最大的互联电网,包括来自 35 个国家的 39 个输电系统运营商(TSO)。目前,欧洲"超级电网"仍在建设完善中,总输送距离预计约为 5000km,届时约有 42%的电力需要经过高压直流输电工程输送到欧洲大陆负荷中心[9]。

3. 中国特高压输电工程

考虑到我国可再生能源资源及负荷呈逆向分布的特征,以及大规模可再生能源并网及输送需求,发展高压交直流电网,实现可再生能源的大范围消纳,是我国电网发展的未来形态之一[10]。目前,我国特高压输电技术得到快速发展,已经形成了东北、华东、华中、华北、西北和华南 6 大区域电网互联形态。截至 2020 年底,全国 22 条特高压线路全年输送可再生能源电量 2441 亿 kW·h,占总输送电量的比重达到 45.9%。截至 2020 年底,我国典型风电、光伏发电的外送特高压输电工程建设情况如表 1-2 所示。

表 1-2　我国典型风电、光伏发电外送特高压输电工程介绍

工程名称	类型	电压等级/kV	线路长度/km	输送容量/万 kW	特点
哈密南—郑州 ±800kV 特高压直流输电工程(在运)	直流	±800	2192	800	新疆地区风、火打捆输送
锡盟—山东 1000kV 特高压交流输变电工程(在运)	交流	1000	2×730	800	内蒙古地区风、光、火打捆输送
锡盟—江苏泰州 ±800kV 特高压直流输电工程(在运)	直流	±800	1620	1000	内蒙古地区风、光、火打捆输送

工程名称	类型	电压等级/kV	线路长度/km	输送容量/万 kW	特点
晋北—江苏 ±800kV 特高压 直流输电工程 （在运）	直流	±800	1119	800	山西地区风、火捆输送
扎鲁特—青州 ±800kV 特高压 直流输电工程 （在运）	直流	±800	1234	1000	风、火打捆输送，缓解东北地区"窝电"问题
酒泉—湖南 ±800kV 特高压 直流输电工程 （在运）	直流	±800	2383	800	西部地区风、光、火打捆输送
昌吉—古泉 ±1000kV 特高压 直流输电工程 （在运）	直流	±1100	3293	1200	新疆地区风、光、火打捆输送
青海—河南 ±800kV 特高压 直流输电工程 （在运）	直流	±800	1587	800	青海地区风、光、水打捆输送

可见，特高压直流输电技术是我国可再生能源外送的主要手段，交直流互联电力系统将成为未来电力系统发展的主流形态之一。特高压直流输电技术具备电压等级高、传输容量大、传输距离远、线路损耗低等优势，更适用于可再生能源电量的大容量跨区域远距离输送。而且，非同步电网可通过特高压直流输电技术实现互联，在实现独立运行的同时又能通过直流输电线路实现功率交换，既能提高各电网自治运行管理能力，还能有效阻断故障跨区传播。

此外，风光等可再生能源外送依赖于多类型电源协同控制，风、光、水、火打捆外送已成为可再生能源外送的主要方式。利用可控性强的火电来平抑风电和光伏发电出力的强不确定性和随机性，保障直流输电工程安全可靠运行，可有效缓解风电、光伏弃用现象。

但目前部分输电系统的实际风光可再生能源输送量还未达到理想预期，输电通道输送的可再生能源大部分为水电，可用于风光电量外送的容量与装机容量、最大发电量相比，仍严重不足。送端的部分可再生能源发电集群并网控制策略难以有效平抑可再生能源出力不确定性，尚未充分利用可再生能源发电能力。此外，发-输-配各环节缺乏有效协同，省际和地区间的交互缺乏灵活性，许多现有省际和地区间输电线路利用率较低[8]，未能充分发挥输电通道以及联网通道的互济能力。

1.1.3 国内外配电系统发展现状

配电系统是可再生能源消纳的关键环节，面对高比例可再生能源发电通过输电通道馈入、高渗透率分布式电源接入以及不断激增的电力需求，传统配电系统无法适应未来发展的需求，全球各国的配电系统都面临转型挑战。本节以德国配电网和中国配电网为例，简要介绍国内外高比例可再生能源配电网的发展现状。

1. 德国配电网发展现状

德国配电网是典型的高比例可再生能源配电网，大约有 98%的可再生能源发电量按不同电压等级接入配电网[11]。中压配电网的可再生能源渗透率最高，有总装机容量为 25GW 的可再生能源电站接入；低压配电网次之，总装机容量超过 16GW 的小型分布式光伏电站分散接入；此外，大约 10GW 装机容量的大型可再生能源发电站接入 110kV 的高压侧配电网。

大量分布式电源接入配电网中压侧，配电网潮流出现双向化，分布式电源富余发电量通过并网节点输入配电网，极易引发电压失稳等系统运行安全问题。因此，德国配电网致力于提高电力系统运行状态量测等技术，尝试采用市场化和需求响应等手段促进输电网、配电网、电源及负荷各环节协同消纳可再生能源，陆续开展了多项配电网示范工程，如表 1-3 所示[12]。

表 1-3 德国典型高比例可再生能源配电网示范工程

示范工程名称	特点
eTelligence	由 1 座风力发电厂、1 座光伏电站、2 座冷库、1 座热电联产厂、650 户家庭组成。采用虚拟电厂和用户侧需求响应技术，平抑可再生能源出力的间歇性和波动性
E-DeMa	针对含产销者的分布式能源社区建设，采用智慧能源路由器实现对含分布式光伏的家庭用户的用能管理
Meregio	针对含高比例分布式可再生能源的薄弱配电网，采用感知技术合理配置资源，提高分布式能源消纳能力，涉及 1000 个用户参与
Moma	针对含高比例分布式能源的曼海姆城市，建立虚拟能源市场，实现能源生产者、消费者和网络运营商交易，实现源-网-荷协调

2. 中国配电网发展现状

近年来，为适应高比例可再生能源接入、提高供电可靠性，我国致力于提高配电网自动化和智能化水平，积极推动主动配电网的建设与升级改造。

与传统无源配电网不同，主动配电网是指具备协调控制分布式电源、储能、可控负荷等分布式资源能力的有源配电系统，通过智能化、灵活化控制手段，在促进配电网对可再生能源的接纳能力的同时，保障并提高用电质量和供电可靠性。

我国首个主动配电网示范项目"主动配电网的间歇式能源消纳及优化技术"坐落于广东佛山三水中心科技工业园,日最大负荷功率超过 3500kW。园区内建设总装机容量为 5.5MW 的分布式光伏发电用于园区供电,为了平抑分布式光伏出力的间歇性并促进消纳,还配置了 1100kW·h 分布式储能,通过分层控制策略实现园区内可再生能源 100%消纳[13]。

国家 863 计划"集成可再生能源的主动配电网研究及示范"项目的配套示范工程位于贵阳市红枫湖风景区东岸[14],该地区负荷容量约为 20MW。风电、光伏、储能等分布式电源均接入配电网的低压侧,通过源-网-荷-储协同的配电网管理策略,实现风电、光伏接入容量分别达到 300kW 和 254kW,该局部配电网的可再生能源渗透率可达到 37.98%。

2018 年,苏州主动配电网综合示范工程正式建成,位于苏州 2.5 产业园、苏虹路工业区、苏州工业园区环金鸡湖区域 3 个区域。其中,2.5 产业园内有接近3MW 分布式光伏接入低压交流电网和低压直流电网,园区内可再生能源渗透率可达 30%[15]。

与落脚于园区级主动配电网示范工程不同,北京延庆智能电网创新示范区[16]由八达岭经济开发区主动配电网、延庆城区柔性负荷主动响应和新农村多能互补综合优化利用 3 个子工程构成,其中八达岭经济开发区将容纳 10MW 的屋顶光伏和 29 个智能微网群(光伏 2.1MW、风电 60kW),延庆城区和新农村地区也将建设约 1MW 的分布式屋顶光伏。

对于分布式可再生能源开发潜力大、本地负荷薄弱的地区,通过对分布式可再生能源进行集群控制,不仅能满足本地负荷需求,还可将富余电量并网外送,促进分布式电源消纳。例如,安徽金寨可再生能源集群系统示范工程[17],总装机容量达到 413MW(光伏 217MW),通过集群划分和优化调度等手段,实现了该地区分布式电源 100%消纳。

由上述示范工程建设运行情况可知,我国主动配电网技术进展飞速,但仍存在以下问题。

一是城市级别主动配电网技术尚不成熟,示范工程集中在偏远地区微电网或城市内园区级微电网,电压等级较低、电网结构简单。

二是仍需研究和建设可再生能源渗透率更高的配电网运行与控制示范工程,以适应未来配电网的可再生能源高渗透率发展趋势。

三是大多数示范工程依托于政策支持,需进一步研究提高主动配电网建设与运行的经济效益和社会效益,推动主动配电网从微电网向中大型城市配电网发展。

因此,研究分布式可再生能源高比例接入场景下,大型配电系统运行与控制策略以及市场化机制,是国内外电力系统发展共同面临的挑战。

1.2　高比例可再生能源电力系统运行特征与挑战

1.2.1　高比例可再生能源电力系统典型运行特征

1. 电力系统运行调度的不确定性特征显著

受自然属性影响，以风电、光伏发电为代表的可再生能源发电功率具有显著的随机性和波动性。当高比例可再生能源取代常规发电机组成为主要电力来源时，电源侧出力将呈现强不确定性和不可控性。在负荷侧，随着分布式可再生能源渗透率提高，由电力负荷和分布式电源构成的等效负荷也将呈现强不确定性。源荷双侧的不确定特征增加了电力电量实时供需平衡的难度[18,19]。例如，在 2013 年，丹麦电网曾出现风电瞬时出力超过用电负荷的情况，不得不调整调度方案，通过大量出口电量实现系统平衡[20]；我国内蒙古东部电网风电瞬时出力占负荷比例最大达到 111%，富余电量亟须通过联络线外送消纳。

因此，当高比例可再生能源接入电力系统后，如何适应可再生能源瞬时出力的不确定性、促进可再生能源消纳，将成为未来电力系统优化运行首要解决的问题。

2. 配电系统潮流双向化的概率提高

随着分布式电源渗透率的提高，传统功率单一流向的配电网演变为功率双向化的有源配电系统。当分布式可再生能源发电功率经并网节点流入配电系统时，将改变支路潮流方向，使配电系统的电压稳定问题复杂化。此外，输配电网间的功率交互也将双向化，当配电网内分布式可再生能源瞬时发电功率大于负荷时，配电网将会向输电网倒送功率，以减少风光弃用。

3. 交直流互联系统将成为高比例可再生能源系统的典型形态特征

直流输电技术具有传输容量大、线路损耗低等优势，将成为未来大容量可再生能源远距离输送的主要通道。未来电力系统将形成以直流输电系统为纽带的多个交流系统互联互济的格局，通过直流输电系统，实现可再生能源发电电量在多个交流系统间的传输与分配。但直流电网内换流站等电力电子设备具有强非线性特征，大量电力电子设备的接入将改变电力系统的运行特性，传统纯交流系统的运行调度策略将不再适用。

4. 电力系统的灵活性资源多样化

电气化交通、分布式储能、产销者、负荷聚合商等新型柔性可控资源的出现以及需求响应技术的普及，提高了电力系统的可调能力；大规模可再生能源发电集群并网控制、含分布式可再生能源的虚拟发电厂和分布式发电集群等技术，使可再生能源聚合功率柔性可调成为可能，在未来电力系统运行与调度过程中需要统筹考虑源-网-荷-储各环节可调资源的运行特性。

5. 输配电系统运行调度的依赖性提高

由于传统电力系统的源荷不确定性特征较弱，输电系统和配电系统运行调度间的交互性不强[21]。在输电系统运行调度中，通常将配电系统视作负荷节点，假设负荷功率已知，或采用预测技术或鲁棒性优化等方法引入配电系统负荷功率的不确定性；在配电系统运行调度中，通常将输电系统视作电压源，假设联络线功率大小固定或者可在小范围内波动。但当高比例可再生能源接入电力系统后，源荷双侧不确定性特征显著，输电系统的输送功率存在随机性和波动性，将影响配电系统的电力电量供需平衡；配电系统也可能出现功率倒送现象，这将改变输电系统的潮流分布。因此，未来输配电系统运行调度的依赖性提高，输配协同运行调度将成为未来电力系统运行调度体系发展的必然趋势。

1.2.2　高比例可再生能源电力系统运行面临的问题与挑战

由上述典型运行特征可知，可再生能源发电的随机性和波动性特征改变了传统电力系统在发电、输电、配电和用电等环节的运行特征，为电力系统优化运行带来诸多问题与挑战。

评估当前系统状态是制定系统调度策略的前提，但可再生能源发电的强不确定性和交直流互联电力系统新形态使得未来电力系统运行状态复杂多变。由于传统发电机组的可控性强，电力系统运行状态主要取决于系统潮流、负荷水平及变化率等。但当高比例可再生能源接入后，源荷双侧不确定性提高，发电功率和负荷功率的波动性更加显著，系统潮流双向化概率提高，传统电力系统状态评估体系和方法将不再准确。此外，直流电网的引入改变了传统交流电力系统的运行特性，而目前的电力系统状态评估方法是基于交流系统制定的，难以适用于交直流互联电力系统。

大规模可再生能源集群并网功率的间歇性和波动性对电力系统的功率平衡、电压和频率稳定带来严峻挑战。依据《风电场接入电力系统技术规定 第 1 部分：陆上风电》(GB/T 19963.1—2021)《光伏发电站接入电力系统技术规定》(GB/T 19964—2012)，风电场和光伏发电站都应配置有功功率控制系统，具备有功功率调节能力；除风机和光伏并网逆变器外，还需配置无功补偿装置，具备无功功率可调能力；具备对并网点电压的控制能力，调节速度和控制精度应能满足电网电压调节的要求。依据上述技术规定，各可再生能源场站均由所属调度层控制。但并网点处可能包含多种电源，如风电场、光伏电站、储能和火电等，并网功率的运行控制依赖各电源场站间的协同。因此，在各场站功率和电压控制的基础上，还应进一步研究可再生能源场站的协调控制。

分布式可再生能源接入配电系统后，配电系统运行调度的任务发生改变，不仅要保证供电可靠性，还要最大化可再生能源就地消纳能力。间歇性分布式电源、储能和含源负荷的接入使得配电系统运行状态的不确定性增加，目前对考虑不确定性的配电系统运行的研究尚未统筹考虑配电系统的电源类型、电网结构和负荷类型的多样性。而且，与传统配电网重构策略相比，高比例可再生能源接入场景下的配电网重构策略还要避免可能出现的可再生能源弃用、电压越限等问题。此外，随着电力市场化趋势的发展，越来越多的资源拥有者将以市场交易主体的身份参与配电网运行，配电网运行策略亟须适应未来电力市场的发展。针对这些问题，如何在电力市场环境下，充分考虑源-网-荷交互的配电网灵活重构与协调运行，实现高渗透率分布式可再生能源配电系统的运行稳定性、经济性、可再生能源消纳等多种运行目标，是当前面临的挑战之一。

电力系统运行调度的强不确定性特征增加了对系统备用的需求。为了平抑可再生能源出力的间歇性和波动性对并网功率、系统频率的影响，送端系统需要增加额外的备用容量。为了缓解分布式可再生能源接入对供电可靠性和系统调峰能力的影响，受端系统对备用容量的需求也将进一步提高。但高比例可再生能源并网后，系统内同步机组占比降低，传统备用资源严重不足，需要增设储能等额外的备用资源。但储能设备成本高，而且重复使用将大大缩短其寿命，导致系统备用成本大幅提高，大大削弱了电力系统运行经济性。

为实现可再生能源广域消纳，大规模特高压交直流电力系统已成为未来电力系统的必然趋势，各区域电网间存在强耦合关系，但目前的电网调度模式尚不能满足区域间的功率互济。目前我国电网采用分级、分区调度模式，逐级下达发电计划，各区调度中心在安排辖区内机组出力计划时也往往仅考虑本地区电网的运行情况，各区域电网间缺乏协同。对于区域间直流联络线的调度计划也未充分发挥直流输电的灵活性，往往采用分段恒功率运行模式。因此，为了充分发挥直流输电网的灵活可调能力、促进可再生能源跨区消纳，应进一步研究大规模交直流互联电力系统的协同调度体系。

高比例可再生能源电力系统的输配调度强依赖性，与当前输配调度体系不相符。目前相互独立的输电系统和配电系统调度体系，难以充分利用输配系统中的灵活资源，面临集中式和分布式可再生能源的双重消纳难题。对输电系统而言，高比例可再生能源集中并网后，导致联络线功率波动性显著，依赖配电系统调整调度计划来平抑联络线功率的调度偏差。对配电系统而言，分布式电源瞬时出力的变化可能导致功率倒送，改变输电系统潮流分布，输电系统需要灵活调整各区域电量分配策略，以避免发生频率或电压波动。为同时提高集中式和分布式可再生能源消纳能力，未来电力系统的运行亟须提高输配调度的协同与互动能力。

1.3　高比例可再生能源电力系统优化运行关键技术及本书章节安排

1.3.1　关键技术

　　针对高比例可再生能源电力系统将面临的问题与挑战，未来电力系统安全运行需要以可再生能源运行特性刻画和电力系统运行态势感知为基础，开展可再生能源并网、跨区分配和就地消纳等各环节的研究，建立高比例可再生能源电力系统优化运行理论和方法体系，解决集中式和分布式可再生能源双消纳难题。基于此，本书提炼出了 8 项关键技术，分别为可再生能源发电运行特性建模及场景构建、高比例可再生能源电力系统态势感知、可再生能源场站并网主动控制与多源协调运行、含高渗透率分布式可再生能源的配电系统协同优化运行、市场环境下含可再生能源配电系统的协同运行与博弈、高比例可再生能源电力系统备用需求评估与优化、含大规模可再生能源的交直流电力系统协同优化运行、高比例可再生能源接入的输配电网协同优化。

　　1. 可再生能源发电运行特性建模及场景构建

　　准确刻画可再生能源发电的运行特性是高比例可再生能源电力系统优化运行的前提。目前针对单个可再生能源场站运行特性建模方面的研究已经趋于成熟，场站级可再生能源发电出力预测技术已在实际工程中应用。随着高比例可再生能源接入电力系统，我们不仅要关注单个场站出力的运行特性，更要关注可再生能源场站的运行特性。若将各可再生能源场站出力的运行特性单独考虑，然后获得场站总出力的分布特征，将会面临维数灾问题。因此，需要研究多可再生能源场站出力间的相关性，降低场站出力运行特性建模的求解难度，并建立体现场站出力相关性的可再生能源发电功率典型场景，便于高比例可再生能源电力系统优化调度模型的求解。

　　2. 高比例可再生能源电力系统态势感知

　　可再生能源发电并网使得电力系统运行状态复杂多变，而传统电力系统运行状态评估体系对可再生能源发电的考虑不足，需要建立高比例可再生能源电力系统的运行状态评估方法体系。态势感知是指在特定的时间和空间下，对环境中各元素或对象的察觉、理解及预测，包括态势要素采集、实时态势理解和未来态势预测 3 个阶段。利用态势感知技术，可提高电力系统的“可见性”，更为直观和精确地评估电力系统当前运行状态及未来发展趋势，对电力系统运行调度策略制定具有支撑作用。目前态势感知技术在电力系统中的应用研究尚处于起步阶段，需要进一步完善高比例可再生能源电力系统运行状态评价指标体系，研究考虑可再生能源发电特性和海量调度数据处理的电力系统实时状态感知和风险预测技术。

3. 可再生能源场站并网主动控制与多源协调运行

可再生能源的大规模快速发展，给电网运行带来了重要影响和挑战。可再生能源机组单机容量小，场站内机组数量众多，机组类型和控制策略各异，电网主要关注场站整体以及场站群的运行特性。近年来，国内外普遍对可再生能源场站提出了无功/电压支撑、参与电网一次调频的要求，还有一些国家和地区提出了惯量支撑、配置储能等要求，需要针对可再生能源场站的并网主动控制热点问题开展研究。此外，随着可再生能源并网规模的不断快速增大，以及储能系统技术水平的提高、经济成本的下降，可再生能源场站或场站群配置储能将是一个很有前景的发展方向。可再生能源场站或场站群配置储能之后，如何实现可再生能源与储能以及系统内常规电源的协调运行，也是亟须研究的问题。

4. 含高渗透率分布式可再生能源的配电系统协同优化运行

为应对分布式可再生能源并网对配电系统电能质量、电压稳定性等方面的影响，需要研究适应高渗透率分布式可再生能源并网的配电系统优化运行。挖掘分布式可再生能源和储能、负荷侧需求响应等灵活资源的互补能力，实现对配电系统有功、无功和电压的协调优化控制，提高配电系统的可再生能源就地消纳能力和运行经济性等指标。分布式可再生能源的间歇性和波动性导致配电系统的运行状态复杂多变，而分布式可再生能源发电单元的可控性较差，需要通过优化配电系统拓扑结构、灵活调整资源配置等方法，提高系统可靠性。此外，电动汽车、分布式储能等灵活可控资源具有地理分布广、数量庞大、即插即用的特点，需要研究源-网-荷资源分布式优化控制方法，降低通信压力和决策难度，以适应未来海量分布式资源的接入和控制。

5. 市场环境下含可再生能源配电系统的协同运行与博弈

随着售电侧市场的开放，大量的电能产销者以利益主体的身份参与电力市场竞争。在电力市场背景下，配电系统的源荷灵活资源配置和优化运行依赖各市场参与主体的高效协同。目前国内外输电侧市场建设已取得许多成果，但配电网特性和输电网特性存在较大差异。配电网的售电主体具有数量多、单笔售电交易规模小、地理位置分散、交易行为不确定性强等特点，若采用输电侧市场的集中式交易模式，交易中心运行成本将大幅提高，决策制定的计算压力剧增。此外，集中式交易中心和参与主体间的信任程度也会影响配电网交易的有效性和公平性。因此,针对配电网市场交易的特殊性,需要研究和制定合适的市场交易机制,引导配电系统内各市场主体间的博弈行为,实现各市场主体间的协同运行,提高配电系统的运行可靠性和经济性。

6. 高比例可再生能源电力系统备用需求评估与优化

电力系统运行调度的强不确定性特征增加了对系统备用的需求,目前各地区电力系统的备用配置相互独立,如位于负荷中心的电力系统在负荷高峰时段的备用需求高,以提供额外的供电能力;而可再生能源富集地区电力系统在可再生能源大发时段的备用需求高,以提供额外的消纳能力。这种各区域相互独立的备用需求配置方法导致系统总体备用需求剧增,严重影响系统运行经济性。而可再生能源发电具有时空相关性,可再生能源发电与负荷需求之间在时间和空间两个维度上也存在差异,这为备用资源跨区共享和分配创造了可能。因此,在当前各地区电力系统的备用需求评估基础上,研究基于时空差异性的跨区域备用优化方法,既保障了各区域电力系统运行的可靠性,又能减少系统总备用预留量,提高系统运行经济性。

7. 含大规模可再生能源的交直流电力系统协同优化运行

直流电网的接入增加了大规模电力系统优化运行的复杂性,在当前分级、分区的电网调度模式下,未来交直流输电系统调度体系将逐渐发展为互联电网分散协调调度架构,将大规模复杂电力系统优化问题分解为各区域电力系统的优化问题,由各区域电力系统并行求解,既能发挥各区域电力系统的自主性,又能简化大规模电力系统调度的求解难度。大规模可再生能源的不确定性为交直流电力系统安全运行带来新挑战,需研究在分散协同调度下的备用互济支撑,在减少备用总成本的同时提高系统运行可靠性。交直流联络线的控制是实现分散协同调度的关键,研究交直流联络线的运行特性,充分发挥联络线功率的灵活可调能力,通过联络线和区域发电机机组的联合优化,对促进可再生能源跨区消纳有积极作用。

8. 高比例可再生能源接入的输配电网协同优化

在输电侧大规模集中式可再生能源与配电网分布式可再生能源接入的背景下,为应对输电系统与配电系统调度因潮流双向化而紧密耦合的发展趋势,同时有效利用主动配电网的灵活性资源,需要建立输配电网协同调度体系,研究多层级协调的输配电网协同优化调度方法,利用配电网的灵活性资源缓解输电网的风电消纳问题。同时还要考虑到,在实际电网调度中,输电网和配电网属于独立主体,为保护各主体的信息私密性,又发挥输配调度间的协同能力,未来输配电网将形成输配系统分层分布式调度框架。在保护隐私的前提下，基于配电网的自治性，合理利用配电网侧的灵活性，最终解决集中式和分布式可再生能源的双消纳问题。

上述 8 项关键技术的研究成果分别构成了本书的第 2～9 章。

1.3.2　本书章节安排

本书共分为 9 章，第 1 章为绪论，后续 8 章分别阐述本书研究团队对高比例可再生能源电力系统 8 项关键技术的理论研究成果，共同形成了高比例可再生能源电力系统优化运行理论方法体系，章节间的逻辑关系如图 1-6 所示。

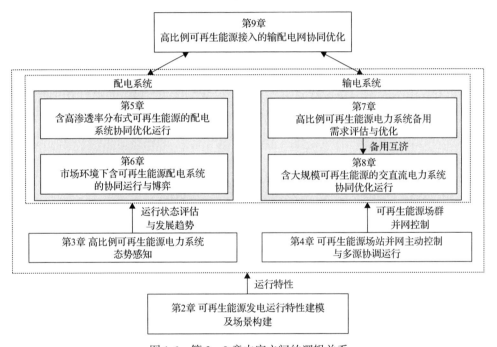

图 1-6　第 2～9 章内容之间的逻辑关系

参 考 文 献

[1] REN21. Renewables 2021 Global Status Report[R]. Paris: REN21 Secretariat, 2021.

[2] 国家能源局. 国家能源局 2021 年一季度网上新闻发布会文字实录[EB/OL]. （2021-01-30）[2021-02-01]. http://www.nea.gov.cn/2021-01/30/c_139708580.htm.

[3] Statista. Global wind power market- statistics& facts[EB/OL]. （2021-01-27）[2022-01-27]. https://www.statista.com/topics/4564/global-wind-energy.

[4] Statista. Solar PV - statistics & facts- statistics& facts[EB/OL]. （2021-08-03）[2022-01-27]. https://www.statista.com/topics/993/solar-pv.

[5] 国家能源局. 国家能源局发布 2020 年全国电力工业统计数据[EB/OL]. （2021-01-20）[2021-02-01]. http://www.nea.gov.cn/2021-01/20/c_139683739.htm.

[6] 新华网. 习近平在气候雄心峰会上的讲话(全文)[EB/OL]. (2020-12-12) [2021-02-02]. http://www.xinhuanet. com/politics/leaders/2020-12/12/c_1126853600.htm.

[7] 刘振亚. 全球能源互联网跨国跨洲互联研究及展望[J]. 中国电机工程学报, 2016, 36(19): 5103-5110, 5391.

[8] Henry S, Denis A M, Panciatici P. Feasibility study of off-shore HVDC grids[C]//IEEE Power and Energy Society General Meeting, Minneapolis, 2010: 1-5.

[9] 范松丽, 苑仁峰, 艾芊, 等. 欧洲超级电网计划及其对中国电网建设启示[J]. 电力系统自动化, 2015, 39(10): 6-15.

[10] 姚良忠, 吴婧, 王志冰, 等. 未来高压直流电网发展形态分析[J]. 中国电机工程学报, 2014, 34(34): 6007-6020.

[11] 国家发展和改革委员会能源研究所, 国家可再生能源中心. 中国可再生能源展望 2018(英文版)[EB/OL]. (2018-11-25)[2020-03-26]. http://www.cnrec.org.cn/cbw/zh/2018-10-22-541.html.

[12] 伊晨晖, 杨德昌, 耿光飞, 等. 德国能源互联网项目总结及其对我国的启示[J]. 电网技术, 2015, 39(11): 3040-3049.

[13] 尤毅, 余南华, 宋旭东, 等. 主动配电网间歇式能源消纳及优化技术示范应用[J]. 供用电, 2015, 32(9): 18-24.

[14] 李庆生, 农静. 贵州主动配电网示范工程[J]. 供用电, 2014(1): 36-38.

[15] 董晓峰, 苏义荣, 吴健, 等. 支撑城市能源互联网的主动配电网方案设计及工程示范[J]. 中国电机工程学报, 2018, 38(S1): 75-85.

[16] 黄仁乐, 蒲天骄, 刘克文, 等. 城市能源互联网功能体系及应用方案设计[J]. 电力系统自动化, 2015, 39(9): 26-33,40.

[17] 中国电力新闻网. 安徽金寨可再生能源集群系统示范工程探访[EB/OL]. (2019-12-11)[2020-03-26]. http://www. cpnn.com.cn/zdyw/201912/t20191211_1178690.html.

[18] 康重庆, 姚良忠. 高比例可再生能源电力系统的关键科学问题与理论研究框架[J]. 电力系统自动化, 2017, 41(9): 1-11.

[19] 姚良忠, 朱凌志, 周明, 等. 高比例可再生能源电力系统的协同优化运行技术展望[J]. 电力系统自动化, 2017, 41(9): 36-43.

[20] 姚良忠. 间歇式新能源发电及并网运行控制[M]. 北京: 中国电力出版社, 2016.

[21] 张旭, 王洪涛. 高比例可再生能源电力系统的输配协同优化调度方法[J]. 电力系统自动化, 2019, 43(3): 67-75, 115.

第2章 可再生能源发电运行特性建模及场景构建

2.1 引 言

准确建立可再生能源发电运行特性模型是解决含可再生能源电力系统运行问题的前提条件。本章针对多可再生能源场站间的相关性建立其耦合特性模型，而由于表征多可再生能源场站时空相关性的高维耦合特性模型难以在随机调度模型中直接建模和求解，故需要将耦合特性模型离散化后使用，离散化的结果即本章所指的"场景"，通过随机变量的概率模型抽样得到一定数量场景集合的过程即为"场景生成"。

本章提出一种考虑多可再生能源场站时空相关性的高效场景生成技术。基于所建立的耦合特性模型，通过吉布斯(Gibbs)采样将目标联合分布采样过程转化为每个可再生能源场站的边缘分布的逐次逆变换采样过程，大大降低了采样所需存储规模。使用本章方法所生成的场景既符合每个调度周期的条件联合分布，也符合各自场站的历史波动规律。

2.2 可再生能源典型出力特性

可再生能源出力的特性分析一般包括年出力特性分析和典型日出力特性分析。年出力特性分析主要是根据一年中各月的平均出力或最大出力，分析全年可再生能源出力的峰谷期和波动特性。年出力特性分析主要用于可再生能源规划、系统调峰备用计划安排等。典型日出力特性主要是分析典型日中，可再生能源发电出力的波动特性，主要用于指定日前计划、系统极端天气下的调频控制等。

可再生能源发电与自然资源有关，具有随机性和不确定性，每一天的出力各不相同，每一年的同一天也不相同。但是，季节的周期性，以及同一季节的气候条件相似性，使得可再生能源在一年中多个日出力的变化趋势和特性具有相似性。从若干年的出力特性来看，可再生能源发电具有典型的年出力变化趋势，同时日出力特性较明显，如光伏、风电的日出力特性，而月出力特性并不明显。因此，本节基于风电、光伏的年、典型日出力特性开展研究，通过聚类的方法，将一年中多个出力相似的天归为一类，作为一年中的一个典型日，用于分析可再生能源的日出力特性。

2.2.1 风电典型出力曲线

1. 年出力特性

以中国 A 省为例，取某三年的数据作为样本进行分析。第一年底，中国 A 省风电装机 4178MW，第二年底达到 7823MW。图 2-1 是中国 A 省电网某三年来的风电年出力曲线(全年每 15min 一个采样点的出力值)。

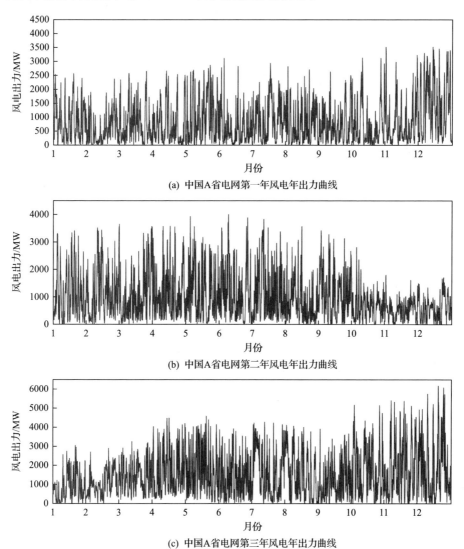

(a) 中国A省电网第一年风电年出力曲线

(b) 中国A省电网第二年风电年出力曲线

(c) 中国A省电网第三年风电年出力曲线

图 2-1　中国 A 省电网某三年风电年出力曲线

根据中国 A 省地区可再生能源发电运行情况，第一年初至第二年 9 月，可再生能源发电没有限电,第二年 10 月至第三年末,可再生能源发电存在限电情况。从图 2-1 中可以看出,中国 A 省地区冬季 10～12 月为风电高发期(第二年后三个月存在限电情况),其中第三年全年风电最大出力达 6220.0MW(12 月 20日),占当日全网用电负荷的最大比例为 37.62%。其他几个月出力较为平稳,第一年和第二年的 1～9 月出力曲线趋势几乎相同,其中 5～7 月,风电出力也存在一个峰值,峰值出现在 6 月(第三年 6 月存在限电情况)。因此,可以估计出,这三年,中国 A 省电网 1～9 月风电出力较为平稳,6 月左右出力较大。10～12月为一年的风电高发期,最大出力出现在 12 月。表 2-1 为中国 A 省电网某三年风电最大出力统计表。

表 2-1 中国 A 省电网某三年风电最大出力统计表　　　　　(单位:GW)

月份	第一年	第二年	第三年
1	2571.3	3418.0	3061.4
2	2384.2	3523.9	2912.6
3	2662.0	3658.5	3267.4
4	2671.8	3586.7	4496.4
5	2874.1	3937.1	4596.4
6	3121.5	4010.0	3935.1
7	2944.5	3838.8	4286.3
8	2827.5	3577.5	4133.3
9	2639.0	3424.6	3924.3
10	3137.8	2818.2	5178.7
11	3529.5	1807.1	5416.8
12	3528.5	1714.8	6220.0

图 2-2 给出中国 A 省电网风电年出力占装机容量百分比的统计结果,第一年风电的出力主要在 0～80%的装机容量范围内,第二年风电的出力主要在 0～50%的装机容量范围内,第三年风电的出力主要在 0～60%的装机容量范围内。

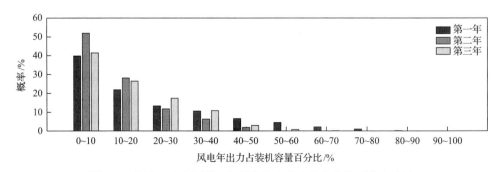

图 2-2 中国 A 省电网某三年风电年出力占装机容量百分比统计

2. 典型日出力特性

1）第一年风电典型日出力曲线

通过聚类方法，将中国 A 省电网第一年 365 天的风电出力数据分为四类，得到四个风电典型日出力曲线，如图 2-3 所示。

从图 2-3 中可以看出，在风电典型日 1，风电出力在午后逐渐增大，在 19 点到 22 点达到最大，即晚间为风电大发时段，而凌晨到上午，风电出力较小，且比较平稳。典型日 2 反映了风资源较小时的日出力特性，全天风电出力较小，其中白天出力最小，晚间和凌晨出力较大。风电典型日 3 反映了日间风资源较大的情况，即白

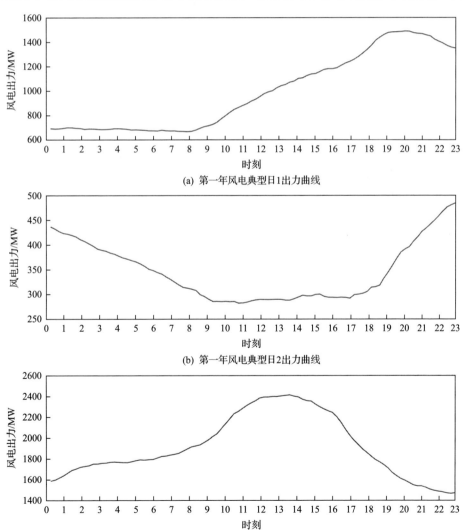

(a) 第一年风电典型日1出力曲线

(b) 第一年风电典型日2出力曲线

(c) 第一年风电典型日3出力曲线

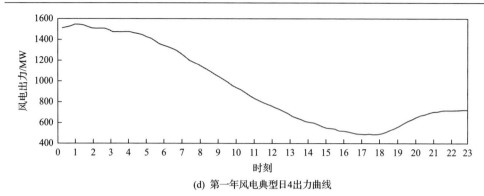

(d) 第一年风电典型日4出力曲线

图 2-3　第一年中国 A 省电网风电典型日出力曲线

天为风电大发时段。风电典型日 4 与典型日 1 基本相反，凌晨至上午为风电大发时段，白天至傍晚出力逐渐减少。

各类典型日在全年天数的占比如图 2-4 所示。

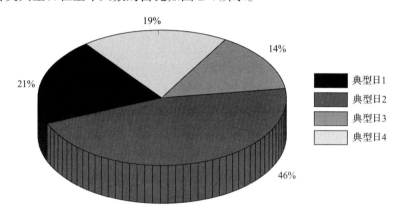

图 2-4　第一年中国 A 省电网风电各典型日的分布

从图 2-4 中可以看出，典型日 2 在一年中的占比最大，表明第一年白天风资源较小、风电出力较低的天数较多。

2) 第二年风电典型日出力曲线

中国 A 省电网第二年 365 天的风电出力数据也分为四类，得到四个风电典型日出力曲线，第二年的四个典型日的出力特性与第一年类似。经统计，各类典型日在全年天数的占比中，同样是典型日 2 最大。

3) 第三年风电典型日出力曲线

中国 A 省电网第三年 366 天的风电出力数据分为四类，得到四个风电典型日出力曲线，经统计，典型日 1、3、4 与第一年、第二年相似，风电典型日 2 类似日间风资源较大情况，白天为风电大发时段，与第一年、第二年略有不同(对应第一年、第二年的典型日 3）。该典型日风电出力有两个高峰期，一是 6 点至 8 点，二是 18 点至 21 点，而在 13 点至 15 点为全天发电低谷期。

由各类典型日在全年天数的占比统计得出，同样是白天风资源较少、风电出力较低的典型日在一年中占比较高，与第一年、第二年相同。

2.2.2　光伏典型出力曲线

A 省是我国太阳能资源最丰富的地区之一，也是我国太阳辐射的高能区之一，在开发利用太阳能方面有着得天独厚的优越条件：地势海拔高、阴雨天气少、日照时间长、辐照度高、直接辐射多、大气透明度好，全年平均总云量低于五成，太阳能开发利用潜力巨大。

1. 年出力特性

第一年底，中国 A 省风电装机 1734MW，第二年底达到 2884MW。图 2-5（a）～（d）分别是中国 A 省电网第一年、第二年、第三年光伏年出力曲线（全年每 15min 一个采样点的出力值）及光伏逐月最大出力曲线。

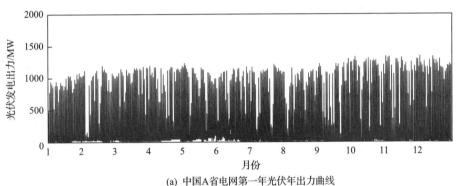

(a) 中国A省电网第一年光伏年出力曲线

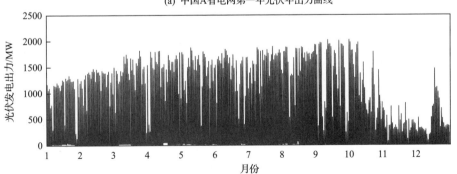

(b) 中国A省电网第二年光伏年出力曲线

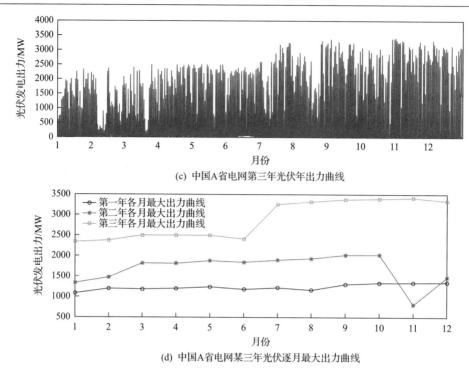

(c) 中国A省电网第三年光伏年出力曲线

(d) 中国A省电网某三年光伏逐月最大出力曲线

图 2-5　中国 A 省电网某三年光伏年出力曲线及光伏逐月最大出力曲线

从图 2-5 中可以看出，第一年中国 A 省电网光伏发电各月最大出力平稳，没有明显的波动。第二年前 10 个月出力平稳，后两个月由于限电，光伏发电出力下降明显。第三年前半年限电，后半年出力大幅上升，其中全年光伏出力在 11 月 1 日达到最大，为 3420.0MW，占当日全网用电负荷的最大比例为 20.35%。表 2-2 为某三年中国 A 省电网光伏发电最大出力统计表。

表 2-2　某三年中国 A 省电网光伏发电最大出力统计表　　　（单位：MW）

月份	第一年	第二年	第三年
1	1085.4	1338.7	2339.4
2	1197.9	1472.5	2378.2
3	1183.9	1821.1	2499.8
4	1201.6	1814.6	2499.8
5	1240.8	1880.8	2499.9
6	1181.6	1845.7	2411.0
7	1219.5	1898.7	3252.7

月份	第一年	第二年	第三年
8	1163.4	1934.6	3321.3
9	1305.4	2023.4	3377.1
10	1338.0	2028.4	3393.0
11	1343.1	808.2	3420.0
12	1351.3	1471.0	3333.5

图 2-6 给出中国 A 省电网光伏发电年出力占装机容量百分比的统计结果，第一年光伏发电的出力主要在 0~80%的装机容量范围内,第二年和第三年光伏发电的出力主要在 0~70%的装机容量范围内。

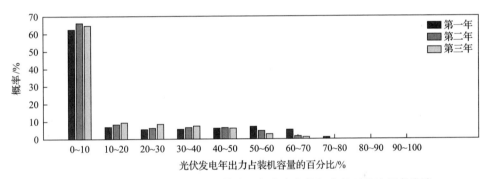

图 2-6　某三年中国 A 省电网光伏发电年出力占装机容量百分比概率统计

2. 典型日出力特性

1) 第一年光伏典型日出力曲线

与风电类似，通过聚类方法，将中国 A 省电网第一年 365 天的光伏发电出力数据分为四类，得到四个光伏典型日出力曲线如图 2-7 所示。

从图 2-7 中可以看出，各典型日中，中国 A 省电网的光伏发电出力最大值基本都在 12 点到 14 点。其中，典型日 1 反映了晴天情况下中国 A 省电网光伏发电日出力特性，与典型日 3 类似，区别在于，典型日 1 光伏发电在 8 点以后出力开始增加，18 点以后出力基本降为零。而典型日 3 光伏发电从 7 点以后出力增加，19 点以后出力基本降为零，因此，这两个典型日反映了不同季节的光伏发电日出力情况，典型日 1 可以认为是冬季，典型日 3 可以认为是夏季。典型日 2 和典型日 4 的光伏发电出力最大值明显小于典型日 1 和 3，反映了多云、

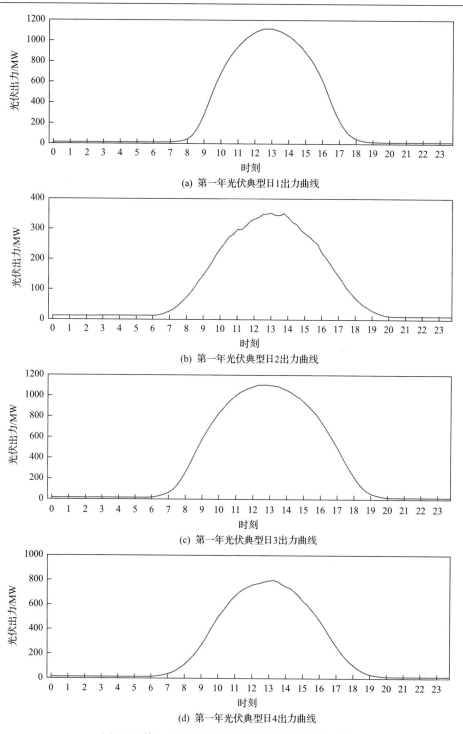

(a) 第一年光伏典型日1出力曲线

(b) 第一年光伏典型日2出力曲线

(c) 第一年光伏典型日3出力曲线

(d) 第一年光伏典型日4出力曲线

图 2-7　第一年中国 A 省电网光伏典型日出力曲线

阴天、雨雪天气等情况下的中国 A 省电网光伏发电出力特性。其中，在中午时段，典型日 2 光伏发电出力存在波动，可以认为是多云情况下，辐照度变化频繁，使得光伏发电出力存在短时的波动。

各类典型日在全年天数的占比如图 2-8 所示。

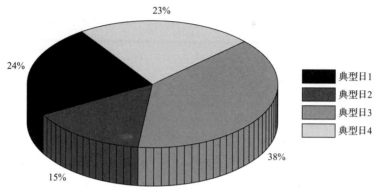

图 2-8　第一年中国 A 省电网光伏出力各典型日的分布

从图 2-8 中可以看出，典型日 3 和典型日 1 的占比较大，表明第一年中国 A 省晴好天气较多，光伏发电日出力平滑且达到较大出力水平的天数较多。

2) 第二年光伏典型日出力曲线

将中国 A 省电网第二年 365 天的光伏发电出力数据分为四类，得到四个光伏典型日出力曲线，得出典型日 4 曲线为晴天情况下，光照资源充足时，中国 A 省电网光伏发电日出力特性曲线，与典型日 1 相似。典型日 2、3 光伏发电最大出力较低，且存在波动，表明这两个典型日反映了多云阴雨天气等情况。

各类典型日在全年天数的占比表明，各典型日所占比例基本相同，即第二年全年晴好天气天数与多云阴雨天气天数基本相同。

3) 第三年光伏典型日出力曲线

将中国 A 省电网第三年 366 天的光伏发电出力数据分为四类，得到四个光伏典型日出力曲线，并得出第三年典型日情况与第二年基本相同，典型日 1 为晴好天气，典型日 2、3、4 为多云阴雨天气情况。

各类典型日在全年天数的占比表明，光伏发电出力较低且出现较大波动的情况占比较小(典型日 3)，表明第三年出现低辐照度、多云阴雨等天气的天数较少。

值得说明的是，由于出力特性曲线为中国 A 省全网光伏发电的总出力曲线，因此，在进行聚类后，典型日的出力曲线由同一类的各日出力曲线叠加，会出现出力互补情况，因而多云阴雨天气下，总出力波动情况较单个电站的出力波动要平滑。

2.3 可再生能源发电耦合特性建模

2.3.1 场站级可再生能源的时空相关性

由于可再生能源电源大规模接入，以往将每个可再生能源电源出力的随机性分开考虑，最后求得总出力分布的做法会引起维数灾的问题，为了处理这一问题，必须考虑场站级可再生能源的时空相关性。

目前我国主要的可再生能源电源为光伏与风电，在本章中的研究中以风电为主，光伏被视为一种特殊形式的风电，其特殊点为：只在白天某些特定时间点有出力，其出力大小主要受到辐照度的影响。在晴空条件下，经纬度确定的某一地点其辐照度随一天中太阳升落的变化而变化，即其出力曲线趋势较为固定，但是由于云层遮蔽的随机性与即时性，光伏电站出力波动的陡度和幅度一般比风电要大很多。如果是统计一定区域内的分布式光伏出力的总和，其出力波动则比风电场的波动要平缓。在考虑光伏出力的以上特点后，可以用本章的考虑时空相关性的动态场景生成方法对光伏出力进行分析，只需要改变其协方差系数，这在后面会提到。

相关性包括空间相关性和时间相关性。在本章中，风电场出力的空间相关性是指在一个调度周期内，电力系统内各风电场之间实际功率的相关性，即在某调度周期静态时间断面下多个风电场出力的联合概率分布；时间相关性则是指每个风电场在调度域内各调度周期之间出力的相关性，即某风电场在多个调度周期的动态时间断面下其自身出力的联合概率分布。部分研究[1,2]中也使用风电功率波动性来表示上述时间相关性。

由于风力发电的间歇性和随机性，当前仍难以对跨时空的风电出力进行准确预测[3]，风电出力预测误差的存在对传统的调度模式提出了挑战。由于负荷预测相对而言误差较小[4]，风电出力的预测误差远大于负荷预测误差，而火电等传统常规机组的调节特性难以适应高比例可再生能源接入情况下电力系统有功调节的需要[5]。为提高系统的供电可靠性，在含风电电源的电力系统经济调度中，系统需要预留足够的备用容量以应对风电出力预测误差所带来的有功调节需求[6,7]。

随着预测时间尺度增长，影响风电出力的不确定性因素增加，风电出力预测的准确性也降低[8,9]。一般来说，风电功率日前(48h 内)预测的误差高于 15%，而风电功率的短期和超短期(6h 内)预测误差可低至 5%[10]。故采用多级协调、逐级细化的多时间尺度协调配合的策略以应对风电的随机性[11-15]成为学术界的共识。电力系统滚动调度主要利用定时更新的风电功率预测信息，同时结合风电功率预测误差随预测时间缩短而减小的特性，定期对系统调度计划进行滚动修正。在多时间尺度调度模式中，电力系统日内经济调度和实时经济调度都为滚动经济调度模式。滚动经济调度通过缩短预测时间，获得误差更低的风电预测功率，应对风电出力的随机性。

如图 2-9 所示，风电场的功率预测系统所提供的风电预测功率和对应调度周期记录的风电实际功率数据对为风电随机性建模所使用的数据库。假设系统风电场数量为 J，则数据库为 J 个风电场的同步历史数据。图 2-9 中圆形点为风电预测功率，三角形点为风电实际功率，数据库中包含一定时间内(如两年)的一定数量的调度域。假设一个调度域内的调度周期数量为 T，由于本章研究的是滚动调度，每个调度周期调度域会向前滚动，故每一个调度域的前 T–1 个调度周期与上一个调度域的后 T–1 个调度周期时间重合，如图 2-9 中的相邻的两个黑色矩形框所示。从风电场开始有(同步)风电功率历史数据开始，系统将风电场的风电功率预测值和相应实际功率的同步历史数据用于对风电功率随机性和相关性进行建模依据的

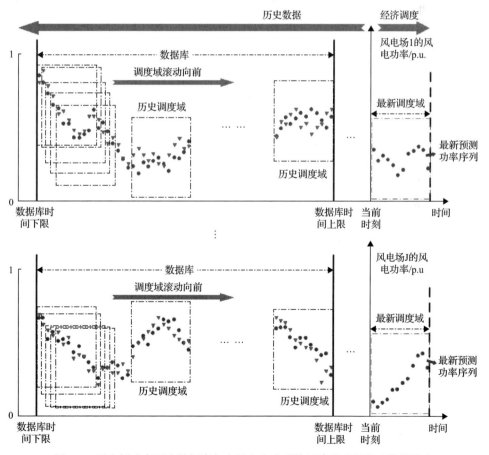

图 2-9　风电场功率历史数据库与含风电电力系统经济调度的风电数据输入

数据库，即图中的"数据库时间下限"到"数据库时间上限"所包含的风电预测功率和风电实际功率数据。针对调度域的当前时刻，系统从风电场得到风电的点预测功率，以风电数据库建模对应点预测功率下的风电场实际功率分布，这样得到的一个实际功率分布，对单风电场来说，表示风电预测功率下的实际功率条件概率分布；对多风电场来说，即此多风电场预测功率集合下的实际功率条件联合概率分布。调度域滚动向前，每隔一段时间，如一周，系统将新得到的风电预测功率和实际功率更新到数据库中，使用该调度模型，充分地考虑了风电场之间的时空相关性。

2.3.2　基于 Copula 方法的耦合特性模型

由于可再生能源电场的大量接入，调度人员不得不考虑可再生能源之间的时空相关性。Copula 函数常用于金融领域，表征变量之间的非线性相关关系，非常适合用于刻画可再生能源电场之间的功率相关性。

作为考虑多随机变量相关性非常经典的概率分布模型，多维高斯分布模型被一些学者用来表征电力系统负荷之间的时空相关性，并有学者进一步提出基于多维高斯分布表征多风电场之间的空间相关性。然而，多维高斯分布的边缘分布为高斯分布，但高斯分布并不适合表征风电功率概率分布模型，故基于多维高斯分布对具有时空相关性的多风场实际功率联合分布进行建模不够精确。

本章提出了一种考虑多风场功率空间相关性的联合条件概率分布模型，结合 Copula 理论，构建了多风场条件联合分布模型。

由 Sklar 定理[16]，对于边缘分布函数 $F_1(x_1)$，$F_2(x_2)$，$\cdots$，$F_n(x_n)$，存在一个 n 元的 Copula 函数 C 使得对于全部的 $\{x_1,x_2,\cdots,x_n\}\in[-\infty,+\infty]^n$，满足

$$F(x_1,x_2,\cdots,x_n)=C(F_1(x_1),F_2(x_2),\cdots,F_n(x_n)) \tag{2-1}$$

且当 $F_1(x_1)$，$F_2(x_2)$，$\cdots$，$F_n(x_n)$ 连续时，Copula 函数 C 唯一确定，其中 $F(x_1,x_2,\cdots,x_n)$ 是边缘分布 $F_1(x_1)$，$F_2(x_2)$，$\cdots$，$F_n(x_n)$ 的联合分布函数。

假设系统中风电场数为 J，每个风电场在调度周期 t 的实际功率值和预测功率值表示为 $w_{a,j,t}$ 和 $w_{f,j,t}$，则其各自的边缘分布可以表示为 $F(w_{a,j,t})$ 和 $F(w_{f,j,t})$。每个风电场在调度周期 t 的预测值和实际值的联合分布可以通过截断通用分布的混合形式拟合其历史数据直方图得到。基于 Copula 理论，所有风电场在调度周期 t 的预测功率和实际功率联合分布累积分布函数(CDF)可以表示为各个风电场在调度周期 t 的预测值和实际值的边缘分布函数及连接函数的形式[17-19]，即

$$\begin{aligned}&F(w_{a,1,t},\cdots,w_{a,J,t},w_{f,1,t},\cdots,w_{f,J,t})\\&=C(F(w_{a,1,t}),\cdots,F(w_{a,J,t}),F(w_{f,1,t}),\cdots,F(w_{f,J,t}))\end{aligned} \tag{2-2}$$

类似地，所有风电场在调度周期 t 的预测功率和实际功率联合分布概率密度

函数（PDF）可以表示为

$$
\begin{aligned}
& f(w_{a,1,t},\cdots,w_{a,J,t},w_{f,1,t},\cdots,w_{f,J,t}) \\
& = C(F(w_{a,1,t}),\cdots,F(w_{a,J,t}),F(w_{f,1,t}),\cdots,F(w_{f,J,t})) \cdot \prod_{j=1}^{J} f(w_{a,j,t}) \cdot \prod_{j=1}^{J} f(w_{f,j,t})
\end{aligned} \tag{2-3}
$$

同理，若仅仅考虑预测功率，所有风电场在调度周期 t 的预测功率联合分布 PDF 可以表示为

$$
\begin{aligned}
& f(w_{f,1,t},\cdots,w_{f,J,t}) \\
& = C(F(w_{f,1,t}),\cdots,F(w_{f,J,t})) \cdot \prod_{j=1}^{J} f(w_{f,j,t})
\end{aligned} \tag{2-4}
$$

由于在电力系统调度中，调度系统可以得到所有风电场在整个调度时间域的预测功率值，故结合式(2-2)和式(2-3)，可得到所有风电场在调度周期 t 的实际功率联合分布 PDF：

$$
\begin{aligned}
& f(w_{a,1,t},\cdots,w_{a,J,t} \mid w_{f,1,t},\cdots,w_{f,J,t}) \\
& = \frac{f(w_{a,1,t},\cdots,w_{a,J,t},w_{f,1,t},\cdots,w_{f,J,t})}{f(w_{f,1,t},\cdots,w_{f,J,t})} \\
& = \frac{C(F(w_{a,1,t}),\cdots,F(w_{a,J,t}),F(w_{f,1,t}),\cdots,F(w_{f,J,t}))}{C(F(w_{f,1,t}),\cdots,F(w_{f,J,t}))} \cdot \prod_{j=1}^{J} f(w_{a,j,t})
\end{aligned} \tag{2-5}
$$

从式(2-5)可以看出，所有风电场在调度周期 t 的实际功率联合分布 PDF 是各个风电场的(非条件)边缘分布，和使用的 Copula 函数有关。目前 Copula 函数的研究有很多，很多 Copula 函数都适用于本节的条件联合分布模型，如高斯 Copula 函数[6]、t-Copula 函数和经验 Copula 函数等。每种 Copula 函数都有其自身的优势和劣势，但应用于本章上述模型中时结果基本相同，故本章采用应用最为广泛的高斯 Copula 函数。

值得注意的是，基于 Copula 理论可以较为简单地获得多风电场的实际功率之和的条件概率分布模型，记 $w_{a,t}^{\Sigma}$ 为调度周期 t 的多风电场的可能实际功率和，即 $w_{a,t}^{\Sigma}=\sum_{j=1}^{J} w_{a,j,t}$，则其可由式(2-6)进行计算得到：

$$
\begin{aligned}
& f(w_{a,t}^{\Sigma} \mid w_{f,1,t},\cdots,w_{f,J,t}) \\
& = \frac{f(w_{a,t}^{\Sigma},w_{f,1,t},\cdots,w_{f,J,t})}{f(w_{f,1,t},\cdots,w_{f,J,t})} \\
& = \frac{C(F(w_{a,t}^{\Sigma}),F(w_{f,1,t}),\cdots,F(w_{f,J,t}))}{C(F(w_{f,1,t}),\cdots,F(w_{f,J,t}))} \cdot f(w_{a,t}^{\Sigma})
\end{aligned} \tag{2-6}
$$

式中，$f(w_{\mathrm{a},t}^{\Sigma})$ 可由多风电场实际功率之和的历史数据，通过截断通用分布的混合形式进行拟合得到。

当 $J=1$ 时，式 (2-6) 中的实际功率之和的条件概率分布模型 $f(w_{\mathrm{a},t}^{\Sigma}\,|\,w_{\mathrm{f},1,t},\cdots,w_{\mathrm{f},J,t})$ 即为单风电场的条件概率分布模型 $f(w_{\mathrm{a},1,t}\,|\,w_{\mathrm{f},1,t})$。从考虑预测功率条件的方式来看，一般有两条不同的技术路线，即历史数据分箱方法和 Copula 函数方法。历史数据分箱方法中，通过历史数据分箱得到风电功率直方图，直接拟合不同预测功率箱对应的直方图得到参数，即每个预测功率区间对应一个表征风电实际功率的条件概率分布模型；而 Copula 函数方法中，基于截断通用分布及其混合形式建模风电场功率的非条件概率分布，再通过一定的 Copula 函数来考虑风电场的预测功率条件。

故当风电场数量较少的时候，如 $J=1$ 或 2，历史数据分箱方法直接拟合历史数据直方图的技术路线更加直接，理论上更加准确。然而，历史数据分箱方法在风电场数量较多时会出现维数灾，而 Copula 函数方法不存在这种情况，如式 (2-6) 所示。故当风电场数量较小时，如 $J=1$ 或 2，可基于历史数据分箱方法建模风电实际功率之和的条件概率分布模型或单风电场的实际功率条件概率分布模型；当风电场数量较多时，如 $J\geqslant 3$，可采用 Copula 函数方法建模风电实际功率之和的条件概率分布模型。

2.3.3　出力功率概率分布模型拟合算例

如前所述，本章所采用的发电耦合特性模型，不管采用何种方法，都需要对风电出力功率的概率分布模型进行拟合，下面从实际算例的角度研究各概率分布模型对风电出力分布的适用程度。

1. 数据来源

本章对全球多地不同风电场及风电场群进行了统计分析，在研究单风电场的表征特性、对比单随机变量分布模型的表征精度时，本章选择的风电场如下。

(1) 装机容量为 1526MW 的欧洲某国风电场，数据源包含自 2010 年 2 月 2 日至 2012 年 4 月 23 日的风电功率预测值和对应的实际值，共约 77800 个数据对，本章记为欧洲某国风电场。

(2) 装机容量为 153.42MW 的中国北方某省东部某风电场，数据源包含自 2014 年 7 月 1 日至 2015 年 12 月 31 日的风电功率预测值和对应的实际值，共约 52700 个数据对，本章记为蒙东风电场。

(3) 装机容量为 840MW 的美国 A 州某风电场[20]，数据源包含自 2006 年 6 月 1 日至 2007 年 12 月 31 日的风电功率预测值和对应的实际值，共约 52560 个数据对，每个实际风电功率对应的预测值使用经典的持续预测法[21-23]得到，本章记为美国 A 州风电场。

为研究多风电场之间的空间相关性，选择下面两组风电场群。

(1)更新后的欧洲某国风电场群，即欧洲某国风电场与北方邻国风电场，数据源包含自第一年 9 月 5 日至第三年 3 月 16 日的一年半风电预测功率和对应的实际风电功率，共约 53660 组同步历史数据对，本章记为更新后的欧洲某国风电场系统，包括欧洲某国风电场和北方邻国风电场两个风电场。

(2)美国某州风电场群，数据来源为美国国家可再生能源实验室(NREL)的 2006 年全年同步数据，包括 14 个风电场，约 52560 组实际风电功率历史数据，每个实际风电功率对应的预测功率使用持续预测法得到，本章记为美国 B 州风电场群。

上述所有风电场的预测功率和对应的实际功率数据均标幺化，即在 0~1p.u.内。

2. 不同概率分布模型对比

本节分别使用欧洲某国风电场、蒙东风电场和美国 A 州风电场的历史数据，对比截断通用分布模型与经典的表征单随机变量的高斯分布、贝塔分布、伽马分布[24](Gamma distribution)和高斯 Copula 函数(Gaussian Copula，GC)对风电功率的表征精确性。

将风电出力预测值范围(0~1p.u.)分成 M_1 个均匀的箱，每个箱宽度为 $1/M_1$，在本章称为预测箱。预测箱 m_1(m_1=1, 2,…, M_1)为位于$[(m_1-1)/M_1, m_1/M_1]$区间的预测值集合。对于每一个落在预测箱 m_1 的风电预测功率，都有一个对应的风电实际功率。因此，预测箱 m_1 也对应一组实际风电功率集合，记为预测箱 m_1 的风电历史功率集合。M_1 为根据历史数据集合规模而由用户自定义的整数[25]。预测箱宽度必须根据可获得的历史数据规模来确定[26]，如果历史数据集合较小，预测箱数量也通常较小[27]。本节的欧洲某国风电场和蒙东风电场分为 50 个预测箱，预测箱宽 0.02p.u.；而美国 A 州风电场分为 25 个预测箱，预测箱宽 0.04p.u.。

预测箱 m_1 内的风电功率概率分布通过预测箱 m_1 内的风电历史数据集合得到的概率分布直方图确定。预测箱 m_1 内的实际出力数据集合被分成一定数量的均匀的组，组数不能太大，避免使直方图离散，也不能太小，否则表征误差较大。预测箱 m_1 中高斯分布(GD)的 PDF 曲线均值和方差参数等于预测箱 m_1 中的实际风电出力样本均值和方差。预测箱 m_1 中贝塔分布(BD)的 PDF 曲线参数由预测箱 m_1 中的实际风电出力样本均值和方差确定。预测箱 m_1 中伽马分布的 PDF 曲线参数由预测箱 m_1 中的实际风电出力样本均值和方差确定,参数计算关系见文献[22]。预测箱 m_1 中高斯 Copula 函数的 PDF 曲线参数由预测箱 m_1 中的实际风电出力样本均值和方差确定,参数计算关系见文献[28]。预测箱 m_1 中通用分布(VD)的 PDF 曲线参数使用非线性最小二乘法拟合预测箱 m_1 中的实际风电出力样本概率密度直方图获得。预测箱 m_1 中截断通用分布(TVD)的 PDF 曲线参数也使用非线性最小二乘法拟合预测箱 m_1 中的实际风电出力样本概率密度直方图获得。

下面比较高斯分布(GD)、贝塔分布(BD)、高斯 Copula 函数(GC)、伽马(Gamma)分布、通用分布(VD)和截断通用分布(TVD)对本节三个风电场不同预测箱内风电功率 PDF 的拟合效果,如图 2-10～图 2-13 所示,并讨论和比较不同分布模型对历史数据直方图拟合的均方根误差(RMSE)[27]。

当风电场预测值靠近定义域边界(0 和 1p.u.)时,不同分布 PDF 的拟合效果分别如图 2-10～图 2-12 所示,当风电场预测值在定义域中间位置时,不同分布 PDF 的拟合效果如图 2-13 所示。

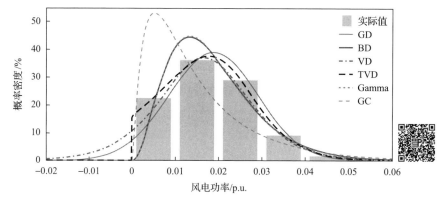

图 2-10　不同分布模型拟合数据 1 的 PDF 拟合效果比较(彩图扫二维码)

欧洲某国风电场,预测箱 1:0.00～0.02p.u.

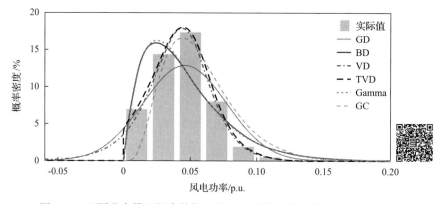

图 2-11　不同分布模型拟合数据 2 的 PDF 拟合效果比较(彩图扫二维码)

蒙东风电场,预测箱 3:0.04～0.06p.u.

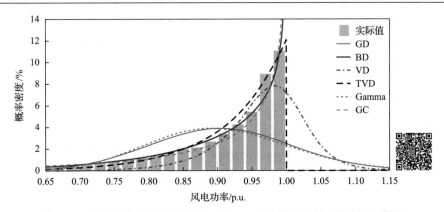

图 2-12　不同分布模型拟合数据 3 的 PDF 拟合效果比较(彩图扫二维码)

美国 A 州风电场，预测箱 24：0.92～0.96p.u.

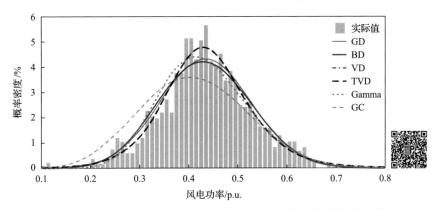

图 2-13　不同分布模型拟合数据 4 的 PDF 拟合效果比较(彩图扫二维码)

欧洲某国风电场，预测箱 22：0.42～0.44p.u.

不同分布模型拟合的 RMSE 如表 2-3 所示，可以看出，当风电功率预测值靠近 0 或 1p.u.时，截断通用分布的 RMSE 小于其他分布模型。当风电功率预测值不靠近 0 或 1p.u.时，截断通用分布的 RMSE 与通用分布相同，并小于高斯分布、贝塔分布、高斯 Copula 函数和伽马分布。因此，在上述六种分布模型中，截断通用分布具备最好的拟合效果。而拟合误差在含风电经济调度等随机优化中会最终导致相比于实际分布(即历史数据直方图)的调度误差，降低电力系统运行经济性。

表 2-3　不同分布模型拟合的 RMSE　　　　　　　(单位：p.u.)

数据集合	GD	BD	VD	Gamma	GC	TVD
数据 1	0.783	0.914	0.486	0.968	3.496	0.057
数据 2	0.916	1.147	0.173	1.109	1.120	0.072
数据 3	1.533	0.309	0.658	1.590	0.401	0.285
数据 4	0.325	0.344	0.274	0.356	1.802	0.274

上述六种分布模型在定义域[0, 1]外的 PDF 曲线面积比较如表 2-4 所示。其中高斯分布和通用分布模型 PDF 曲线超出了标准化风电功率区间[0, 1]，尤其是在图 2-10～图 2-12 风电场预测值靠近定义域边界(0 和 1p.u.)时。当风电场预测值靠近定义域上边界(1p.u.)时，伽马分布 PDF 曲线超出 1p.u.上限，如图 2-12 所示。与之对比的是，贝塔分布和截断通用分布的 PDF 曲线全部落在标准化风电出力区间[0, 1]内。高斯 Copula 函数的 PDF 曲线与其内部表征边缘分布的模型有关，本节使用贝塔分布来表征其边缘分布，故在此算例中也全部落在标准化风电出力区间[0, 1]内。

表 2-4   不同分布模型拟合的定义域外 PDF 曲线面积   (单位：p.u.)

数据集合	GD	BD	VD	Gamma	GC	TVD
数据 1	0.0329	0	0.0765	<0.001	<0.001	0
数据 2	0.0690	0	0.0623	<0.001	<0.001	0
数据 3	0.1733	0	0.3021	0.1712	<0.001	0
数据 4	<0.001	0	<0.001	<0.001	<0.001	0

当风电场预测值靠近定义域边界(0 和 1p.u.)时，风电实际分布直方图的偏度方向并非其直观表现的方向。例如，图 2-10 中的风电实际分布直方图从直观表现上来看为略微右偏，而实际上其为左偏。图 2-10 中截断通用分布通过左偏正确地拟合了风电实际分布直方图，而通用分布由于不希望过多超出左侧定义域而呈现右偏，从而出现错误的偏度方向。

贝塔分布的偏度方向和水平位置关系完全耦合，此偏度缺陷导致在拟合风电实际分布直方图时出现完全错误的偏度方向，如图 2-13 所示，从而在六种分布模型中呈现较大的 RMSE，如表 2-3 所示。与贝塔分布相似，伽马分布也出现了图 2-13 中的错误偏度方向。

风电场预测值靠近定义域边界(0 和 1p.u.)时，高斯分布、伽马分布和通用分布的 PDF 曲线会超出标准化风电出力区间[0, 1]，此时将对与风电概率分布边缘部分相关的备用策略造成不可接受的误差。例如，当置信水平取 0.95 时，对于图 2-11 的高斯分布和通用分布来说实际的置信区间下限为负值，这意味着机会约束下的备用策略实际上需要平衡所有的风电高估可能。换句话说，实际的置信水平为 1.0，这一误差将严重破坏传统的基于机会约束处理风电随机性的备用策略。

综上，相比于高斯分布、贝塔分布、高斯 Copula 函数、伽马分布、通用分布，截断通用分布具备对实际风电分布更好的拟合效果。

前面一直在研究风电场与风电场之间的相关性，但是根据经验，风能资源富集的地区，往往也存在很多的光伏资源。调度中往往也必须考虑风电与光伏之间的时空相关性。关于风电的场群级时空相关性，已在前面提到。在处理含光伏电站的场群级可再生能源的相关性时，一般可以将光伏电站看作特殊的风电场，其特殊性在于：

(1)受季节与天气的影响，光伏电站有可以明确预见的零出力点；

(2)光伏电站的出力波动性明显大于风电场，这是因为相比于风速的变化(影响风电出力的最主要因素)，辐照度的变化(影响光伏出力的最主要因素)更加剧烈，受到类似云层遮蔽等现象的影响，光伏出力会很快地下降。

基于以上的特点，在处理含光伏的可再生能源相关性出力问题时，有如下需要注意的地方。

(1)根据经验与统计，影响风电和光伏之间的相关性的"大小"与"方向"的因素有温度、风速、湿度、辐照度等，而这些气候因素与季节特性息息相关。但如果将这些因素考虑得太详细，分析时所需的历史数据量会激增，因此综合考虑上述因素，在处理风电与光伏相关性时，将一年的数据分为四组(每组三个月)来考虑。

(2)在考虑场群级风电场相关性，计算 Copula 函数相关系数时，并没有进行细分。但是在考虑光伏出力与风电出力相关性的时候，因为光伏出力是随着时间明显变化的，因此在计算风电与光伏 Copula 函数相关系数的时候，可以在每个调度周期进行一次 Copula 函数计算。这样在进行预测的时候，就可以根据预测时刻的不同，选择相应的相关系数。但需要注意的是，此方法因为针对每个预测时刻各进行一次计算，所以需要大量的数据支持。

(3)利用本节的方法，可以将光伏电站看成特殊的风电场(即仅在白天某些时段出力)，但是也要和常规风电场加以区分。如果是集中式的光伏电站，其功率波动特性往往比风电场要剧烈，但是如果是将分布式光伏进行集中等效后的数据，其波动特性往往比风电场要低。在进行场景生成时，要注意取不同的波动系数。

2.4　可再生能源发电典型场景构建

2.4.1　静态场景生成方法

如前所述，在考虑多风电场空间相关性的经济调度中，通常需要从联合分布模型中得到风电功率场景[28]。本节的场景指的是通过某种办法将原本不确定的可再生能源出力分布转化为确定的离散出力，这样就可以直接代入模型求解。文献[16]从表征风电功率空间相关性的多风电场联合分布中抽样得到场景，文献[29]通过 Copula 理论得到风电功率场景并以此分析欧洲电网的多变量相关性，文献[18]和[29]均未考虑时间相关性，而文献[27]和[30]指出时间相关性在含风电电源的电力系统经济调度中非常重要。也有研究通过直接建立一个包含风电场数量乘以调度周期个数(即 $J×T$)的维度的联合分布模型来考虑风电场之间的时空相关性,如文献[28]和[31],然而此类分布模型的规模大大增加,通常没有足够的风电功率历史数据来进行支持。

根据式(2-6),可以通过抽样技术得到给定风电预测功率下的多风电场实际功率场景。然而,在传统抽样技术,如逆变换抽样[29]和拉丁超立方抽样[32]过程中,需要存储一定分辨率(即组数的倒数)自变量(即所需的场景数量)取值对应 CDF 值的矩阵。随着系统内风电场数量的增多,式(2-6)分布为高维分布,CDF 值的矩阵随风电场数量 J 的变化为 $O(\rho^J)$(ρ 为风电实际功率等级数量,类似于直方图组数)的关系,这种指数增长会产生维数灾问题,有超过计算机存储变量的能力的可能。而其他抽样方法,如接受-拒绝抽样[33]会导致较大的拒绝率,也无法高效采样式(2-6)所表示的高维分布模型。

基于上述分析,本章通过吉布斯采样技术[34]将式(2-6)的高维分布采样过程转化为 J 步的一维分布的采样过程,每一步一维分布的采样过程如下:

$$w_{a,j,t}=F_j^{-1}(U) \tag{2-7}$$

式中,U 为[0, 1]下的均匀分布随机变量;F_j^{-1} 为每个风电场条件边缘分布的 CDF 逆函数。同理,对于式(2-6),每个风电场风电功率的条件边缘分布 CDF 可通过 Copula 理论建模如下:

$$
\begin{aligned}
&f(w_{a,j,t}|w_{a,1,t},\cdots,w_{a,j-1,t},w_{a,j+1,t},\cdots,w_{a,J,t},w_{f,1,t},\cdots,w_{f,J,t}) \\
&=\frac{C(F(w_{a,1,t}),\cdots,F(w_{a,J,t}),F(w_{f,1,t}),\cdots,F(w_{f,J,t}))}{C(F(w_{a,1,t}),\cdots,F(w_{a,j-1,t}),F(w_{a,j+1,t}),\cdots,F(w_{a,J,t}),F(w_{f,1,t}),\cdots,F(w_{f,J,t}))} \cdot f(w_{a,j,t})
\end{aligned}
\tag{2-8}
$$

由吉布斯采样理论可以证明,通过对每个风电场条件边缘分布的逐次采样,经过一段采样过程之后,采样过程为马尔可夫链过程,抽样结果即服从条件联合分布式(2-6)。在收敛到目标条件联合分布之前的抽样过程称为预抽样(burn-in)过程[35],即形成收敛域之前的收敛过程,故在场景生成过程即抽样过程中,需要去除前面一定数量的风电功率场景。基于吉布斯采样技术的考虑多风电场空间相关性的高效静态场景生成方法步骤如下。

(1)设置需要生成的风电功率场景数 N_{sc}(如 3000),则总共所需的采样数量为 $N_{sc} + N_{bi}$(N_{bi} 为 burn-in 需要丢弃的场景数,如 500)。

(2)设置采样初始点为所有风电场的预测功率。

(3)通过式(2-7)和式(2-8)进行逐次逆变换循环采样($k = 1, 2, \cdots, N_{sc} + N_{bi}$):

$$f(w_{a,1,t(k)}|w_{a,2,t(k)},\cdots,w_{a,J,t(k)},w_{f,1,t},\cdots,w_{f,J,t})$$

$$\times f(w_{a,2,t(k)}|w_{a,1,t(k+1)},w_{a,3,t(k)},\cdots,w_{a,J,t(k)},w_{f,1,t},\cdots,w_{f,J,t})$$

$$\times\cdots$$

$$\times f(w_{a,j,t(k)}|w_{a,1,t(k+1)},\cdots,w_{a,j-1,t(k+1)},w_{a,j+1,t(k)},\cdots,w_{a,J,t(k)},w_{f,1,t},\cdots,w_{f,J,t})$$

$$\times\cdots$$

$$\times f(w_{a,J,t(k)}|w_{a,1,t(k+1)},\cdots,w_{a,J-1,t(k+1)},w_{f,1,t},\cdots,w_{f,J,t})$$

（4）从 $k=1,2,\cdots,N_{sc}+N_{bi}$ 重复步骤（3）的采样过程，在得到所需的采样数目后，丢弃前面的 N_{bi} 个风电功率场景，保留后面 N_{sc} 个风电功率场景。

为了更清楚地展示吉布斯采样过程，这里以两个风电场为例进行说明，如图 2-14 所示。

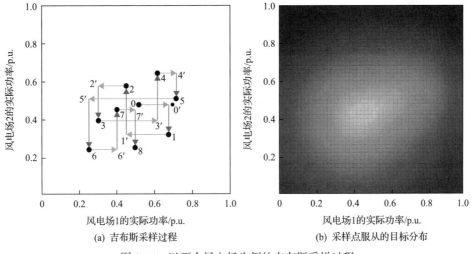

图 2-14　以两个风电场为例的吉布斯采样过程

在图 2-14（a）中，以两风电场预测功率 $(w_{f,1,t},w_{f,2,t})$ 作为起点（图中点 0），在横坐标方向以风电场 1 的条件边缘分布 $f(w_{a,1,t(0)}|w_{a,2,t(0)},w_{f,1,t},w_{f,2,t})$ 进行逆变换采样，得到点 0′；继续以点 0′为起点，在纵坐标方向以风电场 2 的条件边缘分布 $f(w_{a,2,t(0)}|w_{a,1,t(1)},w_{f,1,t},w_{f,2,t})$ 进行逆变换采样，得到点 1；继续根据 $f(w_{a,1,t(1)}|w_{a,2,t(1)},w_{f,1,t},w_{f,2,t})$ 得到点 1′，根据 $f(w_{a,2,t(1)}|w_{a,1,t(2)},w_{f,1,t},w_{f,2,t})$ 得到点 2；以此类推继续进行，得到点 3,4,…，这些点都是风电功率场景，对应每一个风电场都有一个实际风电功率值。在 burn-in 过程之后，这些采样点（风电功率场景）服从图 2-14（b）中的目标分布，即在 2.3 节中建模的考虑多风电场空间相关性的实

际功率条件联合分布式(2-6)。去掉 burn-in 过程之前的风电功率场景，得到服从条件联合分布的风电功率场景，即考虑多风电场空间相关性的静态场景。

2.4.2 动态场景生成方法

2.4.1 节的场景生成方法可以高效生成考虑每个调度周期内各个风电场空间相关性的风电功率场景，但并未考虑风电场自身出力的时间相关性。本节在静态场景的基础上，考虑每个风电场的波动性特征，即形成考虑多风电场时空相关性的高效动态场景生成方法。

为考虑时间相关性，引入一组新的变量，对于每一个风电场，有服从标准高斯分布(即均值为 0，方差为 1)的随机数 $z_{a,j,t}$。由于 $z_{a,j,t}$ 的 CDF 为[0, 1]区间内的均匀分布，记为 $\Phi(z_{a,j,t})$，故式(2-7)中的均匀分布 U 可由 $\Phi(z_{a,j,t})$ 代替。给定某一随机数 $z_{a,j,t}$，$w_{a,j,t}$ 可使用公式 $w_{a,j,t}=F_j^{-1}(\Phi(z_{a,j,t}))$ 进行采样，过程如图 2-15 所示。

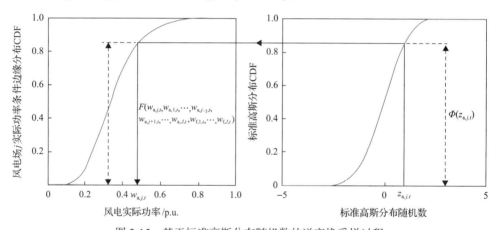

图 2-15 基于标准高斯分布随机数的逆变换采样过程

为考虑每个风电场的波动性，假设不同时刻对应的随机数 $z_{a,j,t}$ 服从 t 维高斯分布，即 $z_{a,j,t}\sim N(\boldsymbol{\mu}_j,\boldsymbol{\Sigma}_j)$。假设 $\boldsymbol{\mu}_j$ 的均值为一组零向量，协方差矩阵 $\boldsymbol{\Sigma}_j$ 中第 m' 行、n' 列的协方差为 $\sigma_{m',n'}^j$，$\sigma_{m',n'}^j=\mathrm{cov}(z_{a,j,m'},z_{a,j,n'})$，$m',n'=1,2,\cdots,T$，$\sigma_{m',n'}^j$ 是 $z_{a,j,m'}$ 和 $z_{a,j,n'}$ 间的协方差。

协方差矩阵 $\boldsymbol{\Sigma}_j$ 可由协方差元素 $\sigma_{m',n'}^j$ 确定，类似于文献[27]和[36]，本章使用经典的指数形式确定协方差元素 $\sigma_{m',n'}^j$：

$$\sigma_{m',n'}^j=\exp\left(-\frac{|m'-n'|}{\varepsilon_j}\right),\quad m'\geqslant 0,n'\leqslant T \tag{2-9}$$

式中，ε_j 为控制随机数 $z_{\mathrm{a},j,t}$ 时间相关性的尺度变量，类似于文献[25]，ε_j 可通过生成的场景的波动规律与历史波动规律比较获得。此处假设已经获得所有风电场的尺度变量 ε_j，考虑多风电场时空相关性的高效动态场景生成方法流程图如图 2-16 所示。

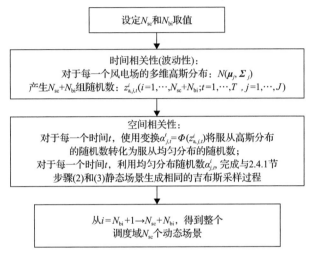

图 2-16 考虑多风电场时空相关性的高效动态场景生成方法流程图

在生成目标数量的风电功率场景之前，需要先生成少量场景确定每个风电场的尺度变量 ε_j。获得尺度变量 ε_j 后，即可按照图 2-16 所示的方法进行场景生成，生成的风电功率场景，在每个调度周期服从式(2-6)中的条件联合分布(空间相关性)；对于每一个风电场在不同调度周期，符合历史波动规律(时间相关性)。

注意到图 2-16 所示的场景生成过程中，在随机数确定之后，所有调度周期的场景生成过程，即逆变换采样过程相互独立。通过并行计算技术，所有调度周期同时进行采样，可以提高场景生成效率。如有必要，可以进行场景削减。

本章所提出的基于吉布斯采样技术的考虑多风电场时空相关性的高效动态场景生成方法避免了对高维分布模型的直接采样，而是将 J 维条件联合分布模型转化为 J 维条件边缘分布的简单逆变换采样过程。故采样时间复杂度由 $O(\rho^J)$ 简化为 $O(\rho \times J)$，采样所需存储空间复杂度由 $O(\rho^J)$ 简化为 $O(\rho)$，解决了采样过程中的维数灾问题。

可以证明，当 $J=1$ 时，本章提出的考虑多风电场时空相关性的高效动态场景生成方法转化为国际经典的考虑波动性的单风电场场景生成方法，即文献[27]和[36]中的研究内容，其中唯一的不同在于本章与文献[27]和[36]内建立单风电场功率分布条件概率模型的不同。

为了展示时间相关性对生成场景的影响，基于本章考虑时间相关性的场景生成方法和不考虑时间相关性的场景生成方法，分别生成一定数量的场景。取 N_{sc} 为 3000，N_{bi} 为 500，图 2-17 对比了本章方法(图 2-17(a))和不考虑时间相关性的场景生成方法(图 2-17(b))中的风电场的前 50 个场景。从图 2-17 可以看出，虽然本章方法和不考虑时间相关性的场景生成方法生成的风电功率场景在每个调度周期具备相同的分布形式，但本章方法明显更接近实际风电功率。

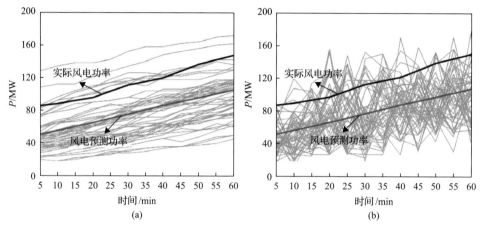

图 2-17　考虑和不考虑时间相关性生成的风电功率场景

为了展示空间相关性对生成场景的影响，在进行动态场景生成时分别改变高斯 Copula 函数中的相关系数，如图 2-18 所示，最终取 500 个场景。当相关系数为 0.8 时，两风电场相关性较强，呈现明显的菱形分布；当相关系数为 0.2 时，两风电场相关性较弱，分布为正方形，几乎体现不出空间相关性。

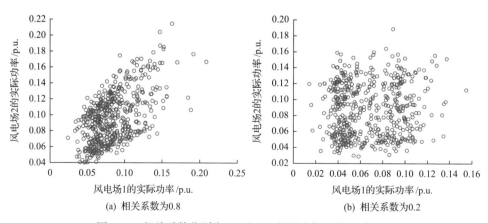

图 2-18　相关系数分别为 0.8 和 0.2 的风电场相关性对比图

2.5　本章小结

本章首先归纳和总结了风电和光伏发电的典型出力特性。以中国 A 省为例，分别对比和分析了其某三年来的年、月、日出力特征。然后通过聚类算法，归纳了其风电和光伏出力的典型特性，统计了不同典型日在全年中所占的比重。

可再生能源场群间具有时空相关性，本章从空间相关性和时间相关性两个方面分别进行了分析，介绍了考虑场群级可再生能源时空相关性的电力系统滚动经济调度模型，通过每一个可再生能源场站功率预测的非条件概率分布模型，结合 Copula 理论，构建了多可再生能源场站条件联合分布模型。

在考虑可再生能源发电时空耦合特性的基础上，本章构建了基于吉布斯采样的可再生能源发电典型场景生成方法，包括静态场景和动态场景。该方法既考虑了大规模可再生能源功率的时空相关性，又大大减少了采样所需的时间与存储空间。

参 考 文 献

[1] Ma X Y, Sun Y Z, Fang H L. Scenario generation of wind power based on statistical uncertainty and variability[J]. IEEE Transactions on Sustainable Energy, 2013, 4(4): 894-904.

[2] 李剑楠, 乔颖, 鲁宗相, 等. 多时空尺度风电统计特性评价指标体系及其应用[J]. 中国电机工程学报, 2013, 33(13): 53-61.

[3] Porter K, Rogers J. Survey of variable generation forecasting in the west: August 2011-June 2012[R]. Golden: National Renewable Energy Lab, 2012.

[4] 王琦, 郭钰锋, 万杰, 等. 适用于高风电渗透率电力系统的火电机组一次调频策略[J]. 中国电机工程学报, 2018, 38(4): 974-984.

[5] 刘文颖, 文晶, 谢昶, 等. 考虑风电消纳的电力系统源荷协调多目标优化方法[J]. 中国电机工程学报, 2015, 35(5): 1079-1088.

[6] 薛禹胜, 雷兴, 薛峰, 等. 关于风电不确定性对电力系统影响的评述[J]. 中国电机工程学报, 2014, 34(29): 5029-5040.

[7] 王卿然, 谢国辉, 张粒子. 含风电系统的发用电一体化调度模型[J]. 电力系统自动化, 2011, 35(5): 15-18.

[8] 马燕峰, 陈磊, 李鑫, 等. 基于机会约束混合整数规划的风火协调滚动调度[J]. 电力系统自动化, 2018, 42(5): 127-132.

[9] 王蓓蓓, 唐楠, 方鑫, 等. 大规模风电接入系统多时间尺度备用容量滚动修订模型[J]. 中国电机工程学报, 2017, 37(6): 1645-1656.

[10] 王蓓蓓, 唐楠, 赵盛楠, 等. 需求响应参与风电消纳的随机&可调节鲁棒混合日前调度模型[J]. 中国电机工程学报, 2017, 37(21): 6339-6346.

[11] 张伯明, 吴文传, 郑太一, 等. 消纳大规模风电的多时间尺度协调的有功调度系统设计[J]. 电力系统自动化, 2011, 35(1): 1-6.

[12] 包宇庆, 王蓓蓓, 李扬, 等. 考虑大规模风电接入并计及多时间尺度需求响应资源协调优化的滚动调度模型[J]. 中国电机工程学报, 2016, 36(17): 4589-4599.

[13] 杨胜春, 刘建涛, 姚建国, 等. 多时间尺度协调的柔性负荷互动响应调度模型与策略[J]. 中国电机工程学报, 2014, 34(22): 3664-3673.

[14] 黄杨, 胡伟, 闵勇, 等. 考虑日前计划的风储联合系统多目标协调调度[J]. 中国电机工程学报, 2014, 34(28): 4743-4751.

[15] 姚良忠, 朱凌志, 周明, 等. 高比例可再生能源电力系统的协同优化运行技术展望[J]. 电力系统自动化, 2017, 41(9): 36-43.

[16] Sklar A. Fonctions de repartition a n dimensions et leurs marges[J]. Publications de l'Institut de statistique de l'Université de Paris, 1959, 8: 229-231.

[17] Zhang N, Kang C, Xia Q, et al. Modeling conditional forecast error for wind power in generation scheduling[J]. IEEE Transactions on Power Systems, 2014, 29(3): 1316-1324.

[18] Zhang N, Kang C, Singh C, et al. Copula based dependent discrete convolution for power system uncertainty analysis[J]. IEEE Transactions on Power Systems, 2016, 31(6): 1-2.

[19] 邱宜彬, 李诗涵, 刘璐, 等. 基于场景 D 藤 Copula 模型的多风电场出力相关性建模[J]. 太阳能学报, 2019, 40(10): 2960-2966.

[20] Draxl C, Clifton A, Hodge B M, et al. The wind integration national dataset (WIND) toolkit[J]. Applied Energy, 2015, 151: 355-366.

[21] Tewari S, Geyer C J, Mohan N. A statistical model for wind power forecast error and its application to the estimation of penalties in liberalized markets[J]. IEEE Transactions on Power Systems, 2011, 26(4): 2031-2039.

[22] Zhang Z S, Sun Y Z, Gao D W, et al. A versatile probability distribution model for wind power forecast errors and its application in economic dispatch[J]. IEEE Transactions on Power Systems, 2013, 28(3): 3114-3125.

[23] Hodge B M, Milligan M. Wind power forecasting error distributions over multiple timescales[C]// Power and Energy Society General Meeting, Detroit, 2011: 1-8.

[24] Menemenlis N, Huneault M, Robitaille A. Computation of dynamic operating balancing reserve for wind power integration for the time-horizon 1-48 hours[J]. IEEE Transactions on Sustainable Energy, 2012, 3(4): 692-702.

[25] 李志伟, 赵书强, 董凌. 考虑预测误差的风火协调滚动调度[J]. 电力自动化设备, 2020, 40, (12): 125-133.

[26] Bludszuweit H, Dominguez-Navarro J A, Llombart A. Statistical analysis of wind power forecast error[J]. IEEE Transactions on Power Systems, 2008, 23(3): 983-991.

[27] Shan J. Long term power generation planning under uncertainty[D]. Ames Iowa: Iowa State University, 2009.

[28] Wang Z, Shen C, Liu F. A conditional model of wind power forecast errors and its application in scenario generation[J]. Applied Energy, 2017, 212: 771-785.

[29] Hagspiel S, Papaemannouil A, Schmid M, et al. Copula-based modeling of stochastic wind power in Europe and implications for the Swiss power grid[J]. Applied Energy, 2012, 96: 33-44.

[30] Le D D, Gross G, Berizzi A. Probabilistic modeling of multisite wind farm production for scenario-based applications[J]. IEEE Transactions on Sustainable Energy, 2015, 6(3): 748-758.

[31] Díaz G, Gómez-Aleixandre J, Coto J. Wind power scenario generation through state-space specifications for uncertainty analysis of wind power plants[J]. Applied Energy, 2015, 162(1): 21-30.

[32] Cai D, Shi D, Chen J. Probabilistic load flow computation using Copula and Latin hypercube sampling[J]. IET Generation Transmission & Distribution, 2014, 8(9): 1539-1549.

[33] Casella G, Robert C P, Wells M T. Generalized accept-reject sampling schemes[J]. Lecture Notes-Monograph Series, 2004, 45: 342-347.

[34] Martino L, Yang H, Luengo D, et al. A fast universal self-tuned sampler within Gibbs sampling[J]. Digital Signal Processing, 2015, 47(C): 68-83.

[35] Jones G L, Hobert J P. Sufficient burn-in for Gibbs samplers for a hierarchical random effects model[J]. Annals of Statistics, 2004, 32(2): 784-817.

[36] Pinson P, Girard R. Evaluating the quality of scenarios of short-term wind power generation[J]. Applied Energy, 2012, 96(8): 12-20.

第3章　高比例可再生能源电力系统态势感知

3.1　引　　言

随着化石能源的日渐枯竭和世界各国对温室效应的逐渐重视，大力发展以光伏和风电为代表的可再生能源已刻不容缓[1,2]。然而，高比例可再生能源的接入将给电力系统带来诸多问题[3,4]，如电力电量平衡概率化、电网潮流双向化、电力系统运行方式多样化、稳定机理复杂化、灵活资源稀缺化、源荷界限模糊化等。在此背景下，国内外学者提出了电力系统态势感知的概念，尝试借用态势感知理论提高电力系统的"可见性"，力图更好地评估电力系统当前的运行状态以及未来的发展趋势，以便为运行人员提供相应的决策支撑[5-8]。

态势感知(situation awareness)的概念最早由美国提出并应用于太空领域，1995 年美国 Endsley 教授给出了态势感知的定义，并将态势感知分成了 3 个层次，即提取(perception)、理解(comprehension)和预测(projection)[9]。进入 21 世纪之后，态势感知的概念开始逐渐被接受，并且被应用于军事、网络安全、国际关系等多个领域[10]。电力系统态势感知是掌握电力系统运行轨迹的重要技术手段，指在一定的时空范围内，认知、理解影响电力系统运行变化的各类因素，力求准确有效地预测电力系统的运行态势，使得电力系统的管理从被动变为主动，以便调度人员及时采取有效的措施。电力系统态势感知可以直观地反映系统运行的情况，利用数据采集工具来收集被感知系统中的原始数据，通过一定的数据预处理，结合全面客观的系统态势指标体系，进行一定的态势评估和计算，最终以数值或图表的形式反映系统运行状态。构建指标体系，对庞大的电力系统运行信息进行提取和归纳，是表征电力系统运行轨迹的有效方法。如图 3-1 所示，笔者认为可以将 Endsley 定义的态势感知中的提取、理解、预测这三大要素映射到电力系统领域，构建电力系统态势感知的基本框架。本章首先从提取理解出发，介绍高比例可再生能源电力系统运行实时状态感知；然后进行理解预测，介绍考虑可再生能源功率爬坡事件的电力系统运行风险预测。

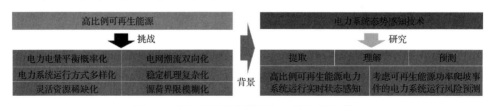

图 3-1　高比例可再生能源电力系统态势感知

3.2　高比例可再生能源电力系统运行实时状态感知

当前，随着电力系统网络的不断复杂化以及高比例可再生能源的广泛接入，实时评估电力系统运行的状态，了解电力系统的动态特性对电力系统调度运行与发展态势研究具有重要意义。为了更准确地描述电力系统运行态势，为调度运行人员提供更加客观、准确的电网实时状态，以帮助他们更好地做出决策并采取有效的措施，建立高比例可再生能源电力系统运行指标体系至关重要。指标体系中指标的选取直接反映了调度运行人员对于系统态势评估的决策思路和评估的角度，并影响着所构建的电力系统运行态势指标体系的应用范围和最终的评估结果。因此，电力系统态势感知的指标体系对系统态势感知具有极其重要的意义。与此同时，对电力系统运行异常事件进行监测与定位可以对实时感知研究进行补充，是对电力系统实时运行状态评估的完善。

3.2.1　高比例可再生能源电力系统运行态势指标体系

电力系统运行态势指标体系是一套能够全面反映电力系统运行态势特征[11]，并且指标间具有内在联系、互补作用的指标集合，是形成对电力系统运行状态评价的标准化客观定量分析结论的依据，它能够反映被感知对象的系统状态的基本面貌、素质和水平。电力系统运行态势指标体系可用于不同规模电力系统的态势量化评价[12]。

指标体系构建的最终目标是建立一个以指标为元素的集合，也就是高比例可再生能源电力系统运行态势指标体系，用其来描述整个系统的运行状态与发展趋势。一方面，所选取的态势指标应该能够涵盖电力系统运行的主要因素，使最终的态势感知结果能够反映真实系统状况；另一方面，态势指标的数量越多、范围越宽，确定指标的优先顺序就越难，处理和计算建模的过程就越复杂，扭曲系统本质特性的可能性就越大。指标体系建立的准确程度和科学合理性会直接影响其评价质量，所构建的评价指标体系应准确、全面、有效地反映高比例可再生能源电力系统运行的各种因素。因此，在提取指标时必须遵循科学性、完备性、独立性、主成分性、可操作性、可配置性等一系列原则[13,14]。

综合上述要素，可以凝练、提取出高比例可再生能源电力系统运行评价的 7 个 KPI(key performance index，关键性能指标)，调节能力维度包含备用容量不足风险指标、爬坡资源不足风险指标；频率稳定性维度包含惯量中心频率偏差指标、广义惯量不足风险指标；潮流电压维度包含断面潮流越限风险指标、电压偏移风险指标；电网强度维度包含等效运行短路比不足风险指标。本节将具体阐述各个指标的定义及其评价内容，最终形成一套规模适度而且能够从整体角度反映电力系统实时运行情况的综合评价 KPI 指标体系。

1. 备用容量不足风险指标

为了保证电力系统供电的可靠性、运行的经济性和良好的电能质量,必须设置足够的备用容量。电网的旋转备用指接于母线且立即可以带负荷的备用容量,用以平衡瞬间负荷波动、可再生能源出力波动等,一般由常规电源提供,常规电源通常为火电与水电机组。备用可以分为正备用和负备用,正备用与电网供电安全相关,用于应对负荷的增长以及可再生能源出力相对预期的不足;而负备用与电网经济运行相关,主要应对负荷的减小以及可再生能源出力的增加,降低弃风弃光水平。

在可再生能源装机规模较小、出力较低时可以完全采用火电等常规电源提供备用,但是随着可再生能源规模及出力的不断增大,完全采用火电等常规电源作为备用无法满足可再生能源充分消纳的需求。因此,未来高比例可再生能源电力系统的备用需要考虑可再生能源出力所提供的备用。与此同时,可再生能源的波动特性给电力系统运行备用带来了巨大的挑战,尤其是在可再生能源渗透率较高时,影响更为显著。换句话说,充足的备用容量能够保证高比例可再生能源电力系统运行的安全性。因此,电力系统运行过程中需要对负备用以及考虑可再生能源备用和储能备用的正备用容量充裕度进行评估,以保证系统的安全经济运行。系统正负旋转备用容量可以表示为

$$P_{\mathrm{u}\_i} = P_{\mathrm{h\_max}} + P_{\mathrm{w\_max}} + P_{\mathrm{re}\_i} + P_{\mathrm{re\_sr}} + P_{\mathrm{ess\_sr}} - P_{\mathrm{load}\_i} + P_{\mathrm{DRu\_sr}} \qquad (3\text{-}1)$$

$$P_{\mathrm{d}\_i} = P_{\mathrm{load}\_i} - P_{\mathrm{re}\_i} - P_{\mathrm{h\_min}} + P_{\mathrm{DRd\_sr}} \qquad (3\text{-}2)$$

式中, P_{u_i} 和 P_{d_i} 为分别为系统在当前时刻(i 时刻)的正旋转备用容量和负旋转备用容量; $P_{\mathrm{h\_max}}$ 为火电机组开机容量; $P_{\mathrm{h\_min}}$ 为火电机组最小技术出力,通常为火电机组开机容量的 30%~50%; $P_{\mathrm{w\_max}}$ 为当前运行的水电机组额定容量; P_{re_i} 为当前时刻可再生能源出力数值; $P_{\mathrm{ess\_sr}}$ 为当前时刻储能可提供的旋转备用容量; $P_{\mathrm{re\_sr}}$ 为日前调度的可再生能源备用容量; P_{load_i} 为当前时刻负荷的数值; $P_{\mathrm{DRu\_sr}}$ 和 $P_{\mathrm{DRd\_sr}}$ 分别为系统需求侧可提供的正负旋转备用。因此,高比例可再生能源电力系统备用容量不足风险指标可以定义为

$$I_{\mathrm{RCA}} = \max\left\{I_{\mathrm{RCA\_u}}, I_{\mathrm{RCA\_d}}\right\} \qquad (3\text{-}3)$$

$$I_{\mathrm{RCA\_u}} = \frac{\alpha \cdot P_{\mathrm{pl\_max}}}{P_{\mathrm{u}\_i}} \qquad (3\text{-}4)$$

$$I_{RCA\_d} = \frac{\beta \cdot P_{pl\_max}}{P_{d\_i}} \qquad (3-5)$$

式中，I_{RCA_u} 和 I_{RCA_d} 分别为系统正旋转备用容量不足风险指标和负旋转备用容量不足风险指标；I_{RCA} 为系统备用容量不足风险指标，为正旋转备用及负旋转备用容量不足风险指标数值中性能较差的值，以反映系统正负旋转备用中更严重的问题；P_{pl_max} 为系统最大发电负荷；α 为系统所需正旋转备用率，考虑到负荷备用率为 2%～5%，事故备用率通常为 10%，其中事故备用中至少有一半为旋转备用，故此处 α 取 10%；β 为系统要求的负旋转备用率，由于当前并没有提出对负旋转备用率的严格规定，故结合可再生能源出力的不确定性及可再生能源出力与负荷的预测误差，取 β 为 5%。

2. 爬坡资源不足风险指标(全局性)

除备用安全外，高比例可再生能源的接入对电力系统的灵活性亦提出了严峻的挑战。所谓灵活性即电力系统迅速响应供需两侧功率变化的能力。电力系统的传统机组具有良好的调节性能，系统灵活性侧重考虑通过该类电源去匹配负荷波动的不确定性。可再生能源并网的比例不断增大，其固有的波动性、间歇性和不确定性不断增强，常规机组需要更加频繁地调节，甚至启停，且调节深度也大幅度增加，需要系统具有更强的灵活性来匹配高比例可再生能源的接入。

在实际运行中，系统需要有充足的可调节资源匹配可再生能源出力的波动，降低可再生能源爬坡事件对系统的影响。爬坡与可再生能源出力及负荷的波动息息相关，是反映电力系统灵活性的重要内容。由于可再生能源主要为风电、光伏电源，因此大风、云层、落叶、沙尘等常见自然现象都会对可再生能源出力造成瞬时的影响，从而对高比例可再生能源电力系统产生很大的影响。爬坡资源不足风险是反映系统应对可再生能源出力波动、负荷变化的重要指标。若常规机组上爬坡速率小于净负荷的变化速率，则可能会出现上调灵活性不足问题，导致切负荷事件；若常规机组下爬坡速率小于净负荷的变化速率，则会出现下调灵活性不足问题，可能会导致弃风、弃光事件。运行调度人员可根据上下爬坡能力的充裕情况，对机组进行调度，及时发现、处理相关问题以提高系统运行灵活性。因此，爬坡资源不足风险指标可定义为

$$I_{RRA} = \begin{cases} \dfrac{(P_{net}(t) - P_{net}(t-1))/\Delta T}{\sum R_{custom\_u}}, & P_{net}(t) \geqslant P_{net}(t-1) \\[4mm] \dfrac{(-P_{net}(t) + P_{net}(t-1))/\Delta T}{\sum R_{custom\_d}}, & P_{net}(t) < P_{net}(t-1) \end{cases} \qquad (3-6)$$

式中，$P_{net}(t)$ 为当前时刻的净负荷，其为负荷与可再生能源出力之差，即 $P_{net}(t) = P_{load}(t) - P_{re}(t)$；$P_{net}(t-1)$ 为前一时刻净负荷，采样时间间隔为 ΔT；$\sum R_{custom\_u}$ 为系统当前时刻可调节资源所能提供的上爬坡速率；$\sum R_{custom\_d}$ 为系统当前时刻可调节资源所能提供的下爬坡速率。该指标可通过净负荷波动速率与系统爬坡资源所能提供的爬坡速率的比值反映系统爬坡资源的充裕情况。I_{RRA} 指标越小代表系统爬坡资源越充裕，I_{RRA} 大于 1 代表爬坡资源不足，电力系统无法及时匹配净负荷波动。

3. 惯量中心频率偏差指标(全局性)

电网频率是电力系统实时运行中所需关注的重要因素之一。有功功率影响频率，有功功率增加频率升高，有功功率减少频率降低。微小的频率偏差(根据中国电能质量标准规定，频率偏差不应超过±0.2Hz)也会对用电设备造成巨大破坏，对用户而言，频率不稳定会影响电动机转速，影响工业生产质量，影响电钟指示，威胁电力设备安全，更严重时甚至会造成人身伤亡。对电力系统而言，系统频率的不稳定将影响补偿容量，造成机组不稳定运行，系统崩溃、解列等严重后果。

除出力波动外，可再生能源接入电网亦会对频率造成影响，电力系统的频率会发生较大的波动，在光伏、风电渗透率较高时影响尤为显著。光伏、风力发电系统是以光能、风能作为一次能源进行发电的系统，由于其固有的间歇性、随机性、波动性特点，输出的电能具有显著的波动性和随机性，系统的有功不平衡，从而影响系统频率变化。倘若有功不平衡长期存在，则会长期影响频率质量，不断消耗备用，威胁电网安全运行。除此之外，光伏、风力发电机组大规模接入，替代了传统火力发电机组，系统同步机组数量显著减少，导致电力系统惯量显著降低。惯量降低则系统应对频率变化的能力下降，频率变化速率更快，容易发生频率越限事故，致使可再生能源机组无序脱网，进一步恶化系统频率稳定性。

因此，对高比例可再生能源电力系统实时运行状态下的系统频率进行分析与评估具有重要的实际意义及工程价值，可以协助调度员准确快速地发现当前频率存在的问题，从而尽早做出必要的决策与调整。值得注意的是，从系统中任一点测得的频率并不一定能反映系统整体情况。故对能够反映系统整体频率水平的系统惯量中心频率加以研究，其可定义为

$$f_{COI} = \frac{\sum_{i=1}^{n_t} \sum_{j=1}^{n_s} f_{i,j} H_j}{n_t \cdot H_{eq}} \tag{3-7}$$

式中，n_t 为采样时间段内的采样次数；n_s 为系统的同步发电机数目；$f_{i,j}$ 为同步发电机 j 在第 i 个时刻的频率，由同步发电机转速计算得到；H_j 为同步发电机 j 的惯量；$H_{eq} = \sum_{j=1}^{n_s} H_j$ 为系统等效惯量中心的惯量。惯量中心频率偏差通过监测各个同

步发电机的速度反映给定系统的频率偏差情况。因此，惯量中心频率偏差指标可以定义为

$$I_{FDCOI} = \frac{|f_{COI} - f_0|}{\Delta f_{threshold}} \tag{3-8}$$

式中，f_0 为系统额定频率；$\Delta f_{threshold}$ 为系统频率偏差限值，通常取 0.2Hz。惯量中心频率偏差通过对系统各同步发电机频率的监测反映电力系统等效惯量中心的频率偏差大小。通过对该指标的监控，调度员可以了解频率偏离额定值的程度以及距离安全事故频率的远近，可以直观了解频率是否越限，亦可以根据惯量中心频率偏差指标曲线了解系统频率变化的动态情况，分析当前调度的合理性。I_{FDCOI} 的值越小表示电力系统惯量中心频率偏差越小，越大表示系统惯量中心频率偏差越大。当 I_{FDCOI} 取值大于 1 时，表示电力系统频率偏差越限，需采取有效的控制措施限制频率的进一步偏移，防止系统频率崩溃。此外，通过对系统惯量中心频率偏差指标实时变化曲线的观察，结合长期频率控制性能标准(control performance standard，CPS)的考核结果，调度员亦可对系统频率控制性能加以研究。

4. 广义惯量不足风险指标(全局性)

电力系统的惯性是指电力系统具有保持当前运行状态不变的性质，表现为对引发其运行状态变化的不平衡功率的抑制作用，是系统频率稳定的重要保障。电力系统惯量则是描述系统惯性大小的量值，能有效反映系统的惯性水平，通常用发电机额定运行时的动能或关于能量的惯性时间常数 H 衡量。

传统电力系统的惯量主要由同步发电机提供，同步发电机能够为系统分担扰动功率，有效抑制频率变化。然而，随着可再生能源的接入以及大容量跨区直流输电技术的投入使用，电力系统惯量形式与传统同步电网相比发生了较大的变化。在含高比例可再生能源的交直流互联电力系统格局下，大量风电和光伏持续替代同步发电机，直流输电线路和可再生能源机组通过电力电子变流器和电网连接，与电网频率解耦，不能够弥补同步发电机组为系统提供的惯性支撑，系统惯性水平大幅度下降，导致余下的同步发电机分担更多的扰动功率，系统频率变化率增大，极大地削弱了电网抵御大容量功率扰动的频率响应能力。尽管如此，在可再生能源发电技术快速发展的背景下，可再生能源机组通过控制方式的转变也可以为系统提供部分虚拟惯量。

当前电力系统的惯性按来源可分为电源侧惯性和负荷侧惯性。电源侧惯性主要由同步发电机提供，可再生能源机组则通过控制方式的改变提供部分电压源型/电流源型虚拟惯性；负荷侧惯性一般由电动机的惯性及静态负荷的电压等效惯量组成。为此，从惯性为抵抗系统频率变化的物理属性出发，对同步发电机惯量的

概念进行拓展，提出电力系统广义惯量的定义。电力系统广义惯量定义为包含影响系统惯性的所有惯量形式，可采用式(3-9)表示：

$$H_{sys} = E_{sys}/S_{sys} \tag{3-9}$$

式中，E_{sys} 为系统的广义动能；S_{sys} 为系统额定容量。其中，E_{sys} 由同步发电机动能、异步发电机动能、虚拟惯量能量及负荷等效动能组成，可表示为

$$E_{sys} = E_G + E_{AG} + E_{CS} + E_{VS} + E_{Load} \tag{3-10}$$

$$E_G = \sum_{i=1}^{n} H_{Gi} \cdot P_{Gi}^{max} \cdot k_{Gi} \tag{3-11}$$

$$E_{CS} + E_{VS} = \sum_{i=1}^{m} H_{Rei} \cdot P_{Rei}^{max} \cdot k_{Rei} \tag{3-12}$$

式中，E_G 为同步发电机动能；n 为系统同步发电机数量；H_{Gi} 和 P_{Gi}^{max} 分别为同步发电机 i 的惯性时间常数和额定功率；k_{Gi} 为该机组的启停状态($k_{Gi}=0$ 为停运，$k_{Gi}=1$ 为运行)；E_{AG} 为异步发电机动能；E_{CS} 和 E_{VS} 分别为可再生能源机组电流源型和电压源型虚拟惯量的能量形式；m 为可再生能源机组的数量；H_{Rei} 和 P_{Rei}^{max} 分别为可再生能源机组 i 的虚拟惯性时间常数和额定功率；k_{Rei} 为可再生能源机组 i 的启停状态；E_{Load} 为负荷等效动能，即静态负荷电压等效惯量的能量形式。系统额定容量可表示为

$$S_{sys} = \sum_{i=1}^{n} P_{Gi}^{max} \cdot k_{Gi} + \sum_{i=1}^{m} P_{Rei}^{max} \cdot k_{Rei} \tag{3-13}$$

综上，为衡量系统当前运行方式下的惯量水平，当 $H_{sys} > 3s$ 时，认为系统惯量充足；当 $H_{sys} < 2s$ 时，认为系统惯量严重不足。因此，定义系统广义惯量不足风险指标如下：

$$I_{GID} = \frac{H_{limit}}{H_{sys}} \tag{3-14}$$

式中，H_{limit} 为系统惯量评估临界水平，取 2s。I_{GID} 的值越小表示系统惯量越充裕，越大表示系统惯量越不充裕。当 I_{GID} 取值大于 1 时，系统惯量严重不足，惯性水平低；当 $0 < I_{GID} < 0.67$ 时，系统惯量充足。

5. 断面潮流越限风险指标(局部性)

除备用、爬坡、频率外，电网的潮流也会给电力系统运行安全带来很大的影

响，因此，断面潮流也是衡量电力系统实时运行状态的重要指标之一。

输电断面一般是指系统不同分区间的输电走廊，即定义为系统中有功潮流方向一致的一组输电线路，如果断开断面中的所有线路，则整个系统将形成 2 个相互独立的连通系统。关键断面为电力系统需要重点监控的输电断面。在高比例可再生能源电力系统中，关键断面为与可再生能源联系紧密、潮流重、安全裕度小、需要重点监控的断面。

断面潮流为组成断面的各个支路的潮流之和，其可以清晰地反映断面所连接的两地区之间的功率交换关系，可以表示为

$$P_{si} = \sum_{j=1}^{n_1} P_{si,j} \tag{3-15}$$

式中，n_1 为断面 i 的线路数目；P_{si} 为断面 i 的潮流。关键断面的潮流情况是决定电力系统能否安全稳定运行的关键要素之一。通过对关键断面的识别以及对关键断面潮流进行实时在线监视、分析，可以协助调度员控制断面有功潮流，保证单支路实时满足热稳定限制并保证地区电压稳定及系统暂态稳定，最终保证整个电网的安全。针对系统中的关键断面，断面潮流越限风险指标可定义为

$$I_{IPFM} = \begin{cases} \max\left(\dfrac{P_{si}}{P_{si\_lim}}\right) + \dfrac{1}{n_d}\sum_{i=1}^{n_d}\dfrac{P_{si}}{P_{si\_lim}}, & \dfrac{P_{si}}{P_{si\_lim}} \geqslant x_{threshold} \\ \mathrm{mean}\left(\dfrac{P_{si}}{P_{si\_lim}}\right), & \dfrac{P_{si}}{P_{si\_lim}} < x_{threshold} \end{cases} \tag{3-16}$$

式中，n_d 为关键断面个数；P_{si_lim} 为断面传输功率限值；$x_{threshold}$ 为断面潮流指标门槛值。该指标考虑了木桶效应和异常个体效应，其中木桶效应即在电网中存在不安全断面时，安全指标取其安全性最差的断面；异常个体效应即反映了电网中处于安全警戒水平的那些断面对指标的影响，即起到一个叠加放大作用，能更为直观地体现出潮流越限情况。I_{IPFM} 为 0～1 时表示系统断面潮流处于安全裕度内；大于 1 表示系统出现断面潮流越限的情况。

6. 电压偏移风险指标(局部性)

除上述 5 个指标外，电压安全也是高比例可再生能源电力系统安全运行的一个重要影响因素。对于用户而言，电压的不稳定及偏移将对生产生活产生不良影响。对于电网而言，电压的失稳及偏移可能危及电网运行的稳定性，发生电压崩溃事故，甚至会引发大停电故障，严重影响电力系统的安全运行。高比例可再生

能源电力系统中含大规模风电机组，风电机组大多采用异步发电机，因此在发出有功功率的同时会从电网中吸收无功功率，无功功率需求增加。由于电压水平与无功功率密切联系，所以其直接影响了系统电压水平，增加了电网稳定运行时电压的调节难度，致使调节后的电压可能无法达到可再生能源并网后系统的需求。随着可再生能源渗透率的上升，可再生能源接入对电压稳定性的影响也越来越大，系统电压可能会出现闪变、波动。因此，高比例可再生能源电力系统实时运行电压指标可以采用电压偏移风险指标来反映电压偏移问题。电压偏移风险指标可以定义为

$$I_{\text{SVS}\_i} = \frac{\left|U_i - U_0\right|}{\Delta U_{\text{threshold}}} \tag{3-17}$$

式中，U_i 为节点 i 的电压标幺值；U_0 为节点额定电压标幺值；$\Delta U_{\text{threshold}}$ 为节点电压偏差限值，通常根据实际节点情况选取。系统电压偏移风险指标通过对系统各节点电压的监测反映电力系统电压偏移情况。为此，系统电压偏移风险指标可表示为

$$I_{\text{SVS}} = \max\left\{I_{\text{SVS}\_i}\right\} \tag{3-18}$$

通过对该指标的监控，调度员可以了解系统各节点电压偏离额定值的程度以及距离安全事故电压的远近，可以直观了解电压是否越限，亦可以根据电压偏差指标曲线了解系统电压变化的动态情况，分析当前调度的合理性。I_{SVS} 的值越小表示电力系统电压偏差越小，越大表示系统电压偏差越大。当 I_{SVS} 取值大于 1 时，表示电力系统电压偏差越限，需采取有效的控制措施限制电压的进一步偏移，防止系统电压崩溃。

7. 等效运行短路比不足风险指标(全局性/局部性)

针对可再生能源集群接入的特点，本书设计了多可再生能源集群内可再生能源电站等效运行短路比联合计算方法，用于评估不同运行点下可再生能源电站的相对功率裕度和运行边界。其既包含局部性指标也包含全局性指标：

$$\text{ESCR}_i = \frac{S_{ki}}{P_{ni} + \sum\limits_j \left(\text{IF}_{ji} \cdot P_{nj}\right)} \tag{3-19}$$

$$\text{WESCR} = \frac{\sum\left(S_{ni} \cdot \text{ESCR}_i\right)}{\sum S_{nj}} \tag{3-20}$$

式中，S_{ki} 为第 i 个可再生能源电站的短路容量；P_{ni} 和 P_{nj} 分别为第 i 个和第 j 个可再生能源电站的有功出力，其中 $i \neq j$；IF_{ji} 为可再生能源电站 j 和可再生能源电站 i

之间的电压交互影响系数，为可再生能源电站 j、i 间互阻抗与可再生能源电站 i 自阻抗的商；S_{ni} 和 S_{nj} 分别为可再生能源电站 i 和可再生能源电站 j 的视在功率；ESCR_i 为可再生能源电站 i 的等效运行短路比（局部性指标）；WESCR 为系统加权等效运行短路比（全局性指标），该方法已经在青海—河南±800kV 特高压直流工程可再生能源送端系统的稳定性评估方面开展了分析和应用。此处将短路比限值与可再生能源电站的实际等效运行短路比的比值作为评价等效运行短路比水平的标准，得到等效运行短路比不足风险指标：

$$I_{\text{ESCRM}} = \max\left(\frac{\text{ESCR}_{\text{limit}}}{\text{ESCR}_i}\right) \tag{3-21}$$

$$I_{\text{WESCRM}} = \frac{\text{WESCR}_{\text{limit}}}{\text{WESCR}} \tag{3-22}$$

式中，$\text{ESCR}_{\text{limit}}$ 与 $\text{WESCR}_{\text{limit}}$ 为系统短路比限值，通常取 1.5。值得一提的是，短路比低于 1.5 时存在发生宽频带振荡的风险，短路比高于 2 时系统结构水平安全。故可得 I_{ESCRM}（局部性指标）与 I_{WESCRM}（全局性指标）大于 0 小于 0.67 时，系统处于安全水平；大于等于 0.67 小于 1 时系统短路比处于警戒水平；大于等于 1 处于异常水平，系统存在发生宽频带振荡的风险。

综上所述，高比例可再生能源电力系统的运行态势指标体系如图 3-2 所示。

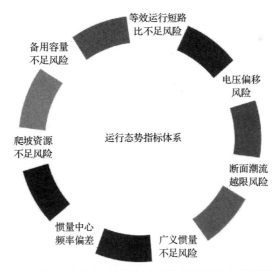

图 3-2 高比例可再生能源电力系统的运行态势指标体系

3.2.2 高比例可再生能源电力系统的实时运行状态综合评估

电力系统实时运行状态通常可以分为安全、预警、紧急、崩溃、恢复 5 个状态，在不考虑恢复状态时，可以简单划分为异常、预警和安全 3 种状态，如图 3-3 所示。其中异常状态包含了紧急、崩溃状态，表明系统中各要素出现严重问题。异常状态下，调度员需要找出问题，以避免故障的蔓延或大规模故障的出现甚至系统解列。预警状态介于安全与异常状态之间，表明系统存在一定的故障风险，若不及时进行优化调度，极有可能演化成异常状态。因此，调度员需要找出预警原因，并进行合理的优化调度以使系统维持在安全状态。

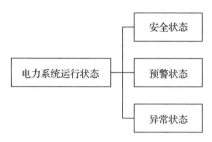

图 3-3 高比例可再生能源电力系统的运行状态划分

对应电力系统的安全、预警、异常这 3 个运行状态可以将上述 7 个指标值进行区间划分，如表 3-1 所示。其中各个指标的预警门槛值由调度员根据历史运行评价情况、电网相关规定及实际评价对象的特征给定，使其能充分反映电网运行状态的警戒水平。这里则根据 CEPRI_RE 算例系统的仿真经验及电网调度相关规定选取，其按照表 3-1 进行划分。

表 3-1 电力系统运行指标区间划分

指标	安全状态	预警状态	异常状态
备用容量不足风险	[0, 0.95)	[0.95, 1)	[1, ∞)
爬坡资源不足风险	[0, 0.95)	[0.95, 1)	[1, ∞)
惯量中心频率偏差	[0, 0.80)	[0.80, 1)	[1, ∞)
广义惯量不足风险	[0, 0.67)	[0.67, 1)	[1, ∞)
断面潮流越限风险	[0, 0.90)	[0.90, 1)	[1, ∞)
电压偏移风险	[0, 0.75)	[0.75, 1)	[1, ∞)
等效运行短路比不足风险	[0, 0.75)	[0.75, 1)	[1, ∞)

为了形象地表征电力系统及其各个要素的不同运行状态，可以采用如图 3-4 所示颜色分类的方法向调度人员直观地展现当前的状况。

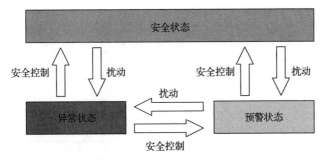

图 3-4　高比例可再生能源电力系统的运行状态转换

　　为保证高比例可再生能源电力系统的安全稳定运行，电力部门需要针对电力系统的不同运行状态，制定准确有效的应对措施。对运行指标体系进行综合评估能实时准确地反映电力系统运行的各类参数，是确定电力系统运行状态的便捷工具，可以为调度人员提供参考。

　　系统科学理论提出，任何客观事物都是系统与要素的统一体[15]。电力系统中各要素之间既是相互独立的，又是相互联系的，从而具有层次结构。综合评估是在单项指标评估的基础上进行的，从整体的角度对评估对象进行分解，全面了解评估电力系统，科学、有效地鉴定出电力系统要素中的关键因素，使决策更加全面、合理。对高比例可再生能源电力系统运行实时状态评估需要建立在 3.2.1 节中所述的各个评估指标结果的基础上，将其进行联系与综合，得出最终结果。

　　综合评估通常通过确定指标权重实现。指标权重值反映了不同指标在上一层级指标计算中所占的百分比，刻画了各个指标间的相对重要程度。指标权重结果直接影响综合评估结果并关系到综合指标结果的可信程度。常用指标权重的确定方法有层次分析法、熵权法、主成分分析法等。通过指标权重的确定方法，可得到指标的综合评估结果，通过合理地划分，将评估结果与电力系统运行状态对应，可以明确每个时刻电力系统的情况。除通过确定权重的方法外，综合评估亦可通过考察各个指标结果相对于电力系统实时运行状态的关系实现。

　　考虑到前面 7 个指标相对于电力系统运行状态的并列关系，任意一个指标发生越限，都会导致电力系统处于异常状态，若持续时间过长，会导致严重的系统故障甚至解列。此外，任意一个指标处于预警状态，电力系统就有可能演化为异常状态，则电力系统也处于预警状态。只有当所有指标都在安全范围内时，电力系统才处于安全状态。对电力系统实时运行状态而言，各个评价指标的结果之间是逻辑"与"的关系。

　　因此，由各个评价指标之间的关系，采用如图 3-5 所示决策树的方法，根据指标评价结果对高比例可再生能源电力系统运行状态进行判断。高比例可再生能源电力系统的运行状态决策树以备用容量不足风险为根节点，按指标体系中的次序逐一根据各指标值进行判断，直到能够确定系统运行状态为止。建立电力系统运行状态决策树后，利用监测计算得到的信息可以明确判断出电力系统所处的运行状态，从而直观地为调度人员提供辅助，以使调度人员迅速制定、采取不同的应对措施，保障电力系统的安全运行。

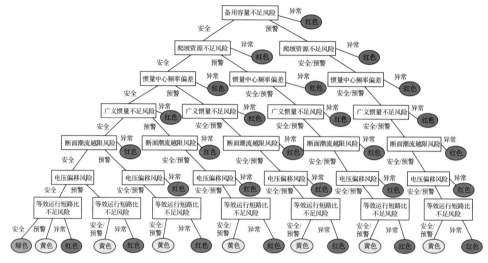

图 3-5　高比例可再生能源电力系统运行状态决策树

考虑到上面所述决策树输出为高比例可再生能源电力系统运行状态评价整体结果，因此调度人员无法从中得出各个关键指标的具体情况，无法感知各个指标相对临界值的裕度。

因此，可同时采用如图 3-6 所示的高比例可再生能源电力系统运行状态雷达图，通过各个指标在同一幅图中的显示，直观地获知当前电力系统的运行状态和

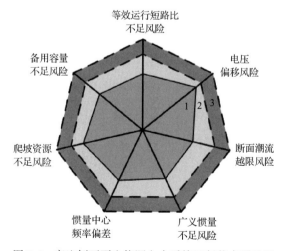

图 3-6　高比例可再生能源电力系统运行状态雷达图

各类指标的所属区间及裕度，并为调度人员迅速判断高比例可再生能源电力系统运行状态提供依据。

图 3-6 根据各个指标的状态划分，同样将电力系统的三个运行状态划分为 1、2、3 三个区域。当且仅当所有指标值均在区域 1 内时，系统才处于安全状态；当存在指标越过区域 1，但不存在指标越过区域 2 时，系统处于预警状态；当存在指标越过区域 2 时，系统处于异常状态。调控人员可以从雷达图中直观地查看各个指标的裕度，尽早做出调整，以避免发生更加严峻的事故。

3.2.3　高比例可再生能源电力系统的运行异常事件监测

随着可再生能源和清洁能源的不断增长，电力系统的动态响应更加复杂，变得越来越"不可见"。因此，在运行评价指标体系构建的基础上，必须提出新的事件监测算法和识别算法，以提高电力系统运行人员的态势感知能力，及时定位出现的故障，以完善电力系统运行实时状态评估体系。

现代电力系统中，电源管理单元(power management unit，PMU)和广域测量系统(wide area measurement system，WAMS)被广泛安装于发电厂、变电站，大量的采样数据需要保存、传输和处理。因此，这对通信系统来说是一个很大的负担，电力系统运行人员也很难及时发现、监测和处理电力系统中发生的事件。为了解决这些问题，本节提出主成分分析(principal component analysis，PCA)和面积距离函数来测量任意两个节点之间的相似性；最终应用局部离群因子(local outlier factor，LOF)理论监测电力系统中的事件。

1. 基于 PCA 的电网节点相似度搜索方法

本节中的 PMU 数据序列是典型的多元时间序列，各变量(即电压、频率、有功功率、无功功率)之间存在相关性，可能会对相似性搜索产生影响。为了解决这些问题，本节采用了基于 PCA 的相似性搜索方法将这四种时间序列数据进行综合，形成综合相似距离，从而确定节点运行状态之间的综合相似度。将第 i 个节点的多元时间序列表示为

$$A^{(i)} = [(\hat{T}_i^{(V)})^T, (\hat{T}_i^{(F)})^T, (\hat{T}_i^{(P)})^T, (\hat{T}_i^{(Q)})^T] \tag{3-23}$$

式中，$\hat{T}_i^{(V)}$、$\hat{T}_i^{(F)}$、$\hat{T}_i^{(P)}$、$\hat{T}_i^{(Q)}$ 分别为数据矩阵 $\hat{T}^{(V)}$、$\hat{T}^{(F)}$、$\hat{T}^{(P)}$、$\hat{T}^{(Q)}$ 的第 i 行，V、F、P、Q 表示电压幅值、频率、有功、无功；上标"T"表示矩阵的转置。为了减少变量之间相关性的影响，对每个多变量时间序列进行奇异值分解(SVD)，即

$$A^{(i)} = U^{(i)} \Sigma^{(i)} (V^{(i)})^T \tag{3-24}$$

式中，$U^{(i)}$ 和 $V^{(i)}$ 为酉矩阵；$\Sigma^{(i)}$ 为一个对角元素 $\lambda_1^{(i)}$，$\lambda_2^{(i)}$，$\cdots$，$\lambda_M^{(i)}$(即特征值，M

为 PMU 量测点的数量)非负的对角矩阵。$\boldsymbol{U}^{(i)}$ 和 $\boldsymbol{V}^{(i)}$ 的列分别称为 $\boldsymbol{A}^{(i)}$ 的左奇异向量和右奇异向量；特征值越大，则对应的奇异向量越重要。这样，具有最大 Z 个特征值的 Z 个奇异向量被应用于度量节点间的相似度。第 i 个和第 j 个节点之间的面积距离 $D_{\text{multi}}(i,j)$ 可以定义为

$$D_{\text{multi}}(i,j)=\sum_{z=1}^{Z}w_z D(\boldsymbol{L}_z^{(i)},\boldsymbol{L}_z^{(j)}) \tag{3-25}$$

$$D(\boldsymbol{L}_z^{(i)},\boldsymbol{L}_z^{(j)})=\left\|\boldsymbol{L}_z^{(i)}-\boldsymbol{L}_z^{(j)}\right\|_2=\sum_{n=1}^{N}(x_n^{(i)}-x_n^{(j)})^2 \tag{3-26}$$

式中，$w_z=(\lambda_z^{(i)}+\lambda_z^{(j)})/\sum_{z=1}^{Z}(\lambda_z^{(i)}+\lambda_z^{(j)})$，$\sum_{z=1}^{Z}w_z=1$；$\boldsymbol{L}_z^{(i)}$ 和 $\boldsymbol{L}_z^{(j)}$ 分别为 $\boldsymbol{A}^{(i)}$ 和 $\boldsymbol{A}^{(j)}$ 的第 z 个主成分。$D_{\text{multi}}(i,j)$ 越大，节点 i 和节点 j 的运行状态就越不同。反之，$D_{\text{multi}}(i,j)$ 越小，节点 i 和节点 j 的运行状态差别就越小。为了进一步测量某一给定节点与电力系统中所有其他节点之间的差异，可以引入局部离群因子进行辨识。

2. 基于局部离群因子的电力系统运行异常监测

在正常运行状态下，电力系统中的所有节点都是同调的，这意味着所有节点应该是相似的。如果一个节点和其他节点不同，则有理由推断这个节点附近存在异常情况。前面应用基于 PCA 的电网节点相似度搜索方法度量系统中任意两个节点之间的相似性，本部分引入局部离群因子来监测电力系统中的异常节点。首先，给出以下定义。

(1) $D_{k\text{-distance}}(p)$，节点 p 的 k 距离。定义为满足以下条件的距离：①至少有 k 个节点 $q\in\Omega\setminus\{p\}$ 满足 $D_{\text{multi}}(p,q)\leqslant D_{k\text{-distance}}(p)$；②最多有 $k-1$ 个节点 $o\in\Omega\setminus\{p\}$ 满足 $D_{\text{multi}}(p,o)<D_{k\text{-distance}}(p)$。例如，$D_{k\text{-distance}}(p)$ 在 $k=5$ 时的示意图如图 3-7 所示。

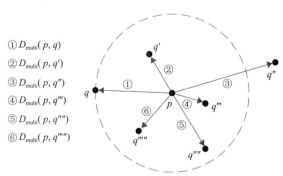

① $D_{\text{multi}}(p,q)$
② $D_{\text{multi}}(p,q')$
③ $D_{\text{multi}}(p,q'')$
④ $D_{\text{multi}}(p,q''')$
⑤ $D_{\text{multi}}(p,q'''')$
⑥ $D_{\text{multi}}(p,q''''')$

图 3-7　$D_{k\text{-distance}}(p)$ 的示意图(以 $k=5$ 为例)

(2) $\varPhi_{k\text{-neighbor}}(p)$，节点 p 的 k-近邻。定义为所有与 p 距离不大于 $D_{k\text{-distance}}(p)$

的节点的集合，即

$$\Phi_{k\text{-neighbor}}(p)=\{q\in\Omega\setminus\{p\}\,|\,D_{\text{multi}}(p,q)\leqslant D_{k\text{-distance}}(p)\} \qquad (3\text{-}27)$$

（3）$D_{k\text{-reach}}(p,q)$，节点 p 关于节点 q 的 k-可达距离，其定义为

$$D_{k\text{-reach}}(p,q)=\max(D_{\text{multi}}(p,q),D_{k\text{-distance}}(p)) \qquad (3\text{-}28)$$

（4）$\alpha(p)$，节点 p 的局部可达密度。定义为

$$\alpha(p)=\frac{\left|\Phi_{k\text{-neighbor}}(p)\right|}{\displaystyle\sum_{o\in\Phi_{k\text{-neighbor}}(p)}D_{k\text{-reach}}(p,q)} \qquad (3\text{-}29)$$

（5）$\beta(p)$，节点 p 的局部离群因子，定义为

$$\beta(p)=\frac{\displaystyle\sum_{o\in\Phi_{k\text{-neighbor}}(p)}(\alpha(q)/\alpha(p))}{\left|\Phi_{k\text{-neighbor}}(p)\right|} \qquad (3\text{-}30)$$

$\beta(p)$ 的值反映了 p 邻域中数据的密度。由于 LOF 在不同情况下的取值范围可能会有很大的不同，所以这里将 LOF 归一化为

$$\beta^{\text{N}}(p)=\beta(p)\Big/\max_{i=1,2,\cdots,M}(\beta(i)) \qquad (3\text{-}31)$$

式中，$\beta^{\text{N}}(p)\in(0,1]$。$\beta^{\text{N}}(p)$ 越大，则 p 邻域中的节点就越稀疏，那么可以推断节点 p 异常的可能性越大。反之，$\beta^{\text{N}}(p)$ 越小，则可以推断节点 p 异常的可能性越小。

3.2.4　算例分析

为验证所提方法的有效性，这里以 NETS-NYPS 16 机 68 节点算例系统及 CEPRI_RE 算例系统的送端部分为例，对高比例可再生能源电力系统运行评价指标体系及其综合评估的应用和电力系统运行异常事件监测分别进行分析。

1. 电力系统实时运行状态综合评估

本节采用 CEPRI_RE 算例系统的送端部分作为研究对象。该系统由简化的新疆和甘肃电力系统构成，包含 116 个等效节点、54 个可再生能源电站、16 个火电站及 36 个等效负荷。可再生能源装机容量占系统的 60%，可再生能源电力由特高压直流输电系统传输。总体而言，该系统是适用于高比例可再生能源接入的交直流互联系统，基准功率为 100MW，基准频率为 50Hz。

结合 2018 年该系统实际运行数据，根据可再生能源出力情况及弃风弃光水平，生成正午、夜间、上午、下午 4 个典型工况，根据系统潮流信息及时域仿真信息，得到 4 个典型工况的 KPI 评价结果，如表 3-2 所示。

表 3-2　典型工况 KPI 评价结果

典型工况	备用容量不足风险	爬坡资源不足风险	惯量中心频率偏差	广义惯量不足风险	断面潮流越限风险	电压偏移风险	等效运行短路比不足风险	实时运行状态
正午(2018/3/31 12:00)	0.8098	0.1022	0.0765	0.4169	0.3045	0.3694	0.4935(0.8412)	安全(局部短路比预警)
夜间(2018/3/31 21:00)	0.4637	0.2552	0.0454	0.3989	0.9017	0.4535	0.4524(0.7662)	预警(局部短路比预警)
上午(2018/4/4 6:00)	0.9394	0.0017	0.0251	0.4254	0.1617	0.4149	0.5872(0.9631)	安全(局部短路比预警)
下午(2018/4/4 14:30)	0.9217	0.0058	0.0578	0.4220	0.1052	0.4919	0.5367(1.1172)	安全(局部短路比异常)

对应四个典型工况的评价结果，其电力系统运行状态雷达图如图 3-8 所示。

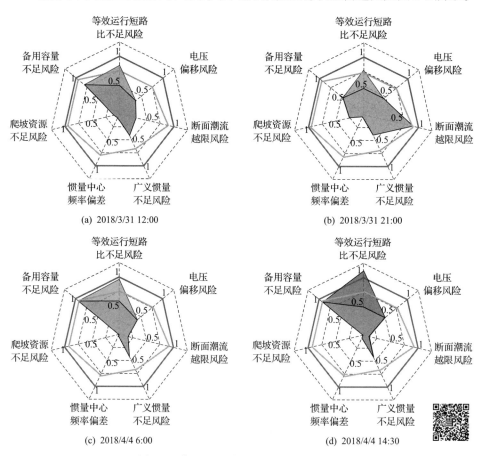

(a) 2018/3/31 12:00　(b) 2018/3/31 21:00　(c) 2018/4/6 6:00　(d) 2018/4/4 14:30

图 3-8　典型工况雷达图(彩图扫二维码)

　　图 3-8 详细地展现了正午、夜间、上午、下午 4 个典型工况断面下的送端系统运行状态。当系统存在预警指标时，雷达图呈现黄色；当系统各指标均处于安全范围内时，雷达图呈现绿色；当系统存在异常指标时，雷达图呈现红色。故在图 3-8(a)、(c) 和 (d) 3 个工况下，综合评价结果呈绿色，送端系统运行正常。但是值得注意的是，这 3 个工况下的备用容量不足风险指标数值较大，接近预警门槛值。考察具体指标评价结果及系统运行参数，出现该问题的原因为系统火电机组出力接近最小技术出力值，导致系统负备用容量相对较低。该现象与可再生能源出力密切相关，根据 2018 年该系统实际运行数据可以发现，(a) 和 (d) 两个断面时刻下光伏大发，(c) 时刻风电大发。(a)、(c) 和 (d) 3 个时刻可再生能源出力显著高于夜间 (b) 时刻下光伏为 0、风电出力平缓的场景，为一天中可再生能源出力的高峰时期。为了降低弃风弃光率，提高可再生能源利用程度，调度在运行中削减了火电机组的出力，使得指标值显著升高，接近于预警门槛值。尽管如此，系统仍处于安全范围内，调度人员仅需对相关备用问题加以一定的关注，综合下一时段的运行结果及未来可再生能源出力预测结果进行考量。

　　在 (b) 工况下，系统处于预警状态，结合指标评价结果可知当前时刻交流断面潮流越限风险超越了预警门槛值，接近越限阈值，处于预警水平。调度人员需及时关注关键交流输电断面动态情况，以防止未来出现潮流越限事故，危及电网安全。

　　此外，(a)、(b) 和 (c) 三个工况下，可再生能源集群处于等效运行短路比不足状态，而系统总体的等效运行短路比处于安全状态。可见，算例系统总体的电网强度较好，局部地区偏弱。在 (d) 工况下，存在可再生能源集群等效运行短路比处于异常状态，可见该工况下存在发生宽频带振荡的风险。

　　综合而言，该算例结果以雷达图的形式详细、直观地呈现了指定时间断面下高比例可再生能源电力系统的运行状态，方便调度人员了解各个指标在特定时间断面下的越限情况，为指标变化曲线及综合评价结果提供辅助。

2. 电力系统运行异常事件监测

本部分以 NETS-NYPS 16 机 68 节点系统作为算例，其单线图如图 3-9 所示。

在 NETS-NYPS 16 机 68 节点系统中模拟了如表 3-3 所示的六个发生在不同位置的三相故障情况（即算例 1～6），并选择算例 1 作为示例进行说明以验证所提出的算法。对于算例 1，假设节点 1 在 1.00s 时发生三相短路故障，故障在 1.16s 时被清除。图 3-10 给出了 68 个节点的频率、电压、有功功率和无功功率的数据曲线，每条曲线有 1001 个仿真点（以 0.01s 为步长，共 10s）。

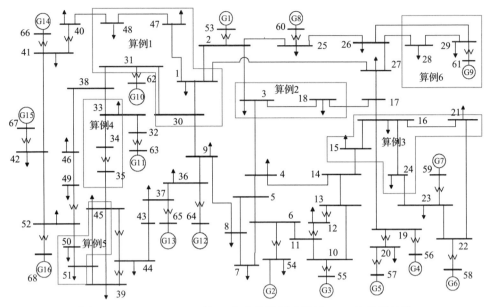

图 3-9　NETS-NYPS 16 机 68 节点单线图及算例 1~6 的监测结果

表 3-3　NETS-NYPS 16 机 68 节点系统的仿真结果

算例	模拟参数			结果
	故障位置	开始时间/s	清除时间/s	定位区域(节点)
1	节点 1	1.00	1.16	1, 30, 31, 47, 48
2	节点 3	1.00	1.12	3, 18
3	节点 16	1.00	1.12	15, 16, 21, 24
4	节点 34	1.00	1.10	33, 34, 35
5	节点 51	1.00	1.10	45, 50, 51
6	节点 61	1.00	1.10	28, 29, 61

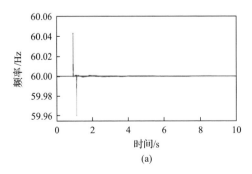

(a)

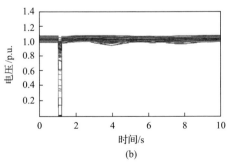

(b)

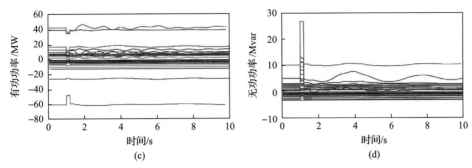

图 3-10 算例 1 各节点的频率、电压、有功功率和无功功率曲线

应用 PCA 方法计算电力系统中各节点之间的相似度，可得系统中各节点的 LOF 值，如图 3-11 所示。从图中可以看出，节点 1、30、31、47、48 的 LOF 值较大，因此被判定为有异常事件的节点。上述节点中包含节点 1 (故障位置)，其他被定位到的节点也都在节点 1 周围。

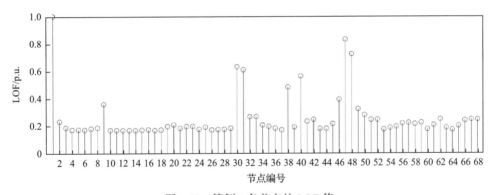

图 3-11 算例 1 各节点的 LOF 值

其他 5 个算例的仿真参数和相应结果也分别列在表 3-3 中。算法定位到的事件区域如表 3-3 和图 3-9 所示。算例 1~6 的故障位置分别为节点 1、3、16、34、51、61。从图 3-9 中可以看出，它们被包含在各自的定位区域中，被定位区域中包含的其他节点也靠近故障位置。因此，该算法可以成功地监测到系统中发生的事件和事故位置信息。

3.3 高比例可再生能源电力系统运行态势风险评估

天气系统内元素众多，彼此相互作用，使得天气系统的演变机制复杂，在短时间内可能发生剧烈变化。受此影响，包含风电、光伏在内的可再生能源发电功率具有随机性、波动性和不确定性的特征。因此，在气象或天文事件的影响下，可再生能源功率发生大幅度波动，则认为可再生能源功率爬坡事件发生。相对于单个风电场或者光伏电站发生的功率爬坡事件，同时接入高比例光伏机组与风电机组的区域电力系统，其可再生能源功率爬坡事件会受到光伏功率波动与风电功率波动的共同影响，变化规律更加复杂，预测难度显著提升。然而，可再生能源功率爬坡事件并非无迹可寻，通过对电网状态、天气状态的实时感知，辨识理解当前时刻区域电网可再生能源的出力状态，结合包含海量气象与电网数据的历史数据库，能够对发生可再生能源功率爬坡事件的电力系统的运行状态进行预测与评估。

综上所述，本节基于态势感知理论，考虑可再生能源功率爬坡事件的影响，对高比例可再生能源电力系统进行风险评估。如图 3-12 所示，电力系统运行风险评估框架包含历史、实时、未来三个时间段。首先，随着电力系统的运行，监控与数据采集系统(SCADA)、WAMS 以及气象观测系统实时感知当前系统态势，获取实时态势信息；然后，结合历史数据库与数值天气预报(numerical weather prediction，NWP)，分析态势特征，构造天气信息概率预测模型，并利用所预测的天气信息预测可再生能源出力，修正日前可再生能源发电功率曲线，检测可再生能源功率爬坡事件。最后，使用经实时态势更新的风险评估模型，对电力系统运行风险进行预测评估。在研究框架中，系统态势的实时感知属于态势觉察层次；

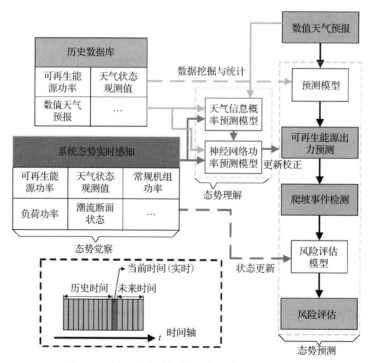

图 3-12　基于态势感知的电力系统运行风险评估

利用多源数据，分析当前态势特征，构造概率预测模型属于态势理解层次；修正未来评估周期内的可再生能源功率曲线并评估其风险属于态势预测层次。

3.3.1　可再生能源功率爬坡事件的定义与辨识

可再生能源功率爬坡事件通常指强对流、雷阵雨、多云、日食等气象或天文事件造成的可再生能源功率大幅度波动的情况。区别于常规的可再生能源功率波动，可再生能源功率爬坡事件具有"大幅度"和"短时间"的特点，时序性和方向性是爬坡事件的重要特性。上爬坡事件是指因短时大风、云层变化日照增强等事件造成可再生能源功率在一段时间内骤增的情况；下爬坡事件是指因短时风速超出风机切出风速、云层变化日照减弱、日食等事件造成可再生能源功率在一段时间内骤降的情况[16,17]。目前，风电功率爬坡事件领域已有较多的研究与成果，对于爬坡事件也存在多种定义。因此参考风电功率爬坡事件的定义[18]，利用以下3 个要素表征可再生能源功率爬坡事件。

(1)爬坡时间 t_R：可再生能源功率爬坡事件的持续时间。

(2)爬坡方向 D_R：可再生能源功率骤增为上爬坡，$D_R = 1$；功率骤降为下爬坡，$D_R = -1$。

(3)爬坡幅度 P_R：可再生能源出力的变化量。

基于以上 3 个要素，将爬坡事件定义为 $(t, t + \Delta t)$ 时间段内可再生能源功率最大值和最小值之差超过阈值，即

$$| \max(P_R(t, t + \Delta t)) - \min(P_R(t, t + \Delta t))| > P_{Th} \tag{3-32}$$

$$D_R = \begin{cases} 1, & I_{max} \geqslant I_{min} \\ -1, & I_{max} < I_{min} \end{cases} \tag{3-33}$$

式中，P_R 为可再生能源功率；t 为采样时刻；Δt 为检测时间窗口；I_{max} 和 I_{min} 分别为时间段内最大值和最小值对应的序号；P_{Th} 为功率阈值，在发生爬坡事件时通常取风电场额定装机容量的 15%~20%[19]。但是对于电力系统，可再生能源功率爬坡事件会直接影响系统的功率平衡，需要靠常规机组进行调节，因此在可再生能源功率爬坡事件中，P_{Th} 为常规机组的可调节容量，即

$$P_{Th} = \sum_{m=1}^{M} (P_{G,m}^{max} - P_{G,m}^{min}) \times \eta \tag{3-34}$$

式中，M 为常规机组开机总数；m 为常规机组序号；$P_{G,m}^{max}$ 和 $P_{G,m}^{min}$ 分别为常规机组 m 的最大输出功率和最小技术出力；η 为阈值百分比，其可根据实际系统中常规机组和可再生能源机组的装机容量来确定。

3.3.2 区域电力系统可再生能源功率概率预测模型

1. 基于 NWP 的区划方法

天气系统的状态与变化是可再生能源发电的根本影响因素之一，因此天气状态与可再生能源发电密切相关，天气的预测与实时观测直接影响可再生能源电力的生产安排以及电力系统的安全稳定运行。天气预测方面，NWP 利用大气实际情况在一定的初值与边界条件下，求解大气运动的预测模型[20,21]，从而预测未来一段时间的天气状态[20]。NWP 作为现代天气预报技术的代表，已为包括电力在内的多个行业领域提供了重要参考信息。目前，全球已有多个部门开发出 NWP 系统，例如，中国气象局的 T639 全球集合预报和全球/区域通用数值天气预报系统（global/regional assimilation and prediction system，GRAPES）、区域数值预报业务系统、美国国家环境预报中心的全球天气预报系统（global forecasting system，GFS）以及欧洲中期天气预报中心的综合预报系统。NWP 能够每日定时提供地理网格化、垂直高度层次化的天气信息，以 GFS 系统为例[22]，空间分辨率为 0.25°（经/纬），每日世界标准时间 0 时、6 时、12 时、18 时提供未来 240h、时间分辨率为 3h 的天气预报。

可以通过自动气象站定时向中心站传输当前观测数据，使调度人员能够实现对天气状态的实时感知[23]。对于区域电力系统的调度部门，由于电力系统中的风电场和光伏电站隶属于不同的能源、发电公司，它们的装机规模、自动化程度、管理机制、气象站设备精度均有差异，获取可再生能源电场内气象站的天气数据存在困难，并且数据质量以及数据通信传输不能得到保证，不利于可再生能源功率的实时预测。综上，为了确保调度部门能够实时获取精度高、数据质量可靠的天气数据，电网公司可以采用自建气象站或者与国家级气象站进行合作。另外，考虑到成本、运行维护等因素，气象站的建设总是零星分布的。为此，本书提出一种基于 NWP 的区划方法，能够利用少量气象站实现对一定区域内天气状态的感知。

"区划"一词来自地理学，是将一块地理区域进行划分的简称。在气象学上，有气候区划的研究方向，指的是根据研究目的，采用相关指标，对某一地区的气候进行划分。气候区划体现的是区域长时间尺度下的气候特征。然而，由于大气运动的动态特性，区域的天气变化情况不完全服从气候的规律，为气象站表征区域实时天气状态带来大量误差，因此需要重新进行区域划定。假设区域天气在一个 NWP 时间间隔内保持基本稳定，则可以通过 NWP 的数据对未来时段的天气进行区划。

利用 NWP 地理网格化的特性，将气象站所处的网格作为区划中心，并把与气象站天气相似度高、地理邻近的网格合并为一个区域，则地区将被分割为与气象站数量相等的区域，此时可认为单点气象站的观测数据能够表征该气象站所处

区域的天气状态，即

$$W_l(t) = W_k(t), \quad k = 1, \cdots, N, l \in \Omega_k \tag{3-35}$$

式中，$W_l(t)$ 为网格点 l 在 t 时刻的天气状态，包含气温、风速、辐射强度、湿度等多个气象要素，值得注意的是，虽然 NWP 所提供的天气指标多达几十个，但是大多数与可再生能源发电无关或相关度较低，为了避免无关数据的干扰以及降低计算量，只保留与可再生能源发电相关度较高的天气指标；$W_k(t)$ 为该地区的第 k 个气象站在 t 时刻观测的天气状态；Ω_k 为进行区划后第 k 个区域的网格点集合；N 为该地区气象站的总数。网格点 l 的经纬度地理坐标能够表示为

$$G_l = (\lambda_l, \phi_l) \tag{3-36}$$

天气区划需要保证所划分的区域在地理上相连，即不存在飞地，所以需要根据地理距离先进行预区划。计算每一个网格点与气象站的地理距离 $D_{l,k}$：

$$D_{l,k} = \sqrt{(\lambda_l - \lambda_k)^2 + (\phi_l - \phi_k)^2} \tag{3-37}$$

式中，λ_k 和 ϕ_k 分别为网格点 k 的经、纬度地理坐标。根据 $D_{l,k}$ 将地区全部的网格点归入与该点地理距离最近的气象站区域。

天气数据的相似度指标能够反映不同地点之间天气状态的相似程度。因此，可以通过 NWP 数据的相似度指标，对预划分区域进行更新。考虑到不同天气指标的单位与数量级存在较大的区别，需对天气指标进行标准化处理。本节采用 min-max 标准化，将天气指标转化到[0,1]区间，其表达式为

$$W_l^{i*}(t) = \frac{W_l^i(t) - \min(W^i(t))}{\max(W^i(t)) - \min(W^i(t))} \tag{3-38}$$

式中，$W_l^{i*}(t)$ 为第 l 个网格点第 i 个天气指标在 t 时刻的标准化值；$W^i(t)$ 为第 i 个天气指标在 t 时刻的全部网格点的数值集合；$W_l^i(t)$ 为网格点 l 在 t 时刻第 i 个天气指标数值。

采用欧几里得距离作为相似度指标，两个点的欧几里得距离越小，代表两个点的天气状态越相似，其表达式为

$$d_{l,k} = d(W_l^*(t), W_k^*(t)) = \sqrt{\sum_{i=1}^{I}(W_l^{i*} - W_k^{i*}(t))^2} \tag{3-39}$$

式中，I 为天气指标的总数。为了保证更新过程中划分区域的地理连续性，所采用的相似度指标 $S_{l,k}$ 结合地理距离 $D_{l,k}$ 和天气指标的欧几里得距离 $d_{l,k}$，即

$$S_{l,k} = \lambda D_{l,k} + d_{l,k} \tag{3-40}$$

式中，λ 为权重系数。此外，每次循环只对区域边缘的网格点进行更新，并且网格点只会被划入相邻区域，更新流程示意图如图 3-13 所示。图中，纯色块不与其他区域接壤，表示本次迭代所划分的区域不可更新；斜线色块处于与其他区域的交界处，表示本次循环所划分的区域可以被更新。例如，区域 1 的网格点 I 与区域 2 和区域 3 都有接壤，通过比较网格点 I 与区域 1、2、3 内气象站的相似度指标，将网格点 I 更新至相似度指标更高的区域。经过多次循环直至区域的范围不再发生变化，循环终止。最后，将循环更新中出现的小块飞地划入接壤区域，形成最终的天气区划方案。

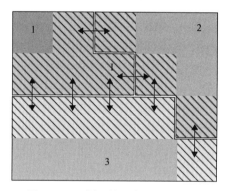

图 3-13　区划网格更新流程示意图

2. 基于核密度估计的气象数据统计分析与概率预测

由于天气系统具备时空特性，可以认为一定区域内的天气状态服从相同的变化规律。因此，基于数据统计方法，对区域气象历史数据库进行数据分析与挖掘，能够提炼历史数据库—实时观测值—未来预测值的发展态势规律。另外，天气状态的不确定性让可再生能源的电力生产具备随机特征，所以概率预测的使用能够充分表达未来时刻天气状态的变化，并进一步映射到可再生能源发电功率，有助于调度系统感知未来时刻的系统运行风险、实现备用的优化配置，并且完善电力市场竞价策略的风险收益权衡[24]。

核密度估计在概率论中被用来估计未知的密度函数，属于非参数检验方法之一，其核心思想是采用平滑的峰值函数（即核函数），对观测统计的数据进行拟合，从而对真实的概率分布曲线进行模拟。核密度估计的概率密度函数的表达式为

$$\hat{f}_h(x) = \frac{1}{N}\sum_{i=1}^{N} K_h(x-x_i) = \frac{1}{Nh}\sum_{i=1}^{N} K\left(\frac{x-x_i}{h}\right) \tag{3-41}$$

式中，$\hat{f}_h(x)$ 为核密度估计的概率密度函数；N 为样本数；h 为带宽；x 为所估计的变量；x_i 为第 i 个样本点；$K(\bullet)$ 为核函数，常用的核函数包含均匀核函数、高斯核函数、三角核函数以及伽马核函数；$K_h(\bullet)$ 为缩放核函数，并有 $K_h(x) = \dfrac{1}{h}K\left(\dfrac{x}{h}\right)$。

这里采用高斯核函数，其表达式为

$$K(x) = \frac{1}{\sqrt{2\pi}}\exp\left(-\frac{1}{2}x^2\right) \tag{3-42}$$

对于气象要素，通过统计分析一段时间内的 NWP 值以及观测值，可以获得变化量、预报误差等信息。本节使用复合分组体系，对气象数据进行分组，将下一时刻的变化量 $\Delta x(t+1)$ 作为变量，运用一维核密度估计方法进行密度估计，具体步骤如下。

(1)将气象要素(风速、辐射强度、温度等)一段时间的预测值 $x_p(t)$ 与观测值 $x(t)$ 作为统计样本，计算出预测误差 $e(t)$ 和变化量 $\Delta x(t)$，其分别为

$$e(t) = x_p(t) - x(t) \tag{3-43}$$

$$\Delta x(t) = x(t) - x(t-1) \tag{3-44}$$

(2)采用复合分组体系对统计数据进行划分，以当前时刻的观测值 $x(t)$、预测误差 $e(t)$ 和变化量 $\Delta x(t)$ 三个统计量作为标志进行分组。数据分组使用组距分组，组数 N_S 由统计量分布特征及规律决定，一般为 5~15 组。组距 D_S 则可根据标志统计量的最大值、最小值以及 N_S 决定：

$$D_{S,y} = \frac{\max(y) - \min(y)}{N_{S,y}}, \quad y \in \{x, e, \Delta x\} \tag{3-45}$$

复合分组体系的总组数 N_{Total} 为

$$N_{\text{Total}} = \prod N_{S,y}, \quad y \in \{x, e, \Delta x\} \tag{3-46}$$

最后，检查落入每个分组的样本点是否满足样本数目要求，将样本点过少的分组并入相邻分组，直到所有分组满足要求。

(3)对每一个分组，利用式(3-41)计算 $\Delta x(t+1)$ 的一维核密度估计，求出概率密度函数 $\hat{f}_h(\Delta x(t+1))$，并得到对应的累积分布函数 $F_h(\Delta x(t+1))$。

(4)根据当前时刻的观测值、NWP 值以及计算得到的统计量，在给定的置信度下，可计算出下一时刻的置信区间、预测值以及对应的发生概率。

利用步骤(4)得到的概率预测值进一步外推,可以得到未来多个时刻天气状态的置信区间、预测值以及发生概率。考虑到预测时间点越多,预测置信区间会变得越宽,概率预测聚集概率信息的能力下降,因此本节仅考虑未来两个时间点的概率预测,即超前两步预测。

3. 基于非线性有源自回归神经网络的可再生能源功率概率预测模型

在区域可再生能源发电功率的预测中,由于风电机组与光伏机组存在多个型号、气象信息空间分辨率较低等,无法直接利用天气状态的概率预测值与功率曲线计算区域可再生能源发电功率。在历史数据充足的条件下,可采用机器学习的方法,通过学习气象数据与区域可再生能源发电功率的内在规律,将天气状态的预测值映射为区域可再生能源发电功率,实现对区域可再生能源发电功率的预测。

非线性有源自回归(nonlinear autoregressive with external input, NARX)神经网络是一种动态递归网络,结合非线性自回归(nonlinear autoregressive, NAR)与非线性输入-输出两类神经网络建立模型[24]。考虑到可再生能源发电功率是一组时间序列数据,前后数据具有高度的依赖性,而天气指标数据又对其有直接影响,故采用 NARX 神经网络,使过去时段的可再生能源发电功率提供信号,并将天气指标数据作为外部输入,同时利用数据自身的特征以及外部输入对数据的映射关系,以达到更佳的预测效果,对于短时间内波动幅度大的可再生能源功率爬坡事件也适用。NARX 神经网络可以表达为

$$y_\mathrm{D}(t) = f_\mathrm{NN}(x_\mathrm{D}(t), x_\mathrm{D}(t-1), \cdots, x_\mathrm{D}(t-d), y_\mathrm{D}(t-1), \cdots, y_\mathrm{D}(t-d)) \quad (3\text{-}47)$$

式中, f_NN 为 NARX 神经网络模型; $x_\mathrm{D}(t)$ 为 t 时刻的外部输入数据; $y_\mathrm{D}(t)$ 为 t 时刻的输出数据。NARX 神经网络含有延时模块, d 为延时量。从 NARX 神经网络的表达式可以看出,过去几个时段的输出信号 $\{y_\mathrm{D}(t-1), y_\mathrm{D}(t-2), \cdots, y_\mathrm{D}(t-d)\}$ 经反馈模块与外部输入 $\{x_\mathrm{D}(t), x_\mathrm{D}(t-1), \cdots, x_\mathrm{D}(t-d)\}$ 一起作为神经网络的输入,能够充分利用目标变量的时序特征以及外部输入对目标变量的影响。NARX 神经网络模型的网络结构如图 3-14 所示。

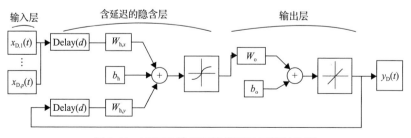

图 3-14　NARX 神经网络模型的网络结构图

图 3-14 中，$\{x_{D,1}(t),x_{D,2}(t),\cdots,x_{D,p}(t)\}$ 代表 p 维外部输入数据；$W_{h,x}$ 与 $W_{h,y}$ 为隐含层权值，W_o 为输出层权值；b_h 和 b_o 分别为隐含层与输出层的偏置单元，Delay(d) 为延时量为 d 的延时模块。对于激活函数，隐含层选用 S 型传输函数，输出层选用正线性传输函数。神经网络方法的基本思想是通过训练算法调节内部节点的权值，达到处理信息的目的。NARX 神经网络的训练算法有很多种，如动态反向传播(dynamic back propagation，DBP)算法、莱文伯格-马夸特(Levenberg-Marquardt，LM)算法、尺度共轭梯度(scaled conjugate gradient，SCG)算法等。综合训练时间、内存消耗等因素，本节选择 LM 算法作为 NARX 神经网络的训练算法。

综上，可再生能源功率概率预测的具体步骤如下。

(1)以气象站为区划中心，提取最近一次的 NWP 预报数据的相似度指标，并根据相似度指标更新预划分区域，得到区划方案。将区域内部包含可再生能源电站的气象站作为等效气象站，其气象数据成为 NARX 神经网络的外部输入。

(2)利用等效气象站的气象数据及可再生能源功率的历史值对 NARX 神经网络进行训练，并利用过去几个时段的数据对 NARX 神经网络进行状态更新，得到训练完成的 NARX 神经网络。

(3)采用复合分组体系，对目标电力系统所处地区的气象历史数据集进行分组，并对下一时刻的变化量 $\Delta x(t+1)$ 进行一维核密度估计得到概率密度函数 $\hat{f}_h(\Delta x(t+1))$ 与累积分布函数 $F_h(\Delta x(t+1))$。

(4)根据等效气象站的 NWP 预报值及实时观测值，选择对应分组的 $F_h(\Delta x(t+1))$，利用蒙特卡罗采样算法，采样得到目标预测时刻的天气概率预测值。然后，将天气概率预测值作为外部输入，得到可再生能源功率预测值。

(5)重复步骤(4)，直到达到蒙特卡罗采样算法设定的次数。然后，统计可再生能源功率预测值，计算可再生能源功率频率分布表，表内包含功率预测值及其发生的概率。

3.3.3　考虑可再生能源功率爬坡事件的运行风险评估方法

在高比例可再生能源电力系统中，大量常规机组被可再生能源机组替代，致使系统功率调节能力下滑，转动惯量降低。另外，系统极易因天气因素发生可再生能源功率爬坡事件，这将导致系统频率稳定性下降，运行风险增加，迫使弃风弃光以及切负荷等事件发生。考虑可再生能源功率爬坡事件，针对电力系统运行风险进行评估，能够为电网调度提供参考与预警，对于高比例可再生能源接入系统的安全分析与实时调度有重要意义。

1. 考虑电力系统运行风险的累积前景理论

风险评估是对事件的可能性与严重性的综合度量。由于电网调度是由调度人员做出决策,调度人员无法做到绝对的理性,在决策中不可避免会受到主观因素的影响。一般而言,调度人员在面对风险事件时,更倾向于规避"低概率,高损失"事件,而选择接受"高概率,低损失"事件。另外,高损失事件往往会导致更严重的连锁反应后果,造成更大范围的电力系统乃至社会、经济领域的损失,而这部分损失是难以在一次针对电力系统的风险评估中量化的。因为事件最终的严重程度与调度人员的主观意识存在一致性,本节采用累积前景理论对可再生能源功率爬坡事件的概率与损失进行修正,充分考虑调度人员的非理性心理因素对风险评估带来的影响。

累积前景理论针对原始前景理论存在的不满足一阶随机占优的问题,结合等级依赖效用理论,用排序结果的累积概率代替结果对应的单独概率,根据结果的等级与概率为结果赋予相应权重,并且保留原始前景理论中的效用函数[25]。在累积前景理论中,收益和损失是相对于参考点定义的,收益模型与损失模型采用不同的模型参数。相对于正常运行状态,可再生能源功率爬坡事件只可能使电力系统遭受损失,因此将其定义为损失型事件,则累积前景理论损失模型的效用函数 U 为

$$U(p,x)=\omega(p_1)u(x_1)+\sum_{q=2}^{Q}\left[\omega\left(\sum_{j=1}^{q}p_j\right)-\omega\left(\sum_{j=1}^{q-1}p_j\right)\right]u(x_q) \tag{3-48}$$

$$\omega(p)=\frac{p^{\gamma}}{[p^{\gamma}+(1-p)^{\gamma}]^{1/\gamma}} \tag{3-49}$$

$$u(x)=\lambda x^{\alpha} \tag{3-50}$$

式中, x_q 为第 q 种可能的结果; p_j 为 x_j 对应的概率; Q 为可能的结果的总数; $\omega(p)$ 为概率 p 的决策权重,表示决策者对客观概率的主观评价; $u(x)$ 为价值函数,表示决策者面临损失时主观感受对应的价值; γ 为模型参数; λ 为损失厌恶系数; α 为损失敏感系数。

2. 风险评估指标

考虑到可再生能源功率爬坡事件可能导致可再生能源出力削减和电力负荷损失两种情况,结合累积前景理论,得到两种风险指标。

(1)可再生能源削减价值期望(expected value of renewable energy curtailment, EVREC):

$$EVREC=\sum_{q=1}^{Q}\omega(p_q)u\left(\sum_{R=1}^{2}V_R P_{q,R}^{Cur}\right) \tag{3-51}$$

式中，R 为可再生能源种类，本节考虑风电和光伏两类可再生能源；V_R 为第 R 种可再生能源的单位削减成本；$P_{q,R}^{\text{Cur}}$ 为第 R 类可再生能源第 q 种可能性的削减功率。

（2）电力负荷损失价值期望（expected value of energy not supply，EVENS）：

$$\text{EVENS} = \sum_{q=1}^{Q} \omega(p_q) u(V_{\text{L}} P_q^{\text{Load}}) \tag{3-52}$$

式中，V_{L} 为单位负荷损失费用；P_q^{Load} 为第 q 种可能性的切负荷功率。

EVREC 和 EVENS 分别对应上爬坡事件和下爬坡事件。值得注意的是，由于天气数据的概率预测将使得可再生能源的功率在一定范围内波动，对于某一个预测时间点，上爬坡事件与下爬坡事件均可能有一定概率发生，故而 EVREC 和 EVENS 两种指标可能同时存在。

3. 约束条件

（1）有功功率平衡约束：

$$\sum_{m=1}^{M} P_{\text{G},m}(t) + P_{\text{W}}(t) + P_{\text{S}}(t) = P_{\text{L}}(t) \tag{3-53}$$

式中，$P_{\text{G},m}(t)$ 为第 m 台常规机组在 t 时刻的输出功率；M 为常规机组数量；$P_{\text{W}}(t)$ 为全部风电机组在 t 时刻的总出力；$P_{\text{S}}(t)$ 为全部光伏机组在 t 时刻的总出力；$P_{\text{L}}(t)$ 为 t 时刻的总等效负荷，其包含本地总负荷 $P_{\text{L,Local}}(t)$、交流断面有功功率 $P_{\text{L,AC}}(t)$ 以及直流送出功率 $P_{\text{L,DC}}(t)$，即

$$P_{\text{L}}(t) = P_{\text{L,Local}}(t) + P_{\text{L,AC}}(t) + P_{\text{L,DC}}(t) \tag{3-54}$$

（2）常规机组出力范围约束：

$$P_{\text{G},m}^{\min} \leqslant P_{\text{G},m}(t) \leqslant P_{\text{G},m}^{\max} \tag{3-55}$$

（3）常规机组爬坡速率约束：

$$-\eta_{\text{R},m} P_{\text{G},m}^{\text{Rated}} T_{\text{G}} \leqslant P_{\text{G},m}(t) - P_{\text{G},m}(t-1) \leqslant \eta_{\text{R},m} P_{\text{G},m}^{\text{Rated}} T_{\text{G}} \tag{3-56}$$

式中，$\eta_{\text{R},m}$ 为第 m 台常规机组的爬坡速率；$P_{\text{G},m}^{\text{Rated}}$ 为第 m 台常规机组的额定功率；T_{G} 为一个电力系统运行风险评估时段。

（4）断面潮流约束：

$$0 < I_{\text{CSIP}} < 1 \tag{3-57}$$

式中，I_{CSIP} 为断面潮流裕度，数值位于 0～1 时，代表系统断面潮流处于安全裕度内。

3.3.4 算例分析

为验证本节所提方法的有效性，本节采用 CEPRI_RE 算例系统中的局部电力系统作为研究算例进行分析。算例数据包括可再生能源功率、常规机组出力功率、负荷功率、断面潮流等电力系统信息，时间分辨率为 15min。研究算例系统内部根据地理位置划分为 5 个区域，以子区域 A～子区域 E 表示，每个子区域包含数量不一的气象站、风电场以及光伏电站。

本节采用的 NWP 数据为 GFS 数据集，观测值数据则采用欧洲中期天气预报中心的 ERA5 再分析数据集。再分析数据集采用数据同化的数据处理技术将观测资料与 NWP 进行融合，为下一阶段的预报提供最优的初始条件，同时弥补了观测数据时空分布不均的缺点。因此，再分析数据集在允许一定误差的情况下可以作为算例系统的观测值使用。ERA5 再分析数据集的时间分辨率为 1h，空间分辨率为 0.25°(经/纬)。此外，为了与算例系统数据的时间分辨率相协调，本节对 GFS 和 ERA5 再分析数据集进行插值处理，将两类数据集的时间分辨率转化为 15min。为了最大限度地保持数据集的原始形态，本节采用分段三次 Hermite 插值方法。GFS 和 ERA5 再分析数据集的空间维度除了经纬度外，还有大气垂直层次。考虑到风机轮毂的高度，风速和风向大气垂直层次的离地高度为 100m，其余天气指标的离地高度为 2m。最后，对气象数据集进行时区校正。

1. 可再生能源功率爬坡事件辨识

针对 CEPRI_RE 算例系统数据中的可再生能源功率进行爬坡事件的辨识，阈值 η 取 95%，检测时间窗口 Δt 为 16，即 4h。可再生能源功率爬坡事件辨识结果如图 3-15 所示。

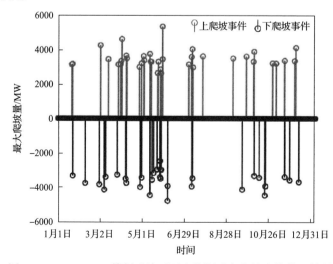

图 3-15　CEPRI_RE 算例系统可再生能源功率爬坡事件辨识结果

从图 3-15 中可以看出，可再生能源功率爬坡事件在 CEPRI_RE 算例系统中频繁发生，全年共发生 68 次，平均 5.4 天发生一次。其中，上爬坡事件共发生 37 次，占 54.4%；下爬坡事件共发生 31 次，占 45.6%。此外，3 月至 5 月是可再生能源功率爬坡事件高发时期，共发生可再生能源功率爬坡事件 37 次，占全年数量的 54.4%，其原因是根据当地的气候情况，3 月至 5 月的可再生能源发电功率较其他月份高，并且天气变化频繁，可再生能源发电功率易发生大幅度波动。为验证本节所提方法的有效性，选取 4 月 1 日作为典型日进行研究分析。

2. 区划方法

在区划方法的算例分析中，本节选取了 CEPRI_RE 算例系统中的子区域 A 作为典型区域，其区划方案如图 3-16 所示。子区域 A 包含 3 个气象站、3 个风电场以及 3 个光伏电站。首先，根据地理距离对子区域 A 进行预划分，图 3-16(a)为预划分结果。从中可以看出，气象站 A1 区域内存在 1 个风电场，气象站 A2 区域存在 2 个光伏电站，气象站 A3 区域存在 2 个风电场与 1 个光伏电站。根据预划分方案，气象站 A1 与 A3 的风速数据，以及气象站 A2 与 A3 的辐射强度数据将作为 NARX 神经网络的外部输入。

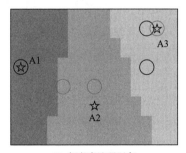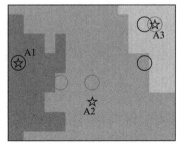

(a) 仅考虑地理距离   (b) 经过天气相似度指标更新

☆ 气象站
○ 风电场
○ 光伏电站

图 3-16 子区域 A 的区划方案

然后，利用 NWP 预报数据的天气相似度指标对预划分方案进行更新。选择 4 月 1 日 12 时的 GFS 预报值，提取其天气相似度指标，然后根据图 3-13 的流程进行区域更新，得到更新后的区划方案如图 3-16(b)所示。与预划分结果进行对比，可以发现原属于气象站 A3 区域的其中一个风电场由于该时段的天气状态与气象站 A2 区域更为接近，因此被划分到气象站 A2 区域。此外，在 NARX 神经网络的训练与预测中，气象站 A2 的风速数据也将作为外部输入参与其中。

3. 预测结果

为更好地显示基于核密度估计的天气概率预测方法的结果，选取气象站 A3

与 B1 作为典型气象站，图 3-17 与图 3-18 分别为 4 月 1 日气象站 A3 与气象站 B1 的超前两步概率预测风速值和太阳辐射强度，置信度为 0.95。能够看出，GFS 预报值虽然大体趋势上与实时数据保持一致，但是存在一定的时滞误差与幅值误差。本节提出的方法可以有效实现天气状态的概率预测，实时数据大多数落在预测上限与预测下限构成的区间中，与 GFS 预报值相比，能够为可再生能源功率的预测提供更为精确的天气信息。

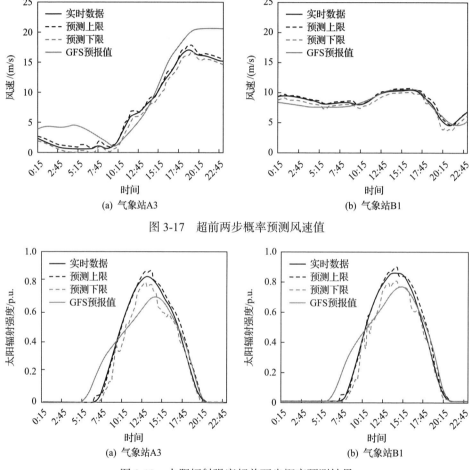

图 3-17　超前两步概率预测风速值

图 3-18　太阳辐射强度超前两步概率预测结果

将 1 月 1 日至 3 月 1 日的历史数据集（包括气象站的实时观测值和可再生能源功率）作为训练样本对 NARX 神经网络进行训练，然后采用蒙特卡罗采样算法对 4 月 1 日的天气概率预测值进行采样，采样值作为 NARX 神经网络的外部输入，可以得到可再生能源功率的概率预测值，结果如图 3-19 所示。对比图 3-19（a）和图 3-19（b）可以看出，超前一步概率预测区间较窄，但是一部分实时数据偏离概率预测区间，特别是在 16:00 至 17:45 的下爬坡阶段。超前两步概率预测区间有所增大，但能够更好地反映可再生能源功率的实际值，此外，超前两步概率预测能够更早地为调度部门提供预测值，为其进行实时调度留下更充足的时间。

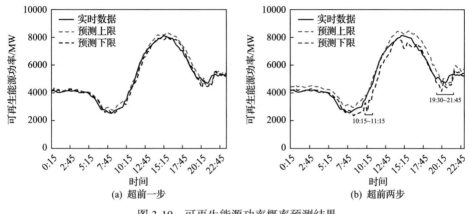

图 3-19　可再生能源功率概率预测结果

4. 运行风险评估

由于负荷预测同样存在一定的不确定性，所以运行风险评估在可再生能源功率概率的基础上，还将负荷不确定性考虑在内。将算例系统的本地负荷、直流送出以及与其他区域电力系统的潮流断面值等效为一个负荷，假设该负荷的预测误差满足正态分布，均值为 0，标准差为实际值的 1%，最后对等效负荷进行蒙特卡罗采样。

设定可再生能源的单位削减成本为 40 元/MW，单位负荷损失费用为 1000 元/MW。为验证本节所提电力系统运行风险评估方法的有效性与灵敏性，使用期望效用理论作为对比方法进行性能比较。基于超前两步概率预测的电力系统风险评估值如图 3-20 所示。从图 3-20(a)可以看出，在典型日内大多数时段 EVENS 值为 0，说明在不发生设备故障的情况下，该时段不会发生切负荷情况。在 10:15 至 11:15 以及 19:30 至 21:45 两个时间段，EVENS 值不为 0，说明这两个时间段有一定的可能发生切负荷，但由于 EVENS 值较小，切负荷发生概率较低。对比图 3-19(b)的可再生能源功率概率预测结果可以发现，10:15 至 11:15 时段 EVENS 值不为零的原因是预测下限曲线发生突变，在 19:30 至 21:45 时段 EVENS 值升高，这是由预测误差导致实际功率值不在预测上下限区间引起的，其说明不准确的可再生能源功率预测也会使得电力系统的风险升高，而高度准确的预测方法将有助于提升评估的精确程度。此外，对比累积前景理论与期望效用理论，可以发现累积前景理论能够突出小概率事件，为调度机构提供更贴近自身需求的决策参考。

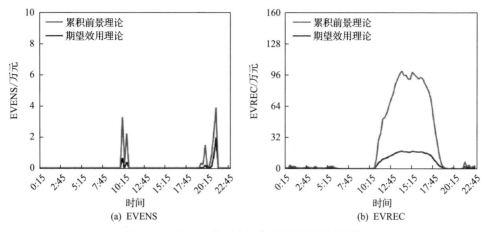

(a) EVENS　　　　　　　　　　　　(b) EVREC

图 3-20　基于超前两步概率预测的风险评估值

由图 3-20(b)可观察到，在 11:15 至 19:30 时间段，电力系统的 EVREC 值先增大，达到峰值一段时间后迅速下降，与图 3-18 中太阳辐射强度的变化规律相似，说明该时间段的 EVREC 值的变化主要是由光伏功率引起的，另外对比图 3-19(a)中 7:45(日出前)与 20:15(日落后)时刻的可再生能源功率，可以发现风电功率在该时间段也发生了一定程度的爬坡，因此该时间段 EVREC 值同时受到光伏与风电功率的影响。此外，由于该时间段 EVREC 值长期维持在一个较大值，表明此时的电力系统已经难以完全消纳可再生能源功率，因而造成严重的弃风弃光现象。为验证运行风险评估方法的预警效果，4 月 1 日 11:00 至 11:30 时间段的 EVREC 值与弃风(光)量如图 3-21 所示。从图 3-21 中可以看出，相较 11:00，EVREC 值在 11:15 已经有明显增加，并在 11:30 迅速增加，与实际的弃风(光)量相匹配。考虑到运行风险评估基于超前两步概率预测，所以调度部门将在 10:45 接收到因

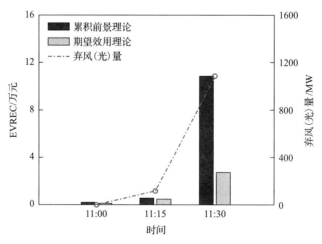

图 3-21　基于超前两步概率预测的 EVREC 值与弃风(光)量

EVREC 值增大而可能需要进行弃风(光)的信号,提前制定弃风(光)方案,所以考虑可再生能源功率爬坡事件的运行风险评估方法可以有效实现对高比例可再生能源电力系统运行风险的预警。

3.4　本章小结

高比例可再生能源的大量接入给电力系统的安全稳定运行带了新的挑战,因此,亟须提升调度人员对电力系统的态势感知能力。本章结合 Endsley 态势感知理论,阐述了电力系统态势感知的总体框架,同时详细介绍了高比例可再生能源电力系统的运行指标体系、实时状态感知和运行态势风险评估方法。

值得注意的是,电力系统态势感知的内涵非常广泛,发展也十分迅速,本章难以面面俱到,电力系统态势感知技术在未来还有以下几个发展方向。

(1)充分结合物理模型和实测数据,选取合适的电力系统特征提取方法,减小算法的复杂度,从而增强电力系统实时运行状态辨识的实时性。

(2)提出适用于动态风险预测的相关指标及算法,构建包括风电、光伏发电等可再生能源的综合出力模型,结合大数据技术预测电力系统的风险水平,从而更好地进行电力系统发展趋势预测。

(3)充分借鉴目前发展迅速的互联网技术和大数据分析技术,构建面向对象的统一平台,应用可视化技术展现电力系统的态势变化,使运行人员可以更好地了解电力系统的运行态势。

参 考 文 献

[1] 康重庆, 姚良忠. 高比例可再生能源电力系统的关键科学问题与理论研究框架[J]. 电力系统自动化, 2017, 41(9): 1-11.

[2] 姚良忠, 朱凌志, 周明, 等. 高比例可再生能源电力系统的协同优化运行技术展望[J]. 电力系统自动化, 2017, 41(9): 36-43.

[3] 鲁宗相, 李海波, 乔颖. 高比例可再生能源并网的电力系统灵活性评价与平衡机理[J]. 中国电机工程学报, 2017, 37(1): 9-19.

[4] 王宗杰, 郭志忠, 王贵忠, 等. 高比例可再生能源电网功率平衡的实时调度临界时间尺度研究[J]. 中国电机工程学报, 2017, 37(Z1): 39-46.

[5] 汪际峰, 周华锋, 熊卫斌, 等. 复杂电力系统运行驾驶舱技术研究[J]. 电力系统自动化, 2014, 38(9): 100-106.

[6] 王守相, 梁栋, 葛磊蛟. 智能配电网态势感知和态势利导关键技术[J]. 电力系统自动化, 2016, 40(12): 2-8.

[7] 王晓辉, 陈乃仕, 李烨, 等. 基于态势联动的主动配电网多源优化调度框架[J]. 电网技术, 2017, 41(2): 349-354.

[8] 黄蔓云, 卫志农, 孙国强, 等. 基于历史数据挖掘的配电网态势感知方法[J]. 电网技术, 2017, 41(4): 1139-1145.

[9] Endsley M. Toward a theory of situation awareness in dynamic system[J]. Human Factor Journal, 1995, 37(1): 32-64.

[10] 杜嘉薇, 周颖, 郭荣华, 等. 网络安全态势感知——提取、理解和预测[M]. 北京: 机械工业出版社, 2018.

[11] Zhang T H, Liu S Y, Qiu W Q, et al. KPI-based real-time situational awareness for power systems with high proportion of renewable energy sources[EB/OL]. (2020-08-19) [2022-02-19]. https://ieeexplore.ieee.org/document/9171681.

[12] 周华锋, 胡荣, 李晓露, 等. 基于态势感知技术的电力系统运行驾驶舱设计[J]. 电力系统自动化, 2015, 39(7): 130-137.

[13] 张国华, 张建华, 彭谦, 等. 电网安全评价的指标体系与方法[J]. 电网技术, 2009, 33(8): 30-34.

[14] 戴远航, 陈磊, 闵勇, 等. 电网每日运行评价指标体系研究[J]. 电网技术, 2015, 39(6): 1611-1616.

[15] 史慧杰, 葛斐, 丁明, 等. 输电网络运行风险的在线评估[J]. 电网技术, 2005(6): 43-48.

[16] 王诚良, 朱凌志, 党东升, 等. 云团移动对光伏电站出力特性及系统调频的影响[J]. 可再生能源, 2017, 35(11): 1626-1631.

[17] 欧阳庭辉, 查晓明, 秦亮, 等. 风电功率爬坡事件预测时间窗口的选取[J]. 电网技术, 2015(2): 414-419.

[18] 张东英, 代悦, 张旭, 等. 风电爬坡事件研究综述及展望[J]. 电网技术, 2018, 42(6): 1783-1792.

[19] 杨茂, 马剑, 李大勇, 等. 超短期风电功率爬坡事件检测和统计分析[J]. 电力系统保护与控制, 2018, 46(6): 62-68.

[20] 宋家康, 彭勇刚, 蔡宏达, 等. 考虑多位置 NWP 和非典型特征的短期风电功率预测研究[J]. 电网技术, 2018, 42(10): 3234-3240.

[21] Zhang X, Li Y, Lu S, et al. A solar time based analog ensemble method for regional solar power forecasting[J]. IEEE Transactions on Sustainable Energy, 2019, 10(1): 268-279.

[22] 张亚涛, 赵红, 武红波, 等. 电力自动气象站集成网络系统设计与实现[J]. 电力系统保护与控制, 2008, 36(24): 79-82.

[23] Taylor J W. Probabilistic forecasting of wind power ramp events using autoregressive logit models[J]. European Journal of Operational Research, 2017, 259(2): 703-712.

[24] 张国梁, 张志杰, 杜红棉, 等. 基于 NARX 神经网络的冲击加速度计建模研究[J]. 弹箭与制导学报, 2008, 28(3): 284-286.

[25] 李存斌, 苑嘉航, 祁之强. 基于灰色累积前景理论分布式电源投资风险型决策[J]. 华东电力, 2014, 42(5): 993-998.

第4章 可再生能源场站并网主动控制与多源协调运行

4.1 引　　言

风电场和光伏电站等可再生能源场站具备参与电力系统控制、调节并网点的有功/无功输出、响应电网电压和频率变化的能力已经成为可再生能源并网的普遍要求[1-4]。与火电机组、水电机组相比，风电机组和光伏发电单元具有单机容量小、交流侧电压低等特点，一个风电场或光伏发电站往往包含几十台到几百台风电机组或光伏逆变器，采用组串式光伏逆变器的光伏电站，其光伏逆变器数量甚至达到几千台。要实现并网点功率、电压、频率等电气量的控制，必须依靠场站级的整体协调控制。目前，独立的场站级功率控制系统已经成为风电场、光伏电站的标准配置，由于场站控制系统的作用，可再生能源场站的并网特性，特别是在秒级以上时间尺度的特性，已经不完全由风/光资源以及发电设备决定，更与电站控制系统的控制性能密切相关[5]。同时，在可再生能源富集地区，多个可再生能源场站往往通过同一并网点接入大电网，形成了可再生能源场群[6-10]。一方面，场群内部多个可再生能源场站可以进行协调控制；另一方面，可再生能源场站与火电机组、水电机组、储能系统等其他电源需要实现协调运行。本章主要研究可再生能源场站的并网主动控制，以及含可再生能源场站的多类型电源协调运行，以提高风、光可再生能源的消纳比例，同时实现多类型电源运行成本优化。

本章研究对象及相应的研究内容如图4-1所示。

4.2节和4.3节主要阐述电网调度指令下发到可再生能源场站后，如何将功率分配到场站内各发电机组/单元，以及可再生能源场站如何主动控制功率以响应电网频率和电压的变化。其中，4.2节介绍场站内各发电机组/单元间的功率分配，分别从场站有功功率控制与频率调节、无功功率控制与电压调节两个方面，阐述控制结构、实现流程、功率调整量的计算方法和分配方法；4.3节介绍可再生能源场站并网主动控制这一研究方向的两个热点案例，分别是海上风电场经交流电缆送出系统的无功配置与协调控制、光伏电站参与大电网一次调频的控制增益整定。4.4节则研究含有可再生能源场站的电力系统多源协调运行问题，考虑电网阻塞的影响，介绍一种日前规划与实时运行相互协调的双层优化方法，实现了含可再生能源场站的多源协调优化运行。

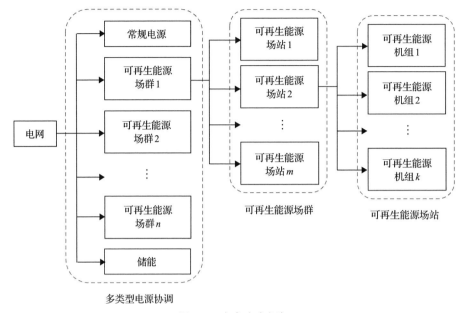

图 4-1　本章内容框架

4.2　可再生能源场站并网主动控制方案

随着风力发电和光伏发电等可再生能源由电力系统的辅助电源向主力电源、主导电源演变，风电场、光伏电站等可再生能源场站除了应具备有功功率和无功功率的闭环自动控制功能外，还需要具备电压调节能力，以及响应电网频率变化、主动参与电网一次调频的能力。本节从有功功率控制与频率调节、无功功率控制与电压调节两个方面，分别介绍控制结构、实现流程、功率调整量的计算方法以及分配方法[5]。

4.2.1　有功功率控制与频率调节

1. 控制结构及实现流程

可再生能源场站有功功率控制策略包括两部分：有功功率整定和有功功率分配。通常，有功功率控制的目标为并网点的有功功率或频率。有功功率整定是通过获取调度有功功率指令值以及可再生能源场站并网点有功功率、无功功率、频率等的测量值计算当前可再生能源场站有功功率调整量；有功功率分配是将整定层计算获取的有功功率调整量按照制定的有功功率分配策略下发至电站内各可再生能源发电机组(包括风电机组和光伏发电单元)，可再生能源发电机组按照接收到的有功功率参考值调整机组输出功率值，进而改变并网点有功功率以实现可再生能源场站的有功/频率闭环控制。

可再生能源场站有功/频率控制结构及实现流程如图 4-2 所示。图中，P_{POI} 为并网点有功功率测量值；P_{ord} 为可再生能源场站有功功率整定目标值；P_{meas_i} 为第 i 台机组有功功率测量值；f_{POI} 为并网点频率测量值；Q_{meas_i} 为第 i 台机组无功功率测量值；P_{ref} 为调度有功控制指令；P_{ref_i} 为第 i 台机组有功功率参考值。

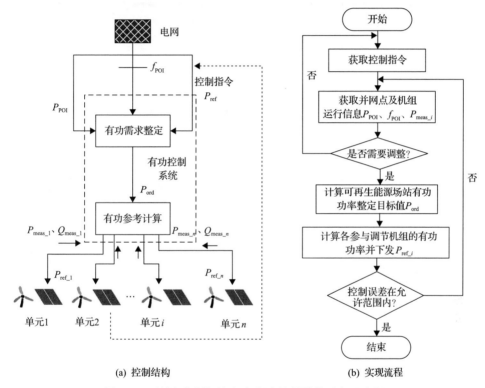

图 4-2　可再生能源场站有功/频率控制结构及实现流程

2. 有功功率调整量的计算方法

可再生能源场站并网后需根据电网的调度指令工作在不同的有功功率控制模式下。除最大功率跟踪模式之外，可再生能源场站的有功功率控制模式包括限值模式、差值模式和调频模式。可再生能源场站按照电网调度机构下发的调度指令投入或退出相应的有功功率控制模式。

1）限值模式

可再生能源场站将出力控制在预设值或者电网调度下发的指令值，电网调度会根据电网的运行状态在不同的时段下发不同的功率限值，如图 4-3 所示。

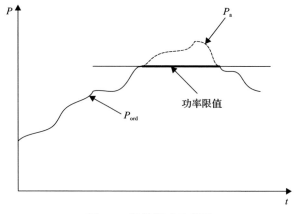

图 4-3　限值模式示意图

图 4-3 中，P_a 为可再生能源场站的功率预测值，P_{ord} 为可再生能源场站的有功功率整定目标值。

2）差值模式

差值模式可以看作限值模式的一种延伸，采用该模式时，可再生能源场站的有功功率整定目标值与预测功率之间保持一个固定的差值 P_d，P_d 为预先设定值或由电网调度机构结合电网以及可再生能源场站的运行状态提供，如图 4-4 所示。该模式的优点是可再生能源场站具有一定的有功备用，具备出力上调和下调的能力。

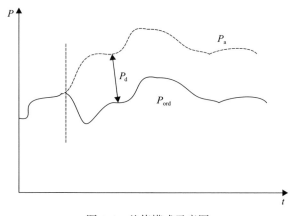

图 4-4　差值模式示意图

3）调频模式

可再生能源场站在差值模式的基础上，根据电网频率或调度机构下发的调频指令调整全场出力。

对于一次调频来说，当电网频率出现偏差且超出设定的死区范围时，可再生能源场站应能根据频率偏差值和设定的一次调频控制增益在可调节范围内按式

(4-1)调整有功出力，控制模式见图 4-5。

$$\Delta P = \begin{cases} K_{f1}(f_{L1} - f), & f < f_{L1} \\ K_{f2}(f_{H1} - f), & f > f_{H1} \end{cases} \qquad (4\text{-}1)$$

式中，ΔP 为可再生能源场站输出有功功率的变化量；f_{L1} 为欠频动作死区阈值；f_{H1} 为过频动作死区阈值；K_{f1} 为一次调频控制增益(欠频)；K_{f2} 为一次调频控制增益(过频)；f 为当前频率测量值。

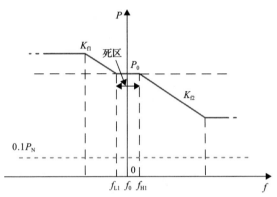

图 4-5　可再生能源场站参与电网一次调频的控制模式

图 4-5 中，P_0 为可再生能源场站有功功率稳态初始值；P_N 为可再生能源场站有功功率额定值；f_0 为系统基准频率。

需要说明的是，由于可再生能源场站的有功出力受风速、辐照度等资源特性的影响，当电站出力已达当前最大可发功率时，功率上调无法实现。

3. 有功功率调整量的分配方法

有功功率分配需要考虑机组当前出力、机组可调裕度、可调机组的数量、调节频次等多种因素。有功功率调整量在可再生能源发电机组中常用的分配方法有按额定容量平均分配、按有功调节裕量比例分配、部分机组优先调节等。

1)按额定容量平均分配

根据可再生能源发电机组有功功率额定值的比例关系进行分配，具体实现如下：

$$P_{\text{ref}\_i} = P_{\text{meas}\_i} + \frac{P_{N\_i}}{\sum\limits_{\lambda} P_{N\_j}} \times P_{\text{ad}} \qquad (4\text{-}2)$$

式中，P_{ad} 为可再生能源场站有功功率整定得到的有功功率调整量；P_{N_i} 为参与电站有功功率控制的第 i 台机组的有功功率额定值。

2)按有功调节裕量比例分配

利用可再生能源场站功率预测系统得到电站内各样本发电机组的功率预测值，按照样本发电机组所在区域对可再生能源场站进行分区控制，不同分区内的有功功率调整量按照样本发电机组的功率预测值比例进行分配，同一分区内的可再生能源发电机组有功功率调整量则按照平均分配计算得到，具体实现如下：

$$P_{\text{ref\_}k} = P_{\text{meas\_}k} + \frac{P_{\text{a}}^{k}}{\sum\limits_{k=1}^{m} n_k \times P_{\text{a}}^{k}} \times P_{\text{ad}} \tag{4-3}$$

式中，k 为可再生能源场站第 k 个分区；m 为可再生能源场站分区总数；n_k 为第 k 个分区内可调可再生能源发电机组的数量；P_{a}^{k} 为第 k 个分区的样本发电机组功率预测值。

3)部分机组优先调节

根据可再生能源场站内发电机组的有功调节性能优劣进行分配，调节性能优异的机组承担更多有功功率调整量，调节性能较差的发电机组少承担或不承担有功功率调整量。

上述三种有功功率调整量分配方法中，第一种方法(按额定容量平均分配)简单，但是可能存在部分机组调节能力不足的问题；第二种方法(按有功调节裕量比例分配)可解决上述问题，但需要计算每台机组的实时可发有功功率值；第三种方法(部分机组优先调节)可以避免有功功率控制系统反复调节，减少调节控制系统的调节时间，但需要根据电站内各机组的历史运行状态确定机组的优先调节顺序。

4.2.2 无功功率控制与电压调节

1. 控制结构及实现流程

可再生能源场站无功功率控制策略包括两部分：无功功率需求整定和无功功率参考计算。通常，电压控制点为可再生能源场站并网点。无功功率需求整定层通过获取并网点输出功率以及实时电压值计算整站所需无功输出值(感性/容性)；无功功率参考计算层将计算所得无功输出需求值按照制定的控制策略分解至电站内各发电机组/单元和无功补偿装置，作为控制信号改变发电机组/单元和无功补偿装置(如静止无功补偿装置(SVC))的无功功率输出，进而改变并网点电压以实现整个电站的无功/电压闭环控制。

可再生能源场站无功/电压控制结构及实现流程如图 4-6 所示。图 4-6 中，

Q_{POI} 为并网点无功功率测量值；Q_{ref_i} 为第 i 台机组无功功率参考值；U_{POI} 为并网点电压测量值；Q_{SVC} 为 SVC 无功功率测量值；U_{ref} 为并网点电压参考值；Q_{ref_SVC} 为 SVC 无功功率参考值；Q_{ord} 为无功功率整定目标值。

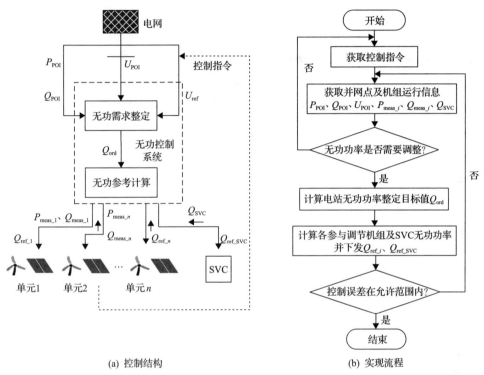

(a) 控制结构   (b) 实现流程

图 4-6 可再生能源场站无功/电压控制结构及实现流程

2. 无功功率调整量的计算方法

可再生能源场站无功功率控制主要包括定无功功率控制、定功率因数控制、定电压控制和无功/电压下垂控制四种模式。

(1)定无功功率控制。将可再生能源场站并网点的无功功率控制在调度机构下发的无功功率值。

(2)定功率因数控制。根据可再生能源场站并网点有功功率调整无功功率，将并网点功率因数控制在调度机构下发的设定值。

(3)定电压控制。根据可再生能源场站无功/电压灵敏度调整无功功率，将并网点电压控制在调度下发的设定值。

关于调度下发的电压设定值，通常一次调整无法使并网点电压达到设定值，需多次闭环反馈控制才能使并网点电压在允许偏差范围内，因而定电压控制的调节时间较长。

(4)无功/电压下垂控制。根据并网点电压测量值与参考值的偏差，按无功/电压下垂系数调整无功功率。

3. 无功功率调整量的分配方法

无功功率调整量在可再生能源发电机组间的分配方法主要包括等功率因数分配、按机组最大无功容量比例分配、基于无功裕度分配[11]、部分机组优先调节等。

1)等功率因数分配

根据获得的可再生能源场站无功功率调整量 ΔQ_{ord} 并结合机组当前有功功率 P_{meas_i}，计算得到调整过后可再生能源场站的功率因数，根据该功率因数确定具体机组的无功功率参考值，具体实现如下：

$$PF_{plant} = \frac{\sum P_{meas\_i}}{\sqrt{Q_{ord}^2 + \sum P_{meas\_i}^2}}$$

$$Q_{ref\_i} = P_{meas\_i} \times \frac{\sqrt{1 - PF_{plant}^2}}{PF_{plant}} \tag{4-4}$$

式中，PF_{plant} 为可再生能源场站功率因数；$\sum P_{meas\_i}$ 为可再生能源发电机组有功功率总和。

2)按机组最大无功容量比例分配

根据机组最大无功容量的比例关系进行分配，具体实现如下：

$$Q_{ref\_i} = Q_{meas\_i} + \frac{Q_i^{max}}{\sum\limits_{i=1}^{N} Q_i^{max}} \times Q_{ad} \tag{4-5}$$

式中，Q_i^{max} 为参与无功功率控制的第 i 台机组的最大无功容量；Q_{ad} 为可再生能源场站的无功功率调整量；N 为参与无功功率控制的机组数量。

3)基于无功裕度分配

根据机组的无功裕度大小进行分配，尽可能保证每台可再生能源机组有相近的无功裕度，即剩余无功多的机组，提供多的无功，剩余无功少的机组，提供少的无功。具体实现如下。

第 i 台可再生能源发电机组表示为 $G_{unit,i}$，无功容量表示为 $Q_{N,i}$，则求取第 i 台可再生能源发电机组输出无功功率调整量的初始分配系数为

$$D_i = Q_{N,i} / Q_{\Sigma\,unit} \tag{4-6}$$

$$Q_{\Sigma\,unit} = \sum_{i=1}^{m} Q_{N,i}$$

式中，$Q_{\Sigma\,unit}$ 为可再生能源发电机组的总无功功率；m 为在线运行的可再生能源发电机组数量。

利用上述分配系数，求取无功功率调整量 Q_{ad} 在第 i 台可再生能源发电机组的参考值：

$$Q_{ref\_i} = Q_{meas\_i} + D_i \times Q_{ad} \tag{4-7}$$

对可再生能源发电机组的调节裕量进行校验，若满足调节条件，则方案通过；若有可再生能源发电机组的调节裕量不足，则需修正方案，具体方法如下。

记调节裕量不足的可再生能源发电机组集合为 Ω_{Lack}，其数量为 M，其中，各可再生能源发电机组的调整量为

$$Q'_{ref\_j} = Q_{N,j} - Q_{meas\_j} \tag{4-8}$$

式中，$Q_{N,j}$ 为可再生能源发电机组 j 的无功容量；Q_{meas_j} 为可再生能源发电机组 j 当前的无功功率输出值。

修正后的 Ω_{Lack} 中的可再生能源发电机组 j 的无功功率调整量分配系数为

$$D'_j = Q'_{ref\_j} / Q_{cmd}, \quad G_{unit,j} \in \Omega_{Lack} \tag{4-9}$$

式中，Q_{cmd} 为总的无功功率调整量。

其余可再生能源发电机组的无功功率调整量分配系数为

$$D'_i = \frac{1 - \sum\limits_{G_{unit,j} \in \Omega_{Lack}} D'_j}{1 - \sum\limits_{G_{unit,j} \in \Omega_{Lack}} D_j} D_i, \quad G_{unit,i} \notin \Omega_{Lack} \tag{4-10}$$

经修正后的各可再生能源发电机组的无功功率参考值为

$$Q''_{ref\_i} = Q_{meas\_i} + D'_i \times Q_{ad} \tag{4-11}$$

如此反复，可分别形成调节裕量匮乏、调节裕量充裕的光伏发电单元的无功功率调整量分配系数或分配量。

4) 部分机组优先调节

根据可再生能源场站内发电机组的无功调节性能优劣进行分配，调节性能优异的机组承担更多无功功率调整量，调节性能较差的发电机组少承担或不承担无功功率调整量。

上述四种无功功率调整量分配方法中，第一种方法(等功率因数分配)简单，但是可能存在部分机组因调节能力不足，造成无功控制系统反复调节，增加系统调节时间；第二种方法(按机组最大无功容量比例分配)存在与第一种方法类似的问题；第三种方法(基于无功裕度分配)可解决上述问题，但需要计算每台机组的可调无功裕度；第四种方法(部分机组优先调节)可以避免有功控制系统反复调节，减少调节控制系统的调节时间，但需要根据电站内各机组的历史运行状态确定机组的优先调节顺序。

4.3　可再生能源场站并网主动控制典型案例

本节介绍可再生能源场站并网主动控制中的两个典型热点问题，即海上风电场经交流电缆送出系统的无功配置与协调控制[12]、光伏电站参与大电网一次调频的控制增益整定[13]。

4.3.1　海上风电场经交流电缆送出系统的无功配置与协调控制

海上风电具有风速平稳、开发规模大等特点，近年来发展很快，许多海上风电场均为 300MW 及以上级别，且以近海或中距离(离岸 60km 以内)开发为主。这样的系统一般采用交流电缆送出，交流海缆与陆上风电常用的架空线路相比，自身容性充电无功较大，导致的过电压问题突出，需要考虑配置高抗；同时需要在有限的海上平台空间内，考虑海上风电场的无功补偿配置问题，在保证无功/电压控制的灵活性的同时尽可能降低造价[14]。国家电网有限公司企业标准《海上风电场接入电网技术规定》(Q/GDW 11410—2015)指出：应充分利用风电机组自身的无功控制能力，优先发挥风电机组的无功调节作用，其次考虑在风电场安装集中无功补偿装置[15]，这也符合《风电场接入电力系统技术规定　第 1 部分：陆上风电》(GB/T 19963.1—2021)的思路[1]。综上可见，无功配置与协调控制是海上风电场并网系统的关键技术问题之一。本节围绕此问题开展研究，从降低海上风电工程建设造价和充分发挥海上风电场参与电网无功控制能力的角度，设计仅采用电网侧高抗和风电机组自身无功能力的配置方案；然后在此基础上，以风电场与电网间交换的无功功率等于零为控制目标，提出海上风电场无功协调控制策略，最后采用江苏省实际电网结构，设计海上风电场接入系统算例，通过多工况下的静态无功校验和动态仿真，分析验证所提无功配置方案和协调控制策略的可行性与正确性。

1. 海上风电场经交流电缆送出系统功率计算

海上风电场经高压交流电缆送出系统的典型结构如图 4-7 所示。图中，P_{DFIG}、Q_{DFIG} 分别为风电机组输出的有功功率、无功功率；P_{WF}、Q_{WF} 分别为风电场经升压变后输出的有功功率、无功功率；P_{PCC}、Q_{PCC} 分别为并网点输出的有功功率、无功功率；I 为线路电流的幅值，β 为线路电流的相角；U 为风电场升压变高压侧电压幅值；E 为并网点电压幅值，α 为电压 E 的相角；Z 为交流电缆的阻抗幅值，θ 为交流电缆阻抗的相角；Q_{cL} 为低抗消耗的无功功率(配置低抗时)；Q_{cH} 为高抗消耗的无功功率(配置高抗时)。

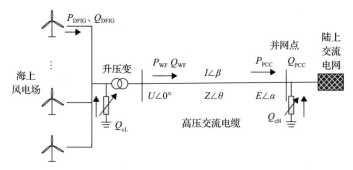

图 4-7　海上风电场经高压交流电缆送出系统典型结构

由交流输电线路电气运行特性可知，图 4-7 中各变量的关系为

$$\dot{E} = \dot{U} + Ze^{j\theta}\dot{I} = \dot{U} + Ze^{j\theta}\frac{P_{PCC} - jQ_{PCC}}{\overset{*}{E}} \tag{4-12}$$

式中，$\dot{E}$ 为并网点电压相量；$\overset{*}{E}$ 为 $\dot{E}$ 的共轭值；$\dot{U}$ 为风电场升压变高压侧电压相量；$\dot{I}$ 为线路电流相量。

以 $\dot{U}$ 作为参考相量，分别将式(4-12)的实部、虚部分离可得

$$\begin{cases} P_{PCC} = \dfrac{E^2}{Z}\cos\theta - \dfrac{EU}{Z}\cos(\theta - \alpha) \\[2mm] Q_{PCC} = \dfrac{E^2}{Z}\sin\theta - \dfrac{EU}{Z}\sin(\theta - \alpha) \end{cases} \tag{4-13}$$

由式(4-13)进一步消去变量 α，且令 $u = \dfrac{E}{U}$，$p = \dfrac{Z}{U^2}P_{PCC}$，$q = \dfrac{Z}{U^2}Q_{PCC}$，则可得

$$u^4 - u^2[1 - 2(p\cos\theta + q\sin\theta)] + (p^2 + q^2) = 0 \tag{4-14}$$

由于海上风电场采用高压交流海缆接入电网，相比电容，海缆电阻小得多，因而计算过程中可忽略线路电阻，即 $\theta=90°$，则式(4-14)可简化为

$$p^2 + (q + u^2)^2 - u^2 = 0 \tag{4-15}$$

图 4-8 分别给出了 $p=0$、$p=0.25$、$p=0.5$、$p=0.75$、$p=1$ 时由式(4-15)得到的

u-q 曲线。

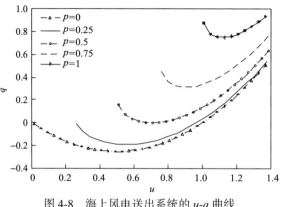

图 4-8　海上风电送出系统的 u-q 曲线

由于设定海上风电场升压变的高压侧电压为参考相量,从而可知,变量 u、p 和 q 仅与线路阻抗相关,因而可认为图 4-8 所示曲线即为并网点电压与线路无功之间的关系。当系统运行于曲线最低值右侧时,系统是稳定的;当系统运行工况相同时(维持相同的电压水平),风电场送出的有功功率越多,就需要交流电缆向系统注入越多的无功功率。

2. 海上风电场经交流电缆送出系统无功配置与协调控制

由于交流电缆的充电无功功率大,长距离电缆功率输送易造成海上风电场并网点电压过高而影响电力系统的稳定运行,因此控制并网点无功功率输出是关键,由式(4-15)可求得并网点无功功率。相关标准[1,15]指出:在公共电网电压处于正常范围内时,海上风电场应能通过整场的无功调节使并网点电压控制在标称电压的 97%~107%范围内。控制海上风电场并网点的无功交换是确保并网点电压在合理范围内的关键。本节充分利用风电机组自身的无功调节能力,提出一种风电场主动参与系统无功调节的海上风电无功配置方案。以海上风电并网点与电网之间无功功率交换等于零为控制目标,在并网点电压合理范围内控制并网点功率因数在 1.0 附近,实现最大限度地利用风电机组自身无功调节能力抑制海缆母线过电压问题,减少海上风电送出系统无功补偿装置容量,避免在海上变电站侧安装无功补偿装置,降低海上风电工程造价和运行维护难度。具体算法如下。

计算得到海缆输电线路产生的无功功率 Q_{Tr}:

$$Q_{Tr} = \frac{2EU\cos\alpha - (E^2 + U^2)\cos\theta}{Z\sin\theta}$$

(4-16)

设第 i 台风电机组发出的无功功率为 Q_i^{DFIG},风电场输出的无功功率 Q_{WF} 为(n 为风电场在线运行风电机组台数):

$$Q_{WF} = \sum_{i=1}^{n} Q_i^{DFIG} \tag{4-17}$$

若 $Q_{PCC} - Q_{Tr} \leqslant |Q_{WF}|$，则仅依靠风电机组无功调节能力就能补偿海缆充电无功，无须额外配置高抗；若 $Q_{PCC} - Q_{Tr} > |Q_{WF}|$，则风电机组无功调节范围内无法满足并网点无功零交换目标，需另外配置高抗，配置的高抗容量为 $Q_{cH} = Q_{PCC} - Q_{Tr} - |Q_{WF}|$。

海上风电机组有双馈型、永磁直驱型等类型，本节以双馈型风电机组为例来说明。由理论分析可知，双馈型海上风电机组无功输出能力与转子电流、定子电流、有功功率、定子电压及转差率相关，故在设计海上风电场无功配置方案时应充分考虑各运行工况，如风电场轻载、半载和满载等典型工况下的风电机组无功输出能力，同时考虑风速波动对风电机组无功输出的影响，综合确定并网点是否需要配置高抗及具体配置容量。

本节设计了一种海上风电场经交流电缆送出系统并网点静态高抗配置和风电机组无功动态快速响应的协调控制策略。首先根据海上风电场接入系统网架结构和海上风电场风速资源数据，综合考虑系统电压稳定和风电机组无功输出极限等因素，按照上述配置方案算出并网点静态高抗配置值(若仅通过机组无功调节能力即能满足，则配置值设置为0)；在此基础上，充分利用风电机组实时无功动态调节能力，设计了一种海上风电场无功功率协调控制器，采用分层控制思路实现风电场输出无功的实时动态调节，如图 4-9 所示。第一层为控制目标层，第二层为无功功率分配层，第三层为无功调节执行层。图 4-9 中，Q_{cmd} 为并网点无功控制目标值，Q_{meas}^{WF} 为风电场并网点无功功率测量值，Q_{ref} 为风电场无功功率控制参考值，Q_{meas}^{i} 为第 i 台风电机组无功功率测量值，U_{meas}^{i} 为第 i 台风电机组端电压测量值，Q_{max}^{i} 和 Q_{min}^{i} 分别为第 i 台风电机组无功功率的上限和下限值，Q_{ref}^{i} 为第 i 台

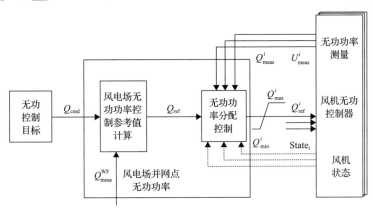

图 4-9 海上风电场无功协调控制系统

风电机组无功功率控制参考值，$State_i$为第i台风电机组状态变量值。

　　具体实现时，首先计算并网点静态高抗配置值，进而充分利用风电机组的无功调节能力。以风电场并网点与电网之间无功功率零交换为控制目标，并综合考虑风电机组端电压和并网点电压运行范围，实时计算各风电机组无功功率控制参考值。分别设置风电场满载、半载和轻载三种运行工况，验证无功配置方案的合理性；任何一种工况无法满足控制目标时，重新调整并网点静态高抗配置值，直至满足所有运行工况。

　　因此，无功功率分配层为整个控制系统的核心，在保证风电机组端电压在合理范围的前提下，根据场内各机组实时运行工况快速改变风电机组无功出力，通过风电机组无功调节实现控制风电场与电网无功功率零交换的目标。海上风电场无功协调控制系统实现流程如图 4-10 所示。

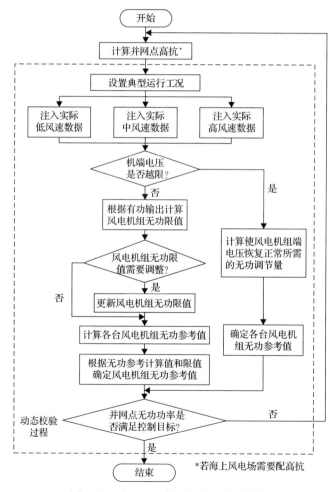

图 4-10　海上风电场无功协调控制流程

3. 算例分析

下面基于江苏省实际电网系统结构，设计海上风电场作为研究系统。风电场容量为 316.8MW（略大于 2016 年 4 月开建的华能如东 300MW 海上风电场），由 88 台 3.6MW 双馈型风电机组（参数见文献[12]附录表 1-1）组成，场内有 8 条馈线，每条馈线有 11 台风电机组，每台机组通过箱变由 3.3kV 升压至 35kV，经 35kV 交流电缆送至海上升压站低压侧，经升压站变压至 220kV 后通过 50km 交流海底电缆（参数见表 4-1，为某实际电缆参数）接入实际电网，如图 4-11 所示。通过系统潮流计算可知，风电场接入后，若不对长距离电缆充电无功进行补偿，则由于电缆充电无功大，风电场海上变电站高压侧电压将达 1.072p.u.以上，并网点电压也偏高不少，将对系统的安全稳定运行带来威胁。

表 4-1　220kV 电缆参数

电压等级/kV	单位长度电阻/(Ω/km)	单位长度电容/(μF/km)	单位长度电感/(mH/km)
220	0.0187	0.202	1.394

参照文献[16]统计分析的实际风速以及江苏省盐城（中国海上风电产业区）近海海域实测风速数据[17,18]，本节在确定海上风电场送出系统无功配置容量时，以 7.5m/s 风速作为风电机组基础运行工况。根据 3.6MW 风电机组风速-功率运行曲线[19]可知，此时风电机组的有功出力约为 1.6MW，风电机组还具备大量无功调节裕量，充分利用风电机组的无功调节能力则能替代在海上风电场侧配置低抗或者动态无功补偿装置，实现风电机组无功灵活控制，此处设置风电机组初始无功功率为 0.6Mvar（感性）。同时考虑长距离交流电缆充电功率对并网点电压的影响，为

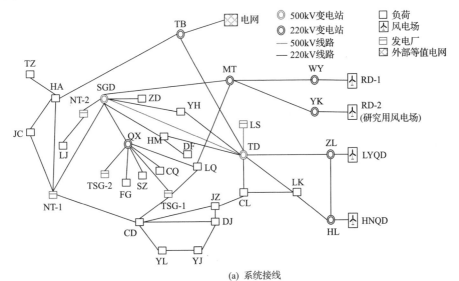

(a) 系统接线

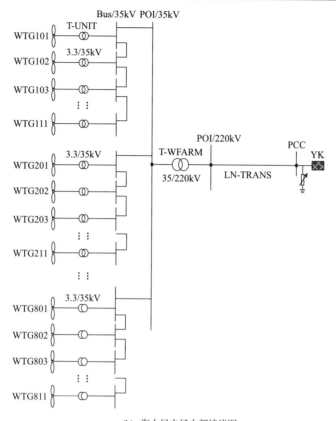

(b) 海上风电场内部接线图

图 4-11　算例系统结构图

POI 是汇集点，Bus 是母线，T-UNIT 是箱变，T-WFARM 是主变，WTG 是风电机组，
LN-TRANS 是线路名，PCC 是并网点

确保系统安全稳定运行，需在电网侧(陆上)配置一定容量的高抗，根据风电场在不同有功送出情况下的充电无功功率(图 4-8)，计算得出本算例系统中需要在电网侧配置 80Mvar 高抗(感性)。

根据上述无功配置方案，海上风电场及其输电系统的感性无功输出包括各风电机组无功输出及电网侧高抗无功输出。结合之前分析得到的风电机组无功输出限值，计算可知，系统总的感性无功输出容量上限为 216.4Mvar，减去各机组初始无功输出和高抗感性无功值后，系统尚有 83.6Mvar 无功调节裕量，可用于系统动态无功调节。

根据第本节第二部分所述无功配置方案，考虑运行过程中负荷变化或者风速扰动造成并网点无功交换值发生改变，此时利用海上风电场无功协调控制系统快速设定风电机组无功输出参考值，实时调节风电机组无功输出，以实现风电场并网点与电网无功交换为零的目标。采用实际风速数据作为风电机组输入信号，分别设置风电场满载、半载和轻载三种典型工况验证风电场无功协调控制系统的能力。

1) 风电场满载

高风速下风电机组输出有功接近满发状态，风速波动时，无功协调控制系统根据并网点无功功率测量值实时调节场内各风电机组的无功功率参考值，具体控制效果如图 4-12 所示。可见，风电场并网点电压运行在 1.005~1.020p.u.，同时，风

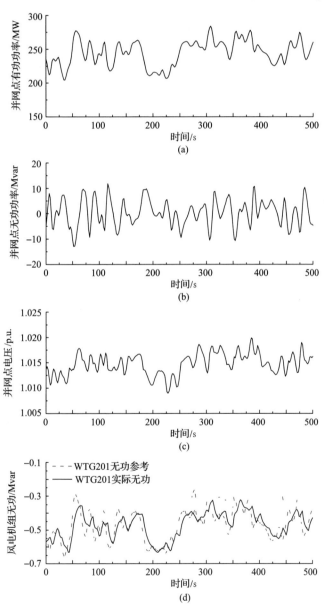

图 4-12 风电场满载时的控制效果

电场并网点无功功率可以控制在零附近(主要在−10～10Mvar 范围内),大大减小了风电场对电网的不利影响。

2)风电场半载

中风速下风电机组输出有功功率在半载状态,风速波动时,风电场无功协调控制系统的具体控制效果见图 4-13:风电场并网点电压主要在 1～1.01p.u.,同时,风电场并网点无功功率可以控制在零附近(主要在−5～5Mvar 范围内)。

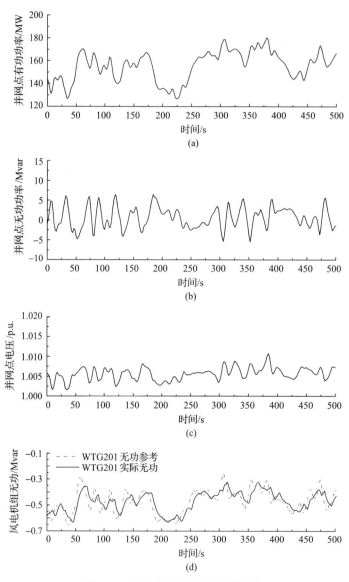

图 4-13　风电场半载时的控制效果

3) 风电场轻载

低风速下风电机组输出有功功率接近为 0，风速波动时，风电场无功协调控制系统的具体控制效果见图 4-14：风电场并网点电压主要在 0.99～1p.u.，同时，风电场并网点无功功率可以控制在零附近（主要在–5～5Mvar 范围内）。

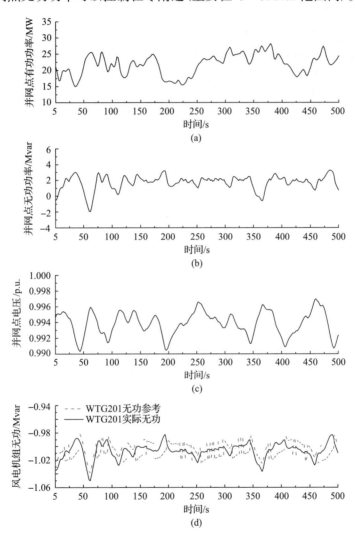

图 4-14　风电场轻载时的控制效果

因风电机组初始无功出力设置为 0.6Mvar(感性)，而轻载工况下需要风电机组吸收更多无功，为更加清晰地显示风电机组主要时间段内的无功出力情况，截取了第 5s 之后的仿真波形

由上述 3 种典型工况下的仿真结果可知，采用海上风电机组自身无功能力和电网侧高抗配置，通过海上风电场无功协调控制系统的作用，可以合理调节风电机组无功输出功率，使并网点电压运行在合理范围内的同时，能够实现海上风电

场并网点与电网间无功功率零交换的目标。上述 3 种典型工况的仿真分析可以进一步推广至所有运行工况，验证海上风电场无功配置方案和无功协调控制策略的可行性与准确性。

4.3.2 光伏电站参与大电网一次调频的控制增益整定

中国西北电网为可再生能源富集区域。2016 年，西北电网组织实施了全网频率特性试验，完成了光伏发电和风电快速频率响应能力实测分析，结果表明光伏发电调频特性与常规电源机组相当或更优[20,21]。2017 年，10 家试点可再生能源场站投入快速频率响应功能[22]，2018 年开始进行推广应用[22,23]。文献[23]给出了可再生能源场站快速频率响应参数设置方案，相关行业标准[3]和企业标准[24]也给出了可再生能源场站一次调频参数推荐值，然而，相关参数主要参照常规电源机组[25]和部分仿真计算制定，欠缺理论分析，不同机构或标准提出的参数推荐值(如调差系数)差异较大[3,23,24,26-31]，不合适的参数可能导致调节不稳定问题[32,33]，如功率或频率发生等幅振荡。

本节研究光伏电站参与大电网一次调频的控制增益(调差系数的倒数，即单位调节功率系数)。首先介绍国内外有关光伏电站参与调频的相关技术参数要求，然后建立光伏电站接入前(纯常规电源)、接入后系统的调频控制模型，考虑模型中的死区与饱和等非线性环节，运用基于描述函数的非线性奈奎斯特稳定性判据[33]分别分析光伏电站接入前、接入后一次调频控制增益的稳定范围，并通过典型算例仿真验证理论分析方法和分析结果的正确性。

1. 光伏电站接入电网前后的一次调频控制增益分析

光伏电站接入前，考虑系统中电源均为常规电源，其调频控制模型含有死区、饱和非线性环节。含非线性环节的典型非线性控制系统框图可由图 4-15 表示[33]。

图 4-15　典型非线性控制系统框图

图 4-15 中，$R(s)$ 为控制参考值，$C(s)$ 为控制输出，$E(s)$ 为控制偏差，$G(s)$ 为控制系统的线性环节。因饱和、死区环节均非时间的函数，且都是奇对称的，而一次调频控制模型中的线性部分可表示为多个一阶惯性环节的串联[34]，具有较好的低通滤波特性，所以可以运用非线性奈奎斯特稳定性判据来分析系统的稳定性[33]。

因此，图 4-15 可由图 4-16 替代。其中：$N(A)$ 用于描述非线性环节的频率特性，称为描述函数，它本质上是一个关于变量 A 的复函数，而 A 则代表了流经非线性环节的波动信号的幅值，详细内容参见文献[33]。

图 4-16　基于描述函数的典型非线性控制系统框图

这样可以将线性系统的频率特性分析法推广到非线性系统，得到基于描述函数的非线性奈奎斯特稳定性判据，具体实现参见文献[33]。

常规电源电力系统一次调频控制框图[34]可由图 4-17 表示。其中：ΔP 为有功功率的变化量；Δf 为频率的变化量；$N_S(A)$ 表示饱和非线性描述函数，如图 4-18(a) 所示；$N_D(A)$ 表示死区非线性描述函数，如图 4-18(b) 所示；k_d 为一次调频控制增益；$G_0(s)$ 为表征系统惯性和阻尼的一阶惯性环节；$G_T(s)$ 为表征常规电源机组的原动机和调速系统的多个一阶惯性环节的乘积。

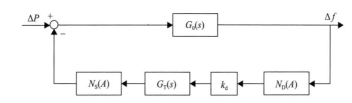

图 4-17　常规电源电力系统的一次调频控制框图

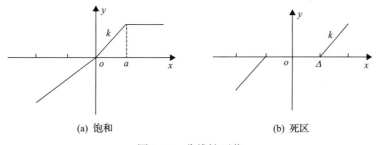

(a) 饱和　　　　　　　　　　　　　　(b) 死区

图 4-18　非线性环节

下面分别分析饱和、死区环节的描述函数。

饱和非线性环节的描述函数[33]为

$$N_S(A) = \frac{2k}{\pi}\left(\arcsin\frac{a}{A} + \frac{a}{A}\sqrt{1-\left(\frac{a}{A}\right)^2}\right), \quad A \geqslant a \tag{4-18}$$

死区非线性环节的描述函数[33]为

$$N_{\mathrm{D}}(A) = \frac{2k}{\pi}\left(\frac{\pi}{2} - \arcsin\frac{\Delta}{A} - \frac{\Delta}{A}\sqrt{1 - \left(\frac{\Delta}{A}\right)^2}\right), \quad A \geqslant \Delta \qquad (4\text{-}19)$$

式中，常数 a、Δ 和斜率 k 如图 4-18 所示，描述函数 $N_{\mathrm{S}}(A)$ 和 $N_{\mathrm{D}}(A)$ 都是 A 的函数，分别描述了饱和非线性环节和死区非线性环节的频率特性。

常规电源一次调频控制模型的线性部分传递函数的奈奎斯特曲线与 $-1/N_{\mathrm{S}}(A)$、$-1/N_{\mathrm{D}}(A)$ 的位置关系分别有两种情况，如图 4-19 所示。其中：饱和非线性描述函数的负倒数 $-1/N_{\mathrm{S}}(A)$ 是关于 A 的减函数（最大值为 -1），如图 4-19(a) 所示；而死区非线性描述函数的负倒数 $-1/N_{\mathrm{D}}(A)$ 是关于 A 的增函数（最大值为 -1），如图 4-19(b) 所示。

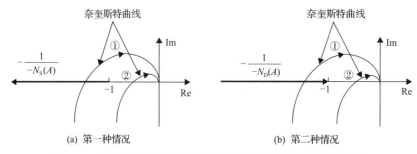

(a) 第一种情况   (b) 第二种情况

图 4-19　线性部分奈奎斯特曲线与描述函数负倒数的位置关系

由于一次调频控制模型的传递函数一般都是最小相位的，结合图 4-19 可得以下结论。

(1) 在饱和非线性环节，对于图 4-19(a) 中的第①种情况，由于二者有交点，因此非线性系统不稳定，但由于 $-1/N_{\mathrm{S}}(A)$ 沿 A 增大的方向是由"不稳定区域"进入"稳定区域"，所以即使非线性系统不稳定，也不会发散，而是产生一个稳定的自激振荡；而对于图 4-19(a) 中的第②种情况，由非线性系统的奈奎斯特稳定性判据可知，非线性系统渐进稳定。

(2) 在死区非线性环节，对于图 4-19(b) 中的第①种情况，非线性系统不稳定，会产生一个不稳定的自激振荡，可能导致系统发散；对于图 4-19(b) 中的第②种情况，由非线性系统的奈奎斯特稳定性判据可知，非线性系统渐进稳定。

综上分析可知：饱和非线性环节有利于系统的稳定，而且 $-1/N_{\mathrm{S}}(A)$ 和 $-1/N_{\mathrm{D}}(A)$ 的最大值点都是 -1，只要一次调频控制模型的线性部分传递函数的奈奎斯特曲线与实轴的交点在 -1 这点的右边，非线性系统就是渐进稳定的，因此分析电力系统一次调频控制的稳定性时，只考虑死区特性即可。因此，图 4-17 所示的常规电源电力系统的一次调频控制模型可等效为图 4-20。

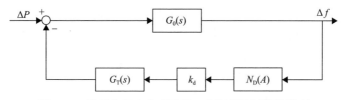

图 4-20　常规电源电力系统的一次调频控制等效模型

为应用基于描述函数的非线性奈奎斯特稳定性判据，需进一步将图 4-20 所示的非线性系统等效变换为图 4-15 所示的典型非线性控制系统。

图 4-20 所示的整个闭环系统的特征方程为

$$1 + k_d G_0(s) G_T(s) N_D(A) = 0 \tag{4-20}$$

令

$$G(s) = k_d G_0(s) G_T(s) \tag{4-21}$$

可得

$$1 + G(s) N_D(A) = 0 \tag{4-22}$$

这样图 4-20 所示的闭环系统可等效变换为图 4-15 所示的典型非线性控制系统。这样依据非线性奈奎斯特稳定性判据，可求得一次调频控制增益 k_d 的临界稳定值：当 k_d 小于等于临界值时，图 4-17 所示的一次调频控制系统稳定；当 k_d 大于临界值时，尽管死区环节可能会引起振荡发散，但同时饱和环节会发挥作用，使系统进入等幅振荡状态。

光伏电站参与系统一次调频的模型除了考虑调差控制环节外，还需考虑时间常数环节。经过现场试验和试运行[20-23]，目前普遍认为[35]：相比单机调频方式，通过光伏电站的场站级功率控制系统来实施一次调频更为合适，而通过场站级功率控制系统进行一次调频需要考虑两个时间延迟：一个是场站级功率控制系统指令传输到逆变器的时间，另一个是逆变器的执行时间，可分别用一个惯性环节表示。因此，结合美国西部电力协调委员会(WECC)的光伏电站有功/频率控制模型[36]，光伏电站接入电力系统(含常规电源)的一次调频控制系统框图如图 4-21 所示。

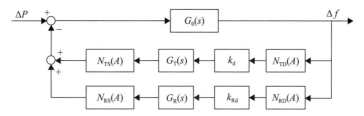

图 4-21　光伏电站接入电力系统(含常规电源)的一次调频控制框图

图 4-21 中，$G_T(s)$ 为常规电源的一次调频控制传递函数；$N_{TS}(A)$ 为常规电源的饱和描述函数；$N_{TD}(A)$ 为常规电源的死区描述函数；$G_R(s)$ 为光伏的一次调频控制传递函数；$N_{RS}(A)$ 为光伏的饱和描述函数；$N_{RD}(A)$ 为光伏的死区描述函数；k_{Rd} 为光伏的一次调频控制增益。

根据前面的理论分析，只考虑死区特性即可，且常规电源与光伏的 2 个死区环节 $N_{TD}(A)$ 和 $N_{RD}(A)$ 参数可设为相同的[3,24,25]，将其等效为一个死区环节 $N_D(A)$，则图 4-21 所示系统可由图 4-22 表示。

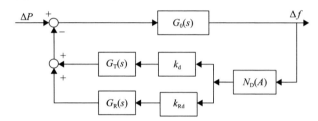

图 4-22　光伏电站接入电力系统的一次调频控制等效模型

同样，将图 4-22 所示的闭环系统的特征方程：

$$1+(k_d G_0(s)G_T(s)+k_{Rd}G_0(s)G_R(s))N_D(A)=0 \tag{4-23}$$

进行等效变换，令

$$G(s)=k_d G_0(s)G_T(s)+k_{Rd}G_0(s)G_R(s) \tag{4-24}$$

则有

$$1+G(s)N_D(A)=0 \tag{4-25}$$

可得图 4-15 所示的典型非线性控制系统。

设常规电源的一次调频控制增益 k_d 为已知的常数，则可依据非线性奈奎斯特稳定性判据，求得光伏一次调频控制增益 k_{Rd} 的临界稳定值：当增益 k_{Rd} 小于等于临界值时，图 4-21 所示的一次调频控制系统渐进稳定；当 k_{Rd} 大于临界值时，尽管死区环节可能会引起振荡发散，但同时饱和环节会发挥作用，使系统进入等幅振荡状态。

2. 一次调频控制增益的临界值计算

考虑图 4-20 所示的常规电源电力系统一次调频控制等效模型，闭环特征方程为

$$1+k_d G_0(s)G_T(s)N_D(A)\triangleq 1+G(s)N_D(A)=0 \tag{4-26}$$

令 $G_0(s)=\dfrac{1}{2Hs+D}$，则有

$$G_{\mathrm{T}}(s)=\frac{K_{\mathrm{m}}(F_{\mathrm{H}}T_{\mathrm{R}}s+1)}{(T_{\mathrm{G}}s+1)(T_{\mathrm{C}}s+1)(T_{\mathrm{R}}s+1)} \tag{4-27}$$

式中，T_{G} 为调速器时间常数，T_{C} 为汽轮机蒸汽容积时间常数，T_{R} 为汽轮机再热蒸汽容积时间常数；F_{H} 为汽轮机高压缸功率分配系数；K_{m} 为常规电源出力占所有电源出力的比例。设置参数数值如表 4-2 所示[34]。

表 4-2　常规电源一次调频控制增益研究的相关参数设置

参数	数值	参数	数值
T_{G}	0.30s	H	6.50s
T_{C}	0.50s	D	0.012
T_{R}	14.0s	K_{m}	1
F_{H}	0.4		

依据非线性奈奎斯特稳定性判据，计算可得控制增益 k_{d} 的临界值为 158.43。当 k_{d}=158.43 时，$-1/N_{\mathrm{D}}(A)$ 与奈奎斯特曲线 $G(\mathrm{j}\omega)=k_{\mathrm{d}}G_0(\mathrm{j}\omega)G_{\mathrm{T}}(\mathrm{j}\omega)$ 的复平面图形如图 4-23 所示。

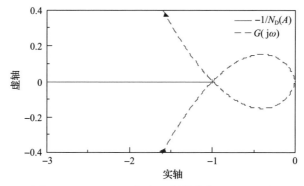

图 4-23　$-1/N_{\mathrm{D}}(A)$ 与奈奎斯特曲线（k_{d}=158.43）

考虑图 4-22 所示的光伏电站接入电力系统的一次调频控制等效模型，闭环特征方程为

$$1+(k_{\mathrm{d}}G_0(s)G_{\mathrm{T}}(s)+k_{\mathrm{Rd}}G_0(s)G_{\mathrm{R}}(s))N_{\mathrm{D}}(A)\triangleq$$
$$1+G(s)N_{\mathrm{D}}(A)=0 \tag{4-28}$$

令

$$G_{\mathrm{R}}(s)=\frac{K_{\mathrm{MPV}}}{(T_{\mathrm{PV1}}s+1)(T_{\mathrm{PV2}}s+1)} \tag{4-29}$$

式中，K_{MPV} 为光伏电站的出力占所有电源出力的比例；T_{PV1} 为基于电站功率控制

系统的调频控制指令下发到逆变器的时间；T_{PV2} 为逆变器的执行时间。

设置参数数值如表 4-3 所示[25,34]，其他参数同表 4-2，需要说明的是，表 4-2 中的 H 为系统整体的惯性时间常数。

表 4-3　光伏一次调频控制增益研究的相关参数设置

参数	数值	参数	数值
T_{PV1}	1.90s	K_{MPV}	0.45
T_{PV2}	0.05s	K_m	0.55
k_d	25		

依据非线性奈奎斯特稳定性判据，可得控制增益 k_{Rd} 的临界值为 521.6。当 k_{Rd}= 521.6 时，$-1/N_D(A)$ 与奈奎斯特曲线 $G(j\omega)=k_d G_0(j\omega)G_T(j\omega)+k_{Rd}G_0(j\omega)G_R(j\omega)$ 的复平面图形如图 4-24 所示。

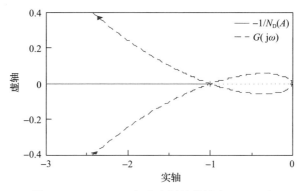

图 4-24　$-1/N_D(A)$ 与奈奎斯特曲线（k_{Rd}=521.6）

3. 算例分析

基于 DIgSILENT PowerFactory 平台建立常规电源（单机）电力系统模型，如图 4-25 所示。常规电源为火电机组，其模型参数见表 4-4；发电机励磁系统采用电力系统分析综合程序（PSASP）中的 I 型励磁模型[37]，其参数设置值见表 4-5；发电机调速系统采用图 4-17 所示的模型[34]，参数设置同表 4-2；负荷采用恒功率模型。

图 4-25　常规电源电力系统接线

表 4-4　火电机组参数

变量	参数	变量	参数
额定电压	20kV	额定容量	900MV·A
d 轴同步电抗 x_d	1.80	漏抗 x_l	0.20
d 轴暂态电抗 x'_d	0.30	定子电阻 R_a	0.0025
d 轴次暂态电抗 x''_d	0.25	d 轴开路暂态时间常数 T'_{d0}	8.00s
q 轴同步电抗 x_q	1.70	d 轴开路次暂态时间常数 T''_{d0}	0.03s
q 轴暂态电抗 x'_q	0.55	q 轴开路暂态时间常数 T'_{q0}	0.40s
q 轴次暂态电抗 x''_q	0.25	q 轴开路次暂态时间常数 T''_{q0}	0.05s
机组惯性时间常数 H	6.50s	阻尼系数 K_D	0.00

表 4-5　PSASP 中 I 型励磁模型参数含义及设置值

参数	含义	设置值
K_r	量测环节放大倍数	1
K_f	反馈环节放大倍数	0.04
E_{fdmax}	励磁电压上限	5p.u.
T_a	放大环节时间常数	0.03s
T_e	励磁机时间常数	0.20s
K_a	放大环节放大倍数	3
E_{fdmin}	励磁电压下限	−5p.u.
T_r	量测环节时间常数	0.03s
T_f	反馈环节时间常数	0.04s

设置扰动事件为：t =5s 时，负荷突增 10%，系统频率发生变化，在该扰动下，根据本节第二部分可知此时 k_d 的临界值为 158.43，分别设置一次调频控制增益为 155、165，则系统频率和机组有功功率仿真结果如图 4-26 所示。

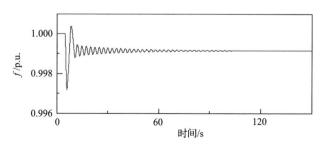

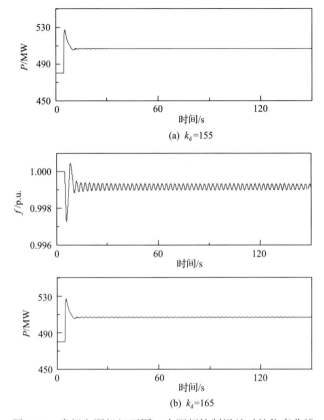

(a) $k_d=155$

(b) $k_d=165$

图 4-26 常规电源机组不同一次调频控制增益时的仿真曲线

由图 4-26 可见，当常规电源机组的一次调频控制增益设为 155 时（小于临界增益），在系统出现负荷扰动时，系统频率在常规电源机组调频控制作用下能够恢复稳定，与理论分析结果一致；当常规电源机组的一次调频控制增益设为 165 时（大于临界增益），系统频率最终呈现等幅振荡，与理论分析结果相同。

在图 4-25 所示网架基础上，加入容量为 900MW（峰值功率）的光伏电站，如图 4-27 所示。光伏电站和常规电源机组（火电机组）采用图 4-21 所示的模型，参数设置同表 4-3。

调整潮流，使得光伏电站有功出力占所有电源总出力的 45%（即 $K_{MPV}=0.45$），$t=5s$ 时，负荷突增 10%，在该扰动下，根据本节第二部分可知此时一次调频控制增益 k_{Rd} 的临界值为 521.6，分别设置一次调频控制增益为 510、521.6、530，系统频率和光伏电站有功功率仿真结果如图 4-28 所示。

由图 4-28 可见，当光伏电站的一次调频控制增益设为 510 时（小于临界增益），在系统出现负荷扰动时，系统频率在光伏电站和常规电源机组的调频控制系统的共同作用下能够恢复稳定，与理论分析结果一致；当光伏电站的一次调频控制增益设为 530 时（大于临界增益），系统频率最终呈现等幅振荡，与理论分析结果相同；而等于临界增益时，仿真结果仍然能够慢慢稳定下来，说明仿真计算和理论结果之间存在较小偏差，由于理论计算模型与仿真分析模型之间不可避免地存在一定差异，因此该结果也是合理的。

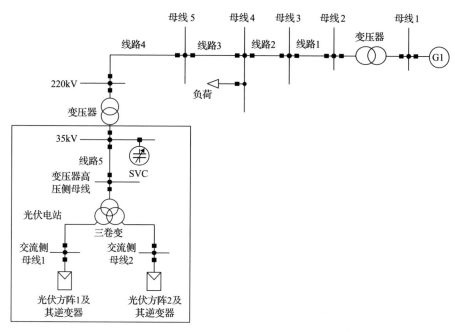

图 4-27　光伏电站接入电力系统接线

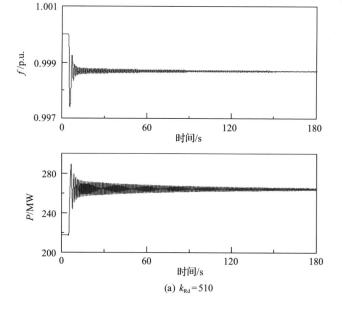

(a) $k_{Rd}=510$

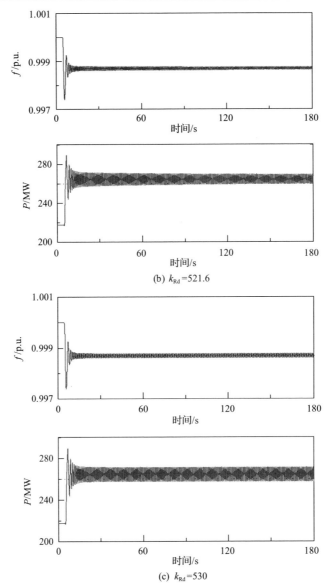

图 4-28　光伏电站不同一次调频控制增益时的仿真曲线

　　此外，本书分析了不同的光伏有功出力占比情况下一次调频控制增益的临界值，包括占比为 25%、35%、55%、65% 几个工况，初步发现：随着光伏有功出力占比的不断增大，一次调频控制临界增益不断减小，经计算，不同光伏有功出力占比下的一次调频控制临界增益如表 4-6 所示，其中光伏有功出力占比为 25%、35%、55%、65% 时的仿真结果如图 4-29～图 4-32 所示，可见，随着光伏有功出力占比(可表征渗透率)的不断增大，一次调频控制临界增益不断减小。

表 4-6　不同光伏有功出力占比情况下的一次调频控制临界增益

光伏有功出力占比/%	一次调频控制增益临界
25	891.5
35	653.0
45	521.6
55	436.5
65	378.3

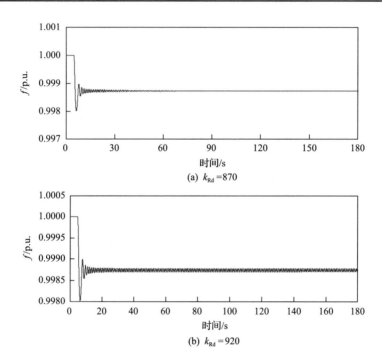

图 4-29　光伏有功出力占比为 25%时的不同一次调频控制增益仿真曲线

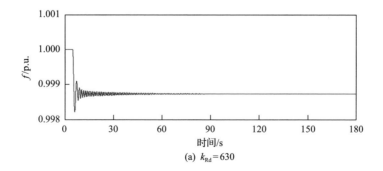

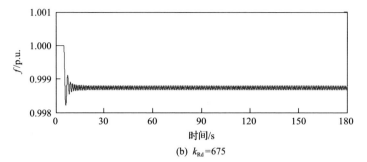
(b) $k_{Rd}=675$

图 4-30 光伏有功出力占比为 35%时的不同一次调频控制增益仿真曲线

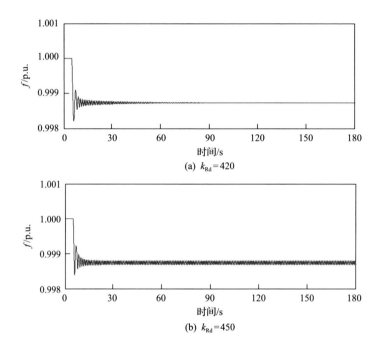
(a) $k_{Rd}=420$

(b) $k_{Rd}=450$

图 4-31 光伏有功出力占比为 55%时的不同一次调频控制增益仿真曲线

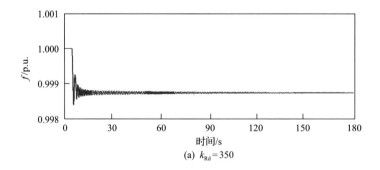
(a) $k_{Rd}=350$

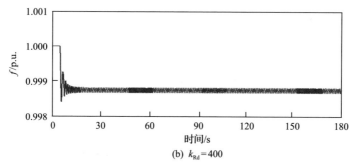

(b) $k_{Rd} = 400$

图 4-32 光伏有功出力占比为 65%时的不同一次调频控制增益仿真曲线

4.4 含可再生能源场站的多源协调运行

本节的研究内容主要是要实现含有可再生能源场站的多个电源之间的有功调度，包括风电场或风电场场群、光伏电站、光热电站、储能和火电等，简单考虑网架约束，暂不考虑负荷影响(在后续章节有专门讲述)，侧重电源侧，实现多源协调运行。

为了实现包含场群级风电场、光伏电站在内的多源协调优化运行，本章首先提出一种考虑时间相关性的风电出力时间序列模拟方法，为日前调度和模拟实时运行提供基础数据。然后提出一种综合日前调度与实时运行需求的双层优化算法，在日前调度中，考虑潮流约束对机组组合进行优化，并通过实时运行模拟，在优化问题中考虑实时运行阶段储能出力策略对机组组合的影响；在实时运行中，基于合适的储能充放电策略优化风光储联合出力及储能容量，并在优化过程中体现日前计划的影响。

4.4.1 可再生能源出力的时间相关性建模

风电出力具有较强的不确定性，随着风电渗透率逐年上升，风电出力不确定性对电网运行的影响已经不容忽视，对风电出力进行较为准确的预测是保证电网安全稳定运行的基础[38-48]，而实际出力相对预测出力不确定的部分需要以概率模型进行描述。风电出力的概率模型分为两部分：一部分是风电出力的概率分布，用于描述风电出力的统计特征；另一部分是风电出力的自相关性，用于描述风电出力的时序特性[38,39,42]。

风电出力时间序列模拟的整体流程图如图 4-33 所示。

1. 风电出力的概率分布特性

本部分基于风电场实际出力的历史数据对风电预测出力(日前预测)的概率分布进行拟合。

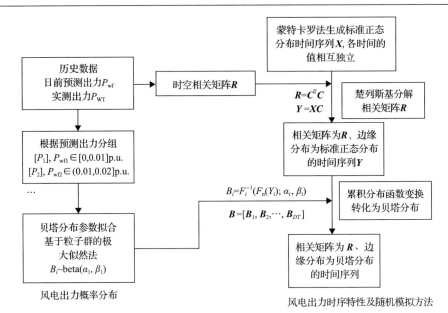

图 4-33　风电出力时间序列模拟的整体流程图

通常风速的误差分布服从正态分布，但由于风速和风机出力的非线性关系，以及切入切出风速的影响，风速预测误差传递到风电出力后会产生较大变化，不再服从正态分布[46,47,49]。通过分析风电出力的历史数据，包括日前预测数据和实测数据，从图 4-34 可以观察到风电实际出力的概率分布特性是随着预测出力的大小而改变的。

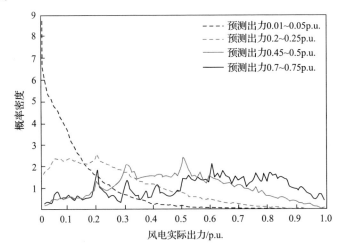

图 4-34　风电实际出力的概率分布随预测出力的变化

基于这一特征，本章采用贝塔分布来拟合风电出力随预测出力变化的概率分布。贝塔分布具有两个参数 α 和 β，通过改变参数能够描述多种形状的概率分布[42]。

对风电出力基于预测出力的概率分布进行拟合分为以下步骤：

(1)将历史数据中的风电预测出力标幺化，并按照大小升序排列。

(2)将步骤(1)中的数据按照 0.01p.u.的间隔分为 100 组。

(3)对于每组预测数据，提取与之同一时间点的实测数据，使用贝塔分布对这些实测数据的概率分布进行拟合，并用基于粒子群的极大似然估计法求解贝塔分布的两个参数。

极大似然估计的目标函数如下：

$$\mathrm{Max}L(\alpha,\beta) = \ln \sum_{i=1}^{n} f(x_i;\alpha,\beta) \tag{4-30}$$

式中，$f(x_i;\alpha,\beta)$ 为在参数为 α 和 β 的贝塔分布下在实际出力 x_i 处的概率密度，通过将一个预测区间内所有对应的实际出力在此分布下的概率密度加和，得到拟合分布对样本的适应度。通过粒子群算法改变 α 和 β 进行参数优化，得到对每个预测区间最合适的贝塔分布参数。由此得出的贝塔分布的参数是风电预测出力的函数。利用这个函数，给定任意一个风电出力预测值，便可得到其对应的贝塔分布。

为了验证用贝塔分布拟合风电出力概率密度函数的合理性，采用拟合优度检验中的科尔莫戈罗夫-斯米尔诺夫(Kolmogorov-Smirnov)检验对拟合结果进行检验，取显著性水平为 0.05，贝塔分布的 p 值均大于 0.05，表示接受贝塔分布的假设。

2. 风电出力的时序特性

优化中的风电出力为连续时间序列，风电出力的时序特性会影响到机组组合和计划出力的优化过程，并对储能配置容量有直接影响，因此需要对风电出力的时序特性进行建模。本书利用时间序列的自相关性来描述风电出力的时序特性，使用蒙特卡罗法模拟产生服从变参数贝塔分布且具有自相关性的时间序列作为风电出力预测结果。主要步骤如下[40]。

(1)用蒙特卡罗法生成标准正态分布矩阵 X，X 具有 D 行 T 列，T 表示一天分成的时段数量，以 1 h 为间隔则 $T=24$，D 为时间序列的样本数(仿真中取为 5000)，每一行表示一个时间序列样本，每一列表示一个时间点的模拟值。

(2)从风电实际出力的历史数据中提取出其时空相关矩阵 R，并对 R 进行楚列斯基分解 $R=C^{\mathrm{T}}C$，得到矩阵 C，并进行线性变换 $Y=XC$ 得到矩阵 Y。根据楚列斯基分解和标准正态分布的性质可知，矩阵 Y 的每一列仍服从标准正态分布，并且矩阵 Y 的相关矩阵近似等于 R。

(3)对矩阵 Y 进行非线性变换 $B_i = F_i^{-1}\big(F_{\mathrm{n}}(Y_i);\alpha_i,\beta_i\big)$，$F_i^{-1}$ 为第 i 个时段服从贝塔分布的风电预测出力的累积概率分布函数的反函数，F_{n} 是标准正态分布的累积概率分布，通过该变换得到矩阵 B，其每一列服从对应时段的贝塔分布，并且

矩阵 **B** 的相关矩阵近似等于 **R**。

考虑风电时序特性的随机模拟方法整体流程如图 4-35 所示。

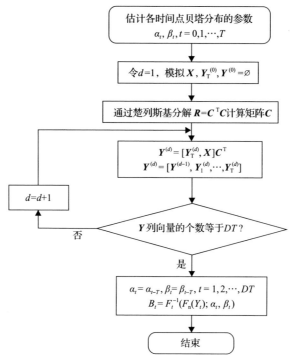

图 4-35 考虑风电时序特性的随机模拟方法流程图

B 为仿真产生的风电预测出力的时间序列集合，每一行代表一个时间序列的样本。为验证算法的有效性，将以上述算法生成的模拟时间序列与历史数据进行对比，其自相关性对比结果如图 4-36 所示。

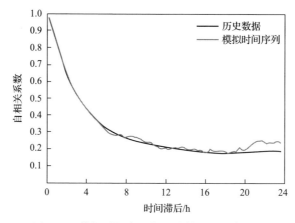

图 4-36 模拟时间序列与历史数据的时序特性

按上述算法生成的模拟时间序列与历史数据在 8h 内吻合度非常好；8h 后，时序特性差异增大，但仍在可接受范围内，验证了上述算法的正确性。

4.4.2　多源协调运行的双层优化模型及求解

电网调度根据负荷和风光预测功率制定日前调度计划，在保证安全稳定运行的前提下使电网的运行成本最低。

风光预测功率由风电场和光伏电站上传至调度中心，如果风电场或光伏电站配置储能，并且储能由其自行管理，那么风电场或光伏电站的并网功率就是风光储联合出力，与风光预测功率并不完全一致。在这种情况下，并网点应上传联合出力的概率分布信息。储能装置的出力与风光储联合运行策略和电网调度计划下发的风光计划出力都相关，电网调度计划与风光储联合运行策略是相互影响的，风光储联合运行策略、储能装置的功率和容量优化都需要考虑电网调度计划的影响[48,50-61]。

本章提出了一种双层优化算法[40,41]，实现了风光火储协调运行，算法流程如图 4-37 所示。双层优化指电网优化和储能优化，电网优化模块主要是优化火电与风电、光伏的日前计划出力，并将风电、光伏的计划出力和电网可接纳的风电、光伏最大出力传递给储能优化模块；储能优化模块中设计了储能的充放电策略，对储能功率、容量进行优化，并将风光储联合出力的概率分布传递到电网优化模块的相关约束中，通过多次循环迭代计算后得到系统经济性最优的风光火储协调运行结果。

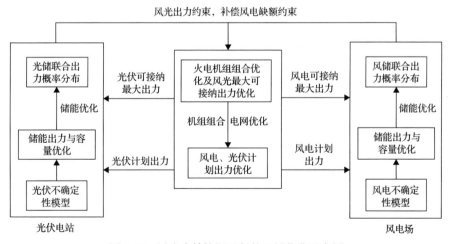

图 4-37　风光火储协调运行的双层优化示意图

1. 电网优化

电网优化分为如下两步。

第一步，优化火电机组组合和电网可接纳的最大可再生能源出力，得到最优火电机组组合，以及电网可接纳的风电最大出力曲线和光伏最大出力曲线。

第二步，优化风电场计划出力曲线和光伏计划出力曲线，并采用第一步优化得到的机组组合。

两步优化完成后将风电最大出力曲线、光伏最大出力曲线和风电场计划出力曲线、光伏计划出力曲线传递至储能优化模块。下面对这两步优化分别进行介绍。

1) 火电机组组合及电网可接纳风光最大出力优化

第一步的优化目标是使电网在安全运行前提下运行成本最小，最大限度地利用可再生能源，也就是火电运行成本最低，优化目标为

$$F\left(A(i,t), P_{\mathrm{T}}(i,t), P_{\mathrm{wmax}}(t), P_{\mathrm{PVmax}}(t)\right) = \min(C_{\mathrm{fuel}} + C_{\mathrm{startup}}) \tag{4-31}$$

式中，$A(i,t)$ 为第 i 台火电机组在 t 时刻的启停状态，1 表示运行，0 表示停运；P_{T} 为火电机组出力；P_{PVmax} 为可接纳最大光伏出力；P_{wmax} 为可接纳最大风电出力。

燃料成本 C_{fuel} 和启停成本 C_{startup} 的计算分别为

$$C_{\mathrm{fuel}} = \sum_{i=1}^{N_{\mathrm{T}}} \sum_{t=1}^{T} (a_i (P_{\mathrm{T}}(i,t) + P_{\mathrm{inc}}(i,t))^2 + b_i (P_{\mathrm{T}}(i,t) + P_{\mathrm{inc}}(i,t)) + c_i) \tag{4-32}$$

$$C_{\mathrm{startup}} = \sum_{i=1}^{N_{\mathrm{T}}} \sum_{j=1}^{n_{\mathrm{sti}}} C_{\mathrm{HSC}i} + C_{\mathrm{CSC}i} [1 - \mathrm{e}^{(-t_{\mathrm{off}}(i,j)/\tau_i)}] \tag{4-33}$$

式中，N_{T} 为火电机组总数；T 为时段数量；a、b、c 为火电机组的煤耗参数；n_{sti} 为储能电站数量；C_{HSC} 为热启动成本；C_{CSC} 为冷启动成本；$t_{\mathrm{off}}(i,j)$ 为机组 i 在第 j 次启动前的停机时间；τ_i 为冷却时间系数，用于区分冷启动和热启动。当风电和光伏出力高于可接纳最大值时进行弃风弃光，低于可接纳最大值时火电上调出力进行补偿，该上调出力的期望记作 P_{inc}。P_{inc} 的引入体现了对可再生能源出力不确定性的考虑，有可能为了接纳过多可再生能源而启用煤耗率高但调整能力强、启停速度快的机组。

约束条件包括火电出力约束、备用约束、交流潮流约束。火电出力约束主要包括火电机组启停机约束、火电上调出力约束、火电有功功率约束、火电无功功率约束和火电爬坡速率约束。备用约束是指火电机组应能提供足够的备用容量以保证电力系统功率平衡。为了更加精确地考虑电网约束，优化模型中采用具有二阶锥形式的交流潮流约束。

2) 风光火计划出力优化

第一步得出的最优机组组合以及相应的最大可接纳可再生能源出力，为第二步优化风光火计划出力提供了一个合理的界限[41]。在第二步计划出力优化中，兼

顾电网的接纳能力，使用第一步优化得到的火电机组组合 $A(i,t)$，仍以电网运行成本最小为优化目标，优化目标如式 (4-34) 所示：

$$F(P_T(i,t), P_{w\text{-sch}}(t), P_{PV\text{-sch}}(t)) = \min(C_{fuel} + C_{startup}) \tag{4-34}$$

式中，$P_{PV\text{-sch}}$ 和 $P_{w\text{-sch}}$ 分别为光伏和风电的计划出力。这一步的优化目标与第一步不同，煤耗中不包括火电机组的上调期望出力。获得的风电和光伏计划出力并非使火电成本最小的可接纳最大值，而是考虑火电上调量后的计划出力。

计划出力优化的约束条件也与第一步略有不同，约束条件中不包含备用约束和火电启停机约束。因为当机组组合、最大可接纳可再生能源出力确定后，备用约束和火电启停机约束是必然满足的。另外，需要增加关于光伏和风电的相关约束，包括出力约束、发电量约束、风电和光伏出力的爬坡速率约束等。

其中为了使每个风电场和光伏电站较为平均地进行弃电，并避免某些电场过度使用储能，在对各风电场和光伏电站下达最大可接纳出力和计划出力指令时，要保证公平性原则。需要说明的是，风光实际出力高于计划出力时，火电可以下调出力以消纳更多风光功率，而风光实际出力低于计划出力时，火电需要上调出力以实现功率平衡。在这一步的优化目标中只考虑利用火电补偿风光实际出力不足产生的期望成本，不考虑火电下调接纳风光时降低的期望成本，多接纳可再生能源带来的效益在第一步电网优化中予以考虑。

2. 储能优化

为了尽量延长储能装置的使用寿命，本书中设定可再生能源与储能联合出力的允许波动范围是电场计划出力±15%该电场装机容量。当联合出力超出允许范围时，将对超出部分的功率进行惩罚，惩罚作为可再生能源电场运行成本的一部分加入优化目标中[42]。

储能优化以储能装置的功率和容量作为优化变量，优化目标是使风电场（光伏电站）的发电成本最小。考虑到该优化的应用场景是在风电场和光伏电站已经投运的前提下配置储能，在发电成本中不再考虑风电及光伏的设备成本及运维成本，只考虑和储能相关的惩罚成本、储能设备成本和充放电损失，优化目标可表示为

$$\min(F(P_{bat\text{-max}}, S_{bat\text{-max}})) = C_{BES} + C_{loss} + C_{penalty} \tag{4-35}$$

式中，$P_{bat\text{-max}}$ 和 $S_{bat\text{-max}}$ 分别为储能装置的安装功率和容量；C_{BES} 为储能装置的成本；C_{loss} 为储能的充放电损失；$C_{penalty}$ 为惩罚费用。所有成本指标按寿命或模拟仿真天数均转化为等效日均成本计算。

风储和光储联合出力分别为

$$\begin{cases} P_{\text{WBES}}(t) = P_{\text{w}}(t) + P_{\text{wb}}(t) \\ P_{\text{PVBES}}(t) = P_{\text{PV}}(t) + P_{\text{PVb}}(t) \end{cases} \tag{4-36}$$

式中，P_{PVBES} 为光储联合出力；P_{PV} 为光伏实际出力；P_{PVb} 为光伏电站的储能出力；P_{WBES} 为风储联合出力；P_{w} 为风电实际出力；P_{wb} 为风电场的储能出力。

联合出力的上下限为（以风电为例）

$$\begin{cases} P_{\text{max-WBES}}(t) = \min(P_{\text{wmax}}(t), P_{\text{w-sch}}(t) + \gamma P_{\text{wn}}) \\ P_{\text{min-WBES}}(t) = \max(P_{\text{w-sch}}(t) - \gamma P_{\text{wn}}, 0) \end{cases} \tag{4-37}$$

式中，$P_{\text{max-WBES}}$ 和 $P_{\text{min-WBES}}$ 分别为风储联合出力允许的上下限；$P_{\text{wmax}}(t)$ 为风电场最大出力；$P_{\text{w-sch}}(t)$ 为风电场计划出力；P_{wn} 为风电场的装机容量；γ 为允许的最大偏离功率与风电场装机容量的比值，取 15%。

当联合出力超出允许范围时将根据式（4-38）计算惩罚费用（以风电为例）：

$$C_{\text{penalty}}(t) = \begin{cases} C_{\text{wind}}[P_{\text{WBES}}(t) - P_{\text{wmax}}(t) + 0.5(P_{\text{wmax}}(t) - P_{\text{max-WBES}}(t))], & P_{\text{WBES}}(t) \geqslant P_{\text{wmax}}(t) \\ 0.5C_{\text{wind}}(P_{\text{WBES}}(t) - P_{\text{max-WBES}}(t)), & P_{\text{max-WBES}}(t) \leqslant P_{\text{WBES}}(t) < P_{\text{wmax}}(t) \\ 0, & P_{\text{min-WBES}}(t) \leqslant P_{\text{WBES}}(t) < P_{\text{max-WBES}}(t) \\ 0.5C_{\text{wind}}(P_{\text{min-WBES}}(t) - P_{\text{WBES}}(t)), & P_{\text{WBES}}(t) < P_{\text{min-WBES}}(t) \end{cases} \tag{4-38}$$

式中，C_{wind} 为风电上网电价（以风电为例）。联合出力在允许范围内时惩罚为 0，对超出允许范围的功率施加 50%上网电价的惩罚，对高于最大可接纳可再生能源出力的功率施加 1 倍上网电价的惩罚，这部分功率无法得到任何发电收益也就相当于弃风，弃风量越大惩罚费用也就越高。

电池储能装置的成本主要包括电池成本和变流器成本，电池成本与电池的安装容量成正比，变流器成本与储能系统的安装功率成正比，等效日均成本可以表示为

$$C_{\text{BES}} = \frac{1}{365T_{\text{batt}}}(\lambda_{\text{pcs}} P_{\text{bat-max}} + \lambda_{\text{batt}} S_{\text{bat-max}}) \tag{4-39}$$

式中，T_{batt} 为储能寿命；λ_{pcs} 为变流器单位容量成本；λ_{batt} 为电池单位电量成本。

储能有充电和放电两个状态，储能出力可以表示为

$$\begin{cases} P_{\text{batt}}(t) = P_{\text{disch}}(t) - P_{\text{charge}}(t) \\ P_{\text{charge}}(t) P_{\text{disch}}(t) = 0 \\ P_{\text{charge}}(t) \geqslant 0, \quad P_{\text{disch}}(t) \geqslant 0 \end{cases} \tag{4-40}$$

式中，P_{disch} 为放电功率；P_{charge} 为充电功率。储能不能同时充电和放电，因此在

任意时刻充电功率和放电功率至少有一个为 0，并且对应的充电功率和放电功率均为非负数。

储能的荷电状态(SOC)计算如下：

$$S_{soc}(t+1) = S_{soc}(t) + \eta_{charge}P_{charge}(t)\Delta T - P_{disch}(t)\Delta T / \eta_{disch} \tag{4-41}$$

式中，$S_{soc}(t)$ 为储能在 t 时刻的储能容量，$S_{soc}(t)=S_{bat\text{-}max}(t)\cdot SOC$；$\eta_{charge}$ 和 η_{disch} 分别为储能充放电的效率，两者取值均为 0～1；ΔT 为一个时间间隔的长度。

储能的充放电损耗导致的费用可以表示为

$$C_{loss} = \frac{C_{wind}}{D}\left(\sum_{t=1}^{DT}(P_{charge}(t) - P_{disch}(t))\Delta T + \sum_{d=1}^{D}\{S_{soc}[(d-1)T] - S_{soc}(dT)\}\right), d=1,2,\cdots,D$$

$$\tag{4-42}$$

式中，D 为风电出力模拟时间序列的总天数；d 为天数标志。充电电量减去放电电量，再排除一天中 SOC 初始值和终止值的影响，就可以得到充放电损耗，通过上网电价转换为经济指标。

3. 优化模型求解

电网优化模块中两步优化的目标函数可以通过分段线性化转化为线性函数，约束条件中只包含线性约束和二阶锥约束，两者均为凸函数，因此当 0-1 变量松弛为连续变量后优化问题是凸的，对于这类优化问题可以直接使用 CPLEX 进行求解。

储能优化中目标函数只有两个优化变量，并且考虑到储能充放电策略较为复杂，使用遗传算法进行优化。

电网优化和储能优化之间通过传递变量相关联。电网优化中得到电网最大可接纳风光出力和风光火的计划出力，在储能优化中最大可接纳风光出力决定了各电场的弃风或弃光量，风光计划出力则是风光储联合出力的跟踪目标。储能优化中，根据 4.4.1 节中得到的风光模拟出力时间序列，优化得到相应的储能出力时间序列，进一步得到风储和光储联合出力的经验概率分布，将其传递给电网优化模块，替代模块中原来的可再生能源出力概率密度，对约束条件中基于可再生能源出力概率密度计算的变量进行相应的修改，包括火电上调出力约束、旋转备用约束等。

双层优化算法的计算流程如图 4-38 所示。

4.4.3　算例分析

将本节提出的双层优化模型应用于 IEEE30 节点系统中，IEEE30 节点系统的拓扑结构如图 4-39 所示。对 IEEE30 节点系统中的一些参数进行了适当调整，电网电压为 110kV，风光总装机量为 650MW，渗透率(定义为可再生能源装机容量/最大负荷)设为 0.6，其中包含 2 个风电场和 2 个光伏电站，相应地对 IEEE30 节点系统中的负荷进行了等比例调整。其他相关参数设置如表 4-7 所示。

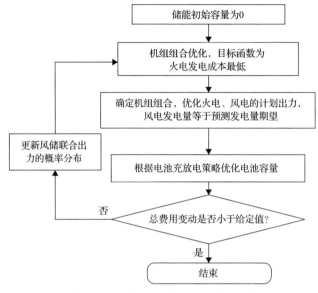

图 4-38　双层优化算法的计算流程图

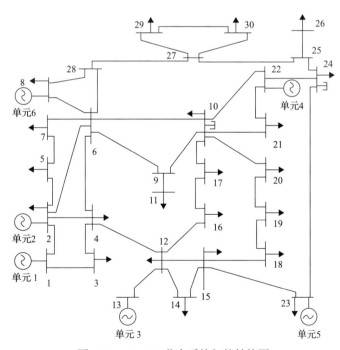

图 4-39　IEEE30 节点系统拓扑结构图

表 4-7 双层优化模型中的相关参数设置

参数	意义	值
λ_{batt}	电池组单价/[美元/(kW·h)]	210
λ_{pcs}	变流器单价/(美元/kW)	428
η_{charge}	充电效率	0.95
η_{disch}	放电效率	0.95
k_{max}	SOC 上限	0.9
k_{min}	SOC 下限	0.1
T_{batt}	电池寿命/年	20
C_{wind}	风电上网电价/[美元/(kW·h)]	0.117
γ	允许的最大偏离功率与风电场装机容量的比值/%	15
P_{WT}^{+}	风电爬坡速率上限/(MW/h)	100
P_{WT}^{-}	风电爬坡速率下限/(MW/h)	−100

(1)为了分析配置储能后对系统运行成本的改善效果,设计了如下三个算例。

算例 1:基本算例,采用本书提出的双层优化方法。

算例 2:算例 1 中不进行风光计划出力的优化,直接采用预测出力作为计划出力。

算例 3:算例 1 中不配置储能。

每个算例又分为是否考虑传输线功率约束两种情况,分别以 A 和 B 进行标记,仿真结果如表 4-8 所示。

表 4-8 风光火储联合运行成本 （单位：美元/天）

成本指标	不考虑传输线功率约束			考虑传输线功率约束		
	算例 1A	算例 2A	算例 3A	算例 1B	算例 2B	算例 3B
燃料成本	144030	144218	144504	145272	145469	146400
启停成本	1917	1917	1917	1917	1917	1917
火电运行总成本	145947	146135	146421	147189	147386	148317
电池成本	6332	5486	0	8229	7501	0
惩罚费用	27114	28355	36027	32585	34306	45744
充放电损失	698	589	0	888	781	0
风储联合运行总成本	34144	34430	36027	41702	42588	45744
总成本	180091	180565	182448	188891	189974	194061

由各种成本指标可知，配置储能一方面可以降低火电运行成本，另一方面弃风惩罚也明显下降，因此总成本下降。所有算例的火电机组启停成本相同，这是因为在这些算例中，储能功率与火电机组的功率相比较小，储能装置的充放电不足以改变火电机组的启停状态。

不考虑传输线功率约束时，算例 2 的成本明显低于算例 3，但略高于算例 1，说明配置储能对降低系统总运行成本起到了决定性作用，而优化风光计划出力对降低总运行成本也有一定效果，主要是减少了弃电惩罚，从而降低运行成本。在考虑传输线功率约束时，通过优化风光电场计划出力减少弃电惩罚的效果更明显。

(2)为了进一步分析储能配置、优化风光计划出力对弃电的影响，计算各个算例的弃电，结果如表 4-9 所示。

表 4-9　各算例弃电指标

算例	总弃电/%	网架弃电/%	调节能力不足弃电/%
算例 1A	6.41	0	6.41
算例 2A	6.71	0	6.71
算例 3A	8.23	0	8.23
算例 1B	10.28	4.24	6.04
算例 2B	10.84	4.50	6.34
算例 3B	13.85	5.62	8.23

弃电的原因主要有两种，分别是网络阻塞和火电机组调节能力不足，两类原因导致的弃电分别称为网架弃电和调节能力不足弃电。在计算两类弃电时，首先计算不考虑传输线功率约束的情况，即算例 1A、算例 2A 和算例 3A，此时不存在网架弃电，因此所有弃电均为调节能力不足弃电；进一步计算考虑传输线功率约束的情况，即算例 1B、算例 2B 和算例 3B，由于除了该约束之外其他计算条件均无变化，因此与算例 A 相比增加的弃电就是网架弃电。

(3)由弃电指标可知，配置储能、优化风光计划出力均可以同时降低网络阻塞和火电机组调节能力不足引起的弃电，当考虑传输线功率约束时，储能抑制弃风的效果更加显著，因此算例 B 的储能容量高于算例 A，算例 1、2 中储能的最优功率和容量如图 4-40 所示。

算例 1 中的储能最优功率和容量配置高于算例 2。与跟踪预测出力相比，跟踪计划出力兼顾了削峰填谷的作用，因此需要更高功率和容量的储能。

(4)在实际运行中根据风光大小，可以组合成不同的运行场景，比较不同天气场景下优化运行后的费用和弃电率，如表 4-10 所示。

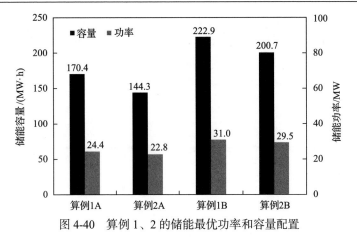

图 4-40　算例 1、2 的储能最优功率和容量配置

表 4-10　不同天气场景下运行优化结果

天气场景	晴天大风	阴天小风	阴天大风
火电费用/美元	223053.76	235597.87	230847.60
光伏费用/美元	2612.00	2244.49	2426.36
风电费用/美元	37903.98	25463.31	36656.85
弃光率/%	2.11	2.99	3.51
弃风率/%	5.11	4.18	4.85

晴天大风天气代表可再生能源大发的场景，此时火电费用显著降低，但同时由于弃风弃光造成光伏和风电费用(惩罚+限电+储能)较高；阴天小风和阴天大风天气，在日前对可再生能源的计划出力较少，安排火电计划出力较多，可能造成较多的弃光和惩罚。

(5)针对大范围关停中小火电厂的现状，对几种机组类型做了仿真对比。假设火电机组总容量约为 600MW，比较在不同机组类型下风光协调优化运行的成本，如表 4-11 所示。

表 4-11　不同机组类型下的风光协调优化运行结果

机组类型	机组类型 1	机组类型 2	机组类型 3
数量×机组容量	2×50MW, 2×100MW, 2×150MW	3×100MW, 2×150MW	4×150MW
火电成本/美元	230939.27	244391.65	206323.9
光伏成本/美元	2929.02	3211.81	3213.82
风电成本/美元	30039.31	32706.54	32349.7

仿真结果表明，将 2 台 50MW 机组更换为一台 100MW 机组时，由于 100MW

机组的煤耗率与小机组相近,这种更换不仅使火电灵活性降低、风光消纳量减小、风光成本增加,而且火电成本同样增加;但是当机组全部换为更低煤耗的150MW机组时,火电下降的成本远大于减小的风光消纳量成本。因此使用大容量机组时系统运行成本更优,若考虑风光消纳比例,则可将部分大容量火电机组替换为容量尽可能小的火电机组。

4.5 本章小结

本章首先介绍了可再生能源场站的有功和无功分配方法;其次围绕可再生能源场站并网运行控制中的两个典型热点问题开展研究,介绍了新的控制策略和分析方法;最后对含有多个可再生能源场站的多源协调运行进行了研究,介绍了一种日前规划与实时运行相互协调的双层优化方法。主要结论如下:

(1)风电场、光伏电站等可再生能源场站需具备有功功率/无功功率的闭环自动控制功能以及电网电压/频率调节能力。本章分别给出了有功功率控制与频率调节、无功功率控制与电压调节的控制结构、实现流程、功率调整量计算方法以及分配方法。

(2)考虑到降低海上风电场建设和运维成本,以抑制海上风电场经交流电缆送出系统过电压问题为目标,设计了基于风电机组自身无功能力和电网侧高抗的海上风电场送出系统的无功配置方案,提出了海上风电场无功协调控制策略,并采用江苏省实际电网结构,设计了海上风电场接入系统算例,在3种典型运行工况下进行了动态仿真验证,仿真结果说明了所提配置方案和协调控制策略的有效性。

(3)建立了光伏电站参与电力系统一次调频的分析模型,结合描述函数法和奈奎斯特稳定性判据,研究给出了常规电源和光伏电站的一次调频控制增益稳定范围,并通过算例验证了理论分析方法和分析结果的正确性。所述分析方法和结果对于今后光伏发电相关调频标准制定和现场光伏发电调频控制装置参数整定具有良好的参考和借鉴作用(目前现场整定值可以参照电力系统稳定器(PSS)的设置方法,取临界增益的 $1/4\sim1/2$),并易于推广至风电等其他类型电源控制参数整定研究。

(4)在日前机组组合中应用基于二阶锥优化的交流潮流约束,与直流潮流、一般的二阶锥优化方法相比计算精确度有所提高;提出了综合日前调度和实时运行需求的双层优化算法,仿真结果表明,储能配置、优化风电场计划出力能够同时降低电网和风电场的运行成本,在考虑传输线功率约束时效果更加显著。

参 考 文 献

[1] 国家市场监督管理总局, 国家标准化管理委员会. 风电场接入电力系统技术规定 第1部分: 陆上风电: GB/T 19963.1—2021[S]. 北京: 中国标准出版社, 2021.

[2] 中华人民共和国国家质量监督检验检疫总局, 中国国家标准化管理委员会. 光伏发电站接入电力系统技术规定: GB/T 1996464 术规定[S]. 北京: 中国标准出版社, 2013.

[3] 中国国家能源局. 电力系统网源协调技术规范: DL/T 187070 范术规[S]. 北京: 中国电力出版社, 2018.

[4] 国家市场监督管理总局, 中国国家标准化管理委员会. 电力系统安全稳定导则: GB 3875555 员会术[S]. 北京: 中国标准出版社, 2020.

[5] 朱凌志, 董存, 陈宁, 等. 新能源发电建模与并网仿真技术[M]. 北京: 中国水利水电出版社, 2018: 149-171.

[6] 薛峰, 常康, 汪宁渤. 大规模间歇式能源发电并网集群协调控制框架[J]. 电力系统自动化, 2011, 35(22): 45-53.

[7] 陈惠粉, 张毅威, 闵勇, 等. 集群双馈风电场的分次调压控制[J]. 电力系统自动化, 2013, 37(4): 7-13.

[8] 杨硕, 王伟胜, 刘纯, 等. 计及风电功率波动影响的风电场集群无功电压协调控制策略[J]. 中国电机工程学报, 2014, 34(28): 4761-4769.

[9] 施贵荣, 孙荣富, 徐海翔, 等. 大规模集群可再生能源有功分层协调控制策略[J]. 电网技术, 2018, 42(7): 2160-2167.

[10] 路朋, 叶林, 汤涌, 等. 基于模型预测控制的风电集群多时间尺度有功功率优化调度策略研究[J]. 中国电机工程学报, 2019, 39(22): 6572-6582.

[11] 李龙, 钱敏慧, 赵大伟, 等. 基于无功功率裕度分配的光伏电站静态无功/电压控制策略[J]. 电力建设, 2017, 38(10): 17-23.

[12] 赵大伟, 马进, 钱敏慧, 等. 海上风电场经交流电缆送出系统的无功配置与协调控制策略[J]. 电网技术, 2017, 41(5): 1412-1418.

[13] 赵大伟, 马进, 钱敏慧, 等. 光伏电站参与大电网一次调频的控制增益研究[J]. 电网技术, 2019, 43(2): 425-433.

[14] 迟永宁, 梁伟, 张占奎, 等. 大规模海上风电输电与并网关键技术研究综述[J]. 中国电机工程学报, 2016, 36(14): 3758-3770.

[15] 张占奎, 黄震, 迟永宁, 等. 海上风电接入电网技术规定解读[J]. 智能电网, 2016, 4(3): 345-350.

[16] 徐乾耀, 康重庆, 张宁, 等. 海上风电出力特性及其消纳问题探讨[J]. 电力系统自动化, 2011, 35(22): 54-59.

[17] 北极星风力发电网. 【图文】江苏滨海正在建设世界最大海上风电场!(2)[EB/OL]. (2017-04-10)[2017-04-10]. http://news.bjx.com.cn/html/ 20170410/819159-2.shtml.

[18] 北极星风力发电网. 江苏省及各市风资源分布图(3)[EB/OL]. (2017-03-23)[2017-03-23]. http://news.bjx.com.cn/html/ 20170323/816030-3.shtml.

[19]9/Clark K, Miller N W, Sanchez-Gasca J J. Modeling of GE wind turbine-generators for grid studies[R]. Schenectady: General Electric International, Inc, 2010.

[20] 孙骁强, 刘鑫, 程松, 等. 光伏逆变器参与西北送端大电网快速频率响应能力实测分析[J]. 电网技术, 2017, 41(9): 2792-2798.

[21] 孙骁强, 程松, 刘鑫, 等. 西北送端大电网频率特性试验方法[J]. 电力系统自动化, 2018, 42(2): 148-153.

[22] 国家电网有限公司网站. 西北电网推广新能源场站快速频率响应功能, 保障送端大电网安全稳定运行[EB/OL].(2018-08-22) [2018-08-22]. http://www.sgcc.com.cn/html/sgcc_main/col2017021554/2018-08/22/20180822091702896103508_1.shtml.

[23] 国家能源局西北监管局. 国家能源局西北监管局关于开展西北电网新能源场站快速频率响应功能推广应用工作的批复—附件 2: 新能源场站快速频率响应参数设置方案[Z]. [2018-08-07].

[24] 国家电网有限公司. 光伏发电站功率控制技术规定: Q/GDW 1176262 设置方[S]. 北京: 中国电力出版社, 2018.

[25] 中华人民共和国国家质量监督检验检疫总局, 中国国家标准化管理委员会. 电网运行准则: GB/T 3146464 督检验[S]. 北京: 中国标准出版社, 2015.

[26] Energinet. Technical regulation 3.2.5 for wind power plants with a power output greater than 11 kW[S]. Copenhagen：The transmission system operator（TSO），2010.

[27] BDEW. Generating plants connected to the medium-voltage network（guideline for generating plants'connection to and parallel operation with the medium-voltage network）[S]. Berlin: The German association of energy and water industries, 2008.

[28] EirGrid. EirGrid grid code（version 5.0）[S]. Dublin: Commission for Energy Regulation, 2013.

[29] Terna. Code for transmission, dispatching, development and security of the grid[S]. Rome: The transmission system operator（TSO），2007.

[30] National Grid. The grid code（issue 5）[S]. London: The National Grid Transco, 2014.

[31] European Network of Transmission System Operators for Electricity. Network code on requirements for grid connection applicable to all generators[S]. Brussels: The transmission system operator（TSO），2015.

[32] 赵强, 王丽敏, 刘肇旭, 等. 全国电网互联系统频率特性及低频减载方案[J]. 电网技术, 2009, 33（8）：35-40.

[33] 胡寿松. 自动控制原理[M]. 6 版. 北京: 科学出版社, 2013.

[34] 社理 Shi Q X, Li F X, Gui H T, et al. Analytical method to aggregate multi-machine SFR model with applications in power system dynamic studies[J]. IEEE Transactions on Power Systems, 2018, 33（6）：6355-6367.

[35] 王淑超, 孙光辉, 俞诚生, 等. 光伏发电系统级快速功率调控技术及其应用[J]. 中国电机工程学报, 2018, 38（21）：6254-6263.

[36]-6WECC. WECC PV power plant dynamic modeling guide[R]. Salt Lake City: WECC Renewable Energy Modeling Task Force, 2014.

[37] 赵大伟, 姜达军, 朱凌志, 等. 基于 PowerFactory 的同步发电机控制系统实用模型验证[J]. 电力系统自动化, 2014, 38（23）：27-32.

[38] 兑潇玮, 朱桂萍, 刘艳章. 考虑预测误差的风电场储能配置优化方法[J]. 电网技术, 2017, 41（2）：434-439.

[39] 黎静华, 文劲宇, 程时杰, 等. 考虑多风电场出力 Copula 相关关系的场景生成方法[J]. 中国电机工程学报, 2013, 33（16）：30-36.

[40]6.Dui X W, Zhu G P. Optimal unit commitment based on second-order cone programming in high wind power penetration scenarios[J]. IET Renewable Power Generation, 2018, 12（1）：52-60.

[41]0.Dui X W, Zhu G P, Yao L Z. Two-stage optimization of battery energy storage capacity to decrease wind power curtailment in grid-connected wind farms[J]. IEEE Transactions on Power Systems, 2018, 33（3）：3296-3305.

[42]-3Dui X W, Ito M, Yu F, et al. Time series model of wind power forecasting error by using Beta distribution for optimal sizing of battery storage[J]. IEEE Transactions on Power and Energy, 2019, 139（3）：212-224.

[43] 国家能源局. 风电场功率预测预报管理暂行办法[J]. 太阳能, 2022（4）：6-7.

[44]72Pappala V S, Erlich I, Rohrig K, et al. A stochastic model for the optimal operation of a wind-thermal power system[J]. IEEE Transactions on Power Systems, 2009, 24（2）：940-950.

[45]0-Os5]0- G J, Lujano-Rojas J M, Matias J C O, et al. Including forecasting error of renewable generation on the optimal load dispatch[C]. IEEE PowerTech, Eindhoven, 2015.

[46]hoHodge B, Milligan M. Wind power forecasting error distributions over multiple timescales[C]. 2011 IEEE Power and Energy Society General Meeting, Detroit, 2011.

[47] 丁华杰, 宋永华, 胡泽春, 等. 基于风电场功率特性的日前风电预测误差概率分布研究[J]. 中国电机工程学报, 2013（34）：119-127.

[48] 陆秋瑜, 胡伟, 闵勇, 等. 考虑时间相关性的风储系统多模式协调优化策略[J]. 电力系统自动化, 2015（2）：6-12.

[49]12Chen Y, Wen J, Cheng S. Probabilistic load flow method based on Nataf transformation and Latin hypercube sampling[J]. IEEE Transactions on Sustainable Energy, 2013, 4(2): 294-301.

[50]4Hedman K W, Ferris M C, O′Neill R P, et al. Co-optimization of generation unit commitment and transmission switching with N-1 reliability[J]. IEEE Transactions on Power Systems, 2010, 25(2): 1052-1063.

[51]52Amjady N, Ansari M R. Hydrothermal unit commitment with AC constraints by a new solution method based on benders decomposition[J]. Energy Conversion and Management, 2013, 65: 57-65.

[52]emYan Y, Wen F, Yang S, et al. Generation scheduling with fluctuating wind power[J]. Automation of Electric Power Systems, 2010, 34(6): 79-88.

[53]-8Wang Q, Guan Y, Wang J. A chance-constrained two-stage stochastic program for unit commitment with uncertain wind power output[J]. IEEE Transactions on Power Systems, 2012, 27(1): 206-215.

[54]62Huang Y, Zheng Q P, Wang J. Two-stage stochastic unit commitment model including non-generation resources with conditional value-at-risk constraints[J]. Electric Power Systems Research, 2014, 116: 427-438.

[55]14Gan L, Li N, Topcu U, et al. Exact convex relaxation of optimal power flow in radial networks[J]. IEEE Transactions on Automatic Control, 2014, 60(1): 72-87.

[56]trBai Y, Zhong H, Xia Q, et al. A decomposition method for network-constrained unit commitment with AC power flow constraints[J]. Energy, 2015, 88: 595-603.

[57]deTan Z F, Ju L W, Li H H, et al. A two-stage scheduling optimization model and solution algorithm for wind power and energy storage system considering uncertainty and demand response[J]. International Journal of Electrical Power Energy System, 2014, 63: 1057-1069.

[58] 李军徽, 朱星旭, 严干贵, 等. 抑制风电并网影响的储能系统调峰控制策略设计[J]. 中国电力, 2014, 47(7): 91-95, 100.

[59] 卢芸, 赵永来. 基于模糊神经网络风电混合储能系统优化控制[J]. 电力系统保护与控制, 2014, 42(12): 113-118.

[60]11Jiang Q, Wang H. Two-time-scale coordination control for a battery energy storage system to mitigate wind power fluctuations[J]. IEEE Transactions on Energy Conversion, 2013, 28(1): 52-61.

[61] 吴雄, 王秀丽, 李骏, 等. 风电储能混合系统的联合调度模型及求解[J]. 中国电机工程学报, 2013, 33(13): 10-17.

第5章 含高渗透率分布式可再生能源的配电系统协同优化运行

5.1 引　言

分布式电源的大规模接入使得传统的配电网成为一个集电力交换与分配于一体的有源网络。一方面，分布式电源的接入能够对配电网产生许多积极的影响，如提高供电可靠性、减少传输损耗、有助于削峰填谷等；另一方面，分布式电源也改变了传统配电网功率单向流动的特点，对配电网的运行与控制产生了一系列新的挑战，包括电能质量、配电网络的保护、电压调节以及电力系统的稳定性问题等。因此，需要对高渗透率分布式可再生能源接入下的配电系统如何更好地运行这一问题进行探讨。

为此，本章针对含高渗透率分布式可再生能源的配电系统协同运行展开研究。首先，对高渗透率分布式可再生能源接入下配电系统相比于传统配电系统出现的新特征进行分析梳理。然后，针对其带来的新问题、新挑战，本章提出一系列应对方法。考虑可再生能源出力的波动性问题以及配电网出现的双向潮流新特性，为实现大规模并网分布式电源的主动控制与协调优化，提出高渗透率分布式可再生能源配电系统的协调优化运行模型与方法；为应对大规模电动汽车接入后的充放电问题以及正常和故障情况下配电网如何充分消纳分布式电源的问题，提出支撑高渗透率分布式可再生能源配电系统优化运行的配电网络重构方法；随着高渗透率分布式可再生能源接入下配电网络可调度资源的大规模增加以及参与主体的不断增多，传统配电网络的集中式优化方法由于需要构建集中的控制调度中心来与配电网内各源、荷建立通信联系实现信息交换，难以适应高渗透率分布式能源配电网的运行需求，为此提出高渗透率有源配电系统协同运行中的源-网-荷分布式优化控制方法。

5.2　高渗透率分布式可再生能源接入的配电系统新特征

随着配电网中分布式电源接入容量的不断增加、电动汽车的快速普及以及可控负荷的持续增多，现有的配电网架构和传统的运行控制方法已经很难满足新形势下用户对供电可靠性、电能质量和优质服务的要求[1]。高渗透率分布式可再生能源接入对配电网将产生一系列不利影响，主要体现在以下几个方面[2-5]。

(1)配电网运行工况不确定性显著加强。含高渗透率分布式可再生能源的配电系统中，分布式可再生能源的大量接入使配电网变为多端供电结构，线路潮流受到很大影响，可能导致双向潮流和接入点电压升高等问题。

首先，以光伏、风电为代表的分布式电源的出力具有间歇性与不确定性的特点，如果无法对它们加以合理的调控，配电网电压将频繁波动，过电压与欠电压问题将恶化、运行损耗也会提高，严重时甚至可能导致分布式电源退出运行，造成可再生能源与电网资源的浪费，限制分布式电源渗透率的提高与可再生能源的消纳。

其次，配电网线路参数特性(阻抗比 R/X 值大)导致有功、无功控制不解耦，传统的基于有功无功解耦的分析决策理论难以在配电网中直接应用。另外，高渗透率分布式可再生能源配电网络中大量分布式电源以不同的电压等级(110kV\35kV\10kV\380V\220V)、不同的接入方式(单相\三相不对称\三相对称)并网，使得配电网固有的三相负荷不平衡、线路参数不对称等特性更为显著，配电网的电压及潮流分布规律更为复杂、波动更为频繁，大电网中广泛采用的自动发电控制及自动电压控制策略难以满足配电网的运行要求。

(2)配电网运行特性更加复杂。随着分布式可再生能源接入配电网的比重不断增加，用户侧分布式电源市场不断放开，配电网中大量的分布式电源由可再生能源供应商投资建设，并且可独立地向用户供电。这些拥有分布式电源并向一定区域供电的可再生能源供应商在配电网中形成了独立的利益主体，其运行以自身收益最大为目标，具有独立的调度单元，不完全受电网的统一调度，使得用户既可以从电网购电，也可以向电网售电，增加了电网调度运行的难度。

另外，电动汽车能够减少对化石能源的消耗和对环境的污染，受到了越来越普遍的重视。日益改进的电池设备、充电技术及充电设施也促进了电动汽车的不断普及，但是电动汽车接入配电网会对电网产生很大的影响，这是因为电动汽车不仅可以作为负荷从电网中获取电能，还可以在不使用时作为电源，将其储存在蓄电池里的电能反向提供给电网。如何利用电动汽车的有序充放电行为实现发电量在时间和空间上的再分配，使得电源与负荷平衡在一个最优的状态下也成为含高渗透率分布式可再生能源配电系统运行的难题。

(3)控制目标更加复杂。实现分布式电源的大规模消纳、电力用户的优质用电、多主体协调高效经济运行、高可靠性高质量供电都是现代社会给含高渗透率分布式可再生能源的配电系统运行所提出的新要求，这些新要求新目标无疑需要更加复杂协调的调度策略，要求实现分布式电源与配电网、配电网与上级电源、配电网与多样性负荷之间，基于"局部就地平衡-区域间互供-整体消纳协调"分布自治、分解协调策略的空间和时间尺度全局综合协调优化运行。

虽然分布式可再生能源的大规模接入给配电系统带来了诸多新问题和新挑战，但也为解决上述问题带来了一些有利因素[6-10]。

(1)可调度资源更加丰富。含高渗透率分布式可再生能源的配电系统中将会有大量分布式电源、分布式储能系统、电动汽车充电设施及各类可控智能电器设备接入。这些设施具有灵活可控的运行特性,并能够与配电系统进行双向互动,通过调整自身的运行计划和状态满足用户和电网两方面的需求。相比传统配电网中被动用电的用户侧,其用户侧同时具备发电、储电、用电的特性,能够作为一种响应资源主动参与配电系统的运行。

(2)可调节手段更加丰富。考虑到含高渗透率分布式可再生能源的配电系统的可调度资源更加丰富,通过将各种可调度资源纳入统一的分析与优化框架之下,可充分发挥配电网高级形态的可控性潜力,为配电网复杂运行问题提供经济、合理、有效的复合式应对手段。在现有调度框架下,配电网的运行控制手段通常以分布式电源和储能出力调度、无功优化等方式为主。高渗透率分布式可再生能源接入的配电系统可通过对各种可调度资源的优化组合与调度,在不同调度周期下维持功率和能量平衡并自主趋优。例如,通过分段、联络开关等拓扑控制装置完成多种连通模式的灵活切换,实现不同拓扑组合,在此基础上,进一步利用智能软开关(SNOP)等电力电子装置的定向转移能力实现配电网络的柔性可控;利用微电网、虚拟储能等灵活运行调度手段来应对分布式资源快速波动、随机故障扰动、用户负荷需求突发变化等。

(3)用户参与度更强。在含高渗透率分布式可再生能源的配电系统的负荷侧,智能家居、电动汽车、综合能源等新型负荷终端大量出现,用户的发、用电行为的变化(用户参与度)将对电网的供需平衡产生重大影响。用户参与电网调节主要可分为两部分:一是对协议用户负荷的直接控制,即在协议允许范围内对用户侧可控负荷进行灵活启停与时序转移;二是通过分时电价、政策优惠等多种激励手段,通过改变用户侧分布式电源的出力特性或负荷的用电模式来支撑电网运行。

综上,高渗透率分布式可再生能源接入会改变传统配电网的拓扑结构,增加配电网可调度的资源种类,加大源-网-荷协调控制的复杂度,需要采取必要的措施维护配电系统的安全可靠运行,并充分调用可再生能源资源的支撑潜力进一步提高配电系统的经济性与灵活性。高渗透率分布式可再生能源接入下配电系统有功优化控制、无功电压优化控制、有功无功协调优化控制、配电网重构,以及配电网分布式协调控制方法是解决上述问题的有效方法。以下分别予以阐述。

5.3　高渗透率分布式可再生能源配电系统的协调优化运行模型与方法

配电网正常运行状态下的运行控制手段通常以分布式电源和储能出力调度、无功电压优化等方式为主,具体的优化运行方法可分为以下三类:有功优化控制、无功电压优化控制以及有功无功协调优化控制。在优化目标方面，则以经济目标、环境目标等较为常见，同时需要根据系统实际情况因地制宜地对优化目标进行协调，即解决多目标优化问题；在约束条件方面，一般包括潮流约束、分布式电源特性约束、资源环境约束等，在某些情况下还需要考虑到用户侧灵活互动等复杂因素的影响[11-13]。

5.3.1　有功优化

随着高渗透率分布式可再生能源的大量接入，传统配电网的运行控制将会面临巨大挑战，无论是潮流分布特征还是电网的安全稳定运行都会受到影响。首先，当配电网中接入分布式能源之后，潮流已经不再具有传统配电网的辐射状分布特点，会根据分布式电源接入点的不同呈现不同的分布特征；其次，风电、光伏等可再生能源具有随机性和波动性的出力特点，相较于传统发电方式，其出力不可控，如果不进行有效的管控，分布式电源的接入不但达不到预想的经济效益，还会增加配电网优化调度的负担，甚至会威胁到配电网的安全稳定运行。为了应对上述问题，将储能技术引入配电网，与分布式电源联合工作，以降低分布式电源出力对配电网安全运行的影响，充分发挥风电、光伏等可再生能源的作用，实现可再生能源有功出力的优化控制以及分布式电源的可控化，达到可再生能源出力利用的最大化并提高可再生能源的消纳能力。

最优潮流是指将电力系统潮流计算与经济调度相结合的电力系统优化问题，最优潮流以潮流计算为基础，使配电网在满足安全稳定运行的条件下，能获得最大的经济效益。在进行最优潮流计算时，由于期望目标不同，因而所设置的目标函数和约束条件会有不同，常见的目标函数有发电成本最小和网损最小等。这里以经济效益最优为目标求取最优潮流，同时考虑到无功出力也会带来一定的经济效益，因此给联合系统的无功出力赋予一定的调度成本，设定目标函数如下，以实现最终可再生能源的最优有功出力。

$$f = \min \sum_{t=0}^{\text{final}} c_{p,t}^{\text{s}} P_t^{\text{s}} + c_{q,t}^{\text{s}} Q_t^{\text{s}} + \sum_{t=0}^{\text{final}} \sum_{i \in I} \left(c_t^{\text{DG}} P_{i,t}^{\text{DG}} + c_t^{\text{ESS}} P_{i,t}^{\text{ESS}} + c_{q,t}^{\text{DBS}} \left| Q^{\text{DBS}} \right| \right) \tag{5-1}$$

式中，I 为所有安装有分布式电源的节点的集合；$c_{p,t}^{\text{s}}$ 为主网提供的有功功率成本；P_t^{s} 为主网与配电网之间交换的有功功率；$c_{q,t}^{\text{s}}$ 为主网提供的无功功率成本；Q_t^{s} 为主网与配电网之间交换的无功功率；c_t^{DG} 为 DG 的出力成本；$P_{i,t}^{\text{DG}}$ 为 DG 的有功功率输出；c_t^{ESS} 为储能单元的操作成本；$P_{i,t}^{\text{ESS}}$ 为储能系统功率；$c_{q,t}^{\text{DBS}}$ 为联合系统无功出力成本；Q^{DBS} 为联合系统无功出力值；final 为调度周期，取 24h。

在优化上述目标函数的同时，要满足以下约束条件。

(1)功率平衡约束:

$$
\begin{cases}
P_{G,t} + P_{d,t}^i - P_{L,t}^i - U_t^i \sum_{j \in i} U_t^j (G_{ij} \cos \theta_t^{ij} + B_{ij} \sin \theta_t^{ij}) = 0 \\
Q_{G,t} + Q_{d,t}^i - Q_{L,t}^i - U_t^i \sum_{j \in i} U_t^j (G_{ij} \cos \theta_t^{ij} + B_{ij} \sin \theta_t^{ij}) = 0
\end{cases}
\tag{5-2}
$$

式中, $P_{G,t}$、$Q_{G,t}$ 为主网参与调节时 t 时刻的有功、无功出力值; $P_{d,t}^i$、$P_{L,t}^i$ 分别为 t 时刻节点 i 处的联合系统有功出力和有功负荷; U_t^i、U_t^j 分别为 t 时刻节点 i、j 的电压幅值; G_{ij} 为支路 ij 的电导; B_{ij} 为支路 ij 的电纳; θ_t^{ij} 为 t 时刻支路 ij 两端的相角差; $Q_{d,t}^i$、$Q_{L,t}^i$ 分别为 t 时刻节点 i 处联合系统无功出力和无功负荷; $j \in i$ 表示 j 节点为网格中和节点 i 通过元件直接相连的节点。

(2)节点功率约束:

$$
\begin{cases}
P_{i,\min} < P_{i,t} < P_{i,\max} \\
Q_{i,\min} < Q_{i,t} < Q_{i,\max}
\end{cases}
\tag{5-3}
$$

式中, $P_{i,t}$、$Q_{i,t}$ 分别为节点 i 在 t 时刻注入的有功功率和无功功率; $P_{i,\min}$、$P_{i,\max}$ 分别为节点 i 有功出力下限和上限; $Q_{i,\min}$、$Q_{i,\max}$ 分别为节点 i 无功出力下限和上限。

(3)节点电压约束:

$$
U_{i,\min} < U_{i,t} < U_{i,\max}
\tag{5-4}
$$

式中, $U_{i,t}$ 为节点 i 在 t 时刻的电压值; $U_{i,\min}$、$U_{i,\max}$ 分别为节点 i 电压下限和上限。

(4)支路传输功率约束:

$$
P_{ij} \leqslant P_{\max}
\tag{5-5}
$$

式中, P_{ij} 为线路 ij 的传输功率; $P_{\max}$ 为线路 ij 的最大传输功率。

上述模型实现了以经济效益为目标的分布式电源的最优有功出力情况,通过储能装置的协调配合实现了对过剩能源的消纳,实现了可再生能源的充分利用。本节中关于可再生能源最优有功出力的模型将为后续章节中可再生能源有功无功协调优化控制的最优潮流模型奠定基础。

5.3.2 无功电压优化

配电网中电压水平与无功功率平衡密切相关,当系统中无功电源与无功负荷的平衡关系被打破时，电压将会发生变化，严重时导致电压越限，影响系统的安全运行。合理调控无功电源是保证电压水平的重要措施，配电网无功电压优化是通过调节各种无功补偿设备和其他可以改变系统无功潮流的手段，确定未来一段时间内配电网设备的运行状态，从而保证整个系统运行的安全性、经济性及稳定性。配电网无功电压优化策略主要包括 SVC 的无功补偿、电容器组的投切、有载调压变压器(OLTC)分接头的调整。在高渗透率分布式可再生能源配电系统中，分布式电源和储能装置作为连续无功源可以参与对配电网的无功电压控制，能够解决传统配电网无功调压手段调节速度慢、难以实现电压连续调节的问题，并能减少大容量无功补偿装置的投入。但当大量分布式电源接入系统时，分布式电源会使系统电压波动频繁，严重影响系统电能质量。综合考虑以上各种配电网无功电压优化策略，在保障配电网电压运行在安全合理水平的同时，提高系统运行的经济性。

对于配电网运行优化问题，其目标函数形式多样，运行人员在进行调度控制时应根据系统规模和运行状态，选取相应的目标函数，建立符合应用场景的优化模型，并选取合适的求解算法，以实现配电网的优化运行。通常以全网有功网损最小作为配电网无功电压优化问题的目标函数，考虑到只以网损为目标并不能全面考虑电压优化问题，本章以电压与网损的综合目标作为目标函数进行优化，即选取网损与电压差的加权和作为目标函数：

$$f = \min\left[\alpha\sum_{i=1}^{N_N}\sum_{j\in i}R_{ij}I_{ij}^2 + \beta\sum_{i=1}^{N_N}(U_i-1)^2\right] \quad (5\text{-}6)$$

式中，N_N 为系统节点数；R_{ij} 为支路 ij 的电阻；I_{ij} 为支路 ij 的电流幅值；U_i 为节点 i 的电压幅值；α 和 β 为权重系数。

考虑配电网中多种无功控制手段，其约束条件如下。

(1)辐射型拓扑运行结构。系统运行拓扑应满足无环、无孤岛的辐射状要求。

(2)系统潮流约束：

$$P_i = G_{ii}U_i^2 + \sum_{j\in i}(U_iU_jG_{ij}\cos\theta_{ij} + U_iU_jB_{ij}\sin\theta_{ij}) = P_{i,DG} - P_{i,LD} + P_{i,SNOP} \quad (5\text{-}7)$$

$$Q_i = -B_{ii}U_i^2 - \sum_{j\in i}(U_iU_jB_{ij}\cos\theta_{ij} - U_iU_jG_{ij}\sin\theta_{ij})$$
$$= Q_{i,DG} - Q_{i,LD} + Q_{i,CB} + Q_{i,SVC} + Q_{i,SNOP} \quad (5\text{-}8)$$

式中，G_{ii} 为节点 i 的自电导；$P_{i,DG}$ 为节点 i 分布式电源注入的有功功率；$P_{i,SNOP}$ 为节点 i 智能软开关注入的有功功率；B_{ii} 为节点 i 的自电纳；$Q_{i,DG}$ 为节点 i 分布式电源注入的无功功率；$Q_{i,\mathrm{CB}}$ 为节点 i 无功补偿器注入的无功功率；$Q_{i,\mathrm{SNOP}}$ 为节点 i 智能软开关注入的无功功率；$P_{i,\mathrm{LD}}$、$Q_{i,\mathrm{LD}}$ 分别为节点 i 的负荷有功与无功功率；U_i、U_j 分别为节点 i 和 j 的电压幅值；θ_{ij} 为节点 i 和 j 的电压相角差。

（3）运行电压水平约束。系统中各节点的运行电压水平应限制在极限电压水平范围内：

$$U_i^{\min} \leqslant U_i \leqslant U_i^{\max} \tag{5-9}$$

式中，$U_i^{\min}$ 和 $U_i^{\max}$ 分别为节点 i 的最小允许电压值和最大允许电压值。

（4）支路电流约束。为保证系统安全稳定运行，各支路电流不应超越其所允许的最大电流值，否则可能会造成线路烧损、中断供电等问题：

$$I_{ij}^2 = (G_{ij}^2 + B_{ij}^2)(U_i^2 + U_j^2 - 2U_iU_j\cos\theta_{ij}) \leqslant I_{ij,\max}^2 \tag{5-10}$$

式中，$I_{ij,\max}$ 为该支路的最大允许电流值。

配电网中常见的无功电压优化手段主要包括：分布式电源的无功优化、电容器组投切控制、静止无功补偿装置优化、SNOP 无功优化等。下面依次针对以上优化手段涉及的约束条件进行介绍。

（1）分布式电源运行约束。分布式电源无功优化问题是指在满足给定的系统运行等约束条件下，依据目标函数对分布式电源的无功出力进行优化。对于分布式电源的无功优化问题，这里考虑的约束条件主要包括分布式电源容量约束、分布式电源无功出力限制以及分布式电源功率因数限制，各约束条件的数学描述如下。

DG 容量约束：

$$0 \leqslant \sqrt{P_k^2 + Q_k^2} \leqslant S_{k,\max}, \quad k \in \Omega_{\mathrm{DG}} \tag{5-11}$$

DG 无功出力限制：

$$P_k(\sqrt{1 - \mathrm{pf}_k^2} / \mathrm{pf}_k) - Q_k \geqslant 0, \quad k \in \Omega_{\mathrm{DG}} \tag{5-12}$$

DG 功率因数限制：

$$\mathrm{pf}_{\min} \leqslant \mathrm{pf}_k \leqslant \mathrm{pf}_{\max}, \quad k \in \Omega_{\mathrm{DG}} \tag{5-13}$$

式中，P_k、Q_k 分别为第 k 个 DG 输出的有功功率和无功功率；$S_{k,\max}$ 为第 k 个 DG 接入容量的上限；pf_k 为第 k 个 DG 的功率因数；$\mathrm{pf}_{\max}$ 和 $\mathrm{pf}_{\min}$ 分别为系统中各 DG 功率因数的上下限；Ω_{DG} 为 DG 节点的节点编号集合。

（2）电容器组投切运行约束。电容器组优化问题是指根据目标函数优化电容器组的投切数量，改善系统无功分布和电压水平。电容器组投切问题的决策变量是整数变量，主要包括电容器组无功功率限制以及投运组数约束，各约束条件的数学描述如下。

电容器组无功功率限制：

$$Q_{i,\mathrm{CB}} = N_{i,\mathrm{CB}} \times Q_{i,\mathrm{CB}}^{\mathrm{step}}, \qquad i \in \Omega_{\mathrm{CB}} \tag{5-14}$$

式中，$Q_{i,\mathrm{CB}}$ 为第 i 个节点上所连接的电容器组实际投运无功补偿功率；$Q_{i,\mathrm{CB}}^{\mathrm{step}}$ 为每一组无功补偿功率值；$N_{i,\mathrm{CB}}$ 为投运组数；Ω_{CB} 为电容器组安装节点的节点编号集合。

电容器组投运组数约束：

$$N_{i,\mathrm{CB}} \leqslant N_{\mathrm{CB}}^{\mathrm{max}}, \qquad N_{i,\mathrm{CB}} \in \mathbf{Z} \tag{5-15}$$

式中，$N_{\mathrm{CB}}^{\mathrm{max}}$ 为每个电容器组的最大组数。

(3) 静止无功补偿装置运行约束。静止无功补偿装置是指在满足给定的约束条件下，依据目标函数对配电网提供连续可调的无功功率支撑。静止无功补偿装置功率连续可调，这里考虑的约束条件为静止无功补偿装置可调功率约束：

$$Q_{i,\mathrm{SVC}}^{\mathrm{min}} \leqslant Q_{i,\mathrm{SVC}} \leqslant Q_{i,\mathrm{SVC}}^{\mathrm{max}}, \qquad i \in \Omega_{\mathrm{SVC}} \tag{5-16}$$

式中，$Q_{i,\mathrm{SVC}}^{\mathrm{min}}$ 和 $Q_{i,\mathrm{SVC}}^{\mathrm{max}}$ 分别为节点 i 上静止无功补偿装置可调功率的下限值和上限值；$Q_{i,\mathrm{SVC}}$ 为节点 i 上所连接的静止无功补偿装置的无功功率；Ω_{SVC} 为静止无功补偿装置的集合。

(4) SNOP 运行约束。SNOP 主要安装在传统联络开关处，可以对两条馈线之间传输的有功功率进行控制，并提供一定的电压无功支持。对于 SNOP 的无功优化问题，这里考虑的约束条件主要包括 SNOP 传输的有功功率约束以及 SNOP 容量约束，各约束条件的数学描述如下。

SNOP 传输的有功功率约束：

$$P_{k1} + P_{k\mathrm{loss1}} + P_{k\mathrm{loss2}} + P_{k2} = 0, \qquad k \in \Omega_{\mathrm{SNOP}} \tag{5-17}$$

式中，Ω_{SNOP} 为 SNOP 的集合；P_{k1}、P_{k2} 分别为第 k 个 SNOP 两个变流器的有功功率；$P_{k\mathrm{loss1}}$、$P_{k\mathrm{loss2}}$ 分别为第 k 个 SNOP 两个变流器的有功损耗。

SNOP 容量约束：

$$\sqrt{P_{k1}^2 + Q_{k1}^2} \leqslant S_{k1,\mathrm{max}}, \qquad k \in \Omega_{\mathrm{SNOP}} \tag{5-18}$$

$$\sqrt{P_{k2}^2 + Q_{k2}^2} \leqslant S_{k2,\max}, \qquad k \in \Omega_{\text{SNOP}} \tag{5-19}$$

式中，$S_{k1,\max}$、$S_{k2,\max}$ 分别为第 k 个 SNOP 两个变流器的接入容量；Q_{k1}、Q_{k2} 分别为第 k 个 SNOP 两个变流器的无功功率。

5.3.3　有功无功协调优化

随着配电网中分布式电源渗透率的不断提高，配电网运行的灵活性与可控性不断加强。为实现大规模并网分布式电源的主动控制与协调优化，最优潮流在配电网中取得了广泛的运用，如电压/无功控制和需求侧响应等。但在低压配电网中，由于线路阻抗比 R/X 值大，系统有功无功注入对节点电压幅值均有显著的影响，单一电压无功控制策略有时难以满足系统的运行需求。尤其是由于分布式电源并网逆变器容量的限制，在分布式电源有功出力很大的情况下，可利用的无功补偿容量较小，难以进行充分的无功补偿实现配电网最优运行。

本节基于电力系统最优潮流模型，以最大化分布式电源有功出力和最小化配电网运行网损为目标，分别建立三相平衡配电网有功无功协调优化模型和三相不平衡配电网有功无功协调优化模型，通过并网分布式电源有功无功出力的协调配合，实现配电网降损运行，抑制过电压与欠电压问题，提高可再生能源的利用率。

1. 三相平衡配电网有功无功协调优化模型

电力系统最优潮流模型需满足非线性潮流方程等式约束。节点注入模型以电力网络中节点电压、节点注入功率和电流为变量，是电力系统标准潮流模型。支路潮流模型以电力网络中每条支路的电流和功率为变量，在进行辐射状配电网的分析与运行方面引起了广泛的关注。

1）支路潮流模型

对于一个具有 n 个节点、m 条支路的电力网络 $G = (N, E)$，N 为节点集合，E 为支路集合，设其节点电压、支路电流、支路潮流、节点注入功率分别为

$$\begin{cases} U := \{U_i \,|\, \forall i \in N\} \\ I := \{I_{ij} \,|\, \forall (i,j) \in E\} \\ S := \{S_{ij} \,|\, \forall (i,j) \in E\} \\ s := \{s_i \,|\, \forall i \in N\} \end{cases} \tag{5-20}$$

上述各节点与支路变量满足如下潮流方程。

任意一条支路满足基尔霍夫定律：

$$\begin{cases} U_i - U_j = Z_{ij}I_{ij}, \\ Z_{ij} = R_{ij} + \mathrm{j}X_{ij}, \end{cases} \quad \forall (i,j) \in E \tag{5-21}$$

式中，R_{ij} 为支路 ij 的电阻；X_{ij} 为支路 ij 的电抗；Z_{ij} 为支路 ij 的阻抗。

任意一条支路的支路潮流定义如下：

$$S_{ij} = U_i I_{ij}^*, \quad \forall (i,j) \in E \tag{5-22}$$

式中，I_{ij}^* 为支路 ij 电流相量的共轭。

任意一个节点满足功率平衡方程：

$$\sum_{(j,k) \in E} S_{jk} - \sum_{(i,j) \in E} \left(S_{jk} - Z_{ij}\left|I_{ij}\right|^2 \right) + \frac{1}{2} \left(\sum_{(j,k) \in E} B_{jk} + \sum_{(j,i) \in E} B_{ij} \right) \left|U_j\right|^2 = s_j, \quad \forall j \in N \tag{5-23}$$

设节点 1 为松弛节点，电压给定，则式(5-20)～式(5-23)中共有 $2m+n$ 个等式，需求解 $2m+n$ 个未知数，即电力系统的支路潮流模型。

2) 有功无功协调优化模型

高渗透率分布式可再生能源配电系统的有功无功协调优化即求取在满足一定约束的条件下使得目标函数最优的分布式电源的最优有功无功出力组合。

本章所述高渗透率分布式可再生能源配电系统有功无功协调优化模型以分布式电源有功出力最大化和配电网运行网损最小化为目标函数：

$$f = \sum_{(i,j) \in E} R_{ij}\left|I_{ij}\right|^2 - \sum_{i \in G_{\mathrm{DG}}} p_{i,\mathrm{DG}} \tag{5-24}$$

式中，$i \in G_{\mathrm{DG}}$ 表示节点 i 有分布式电源并网；G_{DG} 为节点 i 处分布式电源的集合；$p_{i,\mathrm{DG}}$ 为节点 i 所接分布式电源的有功出力值。

全网各个节点的注入功率为

$$s_i = \begin{cases} s_{i,\mathrm{DG}} + s_{i,\mathrm{load}}, & \forall i \in G_{\mathrm{DG}} \\ s_{i,\mathrm{load}} + q_{i,\mathrm{CB}}, & \forall i \in G_{\mathrm{CB}} \\ s_{i,\mathrm{load}}, & \text{其他} \end{cases} \tag{5-25}$$

式中

$$\begin{cases} s_{i,\mathrm{DG}} = p_{i,\mathrm{DG}} + \mathrm{j}q_{i,\mathrm{DG}}, & \forall i \in G_{\mathrm{DG}} \\ s_{i,\mathrm{load}} = p_{i,\mathrm{load}} + \mathrm{j}q_{i,\mathrm{load}}, & \forall i \in N \setminus 1 \\ q_{i,\mathrm{CB}} = t_i q_{i,\mathrm{CB}}^{\mathrm{step}}, & \forall i \in G_{\mathrm{CB}} \end{cases} \tag{5-26}$$

其中，$q_{i,\text{DG}}$ 为分布式电源的无功功率；$p_{i,\text{load}}$ 为负荷的有功功率；$q_{i,\text{load}}$ 为负荷的无功功率；$q_{i,\text{CB}}$ 为离散无功补偿设备的无功出力值；$q_{i,\text{CB}}^{\text{step}}$ 为离散无功补偿设备每挡补偿容量；t_i 为离散无功补偿容量挡位；$i \in G_{\text{CB}}$ 表示节点 i 连接有离散无功补偿设备；$N \setminus 1$ 为除松弛节点外的所有节点的集合。

高渗透率分布式可再生能源配电系统运行还需满足如下约束。

分布式电源有功无功出力限值约束：

$$0 \leqslant p_{i,\text{DG}} \leqslant p_{i,\text{DG}}^{\text{max}}, \quad -q_{i,\text{DG}}^{\text{max}} \leqslant q_{i,\text{DG}} \leqslant q_{i,\text{DG}}^{\text{max}} \tag{5-27}$$

$$q_{i,\text{DG}}^{\text{max}} = \sqrt{S_{i,\text{DG}}^2 - (p_{i,\text{DG}}^{\text{max}})^2}, \quad \forall i \in G_{\text{DG}} \tag{5-28}$$

式中，$p_{i,\text{DG}}^{\text{max}}$ 为分布式电源的有功功率最大值，一般以预测值计；$S_{i,\text{DG}}$ 为分布式电源安装容量。

离散无功补偿设备挡位约束：

$$0 \leqslant t_i \leqslant t_i^{\text{max}}, \quad t_i \in \mathbf{Z} \tag{5-29}$$

式中，t_i^{max} 为离散无功补偿设备最大挡位；$\mathbf{Z}$ 为正整数集合。

节点电压约束：

$$U_i^{\text{min}} \leqslant U_i \leqslant U_i^{\text{max}}$$

2. 三相不平衡配电网有功无功协调优化模型

低压配电网三相负荷不平衡、线路参数不对称、非全相运行等情况普遍存在，尤其是户用光伏电源以及电动汽车等单相并网分布式电源的大量接入使得低压配电网的不平衡特性日趋显著，继续采用单相模型进行分析会引入很大的误差，因此低压配电网采用三相模型进行分析决策已是共识。本节在配电网三相注入潮流方程的基础上，以最大化分布式电源有功出力及最小化配电网运行网损为目标，建立三相不平衡配电网有功无功协调优化模型，通过分布式电源有功无功出力的协调配合，实现配电网降损运行，抑制过电压与欠电压问题，提高分布式电源的利用率。

分布式电源的并网使得不平衡配电网中产生了双向潮流，并且配电网中每一个并网分布式电源都可视为一个有功和无功可调电源。因此，可建立如下最优潮流形式的配电网有功无功协调优化模型：

$$\begin{cases} \min & F(u,x) \\ \text{s.t.} & h(u,x) = 0 \\ & g(u,x) \leqslant 0 \end{cases} \tag{5-30}$$

式中，F 为优化模型的目标函数；$h(u,x)$ 为等式约束函数；$g(u,x)$ 为不等式约束函数；u、x 分别为状态变量和控制变量。

本章以配电网运行网损最小化以及分布式电源有功出力最大化为目标函数建立有功无功协调优化模型。对于一个 N 节点的不平衡配电网，其运行网损为所有节点注入功率之和：

$$P_{loss} = \sum_{i=1}^{N} \sum_{\varphi=A,B,C} p_i^{\varphi} \tag{5-31}$$

各节点的有功无功注入功率为

$$p_i^{\varphi} = \begin{cases} p_{i,DG}^{\varphi} + p_{i,load}^{\varphi}, & (i,\varphi) \in G_{DG} \\ p_{i,load}^{\varphi}, & \text{其他} \end{cases}$$

$$q_i^{\varphi} = \begin{cases} q_{i,DG}^{\varphi} + q_{i,load}^{\varphi}, & (i,\varphi) \in G_{DG} \\ q_{i,load}^{\varphi}, & \text{其他} \end{cases} \tag{5-32}$$

式中，$p_{i,DG}^{\varphi}$ 为节点 i 分布式电源注入的 φ 相的有功功率；$p_{i,load}^{\varphi}$ 为节点 i 负荷注入的 φ 相的有功功率；$q_{i,DG}^{\varphi}$ 为节点 i 分布式电源注入的 φ 相的无功功率；$q_{i,load}^{\varphi}$ 为节点 i 负荷注入的 φ 相的无功功率。

最大化分布式电源有功出力值等效于最小化其负值，因此有功无功协调优化模型的目标函数由式 (5-33) 确定：

$$P_{loss} - P_{DG} = \sum_{\varphi=A,B,C} p_1^{\varphi} + \sum_{i=2}^{N} \sum_{\varphi=A,B,C} p_{i,load}^{\varphi} \tag{5-33}$$

式中，节点 1 为松弛节点；P_{DG} 为分布式电源出力之和。

在式 (5-33) 中，负荷数据一般给定为某一常量。因此，最小化 $P_{loss} - P_{DG}$ 等效于最小化松弛节点有功注入功率之和，为分布式电源有功无功出力的函数。直观上来说，在负荷一定的情况下，最大化分布式电源有功出力值的同时最小化配电网有功网损后，配电网松弛节点有功注入最小，即配电网从上级电网吸收的有功功率最小。因此，优化模型的目标函数为

$$\min f = \sum_{\varphi=A,B,C} p_1^{\varphi} \tag{5-34}$$

在有功无功协调优化模型中，配电网运行时的状态变量，即每个节点的节点电压以及控制变量，即分布式电源的有功无功出力必须满足如下约束条件：

$$s^\varphi = \text{diag}\,[\boldsymbol{U}^\varphi] \cdot [\boldsymbol{Y}^\varphi]^* \cdot [\boldsymbol{U}^\varphi]^* \tag{5-35}$$

$$U_i^{\min} \leqslant U_i^\varphi \leqslant U_i^{\max} \tag{5-36}$$

$$0 \leqslant p_{i,\text{DG}}^\varphi \leqslant p_i^{\varphi,\max}, \quad \forall (i,\varphi) \in G_{\text{DG}} \tag{5-37}$$

$$\begin{cases} (p_{i,\text{DG}}^\varphi)^2 + (q_{i,\text{DG}}^\varphi)^2 \leqslant (S_{i,\text{DG}}^\varphi)^2 \\ -\alpha S_{i,\text{DG}}^\varphi \leqslant q_{i,\text{DG}}^\varphi \leqslant \alpha S_{i,\text{DG}}^\varphi \end{cases}, \quad \forall (i,\varphi) \in G_{\text{DG}} \tag{5-38}$$

式中，$S_{i,\text{DG}}^\varphi$ 为对应的 i 节点 φ 相分布式电源并网逆变器容量；$\boldsymbol{U}^\varphi$ 为 φ 相节点电压向量；$\boldsymbol{Y}^\varphi$ 为 φ 相节点导纳矩阵；U_i^φ 为 i 节点 φ 相电压幅值；α 为分布式电源无功出力约束系数。

5.4　支撑高渗透率分布式可再生能源配电系统
优化运行的配电网络重构

由 5.2 节可以看出，随着电动汽车、储能和间歇性分布式电源越来越多地接入配电网，配电系统运行状态的不确定性、波动性大幅增大，需要采取必要措施维护配电系统的安全可靠运行。同时，需要充分利用分布式能源接入的巨大机遇，充分调用可再生资源，进一步提高配电系统的经济性与灵活性。配电网络重构技术通过优化有源配电系统的拓扑结构与运行状态来提高系统可靠性和经济性，已成为优化分布式能源配置、增加分布式能源消纳比例、改善系统运行状态的重要方式。配电网络重构技术是 Merlin 在 1975 年提出的概念，即在所有可行拓扑结构中，寻找到配电网的某个拓扑结构，使配电系统在这个结构下的某项运行指标达到最优。其实质是通过调整开关开闭状态，改变配电网拓扑结构，引起潮流分布与网络连通关系的变化，实现节点位置关系的重调整与系统功率的再分配[14-16]。

5.4.1　静态重构与动态重构

传统的配电网络重构方法(如支路交换法、动态规划法)对电源及负荷的随机性考虑不足；场景分析法可有效分析随机性问题，但面临场景组合"爆炸"问题。此外，已有文献重点研究了配电孤岛短时恢复供电策略、考虑 N–1 安全准则的多目标重构策略、考虑长周期(年)并兼顾经济性的系统重构。但是，目前重构的目标多局限于降低网损与提升电网运行可靠性，并未考虑在高比例可再生能源接入后，如何通过重构提升可再生能源的消纳能力，也未考虑在高比例可再生能源接入后，重构后电网可能出现的电压越限、可再生能源消纳能力下降等情况，因此需要分析高渗透率分布式可再生能源配电网的网络重构方法，实现 DG 资源的充分消纳，保证配电网的安全可靠经济运行。本节主要围绕含电动汽车、储能和间歇性电源的配电网络重构模型及方法展开。

首先，分析储能、电动汽车、风电、光伏等多种类电源的出力特性。

1. 储能设备

本节采用的储能设备数学模型不考虑具体的电池型号和参数，只做一般意义上的建模，具体形式如下：

$$0 \leqslant P_{\text{ess}}^{\text{c}} \leqslant \alpha_{\text{c}} P_{\text{ess}}^{\text{max}} \tag{5-39}$$

$$0 \leqslant P_{\text{ess}}^{\text{d}} \leqslant \alpha_{\text{d}} P_{\text{ess}}^{\text{max}} \tag{5-40}$$

$$\varphi_{\text{min}} \leqslant \varphi_t^{\text{ess}} \leqslant \varphi_{\text{max}} \tag{5-41}$$

$$\alpha_{\text{c}} + \alpha_{\text{d}} \leqslant 1, \quad \alpha_{\text{c}}, \alpha_{\text{d}} \in \{0,1\} \tag{5-42}$$

$$\varphi_t^{\text{ess}} = \varphi_0^{\text{ess}} + \eta_{\text{c}}^{-1} P_{\text{ess}}^{\text{c}} \Delta t - \eta_{\text{d}} P_{\text{ess}}^{\text{d}} \Delta t \tag{5-43}$$

式中，α_{c}、α_{d} 分别为储能设备充、放电状态变量，$\alpha_{\text{c}} = 1$、$\alpha_{\text{d}} = 1$ 分别表示储能设备处于充、放电状态；$P_{\text{ess}}^{\text{c}}$、$P_{\text{ess}}^{\text{d}}$ 分别为储能设备的充、放电功率；$P_{\text{ess}}^{\text{max}}$ 为储能设备的充放电功率上限；φ_{min} 和 φ_{max} 为储能设备荷电量的下限和上限；φ_t^{ess}、φ_0^{ess} 分别为储能电池在故障抢修恢复后的荷电状态和故障发生时的初始荷电状态；Δt 为预计故障抢修时间，本节取 1h；η_{c}、η_{d} 分别为储能设备的充、放电效率，这里为了研究方便假设充、放电效率不受充放电功率大小影响，且均取 0.9，假设储能设备有足够的无功补偿容量。

2. 电动汽车

本节主要以住宅小区私家车为主进行研究，而住宅小区私家电动汽车(EV)车主的充电行为会影响配电网的运行状态，所以需要对 EV 的充电行为进行建模。假设电动汽车的电池特性良好，则影响 EV 充电功率的主要因素为充电方式和行驶特性等，有序充电和无序充电是电动汽车常用的两种充电方式，本节主要考虑有序充电，下面通过数学模型表示该充电方式。

(1)EV 出行概率模型。研究表明，若将电动汽车最后到达时刻作为充电的起始时刻，则电动汽车充电起始时刻的概率密度函数近似满足正态分布，可以通过式(5-44)表示：

$$f_s(x) = \begin{cases} \dfrac{1}{\sigma_s \sqrt{2\pi}} \exp\left[-\dfrac{(x-\mu_s)^2}{2\sigma_s^2}\right], & \mu_s - 12 < x \leqslant 24 \\ \dfrac{1}{\sigma_s \sqrt{2\pi}} \exp\left[-\dfrac{(x+24-\mu_s)^2}{2\sigma_s^2}\right], & 0 < x \leqslant \mu_s - 12 \end{cases} \tag{5-44}$$

式中，$\sigma_s = 3.4$；$\mu_s = 17.6$；x 为充电时刻。

电动汽车日行驶里程一般满足对数正态分布：

$$f(d) = \frac{1}{\sigma_d d \sqrt{2\pi}} \exp\left[-\frac{(\ln d - \mu_d)^2}{2\sigma_d^2}\right] \tag{5-45}$$

式中，$\sigma_d = 0.88$；$\mu_d = 3.2$；d 为电动汽车行驶里程。

(2) EV 智能充电模型。智能充电就是电动汽车车主要服从调控，调度中心在日前对次日私家车主的充电行为进行合理安排，实现电网的可靠运行。充电时，首先将 1 天分为多个时间段，然后在空间上按照该时间段常规负荷占所有时间段总负荷的比例，智能分配每个时间段开始时进行充电的 EV，计算公式如下：

$$E_i = \frac{P_{1,i}}{\sum\limits_{i=1}^{T} P_{1,i}} \cdot E \tag{5-46}$$

式中，E_i 为计算得到的 EV 分配数量，按照各时刻的负荷量呈比例分配；E 为电动汽车总数；$P_{1,i}$ 为时刻 i 的负荷值；T 为总时段数。

3. 风电和光伏发电

风电和光伏出力具有很强的不确定性，关于风光出力预测的方法已有较多研究，本节的研究重点不在出力预测的方法，而是假设已经获得了风光的出力预测值 P_i^{GW*}、P_i^{GP*}，在此基础上利用不确定性集合来刻画风光出力预测误差：

$$P_i^{gw} = P_i^{GW*} - g_i \tilde{P}_i, \quad \forall i \in \Omega_W \tag{5-47}$$

$$P_i^{gp} = P_i^{GP*} - g_i \tilde{P}_i, \quad \forall i \in \Omega_P \tag{5-48}$$

$$\sum_{i \in \Omega_W \cup \Omega_P} g_i \leqslant \tau \tag{5-49}$$

$$g_i \in [0,1], \quad \forall i \in \Omega_P \tag{5-50}$$

式中，P_i^{gw} 为考虑预测误差的风电出力预测值；P_i^{gp} 为考虑预测误差的光伏出力

预测值；$\tilde{P}_i$ 为风光出力预测误差值；g_i 为不确定性系数；Ω_W、Ω_P 分别为风机、光伏机组集合。每台风光机组采取定功率因数运行。式(5-49)描述了鲁棒优化中的不确定性集合，τ 的大小称为不确定性成本(uncertainty budget)，通过调节 τ 的大小可以控制鲁棒优化模型的保守性，从而避免了优化结果过于保守的缺点。当 $\tau = 0$ 时，不确定性集合就为空，鲁棒优化就退化为传统的确定性优化；当 $\tau = |\Omega_\mathrm{W} \bigcup \Omega_\mathrm{P}|$ 时，不确定性集合取得最大值，系统中的不确定性变量波动最为严重，即所有的风光机组出力预测误差均取得最大值。通过选取合适的不确定性参数 τ 可以排除掉上述两种极端情况。

4. DG 在配电网中的潮流计算模型

DG 种类的多样性决定了在其接入配电网会增加潮流计算的复杂性。传统配电网有平衡节点和 PQ 节点两类，而 DG 接入后，根据运行情况，DG 节点可分为 3 类：PQ 恒定型、PV 恒定型和 PI 恒定型。由于本节仅涉及 PQ 恒定型和 PI 恒定型节点，所以仅针对如何处理这两类节点进行介绍。

1)PQ 恒定型

当风电机组使用异步发电机作为驱动，维持恒定功率因数运行时，可将其接入配电网的节点视为 PQ 恒定型节点，此类 DG 在潮流计算时可等同于潮流相反的负荷，即 PQ 恒定型 DG 节点在潮流计算时，只需改变数据符号即可完成。

2)PI 恒定型

光伏发电系统接入电网后以电流控制逆变器为主,可视为 PI 恒定型 DG 节点,其潮流计算模型如下：

$$\begin{cases} P_i = -P_\mathrm{s} \\ I_i = I_\mathrm{s} \end{cases} \tag{5-51}$$

式中，P_s、I_s 分别为 PI 恒定型 DG 节点的有功功率和电流。但是这类节点在前推回代法中要转换为 PQ 节点进行计算，也需要进行无功修正：

$$Q_i = \sqrt{|I|^2 |U|^2 - P^2} \tag{5-52}$$

式中，I 为 PI 节点电流幅值；U 为 PI 节点电压；P 为 PI 节点有功功率。

然后，建立含间歇性电源的配电系统灵活重构模型。

5. 配电网静态重构

这里以配电网在各场景下的网损期望最小为目标，考虑不确定性的配电网静

态重构。目标函数为

$$\min F = \sum_{k=1}^{N} B_{\mathrm{p}} P_k p_k \tag{5-53}$$

式中，F 为整个周期配电网的综合运行费用；N 为场景总数；B_{p} 为电价；P_k 为在场景 k 下配电网的有功网损；p_k 为场景 k 出现的概率。

约束条件包括：①配电网潮流方程约束；②节点电压约束；③支路容量约束；④支路电流约束；⑤配电网辐射状约束。

约束条件具体如下。

(1) 配电网潮流方程约束：

$$P_i + P_{\mathrm{DG}i} + P_{\mathrm{EV}i} = P_{\mathrm{L}i} + U_i \sum_{j \in i} U_j \left(G_{ij} \cos \theta_{ij} + B_{ij} \sin \theta_{ij} \right) \tag{5-54}$$

$$Q_i + Q_{\mathrm{DG}i} + Q_{\mathrm{EV}i} = Q_{\mathrm{L}i} + U_i \sum_{j \in i} U_j \left(G_{ij} \sin \theta_{ij} - B_{ij} \cos \theta_{ij} \right) \tag{5-55}$$

式中，P_i 与 Q_i 为节点 i 的注入有功和无功功率；$P_{\mathrm{DG}i}$ 与 $Q_{\mathrm{DG}i}$ 为节点 i 上 DG 的有功和无功出力；$P_{\mathrm{EV}i}$ 与 $Q_{\mathrm{EV}i}$ 为节点 i 上 EV 的有功和无功出力；$P_{\mathrm{L}i}$ 和 $Q_{\mathrm{L}i}$ 为节点 i 的负荷有功功率和无功功率；U_i 与 U_j 分别为节点 i 与节点 j 的电压幅值；G_{ij} 与 B_{ij} 分别为节点 i 与节点 j 间的网络电导和电纳；θ_{ij} 为节点 i 与节点 j 间的相角差。

(2) 节点电压约束：

$$U_{i,\min} \leqslant U_{i,k} \leqslant U_{i,\max} \tag{5-56}$$

式中，$U_{i,k}$、$U_{i,\min}$、$U_{i,\max}$ 分别为节点 i 在第 k 个场景下的节点电压幅值、节点电压幅值下限/上限。

(3) 支路容量约束：

$$\left| P_{ij,k} \right| \leqslant P_{ij,\max} \tag{5-57}$$

式中，$P_{ij,k}$、$P_{ij,\max}$ 分别为节点 i 与节点 j 间的支路在第 k 个场景下的支路功率及支路功率幅值上限。

(4) 支路电流约束：

$$\left| I_{ij,k} \right| \leqslant I_{ij,\max} \tag{5-58}$$

式中，$I_{ij,k}$、$I_{ij,\max}$ 分别为节点 i 与节点 j 间的支路在第 k 个场景下的支路电流及支路电流幅值上限。

(5)配电网辐射状约束。重构后网络需保持辐射状,不能出现环路与孤岛。

DG 渗透率能够反映系统中 DG 容量与系统总有功负荷的关系,而配电网中 DG 的渗透率过高可能造成系统网损等指标变差,所以通过本节优化重构方案对系统中 DG 渗透率的分析能够提高配电网对 DG 的接纳能力。其中 DG 渗透率可用式(5-59)表示:

$$\mathrm{PL_{DG}} = \frac{\sum P_{\mathrm{DG}}}{\sum P_{\mathrm{load}}} \times 100\% \qquad (5\text{-}59)$$

式中, $\sum P_{\mathrm{DG}}$ 为系统中 DG 的总有功功率; $\sum P_{\mathrm{load}}$ 为系统总有功负荷。

本节采用 IEEE33 节点配电系统进行仿真分析,分析不同 DG 渗透率对配电网络重构的影响,配电网络重构的目标为系统有功损耗最小,网络结构以及 DG 的接入位置如图 5-1 所示。系统的额定电压为 12.66kV,电压上限为额定电压的110%,电压下限为额定电压的90%。整个系统一共有 37 条线路,其中在 8—21、9—15、12—22、18—33 和 25—29 这 5 条线路上设置了常开的联络开关。算例中的负荷为 PQ 类型,整个系统的负荷水平为有功功率 3715kW、无功功率 2300kvar。分布式电源 DG 为 PQ 类型,功率因数为 1,分别接在母线 4、8、12、16 和 30 共5 个位置上。

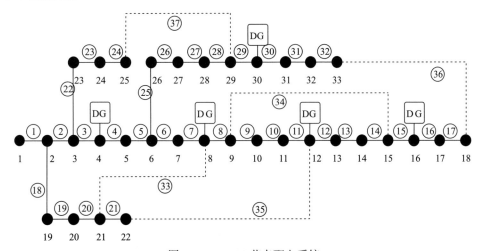

图 5-1　IEEE33 节点配电系统

选择不同的 DG 渗透率,计算得到了如表 5-1 所示的网络重构优化解。表 5-1中的数据显示,DG 渗透率变化会使网络重构优化解发生改变,无 DG 接入时,断开的开关组合为(7,9,14,32,37);DG 渗透率小于等于 13.46%时,断开的开关组合不变;DG 渗透率在 21.53%~40.38%时,断开的开关组合为(7,9,14,31,37);DG 渗透率在 53.84%~67.29%时,断开的开关组合为(6,9,14,31,37);DG 渗透率为

80.75%时，断开的开关组合为(9,14,28,31,33)。

表 5-1　不同 DG 渗透率下的网络重构优化解

DG 容量/kW	DG 渗透率/%	断开的开关组合	有功损耗/kW	节点电压最小值/p.u.	节点电压最小值节点编号
0	0.00	7,9,14,32,37	139.5513	0.9378	32
10	1.35	7,9,14,32,37	136.6728	0.9383	32
20	2.69	7,9,14,32,37	133.8604	0.9387	32
30	4.04	7,9,14,32,37	131.1138	0.9391	32
60	8.08	7,9,14,32,37	123.2657	0.9404	32
100	13.46	7,9,14,32,37	113.7040	0.9421	32
160	21.53	7,9,14,31,37	99.6320	0.9403	32
200	26.92	7,9,14,31,37	91.5060	0.9443	32
250	33.65	7,9,14,31,37	82.7628	0.9492	32
300	40.38	7,9,14,31,37	75.5576	0.9541	32
400	53.84	6,9,14,31,37	65.1092	0.9556	32
500	67.29	6,9,14,31,37	58.9805	0.9651	32
600	80.75	9,14,28,31,33	55.5467	0.9706	31

由图 5-2 和图 5-3 所示的 DG 渗透率的变化对配电网络重构优化解对应的有功损耗和节点电压最小值影响趋势曲线图可以看出，在一定范围内，随着 DG 渗透率的提高，其可以降低配电网络重构优化解对应的有功损耗并提高网络节点电压水平，能够保持系统的可靠运行。

6. 考虑不确定性的配电网动态重构模型

在场景生成方面，相对于完全随机采样的蒙特卡罗法，拉丁超立方抽样(Latin

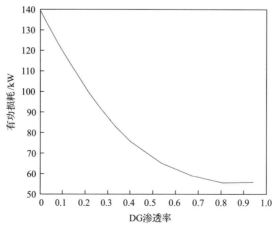

图 5-2　DG 渗透率对配电网络重构优化解的有功损耗影响曲线图

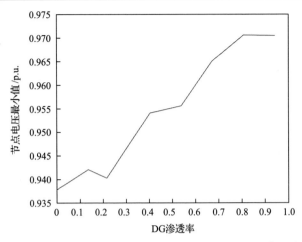

图 5-3　DG 渗透率对配电网络重构优化解的节点电压最小值影响曲线图

hypercube sampling，LHS）从空间填充（space-filling）的观点出发，更能保障其在空间中的投影均匀性，准确地重建输入分布。因此本节通过拉丁超立方抽样方法生成风电出力的场景样本，并对其进行削减，得到保证抽样有效性和代表性的风电出力的多场景样本。

图 5-4 给出了拉丁超立方抽样的过程，$U(0,1)$ 表示随机变量服从 $(0,1)$ 上的均匀分布，$P_{WN, min}$ 和 $P_{WN, max}$ 分别为对应风速正态分布的最小值和最大值。设 $f_w(x)$ 为随机变量 $X = [x_1, x_2, \cdots, x_z]$ 中第 w 个数据 x_w（$w=1, 2, \cdots, z, z$ 为随机变量 x 的维数）的概率分布函数。设定抽样次数为 N 次，并将区间 $[0,1]$ 等分成间距为 $1/N$ 的 N 个不重叠子区间，每个子区间标志 $B_i = i$（$i=1, 2, \cdots, N$）称为子区间序号序列。抽样前首先产生 $[0,1]$ 区间的随机数，并任意选择一个子区间 B_k，然后根据 $f_w(x)$ 的反函数对抽样点 $\xi_{B_k} = [\xi_{B_k,1}, \xi_{B_k,2}, \cdots, \xi_{B_k,z}]$ 进行计算。下一次抽样从已抽样过的子区间 B_k 外的其他子区间中随机抽取，直至所有子区间都完成样本抽取。此时第 i 个

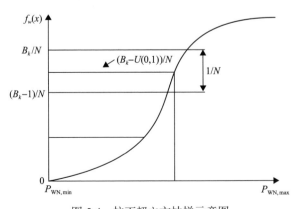

图 5-4　拉丁超立方抽样示意图

样本为 $X_i = [x_{i1}, x_{i2}, \cdots, x_{iz}]$。

通过 LHS 得到的样本量一般较大,需要对样本进行削减。样本削减过程如下。

(1) 对于任意两个样本 i、j ($i \neq j$),计算 X_i 和 X_j 之间的距离 d_{ij},如式(5-60)所示:

$$d_{ij} = \sqrt{\sum_{w=1}^{z} (x_{iw} - x_{jw})^2} \tag{5-60}$$

(2) 删除 P_{di} 最小的样本 i,P_{di} 如式(5-61)所示:

$$P_{di} = p_i c_i \tag{5-61}$$

式中, p_i 为样本 i 出现的概率; c_i 为样本 i 的密度距离,如式(5-62)所示:

$$c_i = \frac{d_{il} + d_{ik}}{2} \tag{5-62}$$

其中, d_{il} 和 d_{ik} 分别为 d_{ij} 中较小的 2 个值,样本 l 和样本 k 为离样本 i 最近的两个样本。

(3) 采用式(5-63)和式(5-64)更新样本 l 和样本 k 出现的概率:

$$p_l = p_l + \frac{d_{ik}}{d_{il} + d_{ik}} p_i \tag{5-63}$$

$$p_k = p_k + \frac{d_{il}}{d_{il} + d_{ik}} p_i \tag{5-64}$$

(4) 重复步骤(1)~(3),直至样本数量削减到满足数量要求。

本节以配电网整个重构周期内的综合运行费用最小为目标进行动态重构。综合运行费用包括两个部分:网损费用和开关操作费用。目标函数为

$$\min F = \sum_{i=1}^{N} B_{\mathrm{p}i} P_{i,k} \Delta t_i p_k + \sum_{j=1}^{\mathrm{NB}} \sum_{k=1}^{M} B_{\mathrm{s},k} \left| s_{j,k} - s_{j,k-1} \right| \tag{5-65}$$

式中, F 为整个周期配电网的综合运行费用; N 为时段划分前的总时段数,一般考虑对一个典型日的重构,此时 $N=24$; M 为时段划分后的总时段数; $B_{\mathrm{p}i}$ 为时段 i 的电价; $P_{i,k}$ 为配电网在场景 k、时段 i 的有功损耗; p_k 为场景 k 在所有场景中所占的比重; Δt_i 为时段 i 的持续时间; NB 为可操作开关总数; $B_{\mathrm{s},k}$ 为操作一次开关的费用; $s_{j,k}$ 为时段 k 时开关 j 的状态。

配电网的运行需要避免开关的频繁操作。本节考虑对开关单次操作费用建模,

使之在开关频繁操作时急剧增加，并以类似罚函数的形式加入目标函数中。建模如下：

$$B_{s,k} = B_s(1-2x)^{10} \tag{5-66}$$

$$x = \begin{cases} \left|s_{j,k}-s_{j,k-1}\right| + \left|s_{j,k-1}-s_{j,k-2}\right| + \cdots + \left|s_{j,k-D+1}-s_{j,k-D}\right|, & k \geqslant D \\ \left|s_{j,k}-s_{j,k-1}\right| + \left|s_{j,k-1}-s_{j,k-2}\right| + \cdots + \left|s_{j,2}-s_{j,1}\right|, & k < D \end{cases} \tag{5-67}$$

式中，B_s 为开关单次操作标准费用；x 为规定的间隔时间内的开关操作次数；D 为规定的间隔时间，本节取 $D=5$。

重构后配电网应满足一定约束。此外，还应满足单个/所有开关的动作次数约束：

$$\sum_{k=1}^{M} \left|s_{j,k}-s_{j,k-1}\right| \leqslant s_{j,\max} \tag{5-68}$$

$$\sum_{j=1}^{\mathrm{NB}} \sum_{k=1}^{M} \left|s_{j,k}-s_{j,k-1}\right| \leqslant s_{\max} \tag{5-69}$$

式中，$s_{j,\max}$ 为开关 j 的最大操作次数；$s_{\max}$ 为所有开关的总操作限制次数。

这里提出电压波动偏差的概念，用以衡量配电网运行的变化趋势，指导网络重构的时段划分。数学上，一阶导数是函数的斜率，反映的是函数变化的速度与方向。本节参考导数概念，将其扩展在离散的电压点，并进行如下定义：

$$U_t^{\mathrm{T}} = [u_{1,t}, u_{2,t}, \cdots, u_{n,t}] \tag{5-70}$$

$$\Delta u_{i,t+1} = u_{i,t+1} - u_{i,t} \tag{5-71}$$

$$\Delta U_{t+1}^{\mathrm{T}} = [\Delta u_{1,t}, \Delta u_{2,t}, \cdots, \Delta u_{n,t}] \tag{5-72}$$

$$\Delta U = [\Delta U_1, \Delta U_2, \cdots, \Delta U_N] \tag{5-73}$$

式中，U_t 为 t 时节点电压向量；$u_{i,t}$ 为 t 时节点 i 的电压幅值；$\Delta u_{i,t+1}$ 为节点 i 电压在 $t+1$ 时相对 t 时的变化量；ΔU_{t+1} 为 $t+1$ 时相对 t 时的节点电压变化量向量；ΔU 为总的节点电压变化量矩阵；n 为节点总数；N 为时段划分前时段总数。

配电网节点电压状态能够较好地反映出配电网运行状况，配电网相邻时点间节点电压的变化量（$\Delta u_{i,t+1}$）则反映出了配电网运行时节点电压变化的速度与方向。由于节点电压变化方向上的不同，直接以同一时点所有节点的电压变化量求平方和会使节点电压的变化方向被忽略。因此，为减小节点电压变化方向带来的影响，本节定义节点电压相对变化量如下：

$$u'_t = \min(\Delta \boldsymbol{U}_{t+1}) = \min\left[\Delta u_{1,t}, \Delta u_{2,t}, \cdots, \Delta u_{n,t}\right]^{\mathrm{T}} \tag{5-74}$$

$$\Delta \bar{u}_{i,t} = \Delta u_{i,t} - u'_t \tag{5-75}$$

$$\Delta \bar{\boldsymbol{U}}_{t+1}^{\mathrm{T}} = \left[\Delta \bar{u}_{1,t}, \Delta \bar{u}_{2,t}, \cdots, \Delta \bar{u}_{n,t}\right] \tag{5-76}$$

式中，u'_t 为所有节点电压在 $t+1$ 时相对 t 时的变化量的最小值；$\Delta \bar{u}_{i,t}$ 为所有节点在 $t+1$ 时相对 t 时的电压相对变化量；$\Delta \bar{\boldsymbol{U}}_{t+1}$ 为节点电压相对变化量向量。

为找出配电网节点电压发生较大改变的时点，本节将 t 时点中各节点的电压相对变化量取平方后求和得到的值作为反映配电网整体状态是否改变的指标 $E(t)$，并将该值定义为电压波动偏差。公式如下：

$$E(t) = \left\|\Delta \bar{\boldsymbol{U}}_t\right\|^2 = \Delta \bar{\boldsymbol{U}}_t^{\mathrm{T}} \Delta \bar{\boldsymbol{U}}_t = \sum_{i=1}^{n} (\Delta \bar{u}_{i,t})^2 \tag{5-77}$$

本节指标旨在找出配电网整体状态发生较大改变的时点。由式(5-77)可知，在时点 t，当配电网相对上一时点整体状态不发生改变时，$E(t) = 0$；当配电网整体状态发生改变时，$E(t) > 0$，且变化越大，$E(t)$ 越大。本节可根据指标值的大小来判断配电网状态是否发生较大改变。实际操作时，本节选择指标值 $E(t)$ 最大的时点作为重构起始点(即划分后每个时段的起点)。具体的时点选择的数目可根据现场要求决定。例如，当要求动态重构速度快时，可减少选择的时点数目；当要求方案整体最优时，可增加选择的时点数目。

综上，计及不确定性因素的高渗透率分布式可再生能源配电系统动态重构流程如图 5-5 所示。

5.4.2 孤岛运行与故障恢复

为清晰地阐述出配电网鲁棒孤岛自治运行模型的建模过程，本节按是否考虑风光机组的出力不确定性，将恢复模型分为确定性孤岛自治运行模型和鲁棒孤岛自治运行模型。模型的决策变量为孤岛划分范围、应急电动汽车调度点位和储能设备的出力大小。

1. 确定性孤岛自治运行模型

1) 目标函数

不考虑不确定性变量的波动，仅根据故障区段内的风光机组出力和各节点的负荷大小，确定孤岛的运行范围以及应急电动汽车的调度点位。该问题的目标函

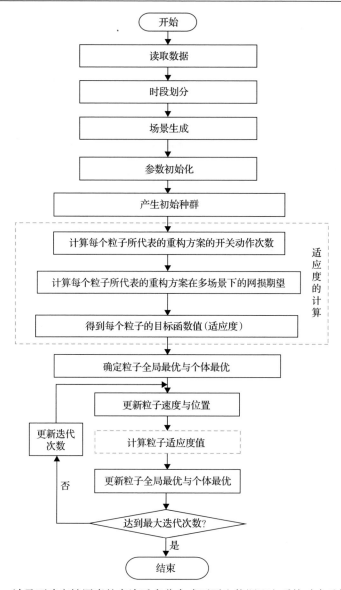

图 5-5　计及不确定性因素的高渗透率分布式可再生能源配电系统动态重构流程

数为使得故障抢修时段内的切负荷量最小，即将最多的失电负荷纳入孤岛的运行范围内。目标函数：

$$\min \sum_{i \in \Omega_D} w_i P_i^D y_i \tag{5-78}$$

$$y_i \in \{0,1\}; \quad \forall i \in \Omega_D \tag{5-79}$$

式中，w_i 为节点 i 的负荷重要度；y_i 等于 1 表示节点 i 被切除，y_i 等于 0 表示节

点 i 归入孤岛运行范围；P_i^D 为负荷节点 i 的有功负荷大小；Ω_D 为负荷节点集合。

2) 孤岛划分约束

在进行孤岛划分时，系统中的每个节点只能属于某一个孤岛：

$$\sum_{s\in S} v^{is} = 1, \quad \forall i \in \Omega_b \tag{5-80}$$

$$v^{is} \in \{0,1\}, \quad \forall i \in \Omega_b, s \in S \tag{5-81}$$

式中，v^{is} 为节点孤岛划分变量，$v^{is}=1$ 表示节点 i 属于孤岛 s，$v^{is}=0$ 表示节点 i 不属于孤岛 s；Ω_b 为系统所有节点集合；S 为孤岛集合。

当一条线路 ij 属于某一个孤岛时，那么线路两端节点 i、j 也必同时属于这个孤岛，否则的话线路 ij 被断开：

$$c_{ij}^s = v^{is}v^{js}, \quad \forall ij \in \Omega_l, s \in S \tag{5-82}$$

$$c_{ij}^s \in \{0,1\}, \quad \forall ij \in \Omega_l, s \in S \tag{5-83}$$

式中，c_{ij}^s 为支路孤岛划分变量，$c_{ij}^s=1$ 表示支路 ij 属于孤岛 s、$c_{ij}^s=0$ 表示支路 ij 不属于孤岛 s；Ω_l 为系统所有线路集合。只有当支路两端的节点都被选入孤岛时 $c_{ij}^s=1$。约束式(5-82)和式(5-83)为两个二进制变量乘积形式的双线性项，为了使得模型易处理，将其转换为下列线性约束：

$$\begin{cases} c_{ij}^s \leqslant v^{is}, & \forall ij \in \Omega_l, s \in S \\ c_{ij}^s \leqslant v^{js}, & \forall ij \in \Omega_l, s \in S \\ c_{ij}^s \geqslant v^{is} + v^{js} - 1, & \forall ij \in \Omega_l, s \in S \end{cases} \tag{5-84}$$

令 x_{ij} 表示线路 ij 的开合状态，那么就有

$$\begin{cases} x_{ij} = \sum_{s\in S} c_{ij}^s, & \forall ij \in \Omega_l \\ x_{ij} \in \{0,1\} \end{cases} \tag{5-85}$$

式中，x_{ij} 为线路 ij 的恢复决策变量，x_{ij} 等于 1 表示线路 ij 恢复运行，x_{ij} 等于 0 表示线路 ij 从系统中切除。同时还要保障恢复后形成的孤岛满足辐射状运行要求：

$$\sum_{ij\in \Omega_l} x_{ij} = |\Omega_b| - |S| \tag{5-86}$$

式中，$|\Omega_b|$ 为系统中所有节点的数量；$|S|$ 为形成的孤岛的数量，即主电源的台数。

3) 应急电动汽车配置约束

应急电动汽车在故障后接到调度中心的指令，前往指定地点与电网相连，充当备用电源。每台应急电动汽车作为孤岛内的主电源，其连接点应该属于某个特定的孤岛：

$$\begin{cases} v^{is} \geqslant z^{si}, & \forall i \in \Omega_b, s \in S \\ z^{si} \in \{0,1\}, & \forall i \in \Omega_b, s \in S \end{cases} \tag{5-87}$$

式中，z^{si} 为应急电动汽车配置变量，$z^{si}=1$ 表示应急电动汽车 s 连接到节点 i 处；$z^{si}=0$ 表示应急电动汽车 s 不连接到节点 i 处。同时，一个节点只能连接一台应急电动汽车，一台电动汽车只能同时连接一个电网节点：

$$\sum_{s \in S} z^{si} \leqslant 1, \quad \forall i \in \Omega_b \tag{5-88}$$

$$\sum_{\forall i \in \Omega_b} z^{si} = 1, \quad \forall s \in S \tag{5-89}$$

4) 孤岛潮流平衡约束

针对故障恢复，本书建立了含风电、光伏、电储能、电动汽车的主动配电网潮流方程：

$$\begin{cases} \sum_{ki \in \Omega_l} (P_{ki} - R_{ki}I_{ki}^{sqr}) + P_i^{ev} + P_i^{ess} - \sum_{ij \in \Omega_l} P_{ij} = P_i^D y_i - P_i^{dg}, & \forall i \in \Omega_b \\ \sum_{ki \in \Omega_l} (Q_{ki} - X_{ki}I_{ki}^{sqr}) + Q_i^{ev} + Q_i^{ess} - \sum_{ij \in \Omega_l} Q_{ij} = Q_i^D y_i - Q_i^{dg}, & \forall i \in \Omega_b \end{cases} \tag{5-90}$$

$$\begin{cases} V_i^{sqr} - V_j^{sqr} = 2(P_{ij}R_{ij} + Q_{ij}X_{ij}) + Z_{ij}^2 I_{ij}^{sqr} + b_{ij}, & \forall ij \in \Omega_l \\ V_j^{sqr} I_{ij}^{sqr} \geqslant P_{ij}^2 + Q_{ij}^2, & \forall ij \in \Omega_l \end{cases} \tag{5-91}$$

$$(x_{ij}-1)V_0^{sqr} \leqslant b_{ij} \leqslant (1-x_{ij})V_0^{sqr}, \quad \forall ij \in \Omega_l \tag{5-92}$$

式中，P_{ij}、Q_{ij} 分别为线路 ij 的有功、无功潮流；I_{ij}^{sqr} 为线路 ij 电流幅值的平方；V_i^{sqr} 为节点 i 电压幅值的平方；V_0^{sqr} 为系统参考电压幅值的平方；$P_i^{dg} = P_i^{gw} + P_i^{gp}$、$Q_i^{dg} = Q_i^{wt} + Q_i^{pv}$ 分别为节点 i 处的不可控分布式电源有功、无功功率注入，P_i^{gw} 为节点 i 处的风机有功功率注入，P_i^{gp} 为节点 i 处的光伏有功功率注入；Q_i^{wt} 和 Q_i^{pv} 为节点 i 的风机无功出力和光伏无功出力；P_i^{ev}、Q_i^{ev} 为节点 i 处的电动汽车有功、无功功率注入；P_i^{ess}、Q_i^{ess} 为节点 i 处的电储能有功、无功功率注入；b_{ij} 为松弛变量；R_{ij}、X_{ij}、Z_{ij} 分别为线路 ij 的电阻、电抗和阻抗值；Ω_l 为配电网中所有线路的集合。

5) 运行安全约束

故障后形成的孤岛内部需要满足节点电压约束和线路潮流约束:

$$\begin{cases} V_0^{\text{sqr}} \sum\limits_{s\in S} z^{si} \leqslant V_i^{\text{sqr}} \leqslant V_0^{\text{sqr}}, & \forall i \in \varOmega_{\text{b}} \\ (1-\varepsilon)V_0^{\text{sqr}} \leqslant V_i^{\text{sqr}} \leqslant (1+\varepsilon)V_0^{\text{sqr}}, & \forall i \in \varOmega_{\text{b}} \end{cases} \tag{5-93}$$

$$\begin{cases} -\overline{P}_{ij} x_{ij} \leqslant P_{ij} \leqslant \overline{P}_{ij} x_{ij}, & \forall ij \in \varOmega_l \\ -\overline{Q}_{ij} x_{ij} \leqslant Q_{ij} \leqslant \overline{Q}_{ij} x_{ij}, & \forall ij \in \varOmega_l \\ -\overline{I}_{ij}^{\text{sqr}} x_{ij} \leqslant I_{ij}^{\text{sqr}} \leqslant \overline{I}_{ij}^{\text{sqr}} x_{ij}, & \forall ij \in \varOmega_l \end{cases} \tag{5-94}$$

式中, x_{ij} 为线路 ij 的状态, 若线路 ij 处于闭合状态则 $x_{ij}=1$; $\overline{P}_{ij}$ 为线路 ij 可传输的有功功率上限; $\overline{Q}_{ij}$ 为线路 ij 可传输的无功功率上限; $\overline{I}_{ij}^{\text{sqr}}$ 为线路 ij 可传输的电流上限; ε 为电压波动范围参数, 本章取 0.05。约束式(5-93)保证了主电源节点电压为 V_0, 所有节点都在可接受的电压波动范围内。约束式(5-94)保证了线路上的潮流不会越限, 负数表示潮流方向与参考方向相反。

2. 鲁棒孤岛自治运行模型

上述确定性孤岛自治运行模型没有考虑风光机组发电出力的不确定性, 进一步地本部分在确定性孤岛自治运行模型的基础上, 考虑风光机组出力不确定性, 建立三层鲁棒优化模型:

$$\min_{x_{ij},c_{ij}^s,z^{si},v^{is}\in\varDelta} \left\{ \max_{P_i^{\text{gw}},P_i^{\text{gp}}\in\varPhi} \min_{y_i,P_{ij},Q_{ij},I_{ij}^{\text{sqr}},V_i^{\text{sqr}}\in\varPi} \sum_{i\in\varOmega_{\text{D}}} w_i P_i^{\text{D}} y_i \right\} \tag{5-95}$$

$$\begin{cases} \varDelta = \{\text{式 (5-92)} \sim \text{式 (5-98)}\} \\ \varPhi = \{\text{式 (5-86)} \sim \text{式 (5-89)}\} \end{cases} \tag{5-96}$$

$$\varPi = \{\text{式 (5-78)} \sim \text{式 (5-85)}, \text{式 (5-99)} \sim \text{式 (5-103)}\} \tag{5-97}$$

式(5-95)和式(5-96)中 $x_{ij},c_{ij}^s,z^{si},v^{is}$ 为第一层决策变量, 决定了孤岛划分范围和应急电动汽车的布点位置。在得出孤岛划分范围和布点位置后, 针对系统中风光机组的不确定出力 $P_i^{\text{gw}},P_i^{\text{gp}}$, 第二层的 max 问题确定了最恶劣的运行场景, 在这个场景下内层 min 问题求得的切负荷量最大。$y_i,P_{ij},Q_{ij},I_{ij}^{\text{sqr}},V_{ij}^{\text{sqr}}$ 为第三层 min 问题的决策变量, 目的是寻找在给定拓扑和给定风光出力场景下的最优切负荷策略, 使得切负荷量最小。

值得注意的是，上述三层优化问题很难直接求解，然而在某些特殊情况下，式(5-95)～式(5-97)可以退化为一个单层优化问题。当 $\tau=0$ 时，表示系统中的风光机组出力不具有波动性，这时式(5-95)～式(5-97)就等价于确定性孤岛自治运行模型式(5-80)～式(5-94)；当 $\tau=|\Omega_{PV}|+|\Omega_{WT}|$（风机数目+光伏数目）时，内层 max 问题求取的最恶劣场景就对应于各机组出力波动取得其下限值，这时式(5-95)～式(5-97)就退化为一个单层的 min 问题。

1）鲁棒孤岛自治运行模型求解方法

为能够清晰地叙述算法的流程，将式(5-95)～式(5-97)写成统一紧凑的形式：

$$\min_{\boldsymbol{x}}\max_{\boldsymbol{u}\in\Phi}\min_{\boldsymbol{y}\in F(\boldsymbol{x},\boldsymbol{u})}\boldsymbol{b}^{\mathrm{T}}\boldsymbol{y} \tag{5-98}$$

$$\text{s.t. } \boldsymbol{Ax} \leqslant \boldsymbol{b} \tag{5-99}$$

$$\boldsymbol{Bx} = \boldsymbol{d} \tag{5-100}$$

$$F(\boldsymbol{x},\boldsymbol{u}) = \begin{cases} \boldsymbol{y}\in S_y : \boldsymbol{Cy}\geqslant \boldsymbol{Ex}, \ \boldsymbol{Dy}=\boldsymbol{u} \\ \left\|\boldsymbol{G}_l\boldsymbol{y}\right\| \leqslant \boldsymbol{g}_l^{\mathrm{T}}\boldsymbol{y}, \qquad \forall l=1,\cdots,m \end{cases} \tag{5-101}$$

式中，$\boldsymbol{x}:=(\boldsymbol{x}_{ij},\boldsymbol{c}_{ij}^s,\boldsymbol{z}^{si},\boldsymbol{v}^{is})$ 为第一层优化变量，包含线路开闭向量 $\boldsymbol{x}_{ij}$、线路归属向量 $\boldsymbol{c}_{ij}^s$、应急电动汽车配置向量 $\boldsymbol{z}^{si}$ 和节点归属向量 $\boldsymbol{v}^{is}$；$\boldsymbol{u}:=(\boldsymbol{P}_i^{\mathrm{gw}},\boldsymbol{P}_i^{\mathrm{gp}})$ 为第二层优化变量，表示风光机组出力的波动性；Φ 为不确定性集合；$\boldsymbol{y}:=(\boldsymbol{y}_i,\boldsymbol{P}_{ij},\boldsymbol{Q}_{ij},\boldsymbol{I}_{ij}^{\mathrm{sqr}},\boldsymbol{V}_i^{\mathrm{sqr}})$ 为第三层优化变量，包含切负荷向量和潮流状态向量。本章采用列束生成（CCG）生成法来求解。首先将原问题分解为松弛主问题和子问题。

(1)松弛主问题。松弛主问题为求解给定不确定性集合下，即各风光机组出力值 $\boldsymbol{u}_i^*$ 不确定下的最优孤岛自治运行方案，具体形式如下：

$$\min_{\boldsymbol{x},\eta}\ \eta \tag{5-102}$$

$$\text{s.t. } \boldsymbol{Ax} \leqslant \boldsymbol{b} \tag{5-103}$$

$$\eta \geqslant \boldsymbol{b}^{\mathrm{T}}\boldsymbol{y}^l, \quad \forall l\leqslant k \tag{5-104}$$

$$\boldsymbol{Ex} \leqslant \boldsymbol{Cy}^l, \quad \forall l\leqslant k \tag{5-105}$$

$$\boldsymbol{Dy}^l = \boldsymbol{u}_l^*, \quad \forall l\leqslant k \tag{5-106}$$

$$\left\|\boldsymbol{G}_i\boldsymbol{y}^l\right\| \leqslant \boldsymbol{g}_i^{\mathrm{T}}\boldsymbol{y}^l, \quad i=1,\cdots,m, \forall l\leqslant k \tag{5-107}$$

将式(5-98)中的内层 max-min 问题用新引入的实数变量 η 替代，并且添加约束条件式(5-104)便得到了原问题的松弛主问题，形式如式(5-102)～式(5-107)所示，其中上下标 l 表示第 l 次迭代过程得到的对应变量，k 表示总共的迭代次数。上述问题为一个混合整数二阶锥规划问题，使用现有商业求解器高效求解，求得的最优值为原问题最优值的下界。

(2)子问题。子问题为在已知松弛主问题最优解 $\boldsymbol{x}^*$ 的情况下，即孤岛划分问题求解完成后，求取风光分布式能源出力的最恶劣场景 $\boldsymbol{u}_l^*$，具体形式如下。

$$Q(\boldsymbol{x}^*) = \max_{\boldsymbol{u} \in U} \min_{\boldsymbol{y} \in F(\boldsymbol{x}^*, \boldsymbol{u})} \boldsymbol{b}^{\mathrm{T}} \boldsymbol{y} \tag{5-108}$$

$$\text{s.t.} \ \boldsymbol{C}\boldsymbol{y} \geqslant \boldsymbol{E}\boldsymbol{x}^* \tag{5-109}$$

$$\boldsymbol{D}\boldsymbol{y} = \boldsymbol{u} \tag{5-110}$$

$$\|\boldsymbol{G}_i \boldsymbol{x}\| \leqslant \boldsymbol{g}_i^{\mathrm{T}} \boldsymbol{x}, \quad \forall i = 1, \cdots, m \tag{5-111}$$

式中，U 为场景的集合。

上述问题为一个双层优化问题，由于内层 min 问题本质上是一个凸优化问题，具有强对偶性，所以可以取其对偶问题，在形式上两者是等价的。然后与外层的 max 问题合并，形成如下形式的一个单层 max 问题：

$$Q(\boldsymbol{x}^*) = \max_{\boldsymbol{u}, \pi_1, \pi_2, \boldsymbol{w}_i, \lambda_i} (\boldsymbol{E}\boldsymbol{x}^*)^{\mathrm{T}} \pi_1 + \boldsymbol{u}^{\mathrm{T}} \pi_2 \tag{5-112}$$

$$\text{s.t.} \ \boldsymbol{C}^{\mathrm{T}} \pi_1 + \boldsymbol{D}^{\mathrm{T}} \pi_2 + \sum_i (\boldsymbol{G}_i \boldsymbol{w}_i + \boldsymbol{g}_i \lambda_i) = \boldsymbol{b} \tag{5-113}$$

$$\|\boldsymbol{w}_i\|_2 \leqslant \lambda_i, \quad i = 1, \cdots, n \tag{5-114}$$

式中，π_1、π_2 分别为约束式的对偶变量；$(\boldsymbol{w}_i, \lambda_i)$ 为二阶锥约束式的对偶变量。上述子问题目标函数中存在非凸的双线性项 $\boldsymbol{u}^{\mathrm{T}} \pi_2$，难以直接求解，必须加以处理。由于变量 $\boldsymbol{u}$ 和 π_2 的定义域相互独立，所以当取得最优值时，$\boldsymbol{u}$ 一定取得其上下限值，那么连续变量 $\boldsymbol{u}$ 就转换成了 0-1 变量，然后就可以利用大 M 法将 $\boldsymbol{u}^{\mathrm{T}} \pi_2$ 线性化，得到如下的线性化形式：

$$\begin{cases} \boldsymbol{u}^{\mathrm{T}} \pi_2 = \sum_s \boldsymbol{u}_s \pi_{2,s} = \sum_s \boldsymbol{h}_s \\ \boldsymbol{h}_s \leqslant \pi_{2,s} \\ \boldsymbol{h}_s \leqslant M\boldsymbol{u}_s \\ \boldsymbol{h}_s \geqslant \pi_{2,s} - (1 - \boldsymbol{u}_s)M \\ \boldsymbol{h}_s \geqslant 0 \\ \boldsymbol{u}_s \in \{0,1\} \end{cases} \tag{5-115}$$

式中，h_s 为引入的新变量，表示向量 u 和 π_2 中各对应元素的点积；M 为一个很大的常量。最后形成的子问题为一个混合整数二阶锥问题，同样可以利用现有的商业求解器进行直接求解。得到的解对应于原问题的上界。

2) 算法迭代流程

在得到了可以直接求解的松弛主问题和子问题后，下面介绍 CCG 算法的迭代流程。

① 令下限值 $\mathrm{LB} = -\infty$，上限值 $\mathrm{UB} = +\infty$，$k = 0$，$O = \varnothing$。

② 求解松弛主问题式(5-102)～式(5-107)，得到最优解 $(x^*_{k+1}, \eta^*_{k+1}, y^{1*}, \cdots, y^{k*})$，更新原问题下界 $\mathrm{LB} = \eta^*_{k+1}$。

③ 求解子问题式(5-108)～式(5-115)，更新原问题的上界 $\mathrm{UB} = \min\{\mathrm{UB}, Q(x^*_{k+1})\}$。

④ 如果 $\mathrm{UB} - \mathrm{LB} \leqslant \varepsilon$，算法终止，返回最优值 x^*_{k+1}。否则，进入下一步。

⑤ 生成新的变量 y^{k+1}，向松弛主问题式(5-102)～式(5-107)中添加下列约束条件：

$$\eta \geqslant by^{k+1} \tag{5-116}$$

$$Ex \geqslant Cy^{k+1} \tag{5-117}$$

$$Dy^{k+1} = u^*_{k+1} \tag{5-118}$$

$$\left\| G_i y^{k+1} \right\| \leqslant g_i^{\mathrm{T}} y^{k+1} \tag{5-119}$$

式中，u^*_{k+1} 为第④步中求得的最优值。更新 $k = k+1$，$O = O \cup \{k+1\}$，然后跳转至步骤②。

以下通过算例进行分析。

(1) 系统参数。本章采用修改的美国 PG&E 公司 69 节点配电系统(图 5-6)进行

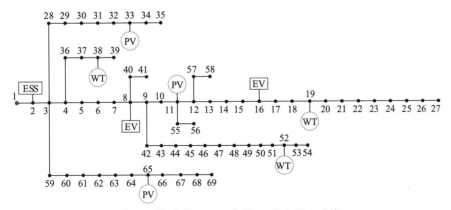

图 5-6　修改的 PG&E 公司 69 节点配电系统

仿真测试，本系统包含 68 条支路、1 个电源网络首端(基准电压 12.66kV)、三相功率基准值取 10MV·A、网络总负荷为 3802.19+j2694.60kV·A，线路阻抗参数可参见文献[7]。为了验证本章所提方法，在节点 2 处安装有储能设备，节点 8 和节点 16 处有两台应急电动汽车，在故障发生后可以根据调度指令前往不同的充电连接点。在节点 11、19、33、38、52、65 处各安装有风光机组，每台机组在故障时段内的有功出力预测值为 $P_i^{\mathrm{dg}*}$，风光出力预测误差值为 $\tilde{P}_i$。可以由配电网调度系统的预测功能模块直接得到，本章对此不做研究，无功出力采用定功率因数运行，$\cos\theta=0.95$。本算例所采用的数据具体如表 5-2、表 5-3 所示。

表 5-2　储能和应急电动汽车输出功率限值

DG	有功出力最大值 $P_{\max}$/kW	无功出力最大值 $Q_{\max}$/kvar	初始容量/(kW·h)
ESS	1100	800	2000
EV1	330	230	1000
EV2	650	550	1200

表 5-3　风光机组出力预测区间

风光机组	接入节点	有功出力预测 $P_i^{\mathrm{dg}*}$/kW	风光出力预测误差值 $\tilde{P}_i$/kW	不确定性参数
光伏机组	11	150	10	
	33	170	12	
	65	220	25	
风电机组	19	150	12	3
	38	170	17	
	52	220	28	

不确定性参数描述了系统中风光机组注入功率的不确定性范围，通过设置不同的不确定性参数值可以得到相应的不确定性集合。

编程环境为 MATLAB 2016，使用 Yalmip 工具箱调用 CPLEX12.5 求解器，计算机主频为 3.4GHz，内存为 8GB。

(2)鲁棒孤岛恢复结果分析。

①与确定性孤岛恢复比较。不考虑风光机组出力波动的确定性孤岛恢复策略是假设风光机组的注入功率为有功出力预测值 $P_i^{\mathrm{gw}*}$。考虑风光机组的出力波动性时，其注入功率则是由盒式不确定性集合确定，称为鲁棒孤岛恢复策略。为了比较两种恢复策略的差异和优劣，假设算例 69 节点配电系统中的 110/10kV 变电站发生全站停电事故，此时下游所有节点失电。分别采用两种恢复策略对失电区域进行故障恢复，得到的孤岛恢复拓扑如图 5-7 所示。

由图 5-7 可知，两种恢复方案最终都形成了三个孤岛，孤岛 1 由安装在变电站出口节点 2 的储能设备作为电压频率变换(VF)控制机组以维持孤岛内的电压、频率稳定，风光机组由于不具有独立供电的能力，需要和 VF 机组联合运行，所以工作模式设置为 PQ 控制。孤岛 2、3 则由应急电动汽车作为 VF 控制机组，其余风光机组同样地工作在 PQ 控制模式。储能设备作为固定点电源在两种策略下都保持在节点 2 处供电。

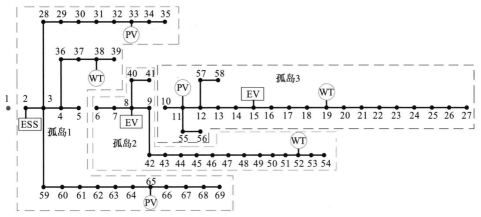

(a) 确定性孤岛恢复策略

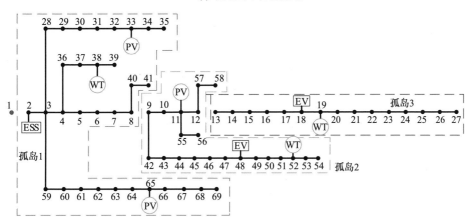

(b) 鲁棒孤岛恢复策略

图 5-7　不同恢复方案最终网络拓扑

两种策略恢复结果的区别在于确定性孤岛恢复策略下，应急电动汽车接在节点 8、节点 15；鲁棒孤岛恢复策略下，应急电动汽车接在节点 18、节点 48。鲁棒孤岛恢复策略为了应对风光机组可能出现的最恶劣出力场景，在应急电动汽车配置点上使其更靠近出力波动的风光机组。同时每个孤岛内部为了满足最恶劣场景下的节点电压约束也需要切除更多负荷。例如，图 5-7(b)孤岛 2 中的节点 52 处的风电机组，在最恶劣场景下，其有功输出为 192kW，孤岛 2 为了维持岛内的电压约束将节点 9、42、43、44 的负荷切除，同时应急电动汽车的安装位置也更靠近节点 52。

表 5-4 列举出了两种恢复策略下储能设备和应急电动汽车的出力调度结果和系统的切负荷量。从表 5-4 可以看出，在考虑风光机组出力不确定性后，鲁棒孤岛恢复策略的切负荷量为 810.2kW，相比确定性孤岛恢复策略的切负荷量743.3kW 要大，这是因为鲁棒孤岛恢复策略考虑的是如何应对可能出现的最恶劣场景，目的是保证故障恢复结果的可行性，虽然在切负荷量上增加了，但是得出的方案是鲁棒的，即不受任何风光机组随机出力的场景的影响。而确定性孤岛恢复策略得出的恢复方案就会受到不确定性出力波动的影响，得出的恢复结果虽然切负荷量小，但是在风光机组出力最恶劣场景下节点 50～54 电压越限。

表 5-4　两种恢复策略结果

恢复策略	DG	接入节点	有功出力 P_i^G /kW	无功出力 Q_i^G /kvar	切负荷量/kW
确定性孤岛恢复	ESS	2	1100	800	743.3（节点 50～54电压越限）
	EV1	8	330	230	
	EV2	15	650	550	
鲁棒孤岛恢复	ESS	2	1081.8	739.6	810.2
	EV1	18	312.3	216.3	
	EV2	48	632.6	422.9	

为了进一步比较分析两种策略在其他各种场景下的恢复结果，采用蒙特卡罗采样的方法在表 5-3 所示波动区间内随机均匀生成 1000 个风光出力波动场景。使用两种恢复策略得到的统计结果如图 5-8 所示。

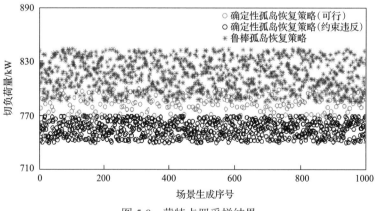

图 5-8　蒙特卡罗采样结果

由图 5-8 可以看出，采用确定性孤岛恢复策略在大部分场景下(73.2%)得出的恢复方案都会因为风光机组出力波动而导致节点电压或线路潮流越限，而采用鲁棒孤岛恢复策略则可使得 100%场景下的恢复方案都满足运行约束。值得注意的是，在一部分场景下(26.8%)，确定性孤岛恢复策略得出的结果是可行的，而且与鲁棒孤岛恢复策略的结果接近。这一小部分场景对应于各风光机组出力处于预测值附近，即波动较小接近或等于确定性出力的场景。

②应急电动车优化配置对结果的影响。表 5-5 对比了是否考虑应急电动汽车优化配置两种情况下的切负荷量。应急电动汽车固定点配置对应于在两种恢复策略下应急电动汽车都配置在节点 8、16。可以看出在确定性孤岛恢复策略下，应急电动汽车的优化配置使得切负荷量减少了 26.6kW，在鲁棒孤岛恢复策略下切负荷量减少了 25.7kW。

表 5-5 应急电动汽车配置影响

恢复策略	应急电动汽车固定点配置		应急电动汽车优化配置	
	连接点	切负荷量/kW	连接点	切负荷量/kW
确定性孤岛恢复	8	769.9	8	743.3
	16		15	
鲁棒孤岛恢复	8	835.9	48	810.2
	16		18	

这是因为在以应急电动汽车作为主电源的孤岛内，不同的电源点位置使得网络潮流发生变化。原来在固定点情况下可能引起的潮流、电压越限的情况，经过电源点的优化配置后，越限的情况得到了缓解，就无须通过切负荷来满足运行约束条件，从而使得切负荷量减小。

③不同不确定性参数对结果的影响。不确定性集合中的不确定性参数 τ 对于鲁棒优化结果有较大影响，具体体现在内层最恶劣场景的求取结果上。为了分析不确定性参数 τ 对于鲁棒孤岛恢复的影响，这里选用不同的不确定性参数，在其他条件不变的情况下进行仿真计算，得到的结果如表 5-6 所示。

表 5-6 参数 τ 对鲁棒孤岛恢复结果的影响

不确定性参数	鲁棒孤岛恢复策略切负荷量/kW
1	723.7
2	786.9
3	810.2
4	883.4
5	906.3

由表 5-6 可以看出随着不确定性参数 τ 的增加，切负荷量也增大。因为不确定性参数增大意味着系统中出力波动性剧烈的风光机组台数增加，鲁棒孤岛恢复策略为了应对更大范围的不确定波动，需要切除更多的负荷，以保证在最恶劣场

景下得到的恢复方案都是可行的、不会违反运行约束。

　　为了进一步分析不确定集合的选取对于鲁棒孤岛恢复策略的影响，选取系统中各风光机组的预测误差值 $\tilde{P}_i$ 进行对照仿真实验。令 $\tau=2$ ，采用鲁棒孤岛恢复策略进行仿真实验，得到的各组实验结果如表 5-7 所示。由表中数据可知，当系统中风光机组出力预测误差值 $\tilde{P}_i$ 逐渐增加时，意味着出力波动范围更大。

表 5-7　预测误差值对孤岛恢复的影响

场景编号	各风光机组预测误差值 $\tilde{P}_i$/kW	鲁棒孤岛恢复策略切负荷量/kW	确定性孤岛恢复策略切负荷量/kW
1	(10,12,25;12,17,28)	444.5	411.7
2	(15,16,28;15,20,30)	463.3	431.9
3	(20,21,35;20,25,34)	474.2	—
4	(26,25,41;26,30,42)	511.4	—
5	(30,31,49;30,35,50)	529.8	—
6	(35,39,52;35,43,57)	554.9	—
7	(40,43,60;40,52,60)	601.3	—

　　鲁棒孤岛恢复策略为了应对更大的波动性，切负荷量会相应增大(由 444.5kW 增加到 601.3kW)。确定性孤岛恢复策略在前两组场景下得出的方案切负荷量相对鲁棒孤岛恢复策略小一些，这是因为这两组场景下的波动性较小，即便确定性孤岛恢复策略不考虑出力波动性，也不足以影响到系统的安全运行。但随着波动性的增大，确定性孤岛恢复策略得出的方案就会变得不可行，即风光出力波动量造成了电压、潮流越限(对应于表 5-7 中场景 3～7)。

　　上述结果体现了在不确定性变量被观测前，鲁棒孤岛恢复策略已经考虑到了可能出现的最恶劣场景，做到了"有备无患"，而确定性孤岛恢复策略没有考虑风光机组可能出现的出力波动，得出的方案可能不符合运行约束。

5.5　高渗透率有源配电系统协同运行中的源-网-荷分布式优化控制

　　主动配电网的源-网-荷协调运行优化主要可以分为传统集中式优化和分布式优化两方面。前面所述的运行优化方法均为传统集中式的优化方法，传统集中式的优化方法需要构建集中的控制调度中心，这一集中控制调度中心与主动配电网内各源、荷均需建立通信联系，实现信息交换。传统的集中控制调度中心难以适应高渗透率分布式可再生能源配电网的运行需求。第一，数目逐渐增多的分布式可再生能源机组与主动负荷使得集中控制调度中心的通信能力面临挑战，每增加一处源、荷，集中控制调度中心都需要与之建立通信关系，这会大大增大集中控制调度中心的计算量，降低计算效率；第二，主动配电网内各类分布式电源的广泛渗透对配电网提出了更高的"即插即用"技术要求，"即插即用"也会使得通信网络变得十分灵活多变，集中控制调度中心的通信建设成本大为提高；第三，集中控制调度中心通信网络建设的可靠性要求很高，集中控制调度中心与任意源、荷间通信连接失效均可能导致系统运行在不稳定经济的状态。因此，为有效解决上述问题，可采用分布式协调控制方法，进行主动配电网的源-网-荷协调优化运行[17,18]。

5.5.1　基于多智能体的主动配电系统分布式优化运行框架

在分布式协调控制方法中，基于一致性理论的优化方法具有理想的应用前景[8]。一致性理论的精髓在于，通过通信关联节点间的信息交换，控制实现各节点间所选取一致性变量的协同一致。控制迭代计算过程在各节点的本地控制装置中完成，无须集中的控制计算中心，因此该方法的通信量少、通信速度快、计算效率高，可有效适用于电力系统这一信息物理融合系统。该系统包含具有独立拓扑结构的遥测通信网络及物理网络。遥测通信网络和物理网络借助各智能体控制器实现融合，智能体控制器包含通信装置、控制装置以及物理设备三大部分。其中，通信装置通过配电系统的遥测信道，交换相邻智能体节点的一致性变量信息。考虑到遥测信道在系统通信中传输模拟变量，因此可借助遥测信道传输一致性变量信息。控制装置进行完全分布式一致性计算，并根据各智能体一致性变量和物理功率的关系式计算一致性变量和功率值。物理设备则负责检测各节点物理装置的功率情况并反馈给控制装置，以及根据控制装置发出的功率调节指令调节物理设备的功率。这样的分布式信息物理系统结构和智能体控制器结构如图 5-9 所示。

这样的分布式系统无须配电网集中控制中心，各智能体节点通过遥测通信网络直接交换一致性变量信息，实现优化运行。完全分布式协调控制系统具备不同于传统集中式控制系统的优点：①各智能体节点通过通信装置和遥测信道实现点对点通信，消除了传统的集中一对多通信，遥测通信网更为稀疏，通信方式便于满足配电系统"即插即用"需求，也可避免通信集中中心失效或受到网络攻击而造成的遥测通信系统混乱；②各智能体控制器内部的控制装置可有效进行分布式自决策，无须借助其他智能体节点的物理信息，决策高效。

针对主动配电网的特征，使得地理位置相近的分布式发电机组和主动负荷构成虚拟电厂，以实现与主动配电网的互动。在此基础上，将主动配电网建模为多智能体系统。为充分发挥多智能体的分散协调作用，针对源、网、荷的不同特性，定义对应的主要任务及一致性变量，如表 5-8 所示。

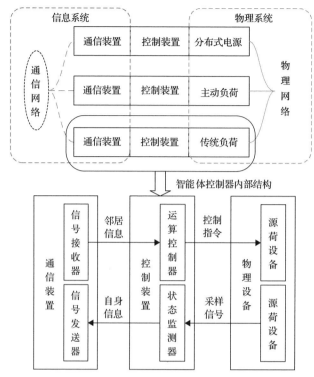

图 5-9 完全分布式信息物理系统结构和智能体控制器结构

表 5-8 多智能体系统建模方案

各配电网主体	智能体名称	主要任务
火电机组	TPA	提供火电机组的成本函数。实时计算火电机组的一致性变量 ITPA，并根据 ITPA 计算本机出力
新能源机组	RPA	包含风电机组和光伏发电机组。提供新能源机组功率不可调节部分的实时出力。实时计算新能源机组的一致性变量 IRPA，并根据 IRPA 计算本机功率可调节部分的出力
柔性负荷	FLA	提供柔性负荷的效益函数。实时计算柔性负荷的一致性变量 IFLA，并根据 IFLA 计算柔性负荷功率
电动汽车	EVA	提供电动汽车参与协调运行的成本函数。计算电动汽车的一致性变量 IEVA，根据 IEVA 计算电动汽车向配电网返送的功率
储能单元	SSA	提供储能参与协调运行的成本函数。计算储能单元的一致性变量 ISSA，并根据 ISSA 计算储能单元向配电网返送的功率

主动配电网不仅需实现网内功率的实时平衡，还需与输电网进行功率交换和信息交流。为最大限度地实现对主动配电网内分布式可再生能源的利用和消纳，构建基于多智能体系统的分层完全分布式协调控制模式，以主动配电网内实时功率平衡和资源最优配置为目标，实现分层完全分布式协调。分布式主动配电系统

的运行与通信结构如图 5-10 所示。

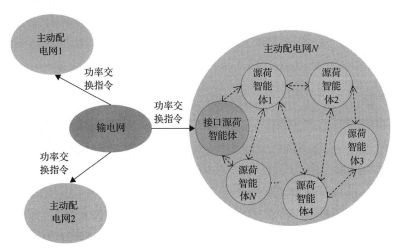

图 5-10 分布式主动配电系统的运行与通信结构

5.5.2 主动配电系统的非理想遥测通信环境特征

实际的遥测通信环境中存在诸多非理想因素，会对算法的收敛和最优解的求取产生一定影响。非理想的遥测通信环境主要包含两类问题：量测误差和遥测信道噪声引发的数据畸变；遥测通信时延造成的发射接收端非同步。

1) 量测误差和遥测信道噪声引发的数据畸变

由于各智能体节点的量测装置存在量测误差，且一致性变量等数据在遥测信道中传输时不可避免会受到噪声叠加干扰，因此接收端所收到的一致性变量等数据总与真实值间存在一定的偏差。对智能体节点 i 而言，k 时刻该节点接收到的节点 j 发来的数据可表示为

$$y_{i,j}(k) = x_j(k) + \upsilon_j(k) + \eta_{i,j}(k) \tag{5-120}$$

式中，$y_{i,j}(k)$ 为智能体 i 所接收的智能体 j 发来的实际信息；$x_j(k)$ 为智能体 j 的理想信息；$\upsilon_j(k)$ 为智能体 j 的量测误差；$\eta_{i,j}(k)$ 为智能体 j 和智能体 i 间遥测信道叠加的噪声干扰。

2) 遥测通信时延造成的发射接收端非同步

由于遥测网络结构较为复杂、分布性较强，传输信息需要一定的时间，因此遥测通信时延难以避免。而通信时延会造成发射端和接收端数据信息非同步。k 时刻，智能体 i 所接收的智能体 j 发来的信息可表示为

$$y'_{i,j}(k) = x_j(k - \xi_{i,j}(k)) \tag{5-121}$$

式中，$y'_{i,j}(k)$ 为考虑时延情况下智能体 i 所接收的智能体 j 发来的信息；$\xi_{i,j}(k)$ 表示 k 时刻时信息由智能体 j 发至智能体 i 过程中存在的通信时延。

综合以上两点非理想遥测环境带来的问题，k 时刻，智能体 i 所接收的智能体 j 发来的信息可表示为

$$y''_{i,j}(k) = x_j(k - \xi_{i,j}(k)) + \upsilon_j(k) + \eta_{i,j}(k) \tag{5-122}$$

非理想的遥测环境使得传统的一致性算法面临挑战，对主动配电系统源-网-荷的分布式一致性协调算法提出更高要求。因此急需具有更高的鲁棒性，同时可有效处理非理想遥测环境干扰的一致性控制方法。

5.5.3 主动配电系统源-网-荷协调运行的分布式优化模型

主动配电网各智能体按照各自的运行成本/效益确定各自独立的目标，各主体分别追求各自利益的最大化。由于处于同一配电网内的各智能体运行需要受到总体功率平衡等约束限制，各智能体在追求各自利益最大化的同时，也实现了配电网各智能体效益最大化的总体目标。其目标函数可表示为

$$\max \sum_{i=1}^{N} F_i \tag{5-123}$$

$$F_i = C_i^a(t_i) + C_i^l(l_i) - C_i^s(s_i) - C_i^t(x_i) - C_i^v(v_i) - C_i^w(w_i) \tag{5-124}$$

式中，F_i 为第 i 号虚拟电厂的总收益，$i = 1, 2, \cdots, N$，N 为虚拟电厂总数；$C_i^a(t_i)$ 为第 i 号虚拟电厂中温控负荷参与协调优化的收益，t_i 为温控负荷设定温度；$C_i^l(l_i)$ 为第 i 号虚拟电厂中非温控柔性负荷参与协调优化的收益，l_i 为非温控负荷功率；$C_i^s(s_i)$ 为第 i 号虚拟电厂中 SSA 的运行成本，s_i 为储能单元向配电网返送的功率；$C_i^t(x_i)$ 为第 i 号虚拟电厂中 TPA 的燃料成本，x_i 为火电机组出力；$C_i^v(v_i)$ 为第 i 号虚拟电厂中 EVA 参与协调优化的成本，v_i 为电动汽车放电功率，$v_i > 0$ 则电动汽车向配电网送电，$v_i < 0$ 则电动汽车从配电网购电；$C_i^w(w_i)$ 为第 i 号虚拟电厂的 RPA 的弃风弃光成本，w_i 为可再生能源机组的可调节功率。

下面具体阐释各部分的成本与收益函数。

1）SSA 收益函数

储能单元 SSA 的运行成本函数可由开口向上的过原点二次函数表示：

$$C_i^s(s_i) = a_{s,i} s_i^2 \tag{5-125}$$

式中，$a_{s,i}$ 为 SSA 成本函数的系数。

2）FLA 收益函数

主动配电网内包含大量的柔性负荷，具有一定的灵活调节能力。本节主要将

柔性负荷分为温控类柔性负荷和非温控类柔性负荷进行建模。

（1）温控类柔性负荷。温控类柔性负荷参与协调运行的效益与用户的舒适度有关。因此，温控类柔性负荷参与协调运行的收益也和温控类柔性负荷设定的温度密切相关。拟定：设置温度与用户最适温度保持相同时，令温控类柔性负荷智能体收益最大；设置温度与用户最适温度的偏离程度越大，温控类柔性负荷智能体收益越小；设置温度与户外温度保持一致时，温控类柔性负荷智能体收益为 0。基于如此拟定的收益原则，可用二次函数表示温控类柔性负荷智能体收益：

$$C_i^{\mathrm{a}}(t_i) = k^{\mathrm{a}}[(t_{\mathrm{o},i} - t_{\mathrm{s}})^2 - (t_i - t_{\mathrm{s}})^2] \tag{5-126}$$

式中，k^{a} 为温控类柔性负荷的收益系数；$t_{\mathrm{o},i}$ 为第 i 号虚拟电厂户外温度；t_{s} 为用户最适温度。

（2）非温控类柔性负荷。非温控类柔性负荷的效益与温度不相关，不失一般性，非温控类柔性负荷的收益函数可用二次函数表示为

$$C_i^{\mathrm{l}}(l_i) = a_{l,i} l_i^2 + b_{l,i} l_i + c_{l,i} \tag{5-127}$$

式中，$a_{l,i}$、$b_{l,i}$、$c_{l,i}$ 为非温控类柔性负荷收益函数各次项的系数。

居民用户与工业用户柔性负荷均可采用 FLA 模型进行建模，但效益函数中的各次项系数不同。

3）TPA 成本函数

TPA 的燃料成本可以用二次函数表示为

$$C_i^{\mathrm{t}}(x_i) = a_i x_i^2 + b_i x_i + c_i \tag{5-128}$$

式中，a_i、b_i、c_i 为 TPA 成本函数各次项的系数。

4）EVA 成本函数

电动汽车的便捷性至关重要。EVA 参与协调运行的成本可用二次函数进行拟合：

$$C_i^{\mathrm{v}}(v_i) = k^{\mathrm{v}}(v_i^2 + 2v_i^{\max} v_i) \tag{5-129}$$

式中，k^{v} 为 EVA 参与协调运行的成本系数；$v_i^{\max}$ 为 v_i 的最大值。

5）RPA 弃风弃光成本函数

将主动配电网内的风电机组和光伏机组统一建模为 RPA 智能体。将 RPA 可再生能源机组功率分为固定消纳部分和可调节部分，风电光伏功率可调节部分可以进行弃风弃光处理，但为了促进可再生能源消纳，弃风弃光行为将会产生一定的惩罚，即 RPA 弃风弃光成本。RPA 弃风弃光成本函数可表示为

$$C_i^{\mathrm{w}}(w_i) = k^{\mathrm{b}}(w_i^{\max} - w_i)^2 \tag{5-130}$$

式中，k^{b} 为 RPA 弃风弃光的成本系数；$w_i^{\max}$ 为可调节功率的最大值。

从式 (5-130) 中可以发现，可再生能源可调节部分功率达到最大值时，不发生弃风弃光行为，弃风弃光成本为 0，可再生能源可调节功率越小，弃风弃光成本越大。同时需要满足以下约束条件：

$$\mathrm{s.t.}\begin{cases} \displaystyle\sum_{i=1}^{N}(s_i + x_i + w_{\mathrm{f},i} + w_i + v_i - e_i - l_i) = L \\ e_i = k^{\mathrm{e}}(t_i - t_{\mathrm{o},i})^2 \\ v_i^{\min} \leqslant v_i \leqslant v_i^{\max} \\ e_i^{\min} \leqslant e_i \leqslant e_i^{\max} \\ w_i^{\min} \leqslant w_i \leqslant w_i^{\max} \\ x_i^{\min} \leqslant x_i \leqslant x_i^{\max} \\ s_i^{\min} \leqslant s_i \leqslant s_i^{\max} \\ s_i^{\mathrm{pre}} - E_{i,\mathrm{full}} \leqslant s_i \leqslant s_i^{\mathrm{pre}} \\ t_i^{\min} \leqslant t_i \leqslant t_i^{\max} \end{cases} \tag{5-131}$$

式中，L 为输电网下达至配电网的功率交换指令值，配电网送电给输电网时，$L > 0$，反之 $L < 0$；$w_{\mathrm{f},i}$ 为第 i 号虚拟电厂中风电功率的不可调节部分，即不可弃风运行部分；e_i 为第 i 号虚拟电厂空调负荷调节温度所消耗的功率；k^{e} 为空调负荷的耗电系数；$v_i^{\max}$、$v_i^{\min}$ 为 v_i 的上下限；$e_i^{\max}$、$e_i^{\min}$ 为 e_i 的上下限；$w_i^{\max}$、$w_i^{\min}$ 为 w_i 的上下限；$x_i^{\max}$、$x_i^{\min}$ 为 x_i 的上下限；$s_i^{\max}$、$s_i^{\min}$ 为第 i 号虚拟电厂内 SSA 在该时段可放电功率的上下限；s_i^{pre} 为第 i 号虚拟电厂内 SSA 当前荷电容量，与当前的储能状态有关；$E_{i,\mathrm{full}}$ 为第 i 号虚拟电厂内 SSA 的总储能容量；$t_i^{\max}$、$t_i^{\min}$ 为 t_i 的上下限。

5.5.4 非理想遥测通信环境下基于一致性算法的分布式优化模型求解

在多智能体系统框架下，将火电机组的 ITPA、可再生能源机组的 IRPA、柔性负荷的 IFLA、电动汽车的 IEVA、储能单元的 ISSA 作为多智能体一致性变量，以通过一致性计算求得完全分布式优化问题的最优解。

在完全分布式一致性计算过程中，各智能体可根据遥测通信网络中邻居智能体的一致性变量来更新计算自身的一致性变量。迭代过程中，不同智能体的一致性变量最终会趋于一致，逼近某一收敛值。

同时，为有效应对量测误差和遥测信道噪声带来的数据畸变问题以及遥测传输时延问题，引入增益调整函数对一致性算法加以改进。

下面给出引入"功率调整项"和增益调整函数的完全分布式一致性算法流程。

1）根据优化模型提取并定义一致性变量

应用拉格朗日乘子法对分布式协调优化模型进行处理，令 λ 表示与式(5-131)中等式约束对应的拉格朗日乘子，在不考虑式(5-131)中不等式范围约束的条件下，原优化问题转化为

$$\min \Phi = \sum_{i=1}^{N} [-C_i^{\mathrm{a}}(t_i) - C_i^{\mathrm{l}}(l_i) + C_i^{\mathrm{s}}(s_i) + C_i^{\mathrm{t}}(x_i) + C_i^{\mathrm{v}}(v_i) + C_i^{\mathrm{w}}(w_i)]$$
$$+ \lambda \left[L - \sum_{i=1}^{N} (s_i + x_i + w_{\mathrm{f},i} + w_i + v_i - e_i - l_i) \right] \tag{5-132}$$

应用卡罗需-库恩-塔克(KKT)一阶最优性条件对决策量和拉格朗日乘子求偏导，得到该等价的无约束优化问题式(5-132)的最优性条件：

$$\begin{cases} \dfrac{\partial \Phi}{\partial t_i} = -\dfrac{\partial C_i^{\mathrm{a}}(t_i)}{\partial t_i} + \lambda [2k^{\mathrm{e}}(t_i - t_{\mathrm{o},i})] = 0 \\[2mm] \dfrac{\partial \Phi}{\partial l_i} = -\dfrac{\partial C_i^{\mathrm{l}}(l_i)}{\partial l_i} + \lambda = 0 \\[2mm] \dfrac{\partial \Phi}{\partial s_i} = \dfrac{\partial C_i^{\mathrm{s}}(s_i)}{\partial s_i} - \lambda = 0 \\[2mm] \dfrac{\partial \Phi}{\partial x_i} = \dfrac{\partial C_i^{\mathrm{t}}(x_i)}{\partial x_i} - \lambda = 0 \\[2mm] \dfrac{\partial \Phi}{\partial v_i} = \dfrac{\partial C_i^{\mathrm{v}}(v_i)}{\partial v_i} - \lambda = 0 \\[2mm] \dfrac{\partial \Phi}{\partial w_i} = \dfrac{\partial C_i^{\mathrm{w}}(w_i)}{\partial w_i} - \lambda = 0 \\[2mm] \dfrac{\partial \Phi}{\partial \lambda} = L - \sum_{i=1}^{N} (s_i + x_i + w_{\mathrm{f},i} + w_i + v_i - e_i - l_i) = 0 \end{cases} \tag{5-133}$$

以上为分布式最优性方程，根据方程可得

$$\dfrac{\partial C_i^{\mathrm{a}}(t_i)}{\partial t_i} / (2k^{\mathrm{e}}(t_i - t_{\mathrm{o},i})) = \dfrac{\partial C_i^{\mathrm{l}}(l_i)}{\partial l_i} = \dfrac{\partial C_i^{\mathrm{s}}(s_i)}{\partial s_i} = \dfrac{\partial C_i^{\mathrm{t}}(x_i)}{\partial x_i} = \dfrac{\partial C_i^{\mathrm{v}}(v_i)}{\partial v_i} = \dfrac{\partial C_i^{\mathrm{w}}(w_i)}{\partial w_i} = \lambda$$

$$\tag{5-134}$$

在不考虑不等式约束的条件下，定义各智能体一致性变量为

$$
\begin{cases}
\mathrm{IFLA}_i = \lambda_{li} = \begin{cases}
\dfrac{\partial C_i^{\mathrm{a}}(t_i)}{\partial t_i} \Big/ [2k^{\mathrm{e}}(t_i - t_{\mathrm{o},i})] = \dfrac{k^{\mathrm{a}}(t_{\mathrm{s}} - t_i)}{2k^{\mathrm{e}}(t_i - t_{\mathrm{o},i})}, & \text{温控类} \\[4mm]
\dfrac{\partial C_i^{\mathrm{l}}(l_i)}{\partial l_i} = 2a_{l,i}l_i + b_{l,i}, & \text{非温控类}
\end{cases} \\[10mm]
\mathrm{ISSA}_i = \lambda_{si} = \dfrac{\partial C_i^{\mathrm{s}}(s_i)}{\partial s_i} = 2a_{s,i}s_i \\[5mm]
\mathrm{ITPA}_i = \lambda_{xi} = \dfrac{\partial C_i^{\mathrm{t}}(x_i)}{\partial x_i} = 2a_i x_i + b_i \\[5mm]
\mathrm{IEVA}_i = \lambda_{vi} = \dfrac{\partial C_i^{\mathrm{v}}(v_i)}{\partial v_i} = k^{\mathrm{v}}(2v_i + 2v_i^{\max}) \\[5mm]
\mathrm{IRPA}_i = \lambda_{wi} = \dfrac{\partial C_i^{\mathrm{w}}(w_i)}{\partial w_i} = 2k^{\mathrm{b}}(w_i - w_i^{\max})
\end{cases}
\tag{5-135}
$$

2) 根据 k 通信装置信息更新 $k+1$ 计算时段的一致性变量

在非理想遥测环境下更新各智能体的一致性变量，引入"功率调整项"和增益调整函数对传统一致性算法加以改进：

$$
\begin{cases}
\begin{aligned}
\lambda_{si}(k+1) = {} & \lambda_{si}(k) - c(k) \sum_{j \in S} l_{si,j}[\lambda_j(k - \xi_{i,j}(k)) \\
& + \upsilon_j(k) + \eta_{i,j}(k)] + \varpi \mu_{si}(k)
\end{aligned} \\[4mm]
\begin{aligned}
\lambda_{li}(k+1) = {} & \lambda_{li}(k) - c(k) \sum_{j \in S} l_{li,j}[\lambda_j(k - \xi_{i,j}(k)) \\
& + \upsilon_j(k) + \eta_{i,j}(k)] + \varpi \mu_{li}(k)
\end{aligned} \\[4mm]
\begin{aligned}
\lambda_{xi}(k+1) = {} & \lambda_{xi}(k) - c(k) \sum_{j \in S} l_{xi,j}[\lambda_j(k - \xi_{i,j}(k)) \\
& + \upsilon_j(k) + \eta_{i,j}(k)] + \varpi \mu_{xi}(k)
\end{aligned} \\[4mm]
\begin{aligned}
\lambda_{vi}(k+1) = {} & \lambda_{vi}(k) - c(k) \sum_{j \in S} l_{vi,j}[\lambda_j(k - \xi_{i,j}(k)) \\
& + \upsilon_j(k) + \eta_{i,j}(k)] + \varpi \mu_{vi}(k)
\end{aligned} \\[4mm]
\begin{aligned}
\lambda_{wi}(k+1) = {} & \lambda_{wi}(k) - c(k) \sum_{j \in S} l_{wi,j}[\lambda_j(k - \xi_{i,j}(k)) \\
& + \upsilon_j(k) + \eta_{i,j}(k)] + \varpi \mu_{wi}(k)
\end{aligned}
\end{cases}
\tag{5-136}
$$

式中，$\lambda_{si}(k)$、$\lambda_{li}(k)$、$\lambda_{xi}(k)$、$\lambda_{vi}(k)$、$\lambda_{wi}(k)$ 分别为第 i 个虚拟电厂内的 SSA、FLA、TPA、EVA、RPA 智能体的一致性变量；S 为系统内 n 个智能体构成的集合；$c(k)$ 为增益调整函数；$l_{si,j}$、$l_{li,j}$、$l_{xi,j}$、$l_{vi,j}$、$l_{wi,j}$ 为状态转换矩阵 A 对应的拉普拉斯矩阵 L 中的元素；$\mu_{si}(k)$、$\mu_{li}(k)$、$\mu_{xi}(k)$、$\mu_{vi}(k)$、$\mu_{wi}(k)$ 分别为第 i 个虚拟电厂内的 SSA、FLA、TPA、EVA、RPA 智能体的"功率调整项"，为各智能体对配电网有功缺额的探测值，具体迭代更新算法见下文；ϖ 为一致性收敛系数，正标量，决定了分布式一致性计算的收敛速度。

为确保引入增益调整函数一致性算法的有效收敛，需满足以下的必要条件：

$$\begin{cases} \sum_{k=0}^{\infty} c(k) = +\infty \\ \sum_{k=0}^{\infty} c^2(k) < +\infty \end{cases} \tag{5-137}$$

式 (5-137) 中第一个条件为算法收敛必要条件，确保最终各智能体一致性变量趋于一致；第二个条件为算法鲁棒性条件，使得算法在存在量测误差和信道噪声干扰的情况下，也能够使得系统的静态误差保持在一定的有限范围内。

3) 根据 $k+1$ 时段更新的一致性变量调节物理设备的功率

各物理设备在 $k+1$ 时段的功率应更新为

$$\begin{cases} e_i(k+1) = k^e \left| t_i(k+1) - t_{o,i} \right| \\ t_i(k+1) = \dfrac{k^a t_s + k^e \lambda_{li}(k+1) t_{o,i}}{k^e \lambda_{li}(k+1) + k^a}, \quad 温控类 \\ l_i(k+1) = \dfrac{\lambda_{li}(k+1) - b_{l,i}}{2a_{l,i}}, \quad\quad 非温控类 \\ s_i(k+1) = \dfrac{\lambda_{si}(k+1)}{2a_{s,i}} \\ x_i(k+1) = \dfrac{\lambda_{xi}(k+1) - b_i}{2a_i} \\ v_i(k+1) = \dfrac{\lambda_{vi}(k+1)}{2k^v} - v_i^{max} \\ w_i(k+1) = \dfrac{\lambda_{wi}(k+1)}{2k^b} + w_i^{max} \end{cases} \tag{5-138}$$

每次一致性变量更新后，均需按式 (5-138) 计算更新后的功率值，需判断功率是否越限，针对违背不等式约束的变量进行修正。

以 l_i 为例，其范围约束修正可表示为

$$l_i(k+1) = \begin{cases} \dfrac{\lambda_{li}(k+1) - b_{l,i}}{2a_{l,i}}, & l_i^{\min} \leqslant \dfrac{\lambda_{li}(k+1) - b_{l,i}}{2a_{l,i}} \leqslant l_i^{\max} \\[3mm] l_i^{\max}, & \dfrac{\lambda_{li}(k+1) - b_{l,i}}{2a_{l,i}} > l_i^{\max} \\[3mm] l_i^{\min}, & \dfrac{\lambda_{li}(k+1) - b_{l,i}}{2a_{l,i}} < l_i^{\min} \end{cases} \tag{5-139}$$

其余决策变量也可照此方式进行范围校正。

4) 更新"功率调整项"信息并将其反馈到遥测通信装置

物理设备根据指令调整功率后，控制装置需根据功率信息计算得到 $k+1$ 时段"功率调整项"的值。"功率调整项"的更新同样需要引入增益调整函数以应对非理想遥测环境。

"功率调整项"的计算更新过程如下：

$$\begin{cases} \mu_{si}(k+1) = \mu_{si}(k) - c(k)\sum_{j \in S} l'_{si,j}[\mu_j(k - \xi_{i,j}(k)) \\ \qquad\qquad + \upsilon_j(k) + \eta_{i,j}(k)] + (s_i(k+1) - s_i(k)) \\[2mm] \mu_{li}(k+1) = \mu_{li}(k) - c(k)\sum_{j \in S} l'_{li,j}[\mu_j(k - \xi_{i,j}(k)) \\ \qquad\qquad + \upsilon_j(k) + \eta_{i,j}(k)] + (l_i(k+1) - l_i(k)), \quad \text{非温控类} \\[2mm] \mu_{li}(k+1) = \mu_{li}(k) - c(k)\sum_{j \in S} l'_{li,j}[\mu_j(k - \xi_{i,j}(k)) \\ \qquad\qquad + \upsilon_j(k) + \eta_{i,j}(k)] + (e_i(k+1) - e_i(k)), \quad \text{温控类} \\[2mm] \mu_{xi}(k+1) = \mu_{xi}(k) - c(k)\sum_{j \in S} l'_{xi,j}[\mu_j(k - \xi_{i,j}(k)) \\ \qquad\qquad + \upsilon_j(k) + \eta_{i,j}(k)] - (x_i(k+1) - x_i(k)) \\[2mm] \mu_{vi}(k+1) = \mu_{vi}(k) - c(k)\sum_{j \in S} l'_{vi,j}[\mu_j(k - \xi_{i,j}(k)) \\ \qquad\qquad + \upsilon_j(k) + \eta_{i,j}(k)] - (v_i(k+1) - v_i(k)) \\[2mm] \mu_{wi}(k+1) = \mu_{wi}(k) - c(k)\sum_{j \in S} l'_{wi,j}[\mu_j(k - \xi_{i,j}(k)) \\ \qquad\qquad + \upsilon_j(k) + \eta_{i,j}(k)] - (w_i(k+1) \\ \qquad\qquad + w_{f,i}(k+1) - w_i(k) - w_{f,i}(k)) \end{cases} \tag{5-140}$$

式中，$l'_{si,j}$、$l'_{li,j}$、$l'_{xi,j}$、$l'_{vi,j}$、$l'_{wi,j}$ 为"功率调整项"状态转换矩阵 $\boldsymbol{B}$ 对应的列和拉普拉斯矩阵 $\boldsymbol{L'}$ 的元素，本章中选取 $\boldsymbol{B} = \boldsymbol{A}^{\mathrm{T}}$，为非负列随机矩阵。

"功率调整项"的引入用于满足功率平衡的等式约束。

5.6　本　章　小　结

本章在高渗透率分布式可再生能源配电系统协同运行方面，探索了未来在高比例可再生能源接入配电系统的情况下，配电系统的优化运行理论与方法，分析了含高渗透率分布式可再生能源的配电系统相较于传统配电系统呈现出的新特征以及其带来的新问题、新机遇。针对高渗透率分布式可再生能源配电系统带来的新问题，本章提出了一系列应对方法，包括高渗透率分布式可再生能源配电系统的协调优化运行模型与方法；支撑高渗透率分布式可再生能源配电系统优化运行的配电网络重构方法；高渗透率有源配电系统协同运行中的源-网-荷分布式优化控制方法。

首先，本章提出了高渗透率分布式可再生能源配电系统的协调优化运行模型与方法，其中包括有功优化、无功电压优化和有功无功协调优化。有功优化控制通过将储能技术引入配电网，与分布式电源联合工作，以降低分布式电源出力对配电网安全运行的影响，实现可再生能源有功出力的优化控制以及分布式电源的可控化，提高可再生能源的消纳能力，降低网损。无功电压优化控制通过调节各种无功补偿设备以及优化分布式电源的无功出力，确定未来一段时间内配电网设备的运行状态，从而保证整个系统运行的安全性、经济性及稳定性。但在低压配电网中，由于线路阻抗比 R/X 值大、分布式电源并网逆变器容量的限制等，单一有功优化控制、电压无功优化控制策略有时难以满足系统的运行需求，可以通过有功无功协调优化控制实现配电系统的最优运行。

其次，本章提出了支撑高渗透率分布式可再生能源配电系统优化运行的配电网络重构方法，包括配电网络重构和孤岛自治运行两方面。配电网络重构是一种改变配电网中分段和联络开关的开合状态，对配电网的运行方式进行调整的重要的调度手段，本章考虑储能、电动汽车、风、光等多种类电源出力模型，构造了配电网静态重构模型和动态重构模型，可以达到提升可再生能源消纳能力、降低网损、提高网络节点电压水平的目的。孤岛自治运行主要是为了应对故障情况下高渗透率分布式可再生能源配电系统的运行问题，本章构造了确定性孤岛自治运行模型和考虑风光机组发电出力不确定性的鲁棒孤岛自治运行模型，算例验证了鲁棒孤岛恢复策略可实现故障情况下高渗透率分布式可再生能源配电系统的稳定运行。

最后，本章提出了高渗透率有源配电系统协同运行中的源-网-荷分布式优化控制方法，其中分布式协调控制通过将高渗透率分布式可再生能源配电系统分为火电机组、风电机组、柔性负荷等多个智能主体，搭建了非理想遥测通信环境，并对源-网-荷协调运行建模，各智能体按照各自的运行成本/效益确定各自独立的目标，追求各自利益的最大化，最后基于考虑非理想遥测环境的一致性算法进行优化运行。

参 考 文 献

[1] 莫芸, 匡萃浙. 分布式可再生能源接入对配电网的影响分析[J]. 中国电力教育, 2013(27): 193-194.

[2] 尤毅, 刘东, 于文鹏, 等. 主动配电网技术及其进展[J]. 电力系统自动化, 2012, 36(18): 10-16.

[3] 马钊, 安婷, 尚宇炜. 国内外配电前沿技术动态及发展[J]. 中国电机工程学报, 2016, 36(6): 1552-1567, 1768.

[4] 姚良忠, 朱凌志, 周明, 等. 高比例可再生能源电力系统的协同优化运行技术展望[J]. 电力系统自动化, 2017, 41(9): 36-43.

[5] 康重庆, 姚良忠. 高比例可再生能源电力系统的关键科学问题与理论研究框架[J]. 电力系统自动化, 2017, 41(9): 1-11.

[6] 王成山, 李鹏. 分布式发电、微网与智能配电网的发展与挑战[J]. 电力系统自动化, 2010, 34(2): 10-14, 23.

[7] 王成山, 李鹏, 于浩. 智能配电网的新形态及其灵活性特征分析与应用[J]. 电力系统自动化, 2018, 42(10): 13-21.

[8] 余贻鑫, 刘艳丽. 智能电网的挑战性问题[J]. 电力系统自动化, 2015(2): 1-5.

[9] 王成山, 王瑞, 于浩, 等. 配电网形态演变下的协调规划问题与挑战[J]. 中国电机工程学报, 2020, 40(8): 2385-2395.

[10] 王成山, 罗凤章, 张天宇, 等. 城市电网智能化关键技术[J]. 高电压技术, 2016, 42(7): 2017-2027.

[11] 李俊芳, 张步涵. 基于进化算法改进拉丁超立方抽样的概率潮流计算[J]. 中国电机工程学报, 2011, 31(25): 90-96.

[12] 裴玮, 盛鹍, 孔力, 等. 分布式电源对配网供电电压质量的影响与改善[J]. 中国电机工程学报, 2008, 28(13): 152-157.

[13] 肖浩, 裴玮, 邓卫, 等. 分布式电源对配电网电压的影响分析及其优化控制策略[J]. 电工技术学报, 2016, 31(S1): 203-213.

[14] Borozan V, Rajakovic N. Application assessments of distribution network minimum loss reconfiguration[J]. IEEE Transactions on Power Delivery, 1997, 12(4): 1786-1792.

[15] 崔金兰, 刘天琪, 李兴源. 含有分布式发电的配电网重构研究[J]. 电力系统保护与控制, 2008, 36(15): 37-40, 49.

[16] 吴兰. 考虑新能源与负荷不确定性的配网重构策略区间优化研究[D]. 长沙: 湖南大学, 2016.

[17] 蒲天骄, 陈乃仕, 王晓辉, 等. 主动配电网多源协同优化调度架构分析及应用设计[J]. 电力系统自动化, 2016, 40(1): 17-23.

[18] 蒲天骄, 刘威, 陈乃仕, 等. 基于一致性算法的主动配电网分布式优化调度[J]. 中国电机工程学报, 2017, 37(6): 1579-1589.

第 6 章　市场环境下含可再生能源配电系统的协同运行与博弈

6.1　引　　言

随着新一轮电力体制改革的有序推进，开放售电侧市场，允许分布式电源等多主体参与市场竞争已成为我国电力市场发展的趋势。在分布式电源技术日益成熟、渗透率不断提高、售电侧市场放开的形势下，配电网中将有大量独立决策的新兴市场成员参与电力市场竞争。在这一新环境中，配电网内风、光、储及互动负荷等资源的优化配置，必然需要更加灵活的内部交易机制。如何以市场手段实现分布式可再生能源的高效协同运行，如何分析市场环境下市场成员的博弈行为及结果，是市场化改革进程下配电系统运行的重点问题。

6.2　市场环境下含可再生能源配电系统的协同运行

配电网交易的一个关键问题在于如何设计安全、高效、透明、信息对称的交易模式和交易方法。智能电网架构委员会(Gridwise Architecture Council，GWAC)提出了交易驱动能量系统(transactive energy system，TES)的概念，即以价值作为关键运行参数，以经济和价格信号实现对整个电力系统，尤其是配电系统的控制[1-3]。现有研究对交易驱动能量系统的参与者组成、系统架构以及交易模式提出了诸多设想[4-8]，大多认为配电网交易可借鉴输电侧市场交易经验，即建立交易中心，采取集中式的交易拍卖、出清及结算方式。

然而，配电网特性与输电网特性存在较大差异：配电网内电能产消者数量庞大，但单笔交易规模通常较小；各产消者均拥有自身发用电设备的完全控制权，且在发用电特性、报价策略上具有很强的不确定性与差异性；同时，产消者的自利性使其对交易公平性、隐私性及无歧视性有更高要求[9]。因此，集中式交易中心将面临三大问题：一是大量的产消者导致交易中心运行成本高、运行效率低、决策耗时长，难以满足配电网实时运行的需求；二是交易中心与产消者之间存在信任问题，难以保证配电网交易的公平性、透明性与信息有效性；三是中心机构容易导致信息安全风险，危害交易安全及产消者的隐私安全。

本章认为，为保证配电网的安全、高效运行，可以在配电网交易中引入去中心化思想。将配电网运行分为日前发用电计划阶段(以下简称日前阶段)及实时多边交易阶段(以下简称实时阶段)两个阶段。日前阶段确定各产消者的发用电计划;在实时阶段,当产消者发电(用电)计划与实际出力(负荷)出现偏差时,产消者可以采用去中心化的多边交易对偏差电量进行交易调整。

为实现去中心化管理运行,可以在配电网交易中引入区块链技术[10]。区块链技术采用去中心化和去信任的方式集体维护一个可靠分布式数据库,从而解决传统中心化机构的高成本、低效率以及数据存储不安全的问题[11]。近年来,能源行业被视为区块链技术最具前景的领域之一[12],分布式能源交易、需求侧响应、碳排放权认证、信用评价、电站运维等均是区块链可能的应用场景。目前,国内外已有少数企业尝试将区块链技术应用于能源领域[13,14]。学术界关于区块链在能源领域的研究目前尚处于起步阶段,早期文献主要研究区块链在能源领域的可行性[15,16]。文献[17]从信息安全角度分析了基于区块链能源交易的安全及隐私风险。文献[18]探讨了区块链技术在能源互联网中的研究框架及可行应用。文献[19]提出了一种分布式的电网安全校核方法,建立了弱中心化的电能交易模式;但该模式仍依赖于中心机构,且未探讨去中心化的交易机制及其在智能合约上的具体实现方法。如何建立去中心化的电能交易模式,如何搭建基于区块链的去中心化交易平台,仍有待进一步研究。

本章聚焦于配电网实时阶段,构建去中心化的配电网实时多边交易机制与模型,设计了考虑配电网“多交易请求、多响应报价”特点的去中心化多边交易机制及安全校核方法。同时,提出基于第二代区块链技术——以太坊的分布式配电网电能多边交易技术。将智能合约引入配电网电能交易,设计了可执行偏差电量多边拍卖的智能合约,实现了配电网各产消者间点对点的电能交易。去中心化的交易模式解决了交易中心运行效率低、市场影响力大的问题,通过系统自平衡实现了帕累托改进。区块链技术使去中心化的电能交易不再基于信任,而是基于密码学原理,保证交易的公平性、透明性及无歧视性。

6.2.1　市场环境下含可再生能源配电系统的协同运行模型

在分布式电源渗透率较高的配电系统中,各产消者的供给与需求具有很强的随机性和波动性,因此,需要灵活的机制以维持供求关系的实时平衡。在本章提出的去中心化配电网架构中(图 6-1),全部产消者在日前确定发用电计划并参与上级电力市场交易,产消者间的偏差电量多边交易则通过点对点、去中心化的交易完成,未能通过多边交易消除的偏差电量则由备用机组负责消除。

本节提出基于“偏差电量交易”的配电网去中心化优化运行机制,采用可激励市场成员真实报价的 VCG(Vickrey-Clarke-Groves)拍卖方法,允许配电网各产消者间灵活交易,实时消除各产消者自身实际出力(或负荷)与发用电计划的偏差值，从而实现配电网的供求自平衡。

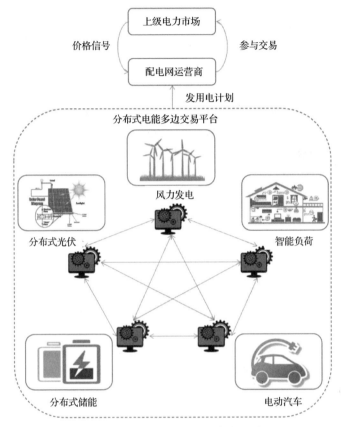

图 6-1　市场环境下的配电网架构示意图

　　在某一笔多边交易中，某些产消者需要发起买/卖偏差电量交易请求，以消除其实际发用电与计划值的偏差(这类产消者简称发布者)。若所有发布者的总需求表现为需要净买入电量，则有发用电调整能力(即愿意改变发用电计划)的产消者(这类产消者简称投标者)可以提交提高出力(或降低负荷)的报价，响应发布者的请求；反之亦然。

　　下面以综合发布者请求后，系统需要净买入电量、投标者需要提交出售电量的报价为例，给出配电网实时多边交易的出清模型。上述场景的目标是最小化消除偏差电量的总成本，如式(6-1)所示：

$$\min\left(\sum_{i\in\Omega_{\mathrm{O}}}C_i(P_{i,\mathrm{O}})\right) \tag{6-1}$$

式中，Ω_{O} 为投标者集合；$C_i(\cdot)$ 为第 i 个投标者的售电成本函数；$P_{i,\mathrm{O}}$ 为第 i 个投

标者的调整电量(即投标者实际发用电量相对于其计划值的调整量)。由于投标者需出售电量,有 $P_{i,O}>0$。

出清模型的约束条件如式(6-2)~式(6-4)所示。

(1)偏差电量平衡约束:

$$\sum_{i\in\Omega_A} P_{i,A} + \sum_{i\in\Omega_O} P_{i,O} = 0 \tag{6-2}$$

式中,Ω_A 为发布者集合;$P_{i,A}$ 为第 i 个发布者的偏差电量。$P_{i,A}>0$ 表示其发电实际值大于计划值或用电实际值小于计划值;$P_{i,A}<0$ 表示其发电实际值小于计划值或用电实际值大于计划值。

(2)投标者可调电量上下限约束:

$$P_{i,O,\min} \leqslant P_{i,O} \leqslant P_{i,O,\max}, \quad \forall i\in\Omega_O \tag{6-3}$$

式中,$P_{i,O,\max}$、$P_{i,O,\min}$ 分别为第 i 个投标者可调整电量上下限。

(3)配电网潮流约束:

$$\sum_{i\in\Omega_A} P_{i,A}G_{\alpha\beta,i} + \sum_{i\in\Omega_O} P_{i,O}G_{\alpha\beta,i} \leqslant \overline{P_{\alpha\beta}}, \quad \forall\alpha\beta\in L \tag{6-4}$$

式中,$G_{\alpha\beta,i}$ 为节点 i 对支路 $\alpha\beta$ 的功率转移分布因子;L 为配电网全部线路的集合;$\overline{P_{\alpha\beta}}$ 为支路 $\alpha\beta$ 的传输容量裕度。

在放射状配电网中,当节点 i 位于线路 $\alpha\beta$ 的上游时,$G_{\alpha\beta,i}=1$;当节点 i 位于线路 $\alpha\beta$ 的下游时,$G_{\alpha\beta,i}=-1$;当节点 i 位于线路 $\alpha\beta$ 的旁支时,$G_{\alpha\beta,i}=0$。

上述模型的计算流程如图 6-2 所示。

(1)配电网所有产消者在日前确定发用电计划。

(2)当某产消者实际出力或负荷偏离日前计划值时,该产消者将发起交易请求,请求周边产消者改变自身出力或负荷,协助消除偏差值。

(3)周边产消者根据该时段全部的交易请求,计算配电网供求总偏差值,并根据总偏差值的正负提交卖电或买电的报价。

(4)所有报价根据 VCG 拍卖规则出清:将全部有效报价由低至高依次进入出清队列,直至满足偏差电量平衡约束。各中标者的收益为该中标者给其余投标者带来收益的损失,计算公式如式(6-5)所示:

$$\Pi_i = W_i' - W_i'' \tag{6-5}$$

式中,Π_i 为第 i 个中标者收益;W_i' 为第 i 个中标者不参与投标时,新出清队列的总收益;W_i'' 为出清队列中其余中标者的总收益。

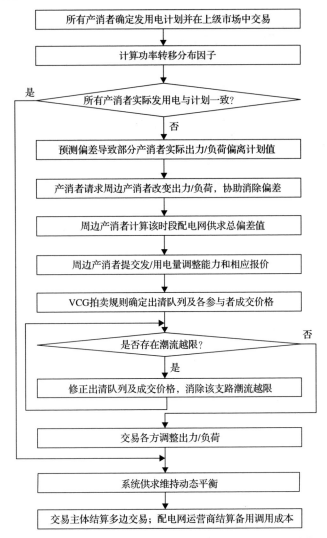

图 6-2　市场环境下含可再生能源配电系统的协同运行模型计算流程

发布者的成交价格如式(6-6)所示：

$$p = \frac{\sum\limits_{i\in\Omega_O} \Pi_i}{\sum\limits_{i\in\Omega_A} P_{i,A}} \tag{6-6}$$

该方法一方面适用于配电网交易"多交易请求、多响应报价"的情形，另一方面可确保所有投标者的最优报价策略为申报其真实的发用电成本，消除了产消者的博弈成本。

(5)根据功率转移分布因子，计算配电网潮流。若不存在越限情况，则通过安全校核，确定拍卖结果；若存在越限情况，对拍卖结果进行修正。对放射状配电网中的每条支路，潮流流向为线路上游至线路下游，因此每条支路只存在潮流正向越限的可能。修正方法如下：计算线路 $\alpha\beta$ 潮流越限值 $\Delta P_u(\Delta P_u>0)$，在出清队列中去除 $\alpha\beta$ 上游节点中的高报价者，同时补充 $\alpha\beta$ 下游节点中的低报价者，直至将 $\alpha\beta$ 的潮流降低 ΔP_u，以消除该支路潮流越限情况。然后按步骤(4)的方法重新确定成交价格。随后，重复步骤(5)，直至无潮流越限情况。

上述修正方法的有效性分析如下。

若某条支路越限，上述方法将减小(增大)支路上游某一节点的出力(负荷)，增大(减小)下游某一节点的出力(负荷)。该修正将降低上、下游这两个节点间线路的传输功率；这两个节点位于其余各支路的同侧，其余各支路潮流不受影响。因此，该方法可确保每次修正均消除一条越限支路且不导致新的越限情况，直至消除全部越限情况。

综上所述，该方法可有效避免辐射状配电网潮流的越限情况。

(6)参与交易的产消者调整各自的出力或负荷，确保在其他产消者无须改变发用电计划的情况下供求仍然平衡。若产消者无法通过内部交易维持平衡，则系统备用被调用，以弥补该产消者的偏差。

(7)交易主体之间结算多边交易；配电网运营商结算备用调用费用。

上述流程的优点如下。

(1)系统自平衡实现帕累托改进。配电网运营商不再需要获取大量电能产消者的运行数据，避免了由此产生的数据获取、监管、维护成本；电能产消者通过自行开展相互交易，调整实际发用电与计划的偏差值，既规避了预测偏差带来的高额备用成本，又可通过相互交易获取利润。这一机制使全体配电网成员都能分享交易的红利。

(2)削弱配电网运营商的市场影响力。去中心化配电网打破了配电网运营商与电能产消者之间的信息不对称，使配电网交易在完全公开透明的环境下开展。电能产消者可以独立制定交易策略，体现了分散决策的优点。

(3)市场信号引导分布式发电和弹性负荷的布局。若某一区域分布式电源与常规负荷的比重较高，弹性负荷平抑不确定性的获利空间就较大，能吸引产消者在此区域部署弹性负荷；反之亦然。

6.2.2　市场环境下含可再生能源配电系统的协同运行机制

市场环境下，为实现互信、透明的市场管理运行，可以在配电网交易中引入区块链技术。区块链技术采用去中心化和去信任的方式集体维护一个可靠分布式数据库，从而解决传统中心化机构的高成本、低效率以及数据存储不安全的问题。

1. 区块链和以太坊智能合约技术

区块链实质上是一系列数据区块的列表，区块链上的每个区块均记录了某一时段内的全部交易数据，运用了非对称加密、默克尔树(Merkel tree)数据结构、工作量证明(proof of work，POW)共识机制等技术，使交易数据可以去信任、可溯源、不可篡改地储存在分布式系统中。

以太坊基于区块链技术，建立了一个图灵完备的编程环境。通过以太坊提供的开发平台，开发者可以编写任何形式的智能合约，在以太坊公有网络、测试网络或私有网络上发布。在以太坊网络中，智能合约相当于一个虚拟用户，可以与其他用户或智能合约进行交易和信息传递。每一个用户均可作为"矿工"，收集当前时段内的全部交易和传递的信息、运行相关的智能合约代码，并根据以上数据计算以太坊的最新状态。"矿工"在运行智能合约后必须求解一道基于 Ethash 算法的数学难题，最快求得解的"矿工"将取得最终的记账权，负责打包、传播其记录的全部数据，并获得一定经济激励，包括定额奖励以及与区块内全部数据计算量相关的浮动奖励。以太坊的这一机制实现了系统的去中心化：由全体"矿工"共同记录、维护系统的全部数据。

以太坊去中心化、图灵完备的特点，为搭建分布式电能多边交易平台提供了良好的支撑。本节设计了可实现偏差电量拍卖的电能多边交易智能合约，作为分布式电能多边交易平台的核心部分。

2. 基于智能合约的含可再生能源配电系统协同运行机制

为实现互信、透明的含可再生能源配电系统协同运行机制，本节建立分布式能源多边交易智能合约。分布式能源多边交易智能合约应符合 3 项原则：①任何产消者均可自愿发布及参与拍卖；②产消者报价在竞价阶段应属于保密信息；③合约执行结果应自动结算。

本节将多边交易按时间顺序划分为 5 个阶段：发布交易、密封报价、公开密封报价及拍卖、安全校核、交易结算，并分别设计发布交易函数、密封报价函数、公开密封报价及拍卖函数、安全校核函数、交易结算函数 5 个主要功能函数。投标者可能需要购买或出售偏差电量；本节将以投标者需出售偏差电量为例说明智能合约的设计方法，基于智能合约的含可再生能源配电系统协同运行机制如图 6-3 所示。

(1)发布交易函数：配电网中任何产消者均可作为发布者，在发布交易阶段在多边交易平台上提交电量出售或购买请求，同时还需向该智能合约地址转入一定以太币作为保证金，以避免出现虚假请求。以太币是以太坊的虚拟货币，其与人

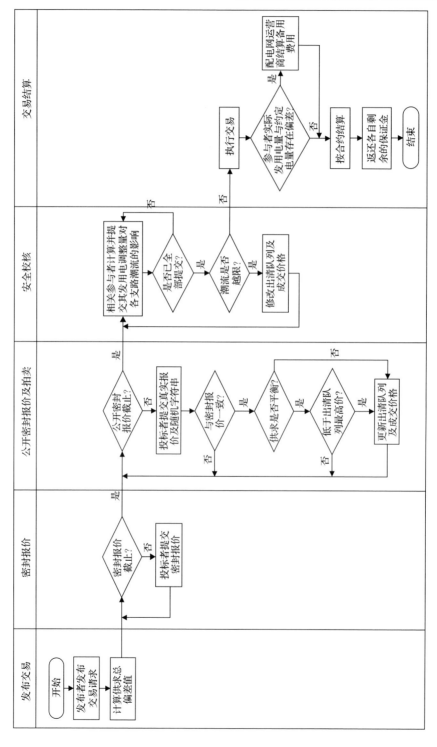

图 6-3 基于智能合约的合同再生能源配电系统协同运行机制

民币在 2017 年 2 月 28 日的汇率约为 1eth(以太币)=108 元。智能合约将记录全部请求，计算并公布供求总偏差值。

(2)密封报价函数：由于产消者发送至交易平台上的信息对所有人可见，而 VCG 拍卖为密封拍卖，即要求投标者提交报价时不能知晓其余投标者的报价信息。本节将投标过程分为密封报价与公开密封报价两个步骤。在密封报价阶段，投标者利用不可逆向求解、易于校验的哈希函数，将自己的真实报价与一串自定义的随机字符串相连，再进行哈希加密作为密封报价，在密封报价阶段提交。这一方法使得密封报价既包含了不可篡改的真实报价信息，又不至提早泄露给其余投标者。此外，投标者也需向该智能合约地址转入一定以太币作为保证金，以避免恶意竞标。密封报价如式(6-7)所示：

$$H = S(v,s) \tag{6-7}$$

式中，H 为密封报价；$S(\cdot,\cdot)$ 为 SHA-3 哈希函数；v 为真实报价；s 为投标者自定义的随机字符串。

(3)公开密封报价及拍卖函数：在公开密封报价阶段，投标者需在公开密封报价截止时间前提交自己的真实报价及自定义的随机字符串，智能合约将验证 $S(v,s)$ 与该投标者提交的密封报价 H 是否一致。若不一致，该报价将被视为无效报价。智能合约每收到一份有效报价，都将执行经过全体成员预先认可的拍卖函数：当供求未达到平衡或新报价低于出清队列中的最高报价时，更新出清队列，并按 VCG 规则重新计算各参与者的成交价格，直至公开报价阶段结束。

(4)安全校核函数：在安全校核阶段，全部产消者需根据自身发用电计划调整量及区块链上记录的功率转移分布因子，计算其对各支路潮流的影响量并提交给智能合约。智能合约对各产消者提交的影响量线性求和，判断各支路的潮流越限情况。若无潮流越限，则智能合约确定中标者与成交价格；若存在潮流越限，智能合约将按照 6.2.1 节提出的修正方法更新出清队列及成交价格，新进入出清队列的投标者重新确认调整量。智能合约重新计算潮流，直至不存在潮流越限。中标者与成交价格一经智能合约确认，即无法篡改。

(5)交易结算函数：在规定的电能传输时间，多边交易的全部参与者调整发用电计划，增加发电或降低负荷以完成交易。智能电表将向平台反馈实际发用电情况，平台根据反馈的数据进行结算。

首先，返还所有未中标投标者的保证金。随后，分三种情况考虑，判定交易完成情况。

① 若交易的全部参与者均按交易结果调整发用电计划，维持供需平衡，则按各自约定的价格结算，并返还各自剩余的保证金。

② 若参与者实际消耗(提供)电量低于(高于)约定电量，那么系统备用将降低

自身出力水平以维持供求平衡。该参与者首先按约定电量及成交价格结算，然后可获得来自备用的补偿。补偿金额如式(6-8)所示：

$$F = p_{R} |\Delta Q| \tag{6-8}$$

式中，F 为补偿金额；p_{R} 为备用调用的单位成本(发电成本减去容量成本)；ΔQ 为发布者约定电量与实际消耗(提供)电量的差值。

③ 若参与者实际消耗(提供)电量高于(低于)约定电量，导致备用必须增加出力水平以弥补参与者的预测偏差值，则该参与者首先按约定电量及成交价格结算，同时必须补偿系统备用，补偿量如式(6-9)所示：

$$F' = p_{R}' |\Delta Q| \tag{6-9}$$

式中，p_{R}' 为备用调用的单位成本(包括发电成本和容量成本)。

全部参与者结算完成后，返还各自剩余的保证金。

6.2.3 算例分析

为验证本章所设计机制的有效性，本节在实验室环境下，将分布式多边交易智能合约发布至以太坊私有链，作为分布式电能多边交易平台，模拟配电网场景进行仿真测试。该场景包括 2 个智能居民用户以及 3 栋含智能温控系统的商业写字楼，居民用户由于其负荷预测偏差需要在实时阶段向 3 栋商业写字楼购买偏差电量，商业写字楼可通过降低空调功率的方式向居民出售电量。

配电网结构采用改进的 IEEE33 节点配电系统，系统结构如图 6-4 所示。该系统中，节点 1 接入大电网，节点 10、节点 12 各接入一个智能居民用户，分别命名为 A、B；节点 4、节点 27、节点 7 各接入一个商业写字楼，分别命名为 C、D、E。本章只考虑实时多边交易阶段，假设日前发用电计划确定后，配电网各支路传输容量裕度如表 6-1 所示。

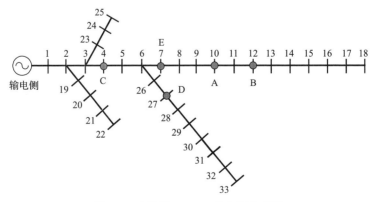

图 6-4　改进的 IEEE33 节点配电系统

表 6-1　配电网各支路传输容量裕度

支路	传输容量裕度/kW	支路	传输容量裕度/kW
1—2	5.20	17—18	1.28
2—3	5.20	2—19	1.28
3—4	5.20	19—20	1.28
4—5	5.20	20—21	0.64
5—6	0.64	21—22	0.64
6—7	5.20	3—23	0.64
7—8	5.20	23—24	0.64
8—9	5.20	24—25	1.28
9—10	5.20	6—26	1.28
10—11	5.20	26—27	1.28
11—12	2.60	27—28	1.28
12—13	1.28	28—29	1.28
13—14	2.60	29—30	1.28
14—15	2.60	30—31	0.64
15—16	2.60	31—32	0.64
16—17	2.60	32—33	0.64

商业写字楼的温度变化模型如式(6-10)所示：

$$T_{i+1,j} = \varepsilon_j T_{i,j} + (1-\varepsilon_j)T^{O} + \beta_j q_{i,j} \tag{6-10}$$

式中，$T_{i,j}$ 为 i 时段第 j 栋写字楼的室内温度；$q_{i,j}$ 为 i 时段第 j 栋写字楼的温控系统负荷；T^{O} 为室外温度；ε_j 为楼栋隔热系数；β_j 为温控系统效率。

商业写字楼的舒适度损失由式(6-11)给出：

$$D_{i,j} = \alpha_j (T_{i,j} - T_{i,j}^{I})^2 \tag{6-11}$$

式中，$D_{i,j}$ 为 i 时段第 j 栋写字楼的舒适度损失；$T_{i,j}^{I}$ 为 i 时段第 j 栋写字楼的理想室内温度；α_j 为第 j 栋写字楼用户的温度价值系数。

在 VCG 拍卖规则下，商业写字楼的最优报价应等于其降低温控系统负荷导致的舒适度损失，该报价将由其智能控制系统自动计算并提交。

本节取 $\varepsilon_j = 0.96 (j=1,2,3)$，$\beta_j = 0.7 (j=1,2,3)$，$\alpha_1$、$\alpha_2$、$\alpha_3$ 分别取 0.007、0.01、0.013，并假设室外温度为 -2℃，3 栋商业写字楼初始室内温度与理想室内温度相

等，均为 26℃，系统备用的调用成本为 0.02eth/(kW·h)。

在仿真测试中，智能合约根据各支路电抗值得到功率转移分布因子矩阵；产消者每 15min 根据自身实际需求与日前发用电计划的偏差电量发起一次交易请求，提交 15min 后的电量需求。发布时刻起 2min 内为密封报价阶段；2～4min 为公开密封报价及拍卖阶段；4～6min 为安全校核阶段；15min 后为交易结算阶段。本节在仿真测试前，首先在每个产消者的以太坊账户中预存 5eth，并令 2 个智能居民用户为发布者，3 栋商业写字楼作为投标者。为充分验证智能合约的有效性，本节总共进行 5 次交易，且测试产消者未能按时公开密封报价以及中标者未能按约调整负荷两种情况。

投标者提交的密封报价、真实报价及随机字符串（以楼栋 C 为例）如表 6-2 所示；安全校核前后各支路传输容量裕度如表 6-3 所示（为节约篇幅，仅展示第 1 时段安全校核前后潮流发生变化的支路）；分布式电能交易平台的交易结果如表 6-4 所示。

表 6-2　楼栋 C 提交的密封报价

时段	密封报价	真实报价/(10^{-3}eth/(kW·h))	随机字符串
1	"0x2cba0d499302383ee7de94e3f4eac62339132 53f4242a98390e0dfe36f0afb11"	3.4	"wwp"
2	"0x28bd203a752d3ceaa40c7cf11a468a864b116 7b408e300f18b409f7167b7d88f"	3.2	"rch"
3	"0x2509d3a634e8545fa5eb26c72dbc108bb6b4a d97662429a572a6796b415d5500"	—	—
4	"0x31a96f466262d3769a9148533fb483a98123c 0c6288accac020e34007685a9ab"	5.7	"oem"
5	"0xe4c3996dbb805ee02eac618c4e6bc44d43c5f 77259d2a2dc1b7a68e829660a3d"	9.7	"nse"

表 6-3　安全校核前后各支路传输容量裕度

线路	安全校核前传输容量裕度/kW	安全校核后传输容量裕度/kW
4—5	1.20	4.56
5—6	−3.36	0.00
6—7	1.20	1.20
6—26	1.28	4.64
26—27	1.28	4.64

结果表明，3 栋写字楼可在规定时间内通过以太坊 geth 客户端提交并公开密封报价；智能合约按 VCG 拍卖规则执行出清及结算，且最终确定的交易结果满足安全约束。在第 3 次交易中，C 未能在约定时间内公开密封报价，因此其提交的密封报价被视为无效报价。在第 5 次交易中，中标者 C 因自身原因未调整负荷，

因此结算时其保证金被扣除 0.002eth，补偿系统调用 0.1kW·h 备用容量的成本。

表 6-4　分布式电能交易平台交易结果

总偏差电量/(kW·h)	发布者成交价格/(10^{-3}eth/(kW·h))	中标者	中标电量/(kW·h))	中标收益/10^{-3}eth
1.0	6.160	C	0.16	0.784
		D	0.84	5.376
0.6	12.893	C	0.16	0.608
		E	0.44	7.128
0.5	15.900	E	0.50	7.950
1.0	21.368	C	0.16	2.384
		D	0.84	18.984
0.1	57.500	C	0.10	5.750

结果同时说明，只要交易各方履行交易合约，本章所设计的机制就能实现交易各方的帕累托改进。例如，第 1 次交易使居民住户的收益提升了 0.01384eth（备用调用成本为 0.02eth，偏差电量成交金额为 0.00616eth），使商业楼栋 C 的收益提升了 0.000235eth（偏差电量成交金额为 0.000784eth，楼栋 1 出售电量的成本为 0.000549eth）。

为验证本章机制的正确性，利用 MATLAB 求解出清模型，并与私有链的结果对比（表 6-5）。结果表明，本章机制可以实现偏差电量总成本最小化的目标。

表 6-5　本章机制与 MATLAB 仿真的偏差电量成本对比（单位：10^{-3}eth）

时段	本章机制	MATLAB 仿真
1	4.665	4.665
2	2.201	2.201
3	5.420	5.420
4	13.419	13.419
5	0.967	0.967

6.3　市场环境下含可再生能源配电系统的多层级博弈

售电市场放开是我国售电侧改革的发展方向，售电市场放开后，售电公司将作为新兴主体涌入电力市场，作为发电商与电力用户之间的重要媒介。一方面，海量电力用户将选择适宜自身需求的售电公司，满足自身用电需求；另一方面，售电公司将作为电力用户的代理人，与发电商展开电力交易。因此，有必要研究市场环境下含可再生能源配电系统中发电商-售电公司-电力用户间的博弈行为，探讨市场交易的均衡结果。

6.3.1　市场环境下售电公司-电力用户间的双层博弈

竞争性售电市场的一个重要特征是用户拥有自主选择权，能自由选择售电公司。随着我国注册的售电公司数量逐渐增多，售电公司将作为主要市场主体参与电力市场化交易，电力用户将面临多样的选择以使自身用电需求得到最优化满足；另外，电力用户的选择结果将直接决定售电公司的市场份额，通过影响售电公司利润进一步影响售电公司的售电策略。因此，需要研究电力用户对售电公司的选择行为及基于此的售电公司间的竞争行为。目前针对竞争性售电市场的研究主要集中在售电公司策略上，从单个售电公司角度出发对其售电策略进行优化。研究售电公司竞争行为，需要考虑用户对于市场中可选售电公司的选择结果，同时要考虑多个售电公司参与竞争时售电公司之间的竞争行为。鉴此，本节提出基于对用户选择行为建模的售电公司与电力用户之间的双层博弈模型。针对用户层，基于用户选择售电公司的效用，采用演化博弈描述用户选择行为；针对售电公司层，基于用户选择结果，将售电公司间的竞争刻画为非合作博弈模型。算例结果表明，该双层博弈模型能有效描述售电市场各主体的决策行为，能体现各类型用户的选择过程，同时为售电公司制定售电策略提供有效参考。

当售电市场完全放开后，用户拥有自主选择权，在市场上有数家售电公司供用户自主选择。售电公司通过电力交易中心发布售电合同等详细信息，用户接收到所有售电合同信息后选择一家售电公司作为自己的电力供应商。售电公司和用户间的信息交换如图 6-5 所示，其中上层为售电公司间的非合作博弈，售电公司

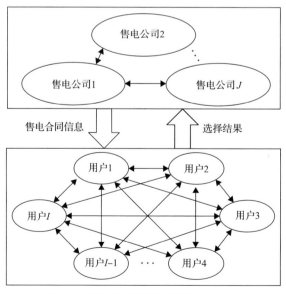

图 6-5　售电公司和用户间的信息交换

通过调整售电策略以实现目标最优；下层为用户间的演化博弈，每个用户会根据自己和其他用户的经验调整自己的策略。

售电市场环境下，相对于某个用户的行为，一般更加关注区域用户群体的行为。售电市场中，同一区域存在多种用户(电力用户通常可分为工业、商业和居民三大类)，同类型用户可看作一个用户群体，本章假设区域内共有 J 家售电公司和 I 类用户，售电市场中用户间的博弈可用多群体演化博弈来描述，针对每种类型的用户群体 $i \in I$，其群体内每个用户的策略为从售电公司 $j \in J$ 中选择一家售电公司。

1. 用户层演化博弈模型

本章从用户选择售电公司的经济因素和心理活动出发，分析出影响用户选择售电公司的因素有五个方面，分别为平均用电价格 B_1、合同结构 B_2、市场占有率 B_3、供电可靠率 B_4、附加增值服务 B_5。其中，平均用电价格可通过用户选择某一售电公司的电价以及自身用电负荷计算得出，市场占有率可通过区域内各类型用户对各售电公司的选择结果计算得出，针对其余指标，由专业机构(如电力交易中心)根据其历史经营状况等评估分值。以层次分析法(AHP)构建用户选择售电公司的效用模型，得到 $i(i \in I)$ 类型用户选择售电公司 $j(j \in J)$ 的效用为

$$U_j^i = k_1^i B_1^j + k_2^i B_2^j + k_3^i B_3^j + k_4^i B_4^j + k_5^i B_5^j \tag{6-12}$$

式中，$B_1^j \sim B_5^j$ 为归一化的各指标值(本节将各指标值归一化到[0,10])；$k_1^i \sim k_5^i$ 为相应指标的权重。

用 x_j^i 表示 i 类型用户中选择售电公司 j 的用户比例，x_j^i 满足 $0 \leqslant x_j^i \leqslant 1$ 和 $\sum_{j=1}^{J} x_j^i = 1$，i 类型用户的群体状态可以表示为 $\boldsymbol{X}^i = [x_1^i, \cdots, x_j^i, \cdots, x_J^i]$，则区域所有类型用户群体状态可以表示为

$$\boldsymbol{X} = \begin{bmatrix} x_1^1 & \cdots & x_j^1 & \cdots & x_J^1 \\ \vdots & \ddots & & \ddots & \vdots \\ x_1^i & & x_j^i & & x_J^i \\ \vdots & \ddots & & \ddots & \vdots \\ x_1^I & \cdots & x_j^I & \cdots & x_J^I \end{bmatrix} \tag{6-13}$$

通过用户群体的演化动态系统来刻画用户群体在状态空间 $\boldsymbol{X}$ 上的演化过程，用户根据当前时刻的信息修正自己的策略。演化动态中，修订协议 $\rho_{m,j}^i(U^i(\boldsymbol{X}))$ 指

i 类型用户从策略 m 转移到策略 j 的比例，其与当前时刻的用户效用和用户状态有关，$U^i(X)$ 为 i 类型用户的总效用。在一个随机选取的时间节点，每个用户通过与修订协议 $\rho^i_{m,j}(U^i(X))$ 呈比例的概率从策略 m 转移到 j。假设所有用户均根据获取到的信息对自己的策略进行修正，用户群体动态演化过程可用如下的微分方程组来描述：

$$\dot{x}^i_j = \sum_{m=1}^{J} x^i_m \rho^i_{m,j}(U^i(X)) - x^i_j \sum_{m=1}^{J} \rho^i_{j,m}(U^i(X)) \qquad (6\text{-}14)$$

式(6-14)右端第一项和第二项分别表示 i 类型用户中从其他策略转为选择策略 j 和从策略 j 转为其他策略的用户比例。本章演化博弈模型的修正协议采用 Logit 模型，如式(6-15)所示：

$$\rho^i_{m,j}(U^i(X)) = \exp(U^i_j(X)) \bigg/ \sum_{n=1}^{J} \exp(U^i_n(X)) \qquad (6\text{-}15)$$

由此，用户群体动态演化方程可写为

$$\dot{x}^i_j = \exp(U^i_j(X)) \bigg/ \sum_{n=1}^{J} \exp(U^i_n(X)) - x^i_j = \rho^i_{m,j}(U^i(X)) - x^i_j \qquad (6\text{-}16)$$

随着用户群体演化的进行，用户效用随着用户群体状态的改变而不断变化。本章采用分布式迭代算法求解演化均衡，在迭代过程中不断更新售电公司的市场占有率，进一步更新用户效用和修正协议，直至达到演化均衡。式(6-16)给出的时间连续的动态演化方程可以写成离散形式：

$$x^i_j(m+1) = x^i_j(m) + \lambda \cdot [\rho^i_{m,j}(U^i(X)) - x^i_j(m)] \qquad (6\text{-}17)$$

式中，m 为迭代次数；λ 为迭代步长。

用户层演化博弈模型求解算法流程如图 6-6 所示，具体如下。

(1)初始化各类型用户群体状态。

(2)计算 i 类型用户群体选择售电公司 j 的效用。

(3)利用式(6-15)更新修正协议，利用式(6-16)更新各类型用户群体状态。

(4)判断是否达到演化均衡。若达到演化均衡，求解结束；若没有达到演化均衡，利用用户群体状态计算售电公司市场占有率，回到第(2)步。

2. 售电公司层非合作博弈模型

售电市场中，每个售电公司以自身利益最大化作为目标，因此本章将售电公司层建模为非合作博弈模型，售电公司的博弈均衡为纳什均衡。本章假设售电公司通过集中交易市场购电，针对不同类型用户分别以均一价格售电。售电公司的竞争目标为考虑负荷波动给集中市场交易价格带来的不确定性，以考虑风险的期望利润最大化为竞争目标。

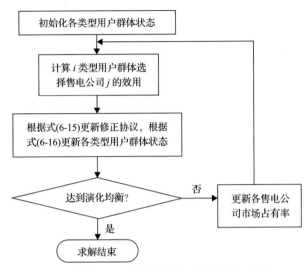

图 6-6　用户层演化博弈模型求解算法流程

用 m 表示不同的负荷场景，售电公司 j 的期望售电收益 F_j^1 为

$$F_j^1 = \sum_m P(m) \cdot \sum_{i \in I} \sum_{t \in T} p_j^i(t) L_j^i(m,t) \Delta t \tag{6-18}$$

式中，$p_j^i(t)$ 为售电公司 j 针对 i 类型用户的售电价格；$L_j^i(m,t)$ 为场景 m 下选择售电公司 j 的 i 类型用户总负荷；$P(m)$ 为场景 m 出现的概率；T 为模型考虑的时间段。

集中交易市场的电价平均值与区域总负荷水平间呈显著的线性关系，即

$$p_{\text{mkt}}(m,t) = k(t) \cdot L_{\text{all}}(m,t) + b(t) \tag{6-19}$$

式中，$p_{\text{mkt}}(m,t)$ 为集中交易市场的电价平均值；$L_{\text{all}}(m,t)$ 为区域总负荷；$k(t)$ 为价格负荷系数；$b(t)$ 为常数项。

售电公司 j 的期望购电成本 F_j^2 为

$$F_j^2 = \sum_m P(m) \cdot \sum_{t \in T} p_{\text{mkt}}(m,t) \sum_{i \in I} L_j^i(m,t) \Delta t \tag{6-20}$$

售电公司 j 的竞争目标为

$$\max\{F_j^1 - F_j^2 + \beta_j \cdot V_j\} \tag{6-21}$$

式中，V_j 为条件风险价值，表征售电公司 j 利润变动的风险；β_j 为风险度量因子，表征售电公司 j 考虑风险的程度，β 越大，售电公司对于风险的关注程度越高。

3. 基于粒子群算法的博弈模型求解

售电公司间为非合作博弈，其策略集为售电价格的可调整空间。当博弈达到均衡时，没有售电公司可以独自调整售电策略从而使自身竞争目标更优。本章采用粒子群算法求解售电公司非合作博弈的纳什均衡。本章算法中，每个粒子代表博弈的一个局势，它们在策略空间中搜寻最优位置。由于在博弈的纳什均衡中，博弈参与者的策略都是对策略的最优反应，因此代表纳什均衡的粒子具有最优的适应度。算法中每个粒子由售电公司策略来表示，即 $\boldsymbol{Y} = [y_1, \cdots, y_j, \cdots, y_J]$，根据纳什均衡的定义，当博弈达到均衡时，没有售电公司可以独自调整售电策略从而使自身的竞争目标更优，假设售电公司 j 的目标函数为 F_j，定义粒子的适应度函数为

$$f(\boldsymbol{Y}) = \sum_{j \in J} \max\{F_j(\boldsymbol{Y} \| y_j) - F_j(\boldsymbol{Y}), 0\} \tag{6-22}$$

根据式(6-22)结合纳什均衡的性质可知当且仅当当前局势为纳什均衡时粒子的适应度函数取得最小值 0，也即对于售电公司 j，假设对手策略不变，通过调整自身策略无法使得自身目标更优，可表示为 $f(\boldsymbol{Y}^*) = 0$，$f(\boldsymbol{Y}) > 0$，$\boldsymbol{Y} \neq \boldsymbol{Y}^*$（$\boldsymbol{Y}^*$ 为 $\boldsymbol{Y}$ 的均衡解）。

本章售电公司层博弈求解的粒子群算法流程如下。

(1) 确定粒子群规模、最大迭代次数以及惯性权重范围等参数，初始化粒子群及其速度。

(2) 根据适应度函数计算粒子适应度，根据粒子适应度求得粒子个体极值和全局极值。

(3) 计算惯性权重，更新粒子速度和位置，并计算当前粒子的适应度。

(4) 更新粒子个体极值和全局极值，如果全局极值达到精度要求则求解结束，此时最优的粒子为近似最优解，否则回到第(3)步。

本章提出的两层博弈模型的求解算法中，外层为售电公司层非合作博弈的粒子群算法，内层嵌套用户层演化博弈的迭代算法。在粒子群算法进行粒子适应度计算时，需要进行完整的内层用户层迭代算法流程。

6.3.2　市场环境下发电商-售电公司间的双层博弈

售电市场的进一步放开，会导致更多中小型用户签约售电公司，单个用户的用电行为随机性较强，为售电公司的负荷预测和购电决策带来一定挑战。此外，

随着配电网内越来越多的用户安装可再生能源设备，可再生能源的随机性和波动性对售电公司的负荷平衡提出更高的要求。因此售电公司需注重规模经济性。负荷规模效应体现在大量用户聚合能形成稳定的负荷曲线，增强售电公司的议价能力，实现售电公司单位购电成本下降或收益递增。本章针对具有一定规模的售电公司的决策问题，建立发电商-售电公司的博弈模型，讨论售电公司的规模经济性。

1. 负荷规模效应

规模效应是可明显观察到的客观经济现象。产业组织理论中，规模经济指企业通过大量生产或销售，实现单位成本下降或收益递增。售电公司的规模主要表现在掌控的负荷规模上，规模效应表现如下。

(1)稳定的负荷曲线：通常个体用电行为较为随机，而群体用电行为呈现规律性。售电公司正是基于这一特性，聚集大量用户，形成稳定的负荷曲线参与发电侧市场，并以相对固定的价格售电给用户，分担了单个用户直接参与市场的难度和风险。图 6-7 展示了两种规模下的典型日负荷曲线。显然，随着用户规模增大，整体的用电行为更加规律，各时段负荷相对于均值的偏离程度更小，负荷曲线的波动性、随机性更小。

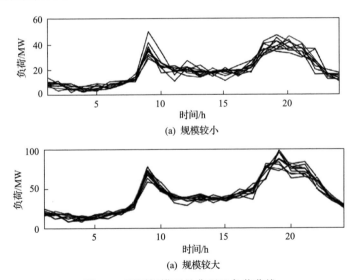

图 6-7　不同规模下的典型日负荷曲线

本章采用售电公司典型日负荷曲线的平均值代表负荷规模 S_R：

$$S_R = \frac{1}{n_r T} \sum_{j=1}^{n_r} \sum_{t=1}^{T} Q_{j,t} \tag{6-23}$$

式中，n_r 为统计的典型日负荷曲线数量；T 为时段数；$Q_{j,t}$ 为曲线 j 在时刻 t 的负荷需求。

为衡量负荷曲线的稳定性，定义曲线的爬坡指标 r 如下：

$$r = \frac{1}{n_\mathrm{r} T} \sum_{j=1}^{n_\mathrm{r}} \sum_{t=1}^{T-1} \frac{|Q_{j,t+1} - Q_{j,t}|}{Q_{j,\mathrm{avg}}} \tag{6-24}$$

式中，$Q_{j,\mathrm{avg}}$ 为第 j 条负荷曲线在所有时段的平均值。

(2)负荷的互补性：一般情况下，负荷规模较大的售电公司拥有更多种类的用户，通过不同用户的错峰互补效应，售电公司可以减小聚合曲线的波动幅度，从而得到对发电商更友好的负荷曲线，获得优惠的购电价格。

(3)可再生能源的平滑效应：按照"自发自用，余量上网"的模式，可再生电源出力会影响售电公司的负荷曲线特征。相关研究表明，大规模风电、光伏并网有助于总体波动性的减弱，称为平滑效应。随着负荷规模扩大，区域内用户数量和用户之间的距离增大，不同空间的可再生能源出力呈现相互抵消、互补、平抑的效果。

(4)议价能力：售电公司可凭借其负荷优势，在与发电商的双边合同议价中获得优惠。对于具有一定规模的售电公司，分配在现货市场的购电量将影响出清价格。

2. 购电价格和发电商决策模型

售电公司与发电商提前协商签订某日的购电量和价格，合同价格不仅受购电总量影响，也与负荷曲线的友好程度有关，假设合同价格由基本电价与爬坡附加电价两部分组成，如式(6-25)所示：

$$\lambda_\mathrm{B} = \lambda_0(Q_\mathrm{B}) + r\lambda' \tag{6-25}$$

式中，Q_B、λ_B 分别为双边合同的购电量与单位价格；λ_0 为单位基本电价，随 Q_B 的增加缓慢下降；λ' 为与爬坡指标有关的附加电价系数。

现货市场相对中长期市场的时间尺度更短，有较大的不确定性，采用多场景技术描述现货市场的负荷需求，针对各个场景分别构建出清模型。市场价格由购电需求和发电商报价经过市场出清确定。总负荷需求的变化引起出清价格波动，包含了决策主体在现货市场的购电量，以及市场其他参与者的投标电量，出清模型为

$$\begin{aligned}
\min \sum_{t=1}^{T} \sum_{i \in I} & \rho_{i,\omega} G_{i,t,\omega} \\
\text{s.t.} \sum_{i \in I} & G_{i,t,\omega} = Q_{t,\omega}^{\mathrm{po}} + (Q_{t,\omega} - k_{t,\omega} Q_\mathrm{B}), \quad \forall t \\
& G_{i,\min} \leqslant G_{i,t,\omega} \leqslant G_{i,\max}, \quad \forall i, \forall t \\
& -R_i \leqslant G_{i,t,\omega} - G_{i,t-1,\omega} \leqslant R_i, \quad \forall i, \forall t
\end{aligned} \tag{6-26}$$

式中，I 为发电商集合；$\rho_{i,\omega}$ 为发电商 i 在 ω 场景的报价曲线；$G_{i,t,\omega}$ 为发电商 i 在 ω 场景下 t 时段的出清电量；$Q_{t,\omega}^{\mathrm{po}}$ 为其他参与者在现货市场的投标电量；$Q_{t,\omega}$ 为决策主体在 t 时段的负荷需求；$k_{t,\omega}$ 为 ω 场景下 t 时段的双边签购电量分配比例，通常为该时段负荷占 T 个时段总负荷的比例；$G_{i,\min}$ 和 $G_{i,\max}$ 分别为发电商 i 出力的最小、最大值；R_i 为最大爬坡速率。

发电商根据不同场景的市场供求情况调整报价曲线，报价曲线表示为单位成本曲线乘以报价策略系数，且报价策略系数具有上下限约束：

$$\rho_{i,\omega} = l_{i,\omega}(2a_i G_{i,t,w} + b_i) \tag{6-27}$$

$$l_{i,\min} \leqslant l_{i,\omega} \leqslant l_{i,\max} \tag{6-28}$$

式中，$l_{i,\omega}$ 为发电商 i 在场景 ω 的报价策略系数；$l_{i,\max}$ 与 $l_{i,\min}$ 分别为报价策略系数的上下限；a_i、b_i 为发电商 i 的成本系数。

根据市场供需状况，发电商选取自身的最优报价策略系数，以获得最大效用。现货市场中发电商效用为售电收入与发电成本的差值，可表示为

$$\max_{l_{i,\omega}} f_{\mathrm{G},i,\omega} = \sum_{t=1}^{T} \lambda_{t,\omega} G_{i,t,\omega} - (a_i G_{i,t,\omega}^2 + b_i G_{i,t,\omega} + c_i) \tag{6-29}$$

式中，$\lambda_{t,\omega}$ 为 ω 场景下 t 时段的现货价格；c_i 为发电商 i 的固定成本；$f_{\mathrm{G},i,\omega}$ 为发电商 i 在场景 ω 下的效用。

3. 售电公司决策模型

售电公司的购电成本期望、收入期望以及单位负荷的利润可表示为

$$F = Q_{\mathrm{B}}\lambda_{\mathrm{B}} + \sum_{\omega=1}^{N} \sum_{t=1}^{T} \pi_{\omega} \lambda_{t,\omega}(Q_{t,\omega} - k_{t,\omega}Q_{\mathrm{B}}) \tag{6-30}$$

$$R = \sum_{\omega=1}^{N} \sum_{t=1}^{T} \pi_{\omega} p_{\mathrm{s}} Q_{t,\omega} \tag{6-31}$$

$$f_1 = \frac{R - F}{TS_{\mathrm{R}}} \tag{6-32}$$

式中，ω 为现货价格与实时负荷的场景；π_{ω} 为场景 ω 出现的概率；p_{s} 为面向电力用户的零售价格；N 为场景数量；S_{R} 为售电公司的负荷规模。

一定时间范围内，售电公司的服务、品牌等因素不变，其对用户的吸引只与价格有关，利用韦伯-费希纳定律模拟用户消费心理与价格激励的关系，则售电价格可表示为式(6-33)的形式：

$$p_s = p_0 - e^{\frac{S_R/S_{all}-D}{K}} \tag{6-33}$$

式中，p_0 为电网公司目录电价；S_{all} 为售电市场的总负荷规模；K、D 为常数。

售电公司面临集中市场价格波动与用户负荷波动的双重不确定性，因此在决策过程中，不仅要实现利润最大化，也要考虑不确定性引发的风险。条件风险价值(conditional value at risk，CVaR)度量给定置信度水平下尾部损失的条件均值。本节采用多场景法对应离散概率模型，售电公司的 CVaR 可表示为

$$CVaR = \min \quad \xi_\alpha + \frac{1}{1-\alpha}\sum_{\omega=1}^{N}\pi_\omega\eta_\omega$$

$$\text{s.t.} \quad Q_B\lambda_B + \sum_{t=1}^{T}\lambda_{t,\omega}(Q_{t,\omega}-k_{t,\omega}Q_B)-Q_{t,\omega}p_s \leqslant \xi_\alpha+\eta_\omega, \quad \forall\omega, h_\omega \tag{6-34}$$

$$\eta_\omega \geqslant 0, \quad \forall\omega$$

式中，ξ_α 为定义在 $\mathbf{R}$ 上的决策变量；α 为置信度，代表损失小于 ξ_α 的概率；η_ω 为场景 ω 下损失超过 ξ_α 的部分；h_ω 为约束的对偶变量。

售电公司对风险的厌恶随尾部损失偏离期望利润的程度增强，故售电公司的单位负荷的风险程度可以表示为

$$f_2 = \beta \cdot \left(\frac{F-R-CVaR}{TS_R}\right)^2 \tag{6-35}$$

式中，β 为风险权重系数，β 值越大，代表售电公司越规避风险。

综合利润和风险，一定规模下的售电公司的效用函数为

$$\min_{Q_B} f_R = -f_1 + f_2 \tag{6-36}$$

4. 基于敏感度函数法的博弈模型求解

所构建的售电公司和发电商博弈模型是 EPEC (equilibrium problem with equilibrium constraints)问题。售电公司的决策模型是 MPEC (mathematical problem with equilibrium constraints)问题，上层为售电损失和风险的综合效用最小化，下层是出清价格模型。发电商在现货市场的报价决策也是 MPEC 问题，上层为收入与发电成本之差，下层是出清价格模型。多个 MPEC 问题具有相同的下层出清约束，代表发电商和售电公司的决策会共同影响出清结果，因此市场均衡时构成一个 EPEC 问题。采用敏感度函数法求解，基于下层出清模型的最优条件，计算参与者效用关于各自决策变量的敏感度，迭代求解市场均衡。

售电公司效用关于合同电量的敏感度函数为

$$\frac{\partial f_{\mathrm{R}}}{\partial Q_{\mathrm{B}}} = \frac{2\beta}{(TS_{\mathrm{R}})^2}(F - R - \mathrm{CVaR})\left(\frac{\partial F}{\partial Q_{\mathrm{B}}} - \frac{\partial \mathrm{CVaR}}{\partial Q_{\mathrm{B}}}\right) + \frac{1}{TS_{\mathrm{R}}}\frac{\partial F}{\partial Q_{\mathrm{B}}} \tag{6-37}$$

$$\frac{\partial F}{\partial Q_{\mathrm{B}}} = \sum_{\omega=1}^{N}\sum_{t=1}^{T}\left[\pi_\omega \frac{\partial \lambda_{t,\omega}}{\partial Q_{\mathrm{B}}}(Q_{t,\omega} - k_{t,\omega}Q_{\mathrm{B}}) - \pi_\omega \lambda_{t,\omega}k_{t,\omega}\right] + \lambda_{\mathrm{B}} \tag{6-38}$$

$$\frac{\partial \mathrm{CVaR}}{\partial Q_{\mathrm{B}}} = \sum_{\omega=1}^{N}h_\omega\left[\lambda_{\mathrm{B}} + Q_{\mathrm{B}}\lambda_0 + \sum_{t=1}^{T}\frac{\partial \lambda_{t,\omega}}{\partial Q_{\mathrm{B}}}(Q_{t,\omega} - k_{t,\omega}Q_{\mathrm{B}}) - \lambda_{t,\omega}k_{t,\omega}\right] \tag{6-39}$$

发电商效用关于报价策略系数的敏感度函数为

$$\frac{\partial f_{\mathrm{G},i,\omega}}{\partial l_{i,\omega}} = \sum_{t=1}^{T}(\lambda_{t,\omega} - 2a_iG_{i,t,\omega} - b_i)\frac{\partial G_{i,t,\omega}}{\partial l_{i,\omega}} + G_{i,t,\omega}\frac{\partial \lambda_{t,\omega}}{\partial l_{i,\omega}} \tag{6-40}$$

为求解 $\partial \lambda_{t,\omega}/\partial Q_{\mathrm{B}}$、$\partial \lambda_{t,\omega}/\partial l_{i,\omega}$、$\partial G_{i,t,\omega}/\partial l_{i,\omega}$，将现货出清模型表达为向量形式，如式 (6-41) 所示：

$$\begin{aligned}
\min f(\boldsymbol{g}) &= \boldsymbol{\rho}^{\mathrm{T}}\boldsymbol{g}\\
&= \mathrm{Diag}(\boldsymbol{l})(2\mathrm{Diag}(\boldsymbol{a})\boldsymbol{g} + \mathrm{Diag}(\boldsymbol{b}))\boldsymbol{g}\\
\mathrm{s.t.}\ \ \boldsymbol{H}\boldsymbol{g} &= \boldsymbol{d}\ \lambda\\
\boldsymbol{g} &\geqslant \boldsymbol{g}_{\min}\ \boldsymbol{\tau}\\
\boldsymbol{g} &\leqslant \boldsymbol{g}_{\max}\ \boldsymbol{\varphi}\\
\boldsymbol{W}\boldsymbol{g} &\geqslant -\boldsymbol{r}\ \boldsymbol{\theta}\\
\boldsymbol{W}\boldsymbol{g} &\leqslant \boldsymbol{r}\ \boldsymbol{\mu}
\end{aligned} \tag{6-41}$$

式中，$\mathrm{Diag}(\cdot)$ 表示把向量化为对角矩阵，即向量元素作为矩阵的对角线元素；$\boldsymbol{g}$ 为决策变量；$\boldsymbol{H}$ 为等式约束系数矩阵；$\boldsymbol{d}$ 为等式约束常数项向量；$\boldsymbol{W}$ 为爬坡约束系数矩阵；$\boldsymbol{g}_{\max}$、$\boldsymbol{g}_{\min}$ 分别为出清电量上下限约束向量；$\boldsymbol{r}$ 为最大爬坡速率向量；λ、$\boldsymbol{\tau}$、$\boldsymbol{\varphi}$、$\boldsymbol{\theta}$、$\boldsymbol{\mu}$ 为对偶变量；$\boldsymbol{l}$、$\boldsymbol{a}$、$\boldsymbol{b}$ 为式 (6-27) 中对应变量的矩阵形式。

根据 KKT 条件，最优解满足的等式约束为

$$\begin{aligned}
\boldsymbol{H}\boldsymbol{g} &= \boldsymbol{d}\\
\boldsymbol{H}^{\mathrm{T}}\lambda + \boldsymbol{\tau} - \boldsymbol{\varphi} + \boldsymbol{W}^{\mathrm{T}}\boldsymbol{\theta} - \boldsymbol{W}^{\mathrm{T}}\boldsymbol{\mu} &= \nabla f(\boldsymbol{g})\\
\boldsymbol{G}_{\min}\boldsymbol{\tau} &= \boldsymbol{0}\\
\boldsymbol{G}_{\max}\boldsymbol{\varphi} &= \boldsymbol{0}\\
\boldsymbol{R}_1\boldsymbol{\theta} &= \boldsymbol{0}\\
\boldsymbol{R}_2\boldsymbol{\mu} &= \boldsymbol{0}
\end{aligned} \tag{6-42}$$

式中, G_{min} 为 $\text{Diag}(g-g_{min})$; G_{max} 为 $\text{Diag}(g_{max}-g)$; R_1 为 $\text{Diag}(Wg+r)$; R_2 为 $\text{Diag}(r-Wg)$。

将(6-42)的等式两侧对 Q_B 微分, 可表示为

$$
\begin{bmatrix}
H & 0 & 0 & 0 & 0 & 0 \\
0 & H^T & I & -I & W^T & -W^T \\
T & 0 & G_{min} & 0 & 0 & 0 \\
-\Phi & 0 & 0 & G_{max} & 0 & 0 \\
\Theta W^T & 0 & 0 & 0 & R_1 & 0 \\
-MW^T & 0 & 0 & 0 & 0 & R_2
\end{bmatrix}
\begin{bmatrix}
\frac{\partial g}{\partial Q_B} \\
\frac{\partial \lambda}{\partial Q_B} \\
\frac{\partial \tau}{\partial Q_B} \\
\frac{\partial \varphi}{\partial Q_B} \\
\frac{\partial \theta}{\partial Q_B} \\
\frac{\partial \mu}{\partial Q_B}
\end{bmatrix}
=
\begin{bmatrix}
\frac{\partial d}{\partial Q_B} \\
\frac{\partial \nabla f}{\partial Q_B} \\
0 \\
0 \\
0 \\
0
\end{bmatrix}
\tag{6-43}
$$

式中, T 为 $\text{Diag}(\tau)$; Φ 为 $\text{Diag}(\varphi)$; Θ 为 $\text{Diag}(\theta)$; M 为 $\text{Diag}(\mu)$。

求解式(6-43), 可以得到出清价格 λ 关于 Q_B 的偏导数。同理, 对于发电商 i, 将等式两侧对 $l_{i,\omega}$ 进行微分, 求解出清电量 g 和出清价格 λ 关于 $l_{i,\omega}$ 的偏导数。

基于敏感度函数, 售电公司和发电商决策迭代的计算公式如下, 当达到最优均衡时, 各参与者均不更新策略:

$$
Q_B^{n+1} = Q_B^n - \delta_B \frac{\partial f_R}{\partial Q_B^n}
\tag{6-44}
$$

$$
l_{i,\omega}^{n+1} = l_{i,\omega}^n + \delta_G \frac{\partial f_{G,i,\omega}}{\partial l_{i,\omega}^n}
\tag{6-45}
$$

式中, δ_B、δ_G 为与迭代步长有关的常数; n 为迭代次数。

基于敏感度函数的求解流程如下。

(1)迭代次数 $n=1$, 设置售电公司决策量 Q_B、发电商决策量 $l_{i,\omega}$ 的初始值。

(2)更新不同场景下发电商的报价策略。

(3)综合各场景的出清结果, 更新售电公司的购电策略。

(4)如果参与者的策略变化量满足精度要求, 则求得最优解; 如果不满足, 返回步骤(2), $n=n+1$。

6.3.3　算例分析

1. 售电公司-电力用户间的双层博弈模型算例分析

1)算例数据

假设在某区域有 $I=3$ 种类型用户和 $J=2$ 家售电公司。以一天为研究周期, 3

种用户分别为工业用户、居民用户和商业用户，各类型用户原始负荷如图 6-8 所示。各类型用户对于售电公司各项指标的敏感度不同，基于用户效用层次结构，构建判断矩阵，得到各类型用户效用指标权重，如表 6-6 所示。

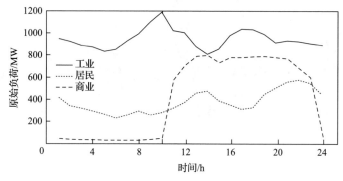

图 6-8　各类型用户原始负荷

表 6-6　各类型用户效用指标权重

用户类型	B_1	B_2	B_3	B_4	B_5
工业	0.648	0.130	0.111	0.056	0.056
居民	0.595	0.119	0.143	0.071	0.071
商业	0.500	0.100	0.200	0.100	0.100

区域内两家售电公司的各指标值(除平均用电价格和市场占有率外)评估分值如表 6-7 所示。

表 6-7　售电公司指标值评估分值

售电公司	B_2	B_4	B_5
公司 1	6	9	5
公司 2	5	8	7

2) 算法有效性分析

针对两层博弈模型求解算法的每一次内层用户层迭代，都要求能够有效收敛，这是整个算法能够收敛的基础，算法某一次迭代的用户层演化博弈收敛过程以及售电公司层粒子群算法粒子适应度变化过程如图 6-9 和图 6-10 所示。

由图 6-9 可知各类用户对售电公司选择的动态收敛过程，3 类用户均很快收敛到演化稳定策略，同时由于不同用户负荷特性及对售电公司各指标敏感度的不同，其最终选择结果存在差异。由于整个两层博弈求解算法中要多次调用内层用户层的演化博弈算法，因此内层算法的收敛性能将极大地影响整个算法的求解速度。

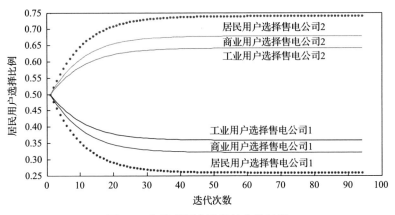

图 6-9　各类型用户选择的收敛过程

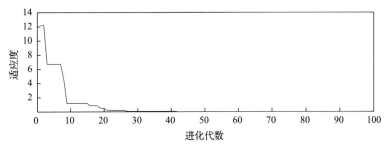

图 6-10　粒子适应度变化过程

3) 考虑风险因素时的结果分析

本章以各类型用户原始负荷为基准，通过蒙特卡罗模拟方法生成 500 种负荷场景进行分析。假设售电公司针对工商用户和居民用户分别以均一电价售电，以工商用户电价为例，分析售电公司在不同风险偏好下市场均衡价格变化的趋势，如图 6-11 所示。

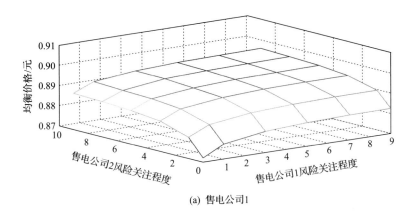

(a) 售电公司1

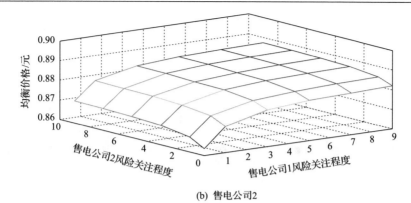

(b) 售电公司2

图 6-11　售电公司不同风险偏好下的均衡价格

由图 6-11 可知，售电公司对于风险偏好的不同会导致均衡价格不同，售电公司的风险关注程度提高时，市场均衡价格提高。特别地，当市场中一家售电公司的风险关注程度提高时，会使得市场中竞争对手的均衡价格提高。当售电公司 1 的风险关注程度不变时（$\beta_1=1$），售电公司 2 改变风险关注程度对其利润和市场份额的影响如图 6-12 所示，由图 6-12 可知，随着售电公司的风险关注程度的提高，其利润会提升，但是其市场份额将下降。

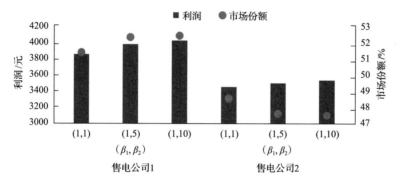

图 6-12　售电公司风险关注程度对利润和市场份额的影响

4) 兼顾利润和市场份额时的结果分析

当售电公司的发展战略为兼顾利润和市场份额时，考虑如下四个场景。

场景一：售电公司 1 和 2 均只考虑利润最大化。

场景二：售电公司 1 兼顾利润和市场份额，售电公司 2 只考虑利润最大化。

场景三：售电公司 2 兼顾利润和市场份额，售电公司 1 只考虑利润最大化。

场景四：售电公司 1 和 2 均兼顾利润和市场份额。

这四种场景下 2 家售电公司的利润和市场份额情况如图 6-13 所示，由图 6-13 可知，在利润竞争的基础上，其中一家售电公司开始关注市场份额时，其市场份额提高但利润降低；当两家售电公司同时关注市场份额的竞争时会导致各家售电公司利润下降，这种情况的出现是售电公司间市场份额的竞争最终导致让利用户的结果。

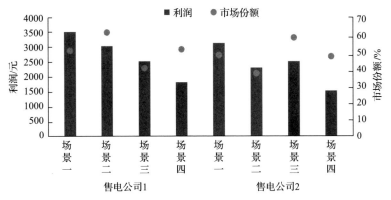

图 6-13　各场景下售电公司的利润和市场份额情况

2. 发电商-售电公司间的双层博弈模型算例分析

1) 基本数据

为便于比较，假设不同规模的售电公司拥有同类型用户，构建单个家庭日负荷曲线模型，根据用户数量叠加形成售电公司的整体日负荷曲线，并生成 10 个典型场景。其中每一万个用户的平均负荷规模为 5MW。双边合同的基本电价为 $(29-0.001Q_B)$ 美元/$(\mathrm{MW}\cdot\mathrm{h})$，附加电价系数为 10 美元/$(\mathrm{MW}\cdot\mathrm{h})$。风险的置信度为 95%，权重系数为 1。

市场平均总负荷规模为 200MW，目录电价为 39.5 美元/$(\mathrm{MW}\cdot\mathrm{h})$。由于缺乏实际数据，假设售电价格比目录电价低 1.5 美元/$(\mathrm{MW}\cdot\mathrm{h})$，售电公司能进入市场；当售电公司比目录电价低 10 美元/$(\mathrm{MW}\cdot\mathrm{h})$ 时，可以拥有 50% 的市场份额，根据式(6-33)解得 K 为 0.25、D 为 –0.1。

设置两个发电商参与现货市场，表 6-8 给出了机组具体参数，报价系数的取值范围为 0.5～3.5。现货市场需求存在不确定性，本章假设剩余负荷需求参与集中市场的比例是随机的，典型场景如图 6-14 所示，与售电公司自身的负荷需求共组成 100 个场景。

表 6-8　机组运行参数

机组	G_{min}/MW	G_{max}/MW	a	b	c
G_1	0	200	0.058	6.926	0
G_2	0	200	0.053	7.352	0

迭代算法中，发电商策略的 δ_G 和 ε_G 分别为 10^{-4} 和 10^{-2}。售电公司合同电量迭代的 δ_B 和 ε_B 分别为 5000 和 0.1。

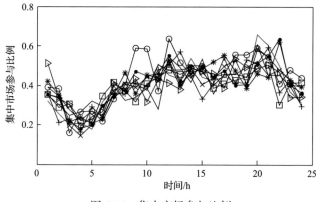

图 6-14　集中市场参与比例

2) 结果分析

（1）算法有效性分析。对于 4 万个用户规模的售电公司，选取不同的迭代初始状态，状态 1 为售电公司初始 Q_B 占购电总量的 50%，发电商初始报价策略系数为 2；状态 2 为售电公司初始 Q_B 占购电总量的 100%，发电商初始报价策略系数为 1。图 6-15 展示了两种初始值下售电公司双边合同购电量、G_1 和 G_2 报价策略系数平均值的迭代变化。

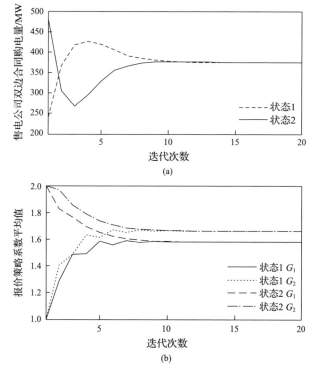

图 6-15　市场参与者决策收敛过程

由图 6-15 可以看出参与者决策的动态收敛过程均可收敛到稳定解，且结果与初始状态无关。但是不同初始值对迭代次数有影响，状态 1 收敛得更快。

(2)不同规模售电公司经营分析。设置两种规模的售电公司，分别为 4 万个用户以及 8 万个用户，典型负荷曲线已于图 6-7 展示，计算两种规模的售电公司经营状况；再加入 15%渗透率的分布式风能，考察分布式可再生能源对不同规模售电公司的影响，表 6-9 给出了两种规模的售电公司经营状况。

表 6-9　两种规模的售电公司经营状况

参数	无可再生能源		含分布式风能	
	4 万个用户	8 万个用户	4 万个用户	8 万个用户
偏离指标	0.133	0.089	0.180	0.120
爬坡指标	0.272	0.245	0.341	0.293
合同电量/(MW·h)	374.58	734.54	309.04	603.85
单位购电成本/(美元/(MW·h))	30.39	29.64	30.91	30.00
单位风险/(美元/(MW·h))^2	0.39	0.30	0.51	0.41
零售价格/(美元/(MW·h))	37.28	36.18	37.28	36.18
总利润/美元	3307.2	6278.4	2599.0	5042.9
G_1平均报价策略系数	1.58	1.56	1.58	1.55
G_2平均报价策略系数	1.66	1.64	1.66	1.63

由表 6-9 可以得出以下结论。

①用户规模较小的售电公司，偏离指标和爬坡指标更高，说明负荷曲线稳定性较差。加入可再生能源后，净负荷曲线的两种指标均上升，但规模大的售电公司指标上升幅度更小，这是因为大规模风电的平滑效应缓解了净负荷的波动。

②两种情况下，大规模售电公司的单位购电成本和单位风险更低，体现了规模经济效应。一方面，大型售电公司签订双边合同获得一定优惠；另一方面，负荷规模大的售电公司能发挥市场力，调节现货市场的需求情况，此时发电商平均报价策略系数也更低，导致出清电价下降。此外，大规模售电公司总负荷曲线更稳定，降低了单位负荷的经营风险。

③为维持较大的负荷规模，8 万个用户的售电公司降低了零售电价，但由于售电总量大且成本低，总利润仍高于小规模售电公司。

图 6-16 为不同规模售电公司的单位购电成本和总利润变化趋势，给出了售电公司的单位购电成本与总利润随用户规模的变化趋势。可以看出，随着用户数量增多，单位购电成本呈下降趋势，但在有限的市场容量下，为扩大规模而

降低售电价格不利于总利润增长，其中利润最大值点约为 13 万个用户，占据市场份额的 32.5%。

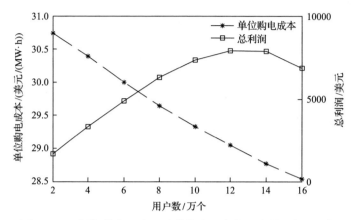

图 6-16　不同规模售电公司的单位购电成本和总利润变化趋势

6.4　本　章　小　结

本章研究了市场环境下含可再生能源配电系统协同运行方法以及多层级博弈。建立了含可再生能源配电系统的协同运行模型及机制，以市场手段实现配电系统内各能源主体的帕累托改进。搭建了市场环境下配电系统的多层级博弈模型，分别建立了售电公司-电力用户间的双层博弈模型以及发电商-售电公司间的博弈模型，分析了市场环境下不同能源主体间的博弈行为及结果。研究成果为分析市场环境下配电系统的运行机制和运行效果提供了重要理论支持。

参　考　文　献

[1] Forfia D, Knight M , Melton R . The view from the top of the mountain: Building a community of practice with the gridwise transactive energy framework[J]. IEEE Power and Energy Magazine, 2016, 14(3):25-33.

[2] Kok K, Widergren S. A society of devices: Integrating intelligent distributed resources with transactive energy[J]. IEEE Power and Energy Magazine, 2016, 14(3): 34-45.

[3] Apostolopoulou D, Bahramirad S, Khodaei A. The interface of power: Moving toward distribution system operators[J]. IEEE Power and Energy Magazine, 2016, 14(3): 46-51.

[4] Rahimi F, Ipakchi A, Fletcher F. The changing electrical landscape: End-to-end power system operation under the transactive energy paradigm[J]. IEEE Power and Energy Magazine, 2016, 14(3): 52-62.

[5] Kristov L, De Martini P, Taft J D. A tale of two visions: Designing a decentralized transactive electric system[J]. IEEE Power and Energy Magazine, 2016, 14(3): 63-69.

[6] Akter M N, Mahmud M A, Oo A M T. A hierarchical transactive energy management system for microgrids[C]. Proceedings of 2016 Power and Energy Society General Meeting (PESGM), Boston, 2016: 1-5.

[7] Sajjadi S M, Mandal P, Tseng T L B, et al. Transactive energy market in distribution systems: A case study of energy trading between transactive nodes[C]. Proceedings of 2016 North American Power Symposium（NAPS）, Denver, 2016: 1-6.

[8] 沈俭荣, 文云峰, 郭创新, 等. 基于产消方式的互联微网协同自治运行策略[J]. 电力系统自动化, 2016, 40（9）: 40-47.

[9] Masiello R, Aguero J R. Sharing the ride of power: Understanding transactive energy in the ecosystem of energy economics[J]. IEEE Power and Energy Magazine, 2016, 14（3）: 70-78.

[10] Chen S J, Liu C C. From demand response to transactive energy: State of the art[J]. Journal of Modern Power Systems and Clean Energy, 2017, 5（1）: 10-19.

[11] Nakamoto S. Bitcoin: A peer-to-peer electronic cash system[EB/OL]（2008-08-05）[2020-01-02]. https://bitcoin. org/bitcoin. pdf.

[12] Kim M, Song S, Jun M S. A study of block chain-based peer-to-peer energy loan service in smart grid environments[J]. Advanced Science Letters, 2016, 22（9）: 2543-2546.

[13] Molle G. How blockchain helps brooklyn dwellers use neighbors' solar energy[EB/OL].（2016-07-04）[2020-12-11]. http://www.npr.org/sections/alltechconsidered/2016/07/04/482958497/how-blockchain-helps-brooklyn-dwellers-use-neighbors-solar-energy.

[14] 曹寅. 能源互联网1.0: 能源区块链实验室路线图[EB/OL].（2016-05-23）[2016-05-23]. http://www.8btc.com/ energy-web.

[15] Mihaylov M, Jurado S, Avellana N, et al. NRGcoin: Virtual currency for trading of renewable energy in smart grids[C]. Proceedings of 2014 the 11th International Conference on the European Energy Market（EEM）, Krakow, 2014: 1-6.

[16] Alam M T, Li H, Patidar A. Bitcoin for smart trading in smart grid[C]. Proceedings of 2015 IEEE International Workshop on Local and Metropolitan Area Networks, Beijing, 2015: 1-2.

[17] Aitzhan N Z, Svetinovic D. Security and privacy in decentralized energy trading through multi-signatures, blockchain and anonymous messaging streams[J]. IEEE Transactions on Dependable and Secure Computing, 2018, 15（5）: 840-852.

[18] 张宁, 王毅, 康重庆, 等. 能源互联网中的区块链技术: 研究框架与典型应用初探[J]. 中国电机工程学报, 2016, 36（15）: 4011-4022.

[19] 邰雪, 孙宏斌, 郭庆来. 能源互联网中基于区块链的电力交易和阻塞管理方法[J]. 电网技术, 2016, 40（12）: 3630-3638.

第7章 高比例可再生能源电力系统
备用需求评估与优化

7.1 引　言

结合我国的资源地理分布特点可知,我国的可再生资源主要集中在三北(东北、华北、西北)地区[1],而电力负荷中心主要分布在中部和东部地区[2]。在此现状下,源、荷侧的不确定性各自引发的系统备用需求则具有时间和空间两个维度上的差异性,从而导致系统内的备用短缺区域会随时间和空间的改变而不断变化[3]。每个区域因其不确定性来源的种类和比例不同,在不同时段内对备用容量的需求也不同。充分利用不同区域对备用需求在时间上可能的差异性,在系统范围内进行备用资源整合,可在保证系统安全稳定运行的前提下减少系统总备用预留量。这也使得跨区域的备用资源共享成为解决目前备用资源不足问题的有效手段之一,使得跨区域备用资源的高效分配策略成为当前能源现状下必要的研究课题。

为了实现备用资源在系统范围内的高效利用和分配,针对当前研究仍存在的问题,本章从系统对备用需求的本质出发,首先在时间和空间两个维度准确刻画不同区域备用需求的不确定性特征;然后根据区域自身不确定性建立清晰的区域备用需求评估模型;最后结合负荷水平和备用的耦合关系,在跨区域功率和备用协同优化的基础上,根据各区域备用需求的时空差异性在系统范围内实现了备用资源的高效共享和分配。此外,为了将研究得到的备用资源共享策略应用于我国现有的垂直调度体系中,本章还提出不同时间尺度下多区域系统内的信息交互机制。本章构建的考虑源、荷侧双重不确定性的跨区域备用共享体系,为未来我国电力系统调度提供了一定的理论支撑。

7.2 电力系统备用需求的影响因素

7.2.1 电力系统的备用分类

电力系统运行中,发电机组发出的有功功率必须和负荷消耗的有功功率保持平衡。为了保证供电的可靠性和良好的电能质量,电力系统的有功功率平衡必须在额定参数下确定,而且还应留有一定的备用容量[4]。

备用容量按其作用可分为负荷备用、事故备用、检修备用和国民经济备用，按其存在形式可分为旋转备用(亦称热备用)和冷备用。

为满足一日中计划外的负荷增加和适应系统中的短时负荷波动而留有的备用称为负荷备用。负荷备用容量的大小应根据系统总负荷大小、运行经验以及系统中各类用户的比重来确定，一般为最大负荷的 2%～5%。

当系统的发电机组由于偶然性事故退出运行时，为保证连续供电所需要的备用称为事故备用。事故备用容量的大小可根据系统中机组的台数、机组容量的大小、机组的故障率以及系统的可靠性指标等来确定，一般为最大负荷的 5%～10%，但不应小于运转中最大一台机组的容量。

当系统中发电设备计划检修时，为保证对用户供电而留有的备用称为检修备用。发电设备运转一段时间后必须进行检修。检修分为大修和小修。大修一般安排在系统负荷的季节性低落期间；小修一般在节假日进行，以尽量减少检修备用容量。

为满足工农业生产的超计划增长对电力的需求而设置的备用则称为国民经济备用。

从另一个角度来看，在任何时刻运转中的所有发电机组的最大可能出力之和都应大于该时刻的总负荷，这两者的差值就构成了一种备用容量，通常称为旋转备用(或热备用)容量。旋转备用容量的作用在于即时抵偿由随机事件引起的功率缺额。这些随机事件包括短时间的负荷波动、日负荷曲线的预测误差和发电机组因偶然性事故而退出运行等。因此，旋转备用中包含了负荷备用和事故备用。一般情况下，这两种备用容量可以通用，不必按照两者之和来确定旋转备用容量。

系统中处于停机状态，但可随时待命启动的发电设备可能发出的最大功率称为冷备用容量。它可作为检修备用、国民经济备用及一部分事故备用。

电力系统拥有适当的备用容量就为保证其安全、优质和经济运行准备了必要的条件[4]。

本章所提及的备用主要涉及经济性方面，值得一提的是，安全性等也是备用的一部分，但在本章没有体现。

7.2.2　高比例可再生能源对系统备用的影响

未来电网将接入高比例可再生能源，风电和光伏发电是可再生能源的主体[5]。风电和光伏发电出力自身存在的间歇性，导致其预测精度难以在短时间内大幅提升[6]。根据可再生能源预测结果来制定电力生产计划的风险将长期存在，尤其在以火电为主的中国电力系统中，这一问题更加突出[7]。火电机组启动慢且存在最小技术出力约束，其平衡风电、光伏发电等可再生能源发电波动的能力存在一定的局限性：若火电机组开机量过多产生弃风弃光，则会引起可再生能源的资源浪费；反之，若火电机组开机或调节速率不足，则会导致调节无法跟随可再生能源的快速波动，将引起停电风险[8]。因此，如何合理配置系统的旋转备用容量，是未来电网接入高比例可再生能源情况下协调好电力系统可靠、经济、清洁运行要求的关键。

传统电力系统正常运行情况下，功率平衡问题主要由负荷波动引起：负荷波动规律性强，随机扰动幅度小，确定性[9,10]的备用配置尽管较为粗放，但其整体经济性尚在可控范围之内。高比例接入可再生能源后，发电侧和需求侧双侧波动均会引起系统的功率失衡[11]，发电侧可再生能源波动性大且规律较难掌握，预测精度的限制导致随机性较大。因此，需要考虑采用精度更高的概率性[12,13]和风险性[14,15]备用评估方法[16]。

概率性方法考虑随机因素对系统预留备用量的影响，统筹兼顾系统运行的可靠性与经济性[17]。该方法一般将备用评估的过程融合到优化调度模型中，使得备用容量在满足可靠性的基础下更经济[18-20]。风险性方法多以风险价值理论[21]为基础，评估可再生能源接入给电网带来的风险，并以此为依据制定备用预留计划。该方法一般以失负荷损失风险价值与弃风损失风险价值作为指标，评估系统预留备用的效果，并将相应的风险价值计入调度模型的目标函数，实现可靠性与经济性之间的平衡[22-25]。采用概率性方法得到的备用配置方案能够覆盖概率主体部分，却容易忽略以小概率发生的高风险事件。风险性方法可以实现事件风险评估的全覆盖，但存在风险难以准确量化的困难[16]。

概率性方法能够产生覆盖概率主体空间的配置方案；风险性方法进一步通过未覆盖区域的风险残值评估，自适应确定概率主体空间的范围，能够弥补概率性方法的缺陷。但将风险性方法用于实践，面临着风险难以准确量化的难题[16]。

7.2.3　调度框架对跨区域备用优化的影响

从跨区域备用优化的本质进行分析，功率和备用两个物理量之间的耦合关系主要体现在两个方面。

(1)提供者的性质：现阶段，我国电力系统一般由火电机组提供备用容量。而一台火电机组能提供的备用容量不仅和该机组单位时间内有功功率调节能力有关，也与该机组的有功出力运行点有关。因此，当一台机组的计划出力改变时，该机组能够提供的向上和向下备用容量也可能随之改变。由此可知，机组的有功出力和提供的备用容量，是两个必须同时优化的决策变量，如图 7-3 中浅灰色区域所示。

(2)优化对象的性质：系统不确定性由其波动性和随机性组成。以风电为例，波动性具体表现为其在不同时段内出力水平的差异。因此，系统需要调整火电机组的出力计划，从而保证系统的供需平衡。而风电的随机性则表现为某一时间断面内的预测误差水平，为了应对预测误差可能为系统引入的不平衡功率，系统需要预留一定的备用容量。因此，风电的不确定性同时影响了系统功率和备用两个优化过程，使得功率和备用的优化过程不可分割，如图 7-1 中深灰色区域所示。图中，$\overline{R}_{i,t}^{\text{th}}$、$\underline{R}_{i,t}^{\text{th}}$ 分别为第 i 台机组在 t 时刻预留的向上备用和向下备用；$P_{i,t}^{\text{th}}$、$\overline{P}_i^{\text{th}}$、$\underline{P}_i^{\text{th}}$ 分别为第 i 台机组在 t 时刻的有功出力、第 i 台机组的最大有功出力和最小有功出力；$\overline{\text{RR}}_i^{\text{th}}$、$\underline{\text{RR}}_i^{\text{th}}$ 分别为第 i 台机组预留的最大向上备用和向下备用。

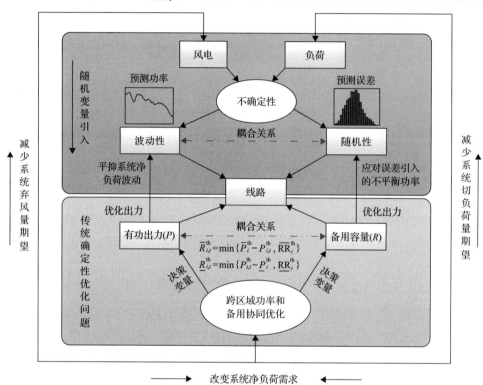

图 7-1　考虑源、荷侧不确定性功率和备用协同优化模型的关键技术和耦合关系

　　因此，"为了平抑波动性的功率优化问题"和"为了应对随机性的备用优化问题"是两个强耦合问题，独立地对其中之一进行调度将可能导致调度结果的次优，需对二者进行协同优化。其优化目标为系统总运行成本最小，优化对象为火电机组出力计划和提供备用计划以及区域间的边界交互备用。

　　以具有不同分布特性的可再生能源接入的两个区域电网为例，分析可再生能源发电对两地电网的调峰需求，在此基础上分析两个区域作为整体运行时的系统调峰需求。

　　如图 7-2 和图 7-3 所示，区域 1 的可再生能源消纳情况较好，单独运行时可再生能源完全消纳后的净负荷曲线仍略大于火电机组的最小技术出力，因此该区域电网能够灵活调节和满足负荷的需求；而区域 2 的净负荷曲线有较长时段远低于该区域火电机组的最小技术出力，该区域电网产生较大的调峰需求。当将区域 1 与区域 2 作为整体进行分析时，相比区域 2 单独运行时的情况，所产生的调峰需求减少，因此这种方式更有利于可再生能源的消纳。

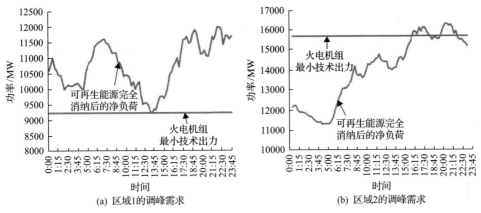

图 7-2　可再生能源发电对两地电网各自的调峰需求

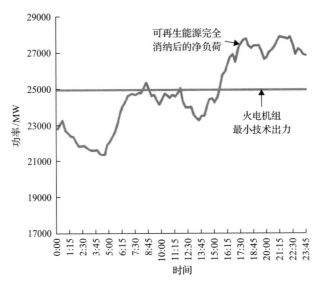

图 7-3　可再生能源发电对两个区域整体运行时的系统调峰需求

　　综上所述，充分合理地调用其他区域电网的资源参与调峰，可以减少系统的调峰需求，实现可再生能源的合理有效利用。

1. 垂直调度体系

在我国垂直调度体系下，每一个区域电网内包含若干个通过省间联络线路相连的省级电网。区域电网公司拥有省间联络线的线路参数以及调度控制权限，用于优化和调度各省份间的功率和备用交互量，区域电网公司不对各省内的具体机组进行调度，也无法获取省内机组和线路参数。而省级电网公司则是在已经确定了的交互功率和备用计划的基础上，根据省内发电机组的具体参数、省内输电线路参数以及省内输电网结构，以本省的经济性最优作为调度目标，对省内的发电机组出力进行优化调度。省级电网需对省内的机组和线路参数进行保密，仅向区域调度上传省份间的交互信息。本章中，下层调度中心(local control center, LCC)在生产实际中对应了省级电网调度中心，而上层调度中心(upper control center, UCC)则对应了跨省份的网调控制中心。以四个省级电网组成的区域电网为例，图7-4 展示了 UCC 和 LCC 之间的垂直调度关系以及信息交互过程。

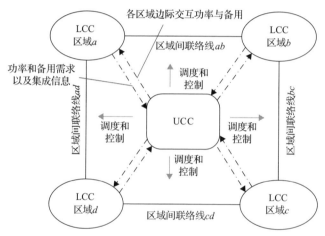

图 7-4　垂直调度体系中上、下层调度中心的交互示意图

2. 多时间尺度调度框架

随着风、光等具有不确定性的可再生能源大规模接入，预测误差对我国电力系统传统调度的影响日益显著。由于预测误差的期望值会随着时间的逼近而逐步减小，因此，多时间尺度的调度框架可利用不断更新的预测信息，逐步缓解预测误差给我国电力系统带来的功率不平衡问题[26]。由于 7.5 节研究重点为信息交互技术，故选择了日前时间尺度的经济调度和提前 4h 的日内滚动经济调度作为重点讨论对象。

日前经济调度是日内滚动经济调度的基础。发电机组参数、区域内及区域间联络线路参数以及网架结构信息是两个调度共同的输入信息。不同之处在于，日前经济调度以日前预测信息及其对应时间尺度的历史数据作为输入，而日内滚动经济调度则以日前优化调度结果、日内预测信息以及日内 4h 时间尺度的历史数据作为输入。总体而言，日内滚动经济调度需要在日前经济调度出力结果的基础上进行，根据更新的预测信息以及日内时间尺度的历史数据来对日前的调度结果进行修正，从而减少预测误差引起的系统不平衡功率。

由以上两点可知，7.5 节需解决的关键问题包括：①时间尺度上，日前经济调度和日内滚动经济调度之间的信息输入输出关系如何界定；②调度层级上，区域间调度控制中心 UCC 与区域内调度控制中心 LCC 之间，如何在信息保护的基础上实现跨区域功率和备用的分配。

7.3　备用需求的动态评估

为解决系统的备用优化问题，首先需根据系统不确定性特征准确评估系统在不同状态下的备用需求。故本章对源荷侧不确定性进行数学刻画，并在此基础之上构建一种备用需求的动态评估模型。以风电为例，该模型利用弃风期望量和切负荷期望量两个指标描述备用预留的效果，从经济性权衡的角度剖析备用评估问题，为后文的跨区域备用共享奠定了理论基础。

7.3.1　源荷侧不确定性的刻画

随着源侧可再生能源发电比例的提高，以及荷侧始终存在的负荷预测误差，实际电力系统调度无法获得无误差的预测信息。系统源荷侧的预测误差将会导致计划出力与负荷需求不能实时匹配。如何对源荷侧不确定性进行数学刻画是跨区域备用优化的基础输入和首要任务。

综合考虑源荷侧的不确定性，将同一时段的源侧风电功率的预测误差与荷侧负荷预测误差的差值定义为该时段的系统误差 E_t^{sys}，其表达式为

$$E_t^{\text{sys}} = \left(\text{HP}_{i,t}^{\text{fcst,wind}} - \text{HP}_{i,t}^{\text{wind}} \right) - \left(\text{HP}_{i,t}^{\text{fcst,load}} - \text{HP}_{i,t}^{\text{load}} \right) \tag{7-1}$$

式中，$\text{HP}_{i,t}^{\text{fcst,wind}}$ 和 $\text{HP}_{i,t}^{\text{wind}}$ 分别为历史时段 t 的风电功率预测值和实测值；$\text{HP}_{i,t}^{\text{fcst,load}}$ 和 $\text{HP}_{i,t}^{\text{load}}$ 分别为历史时段 t 的负荷预测值和实测值。

由于本章采用概率模型的方法对源荷侧不确定性进行刻画，故需要统计系统误差的分布规律。具体数据收集和处理方法如下。

步骤 1：首先采集同一历史时段的风电功率预测值和实测值、同一历史时段的负荷预测值和实测值，组成历史数据组。

步骤 2：对风电功率和负荷的预测值进行等级划分。将风电功率预测值和负荷预测值的取值范围均匀等分成若干区间，每一个区间分别表示一个预测等级。分别根据历史数据组的风电功率预测值和负荷预测值进行预测等级匹配，并将其存入相应的数据箱中，得到对应的风电预测值分箱号和负荷预测值分箱号，则定

义风电 1 号箱和负荷 1 号箱构成系统误差 1 号箱，风电 1 号箱和负荷 2 号箱构成系统误差 2 号箱，以此类推。

步骤 3：计算各系统误差箱内的系统误差，并对其采用通用分布模型[27]进行拟合，得到系统误差的拟合函数。

本章选取爱尔兰岛风电场 2011～2012 年的风电数据[28]和美国区域输电组织（PJM）2015～2016 年的负荷数据[29]，组成共 70176 个历史数据对。风电功率和负荷均设置为 5 个预测等级，故生成 25 个系统误差数据箱。图 7-5 展示了 1～10 号箱的系统误差拟合效果。

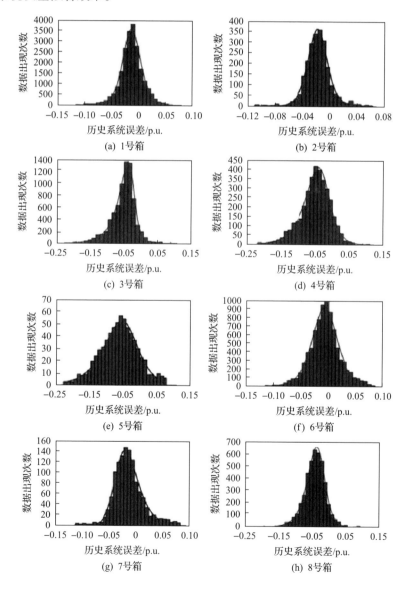

(a) 1号箱

(b) 2号箱

(c) 3号箱

(d) 4号箱

(e) 5号箱

(f) 6号箱

(g) 7号箱

(h) 8号箱

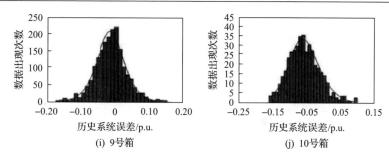

图 7-5　历史系统误差按预测等级分箱后的条件概率分布拟合效果

7.3.2　备用需求动态评估模型

在电力系统的日前调度过程中，系统内的可调机组需预留足够的向上/向下出力空间以应对可能发生的功率不平衡。在一个含火电机组和风电机组的系统内，火电机组向上备用预留不足会导致切负荷事件，而火电机组向下备用预留不足则会导致弃风事件。相反，过多地预留向上/向下备用容量，则将降低系统运行的经济性。不合理的备用预留策略无法高效地处理未来大规模风电接入带来的随机性对电网的冲击。因此，系统的备用预留量既非多多益善，也非越少越好，而是一个在"备用预留成本"和"弃风、切负荷成本"之间权衡的优化问题。

为合理评估系统的备用需求，首先需要介绍电力系统预留备用的初衷。在没有大规模可再生能源接入电力系统之前，备用预留主要是为了应对非计划的机组停运或者非计划的传输线路退出运行给系统造成的影响[30]。一般而言，电力系统运行人员会预留足够的备用以确保在发生一台火电机组非计划停运或者一条线路非计划退出运行时，系统依然可以安全稳定地运行，即传统的 N–1 原则[31]。也正因如此，传统的备用需求评估方法相对简单且采用的是静态评估的方法，即在任何时刻都预留大于或者等于一台火电机组最大并网装机容量的向上旋转备用[32]。但当具有较强随机性和波动性的可再生能源开始大规模接入电力系统后，传统的备用需求评估方法便不再适用。系统预留的备用容量不仅需要应对电气元器件故障引起的功率缺额，而且需要同时应对源荷侧不确定性给系统带来的不平衡功率[33,34]。因此，系统运行人员预留备用容量的作用就从单一的降低切负荷量的大小及发生次数，进一步扩展到提高风电等可再生能源的利用效率并减少弃风量和弃风事件的次数[35]。为解决上述问题，本章通过建立向上备用容量与切负荷期望值之间的函数关系，以及向下备用容量与弃风期望值之间的函数关系，从而定量地描述系统预留备用的效果。通过物理概念明确的期望函数，将备用需求评估的问题转化为经济性权衡的优化问题。

为了建立上述的两类关系曲线，本章对切负荷事件和弃风事件进行定义[36]。

切负荷事件：①当系统内所有机组正常运行时，系统误差为正值且大于预留的总向上备用容量时，会发生切负荷事件；②当系统内有任意一台火电机组发生非计划停运后，系统误差为正值且大于预留的向上备用容量时，会发生切负荷事件。

弃风事件：①当系统内所有机组正常运行时，系统误差为负值且其绝对值大于预留的向下备用容量时，会发生弃风事件；②当系统内有任意一台火电机组发生非计划停运后，系统误差为负值且其绝对值大于预留的向下备用容量时，会发生弃风事件。

本章暂不考虑系统中两台及以上火电机组同时发生非计划停运的情况，如若需要可在后文提出的模型基础上进行扩展。若考虑光伏等其他形式的可再生能源，可将弃风事件的定义转化为弃光事件进行处理，并计算弃光量期望及其经济成本，从而进行备用需求评估，后文不再赘述。

1. 不考虑机组故障的备用需求动态评估模型

7.3.1 节给出了某一时段某一风电功率和负荷预测等级下的系统误差的概率密度函数(PDF)结果，以图 7-6 为示意图。α、β、γ 分别为通用分布概率密度函数的形状参数。$f(x)$ 为某一数据箱内的系统误差的概率密度函数。$\mathrm{ERROR}_t^{\max}$ 和 $\mathrm{ERROR}_t^{\min}$ 分别指该箱内历史上出现过的系统误差最大值与最小值。$\bar{R}_t^{\mathrm{sys}}$ 和 $\underline{R}_t^{\mathrm{sys}}$ 分别指在时段 t 内系统预留的向上备用容量和向下备用容量。A 和 B 标号均代指虚线、PDF 曲线和横坐标轴围成区域的面积。横坐标上的 x 表示可能出现的实际系统误差。

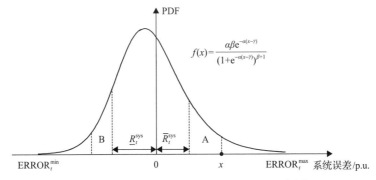

$$f(x)=\frac{\alpha\beta e^{-\alpha(x-\gamma)}}{(1+e^{-\alpha(x-\gamma)})^{\beta+1}}$$

图 7-6　某一数据箱内的系统误差 PDF 示意图

假设某系统所有火电机组均保持正常运行且无故障发生，在 t 时段系统误差为 x。当 x 大于 0 且小于 $\bar{R}_t^{\mathrm{sys}}$ 时，系统不会发生切负荷事件。而当 x 大于系统预留的向上备用容量 $\bar{R}_t^{\mathrm{sys}}$ 时，根据切负荷事件的定义可知，该系统在此时刻将切除功率为 $x-\bar{R}_t^{\mathrm{sys}}$ 的负荷。而系统误差为 x 这个事件发生的概率为 $f(x)$。$f(x)$ 为当前时刻与预测等级对应的数据箱内的系统误差的 PDF。在考虑了所有 x 大于 $\bar{R}_t^{\mathrm{sys}}$ 的情况后，可得到在不考虑发电机组开断故障的情况下，该系统在当前时刻的切负荷期望值，如式(7-2)所示。同理，经过类似分析，可得到系统向下备用容量与弃风期望值之间的函数关系，如式(7-3)所示。其中 $\overline{R}_t^{\mathrm{sys}}$ 和 $\underline{R}_t^{\mathrm{sys}}$ 均取正值。

$$\mathrm{RLS}_t^{\mathrm{Base}}(\overline{R}_t^{\mathrm{sys}}) = \int_{\overline{R}_t^{\mathrm{sys}}}^{\mathrm{ERROR}_t^{\max}} (x - \overline{R}_t^{\mathrm{sys}}) f(x)\mathrm{d}x \tag{7-2}$$

$$\mathrm{RWC}_t^{\mathrm{Base}}(\underline{R}_t^{\mathrm{sys}}) = \int_{-\underline{R}_t^{\mathrm{sys}}}^{\mathrm{ERROR}_t^{\min}} (x + \underline{R}_t^{\mathrm{sys}}) f(x)\mathrm{d}x \tag{7-3}$$

式(7-2)、式(7-3)分别建立了"系统向上备用量与切负荷量期望值"和"系统向下备用容量与弃风期望值"关系的函数表达式。由于在不同时刻和预测等级下，系统误差的 PDF 各不相同，因此上述表达式会根据时刻和预测等级的不同而动态调整，故称其为备用需求动态评估。

2. 考虑机组故障的备用需求动态评估模型

以式(7-2)和式(7-3)为基础，结合切负荷事件和弃风事件的定义可知，当考虑机组故障时，系统的向上备用容量需在覆盖系统误差的基础上进一步增加，而系统的向下备用容量可在系统误差的基础上适当减少，式(7-4)和式(7-5)所示。

$$\begin{aligned}\mathrm{RLS}_t\left(\overline{R}_t^{\mathrm{sys}}\right) = &\prod_{i=1}^{\mathrm{THE}}\left(1-\mathrm{OP}_i^{\mathrm{th}}\right)\cdot\mathrm{RLS}_t^{\mathrm{Base}}\left(\overline{R}_t^{\mathrm{sys}}\right)\\ &+\sum_{i=1}^{\mathrm{THE}}\left[\mathrm{OP}_i^{\mathrm{th}}\cdot\prod_{\substack{j=1\\j\neq i}}^{\mathrm{THE}}\left(1-\mathrm{OP}_j^{\mathrm{th}}\right)\cdot\mathrm{RLS}_t^{\mathrm{Base}}\left(\overline{R}_t^{\mathrm{sys}}-P_{i,t}^{\mathrm{th}}-\overline{R}_{i,t}^{\mathrm{th}}\right)\right]\end{aligned} \tag{7-4}$$

$$\begin{aligned}\mathrm{RWC}_t\left(\underline{R}_t^{\mathrm{sys}}\right) = &\prod_{i=1}^{\mathrm{THE}}\left(1-\mathrm{OP}_i^{\mathrm{th}}\right)\cdot\mathrm{RWC}_t^{\mathrm{Base}}\left(\underline{R}_t^{\mathrm{sys}}\right)\\ &+\sum_{i=1}^{\mathrm{THE}}\left[\mathrm{OP}_i^{\mathrm{th}}\cdot\prod_{\substack{j=1\\j\neq i}}^{\mathrm{THE}}\left(1-\mathrm{OP}_j^{\mathrm{th}}\right)\cdot\mathrm{RWC}_t^{\mathrm{Base}}\left(\underline{R}_t^{\mathrm{sys}}+P_{i,t}^{\mathrm{th}}-\underline{R}_{i,t}^{\mathrm{th}}\right)\right]\end{aligned} \tag{7-5}$$

式中，$\mathrm{OP}_i^{\mathrm{th}}$ 为该系统火电机组 i 发生非计划停运事故的概率，可通过统计该火电机组的历史运行数据获取；THE 为火电机组集合。

式(7-4)中 $\mathrm{RLS}_t(\overline{R}_t^{\mathrm{sys}})$ 表示考虑机组故障时系统在某时段的切负荷期望值关于向上备用容量的函数。$\mathrm{RLS}_t(\overline{R}_t^{\mathrm{sys}})$ 由两部分组成，第一部分为当所有火电机组均处于正常运行工况时，在 t 时段内预留 $\overline{R}_t^{\mathrm{sys}}$ 后系统面临的切负荷期望值；第二部分为当区域内任一台火电机组 i 发生了非计划停运事故时，在 t 时段内预留 $\overline{R}_t^{sys}$ 后系统面临的切负荷期望值。其中，$\overline{R}_{i,t}^{th}$ 为发生故障的火电机组在故障脱网前承担的向上备用容量；$P_{i,t}^{th}$ 为发生故障的火电机组脱网前的输出功率。当火电机组 i 发生故障停运后，系统同时损失了该故障机组所提供的功率以及该机组在脱网前承担的向上备用容量。这里假设机组发生故障停运后立即脱网，忽略了故障机组脱网过程中的功率缓降过程。

与 $RLS_t(\overline{R}_t^{sys})$ 类似，考虑机组故障时，系统弃风期望值关于向下备用容量的完整函数表达式如式(7-5)所示。$RWC_t(\underline{R}_t^{sys})$ 也由两部分内容组成，第一部分指当所有火电机组均处于正常运行工况时，在 t 时刻预留 $\underline{R}_t^{sys}$ 后系统面临的弃风期望值；第二部分为当系统内任一台火电机组 i 发生了非计划停运事故时，在 t 时刻预留 $\underline{R}_t^{sys}$ 后系统面临的弃风期望值。

需要注意的是，$RWC_t(\underline{R}_t^{sys})$ 中 $P_{i,t}^{th}$ 的正负号与 $RLS_t(\overline{R}_t^{sys})$ 中不同，原因在于对弃风事件而言，机组发生故障相当于关闭一台火电机组，有助于减少弃风量，故式(7-5)中 $P_{i,t}^{th}$ 前的符号与式(7-4)中的对应符号相反。

综上所述，在式(7-4)和式(7-5)中 $ERROR_t^{max}$ 和 $f(x)$ 均与调度时段和预测等级相关，而 $P_{i,t}^{th}$、$\overline{R}_{i,t}^{th}$ 和 $\underline{R}_{i,t}^{th}$ 则与该时刻系统运行状态相关。因此，该备用评估模型是根据调度时段、预测等级、火电机组运行状态而动态调整的关系式。由于式(7-4)和式(7-5)是基于式(7-2)式(7-3)的反复调用过程，且式(7-4)和式(7-5)的表达式较为复杂，故后续内容将重点以式(7-2)和式(7-3)为代表介绍其转化和应用。

3. 备用需求动态评估模型的线性化

通过式(7-2)~式(7-5)不难发现，本章所提的备用需求动态评估模型为变下限积分且不具有解析表达式。这一性质将极大地限制该模型的推广和使用，因此本部分进一步对上述模型进行数值积分和分段线性化处理，以便其在调度问题中使用。具体处理过程如下。

步骤 1：数值积分。本部分采用文献[37]中的数值积分方法，以式(7-2)和式(7-3)为例进行介绍。首先将对应数据箱内的历史最大/最小系统误差 $ERROR_t^{max}$ 和 $ERROR_t^{min}$ 取出，分别以 $[0, ERROR_t^{max}]$ 和 $[0, -ERROR_t^{min}]$ 作为函数 $RLS_t(\overline{R}_t^{sys})$ 和 $RWC_t(\underline{R}_t^{sys})$ 的定义域，再分别将这两个定义域均分为 n 段。为保证数值积分的精确度，这里取 $n=1000$。利用 MATLAB 软件中的 quadl 函数，以每个均分点为自变量，求取式(7-2)和式(7-3)对应的函数值。经过 n 次处理，可以得到 n 组向上/向下备用容量和切负荷/弃风期望值之间的对应关系。以备用容量为横轴，切负荷/弃风期望值为纵轴，分别做出两个坐标系。最后将求取的 n 组关系代入坐标系中，并将同一坐标轴中的 n 点相连，即可得到式(7-2)和式(7-3)的数值积分结果。

步骤 2：分段线性化。由于备用容量和系统切负荷/弃风期望之间呈现了非线性关系，若直接将备用关系曲线用于调度模型，将导致优化问题的非线性，不利于对其进行求解。针对上述问题，本部分采用不均匀分段线性化方法对备用关系曲线进行线性化处理[38]。备用函数关系在经过数值积分后被离散化为 n 个点。该线性化方法从起点开始，将函数起点和第 i 点相连，作为第一段线性化。所得到的线段需确保其与真实函数中各点的距离不大于所设置的误差阈值，本章中将阈值定为 0.5%。再重复上述操作直至函数的整个定义域均被线性化。

经过上述两步转化，最终得到如图 7-7 所示的线性化结果。

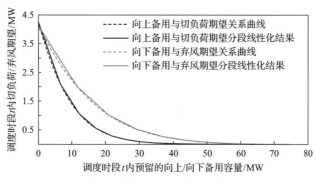

图 7-7 备用评估动态模型线性化结果示意图

4. 单一区域下的电力系统备用优化

为检验备用需求动态评估模型的有效性，这里以图 7-8 所示含一个风电场接入的 5 机 6 节点系统为例进行仿真。该系统的火电机组主要参数如表 7-1 所示，装机容量为 100MW 的风电场接入母线 2[39]，L1～L6 表示负荷。

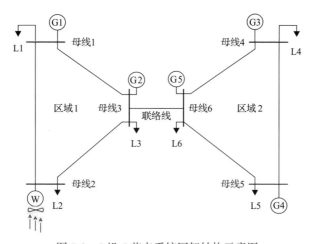

图 7-8 5 机 6 节点系统网架结构示意图

表 7-1　5 机 6 节点系统内火电机组参数

参数	G1	G2	G3	G4	G5
出力上限/MW	100	50	100	50	100
出力下限/MW	50	20	50	25	50
爬坡速率/(MW/h)	50	20	50	25	50
a_i/(美元/h)	10.15	58.81	10.15	58.81	10.15
b_i/(美元/(MW·h))	17.82	22.94	17.82	22.94	17.82
c_i/(美元/(MW·h)^2)	0.0128	0.0098	0.0128	0.0098	0.0128
最小开机时间/h	5	2	5	2	5
最小停机时间/h	5	2	5	2	5
启停动作成本/(美元/次)	500	300	500	300	500

　　算例采用的预测数据如图 7-9 所示，其中母线 1～母线 6 处的负荷预测值满足 1∶1∶1∶2∶2∶2 的比例关系，并选取文献[40]中的备用需求静态评估方法作为对比算例。

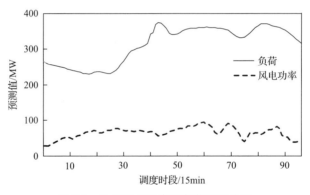

图 7-9　次日风电功率和负荷预测曲线

　　图 7-10 给出了 2 种备用需求评估方法下的火电机组计划出力曲线。对比分析可知本章所提的备用需求动态评估模型通过更为合理地为系统预留备用容量，优化了具有快速启停能力的机组（G2 和 G4）的启停动作时序，降低了其启停动作次数。这一优化效果，于系统运行稳定而言避免了机组的频繁启停，于系统运行成本而言降低了启停机费用。

　　图 7-11 给出了 2 种备用需求评估方法下的备用预留计划。可以明显看出，静态评估方法下的备用预留曲线要相对平缓，这是因为备用需求静态评估模型根据次日的风电和负荷预测曲线来制定备用预留计划，且预留的向上和向下备用容量是相等的。以向上备用容量为例，其涵盖 2 部分：第 1 部分为历史系统误差 CDF

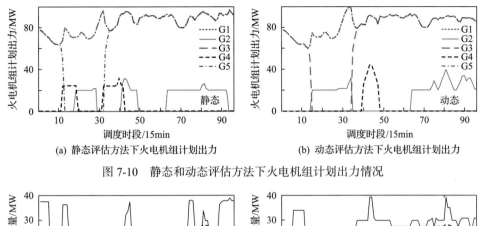

(a) 静态评估方法下火电机组计划出力　　　　　(b) 动态评估方法下火电机组计划出力

图 7-10　静态和动态评估方法下火电机组计划出力情况

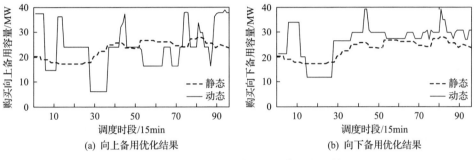

(a) 向上备用优化结果　　　　　　　　(b) 向下备用优化结果

图 7-11　静态和动态评估方法下备用优化结果

的 0.9 分位数；第 2 部分为相应调度时段的 3%负荷预测值，故其备用预留曲线比较平缓。

　　对比 2 种评估方法下的备用预留计划可知，动态评估方法针对每个调度时段都能根据其对应的风电和负荷的预测数据，为其预留可靠经济的备用容量。为了实现可靠性与经济性之间的平衡，动态评估方法对于每个调度时段的备用需求进行了较为精细的刻画，在备用预留曲线中则表现为曲线频繁且大幅度地波动，而这种波动正是动态评估方法所期望达到的效果，即既不过多预留备用而造成备用浪费，也不过少预留备用而造成切负荷和弃风。

7.4　统一调度体系下的跨区域备用优化方法

　　在未来大规模可再生能源接入的场景下，跨区域的备用资源共享是解决可再生能源消纳问题的有效方法。为实现该目标，7.3 节研究了系统不确定性的刻画方式，并进一步提出了备用需求的动态评估模型，从而根据系统的预测等级、调度时段以及运行状态评估出备用需求量。然而，跨区域的备用优化不仅需要上述的理论支撑，同时还需进一步对功率优化与备用优化之间的耦合特性，以及联络线传输容量对跨区域备用互补的约束进行分析。

7.4.1 跨区域功率备用协同优化模型

结合上述对跨区域备用优化问题物理本质的介绍，本节建立了一个考虑源荷侧双重不确定性的跨区域功率备用协同优化模型。

1. 目标函数

跨区域功率备用协同优化模型的目标函数包括火电机组燃料成本、火电机组启停成本、备用购买成本、切负荷和弃风成本四部分，如式(7-6)所示：

$$
\begin{aligned}
C_{\mathrm{UC}}^{\mathrm{total}} = \min \Bigg\{ & \sum_{t\in T}\sum_{i\in G}\Big[a_i + b_i\cdot P_{i,t}^{\mathrm{th}} + c_i\cdot(P_{i,t}^{\mathrm{th}})^2\Big] + \sum_{t\in T}\sum_{i\in G}C_i^{\mathrm{SUSD}}(v_{i,t}+z_{i,t}) \\
& + \sum_{t\in T}\sum_{m\in A}(\overline{\mathrm{RC}}_m \times \overline{R}_{m,t}^{\mathrm{area}} + \underline{\mathrm{RC}}_m \times \underline{R}_{m,t}^{\mathrm{area}}) \\
& + \sum_{t\in T}\sum_{m\in A}\Big[C_m^{\mathrm{LS}}\cdot \mathrm{RLS}_{m,t}(\overline{R}_{m,t}^{\mathrm{area}}) + C_m^{\mathrm{WC}}\cdot \mathrm{RWC}_{m,t}(\underline{R}_{m,t}^{\mathrm{area}})\Big] \Bigg\}
\end{aligned}
\tag{7-6}
$$

式中，a_i、b_i 和 c_i 为火电机组 i 的燃料成本系数；$P_{i,t}^{\mathrm{th}}$ 为火电机组 i 在调度时段 t 的计划出力值；C_i^{SUSD} 为火电机组 i 的单次启停动作成本；$v_{i,t}$ 和 $z_{i,t}$ 分别为火电机组 i 的启动和停机动作的二元变量，当其等于 1 时，表示动作发生，当其等于 0 时，表示对应动作未发生；$\overline{\mathrm{RC}}_m$ 和 $\underline{\mathrm{RC}}_m$ 分别为区域 m 内火电机组向上和向下备用的购买价格；$\overline{R}_{m,t}^{\mathrm{area}}$ 和 $\underline{R}_{m,t}^{\mathrm{area}}$ 分别为区域 m 在调度时段 t 由火电机组提供的向上和向下备用容量；C_m^{LS} 和 C_m^{WC} 分别为区域 m 切负荷价格和弃风惩罚价格；$\mathrm{RLS}_{m,t}(\overline{R}_{m,t}^{\mathrm{area}})$ 和 $\mathrm{RWC}_{m,t}(\underline{R}_{m,t}^{\mathrm{area}})$ 分别为 7.3 节提出的备用需求动态评估模型中的切负荷期望值和弃风期望值；T 为调度时段的集合；G 为系统内火电机组集合；A 为系统内所有区域的集合。

2. 约束条件

(1) 系统功率平衡约束：

$$
\sum_{l,k\in B}P_{lk,t}^{\mathrm{line}} + P_{k,t}^{\mathrm{th}} + P_{k,t}^{\mathrm{wind}} = P_{k,t}^{\mathrm{load}}, \quad \forall l,k\in B, t\in T
\tag{7-7}
$$

$$
-P_{lk}^{\mathrm{line,cap}} \leqslant P_{lk,t}^{\mathrm{line}} \leqslant P_{lk}^{\mathrm{line,cap}}, \quad \forall l,k\in B, t\in T
\tag{7-8}
$$

式中，$P_{lk,t}^{\mathrm{line}}$ 为节点 l 在时段 t 向节点 k 传输的功率；$P_{k,t}^{\mathrm{th}}$、$P_{k,t}^{\mathrm{wind}}$ 和 $P_{k,t}^{\mathrm{load}}$ 分别为节点 k 处在时段 t 的火电机组出力、风电出力和负荷值；$P_{lk}^{\mathrm{line,cap}}$ 为线路 lk 的传输极限；B 为系统内节点的集合。

(2) 火电机组出力上、下限约束：

$$u_{i,t} \cdot \underline{P}_i^{\text{th}} \leqslant P_{i,t}^{\text{th}} \leqslant u_{i,t} \cdot \overline{P}_i^{\text{th}}, \quad \forall i \in G, t \in T \tag{7-9}$$

式中，$\underline{P}_i^{\text{th}}$ 和 $\overline{P}_i^{\text{th}}$ 分别为火电机组 i 的最小出力和最大出力；$u_{i,t}$ 为火电机组 i 的开停机状态，当其为 1 时，表示机组 i 处于并网运行状态，当其为 0 时，表示机组 i 处于停机状态。

(3) 火电机组启停约束：

$$v_{i,t} + z_{i,t} \leqslant 1, \quad \forall i \in G, t \in T \tag{7-10}$$

$$u_{i,t} - u_{i,t-1} = v_{i,t} - z_{i,t}, \quad \forall i \in G, t \in T \tag{7-11}$$

$$-u_{i,t-1} + u_{i,u} - u_{i,\tau} \leqslant 0, \quad \forall i \in G, t \in T, \tau \in \left\{t, t+1, \cdots, T_{\text{up}}^{\min} + t - 1\right\} \tag{7-12}$$

$$u_{i,t-1} - u_{i,t} + u_{i,\tau} \leqslant 1, \quad \forall i \in G, t \in T, \tau \in \left\{t, t+1, \cdots, T_{\text{dn}}^{\min} + t - 1\right\} \tag{7-13}$$

式中，$T_{\text{up}}^{\min}$ 和 $T_{\text{dn}}^{\min}$ 分别为系统规定的最小开机并网时间和最小停机时间。

约束条件式 (7-10) 和式 (7-11) 表示火电机组 i 在调度时段 t 内的启停逻辑关系，即启动和停机动作不能同时发生。约束条件式 (7-12) 和式 (7-13) 则分别表示对火电机组的最小开机并网时间以及最小停机时间的约束，从而避免频繁地对火电机组进行启停调度。

(4) 火电机组爬坡约束：

$$-u_{i,t} \cdot \underline{\text{RR}}_i^{\text{th}} \leqslant u_{i,t} \cdot (P_{i,t+1}^{\text{th}} - P_{i,t}^{\text{th}}) \leqslant u_{i,t} \cdot \overline{\text{RR}}_i^{\text{th}}, \quad \forall i \in G, t \in T \tag{7-14}$$

(5) 区域内备用约束：

$$0 \leqslant \overline{R}_{i,t}^{\text{th}} \leqslant \min\left\{\overline{P}_i^{\text{th}} - P_{i,t}^{\text{th}}, \overline{\text{RR}}_i^{\text{th}}\right\}, \quad \forall i \in G, t \in T \tag{7-15}$$

$$0 \leqslant \underline{R}_{i,t}^{\text{th}} \leqslant \min\left\{P_{i,t}^{\text{th}} - \underline{P}_i^{\text{th}}, \underline{\text{RR}}_i^{\text{th}}\right\}, \quad \forall i \in G, t \in T \tag{7-16}$$

$$\Pr\{\overline{R}_{m,t}^{\text{area}} \geqslant E_{m,t}^{\text{sys}}\} \geqslant \overline{c}, \quad \forall t \in T \tag{7-17}$$

$$\Pr\{-\underline{R}_{m,t}^{\text{area}} \leqslant E_{m,t}^{\text{sys}}\} \geqslant \underline{c}, \quad \forall t \in T \tag{7-18}$$

式中，$\overline{R}_{i,t}^{\text{th}}$ 和 $\underline{R}_{i,t}^{\text{th}}$ 分别为火电机组 i 在时段 t 提供的向上和向下备用容量；$E_{m,t}^{\text{sys}}$ 为 7.3 节中定义的"系统误差"，在此处表示区域 m 在时段 t 的"区域误差"；$\overline{c}$ 和 $\underline{c}$ 分别为区域预留向上和向下备用容量的置信度，一般取 0.90。

约束条件式(7-17)和式(7-18)表示各区域需要在一定置信度下使得区域的备用容量大于源荷侧不确定性给区域引入的误差。

(6)跨区域联络线功率和备用约束:

$$P_{mn,t}^{\max} = \min\left\{P_{mn}^{\text{line,cap}}, P_{mn}^{\text{line,cap}} \pm \overline{R}_{n,t}^{nm}, P_{mn}^{\text{line,cap}} \pm \underline{R}_{n,t}^{nm}\right\}, \quad \forall m,n \in A, t \in T \tag{7-19}$$

$$-P_{mn,t}^{\max} \leqslant P_{mn,t}^{\text{totalline}} \leqslant P_{mn,t}^{\max}, \quad \forall m,n \in A, t \in T \tag{7-20}$$

$$\overline{R}_{m,t}^{\text{area}} = \sum_{m \in A}\sum_{i \in G} \overline{R}_{m,i,t}^{\text{th}} + \sum_{\substack{n \in A \\ n \neq m}} \overline{R}_{n,t}^{nm}, \quad \forall i \in G, t \in T, m,n \in A \tag{7-21}$$

$$\underline{R}_{m,t}^{\text{area}} = \sum_{m \in A}\sum_{i \in G} \underline{R}_{m,i,t}^{\text{th}} + \sum_{\substack{n \in A \\ n \neq m}} \underline{R}_{n,t}^{nm}, \quad \forall i \in G, t \in T, m,n \in A \tag{7-22}$$

式中,$\overline{R}_{n,t}^{nm}$ 和 $\underline{R}_{n,t}^{nm}$ 分别为区域 n 在时段 t 为区域 m 提供的向上和向下备用容量;$P_{mn}^{\text{line,cap}}$ 为区域 m 和区域 n 之间联络线的功率传输极限;$P_{mn,t}^{\text{totalline}}$ 为区域 m 和区域 n 之间联络线在时段 t 的传输功率;$P_{mn,t}^{\max}$ 为区域 m 和区域 n 之间联络线在时段 t 允许的最大传输功率;$\overline{R}_{m,i,t}^{\text{th}}$ 和 $\underline{R}_{m,i,t}^{\text{th}}$ 分别为区域 m 内火电机组 i 在时段 t 提供的向上和向下备用容量。

7.4.2　算例分析

1. 小系统仿真分析

首先在 5 机 6 节点系统(图 7-8)中应用方案 1~方案 4,来分析备用需求评估动态模型和跨区域备用共享策略的优点和效果。方案 1~方案 4 的具体模型和策略如表 7-2 所示。

表 7-2　算例对比方案

方案	备用优化模型	备用需求评估策略
方案 1	区域备用内部供应	备用需求静态评估[41]
方案 2	区域备用内部供应	备用需求动态评估
方案 3	跨区域备用共享	备用需求静态评估
方案 4	跨区域备用共享	备用需求动态评估

如图 7-8 所示,该系统包含一个风电场和五台火电机组。总装机容量为 100MW 的风电场位于区域 1 内的 2 号节点上。区域之间联络线(tie-line)的额定传输容量为 100MW。区域 1 和区域 2 的负荷占比分别为 43% 和 57%。负荷的预测数据来

源于美国区域输电组织[29]。所有原始数据均根据仿真系统的总装机容量进行了等比例缩减。

图 7-12 为机组调度出力情况。对比方案 1 与 2 可知，备用需求动态评估模型的应用不会增加启停机动作的频率，而仅改变机组启停动作的时序；对比方案 3 与 4 可知，备用需求动态评估模型的应用优化了具有快速启停能力的机组(G2 和 G4)的开停机动作时序，避免其频繁地启停动作；对比方案 1 与 3 可知，跨区域备用共享模型的应用增加了快速调节机组的动作次数。

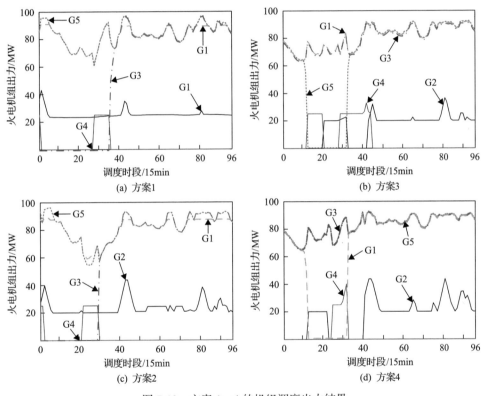

图 7-12　方案 1～4 的机组调度出力结果

图 7-13 为备用购买优化结果。其中黑线代表区域备用内部供应策略，灰线代表跨区域备用共享策略。从灰线的均值可以看出，在跨区域备用共享策略下，风电功率预测误差导致备用需求增加，尤其是向上备用需求，就图中曲线而言，区域 1 要比区域 2 购买更多的向上、向下备用。然而这种情况与区域备用内部供应策略相反，即从黑线的均值可以看出，在区域备用内部供应策略下，区域 1 要比区域 2 购买更少的向上、向下备用。但在跨区域备用共享策略下无风电场的区域 2 购买的向上、向下备用均少于区域备用内部供应策略下对应的购买备用量，综

合上述不同，可以表明：跨区域备用共享策略实现了区域间有限备用资源的合理分配，即从其他区域购买备用以支持该区域所具有的更大的不确定性。

图 7-14 为区域 1 从区域 2 购买的备用情况，其中出现的负的向下备用容量意味着相反的购买方向，即区域 2 从区域 1 购买备用。

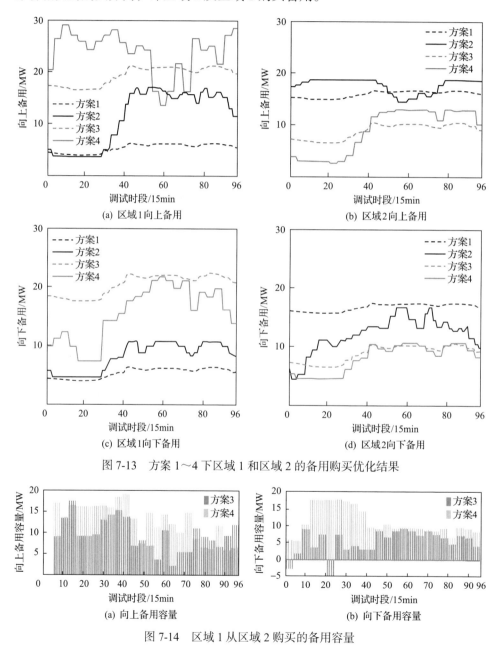

图 7-13　方案 1～4 下区域 1 和区域 2 的备用购买优化结果

图 7-14　区域 1 从区域 2 购买的备用容量

方案 1～方案 4 的经济性分析如表 7-3 所示，燃料成本显示 4 种方案下没有显著差异，但由于跨区域备用共享策略，方案 3 和 4 的启停成本相较于方案 1 和方案 2 翻了一倍左右。差异主要体现在备用购买成本、切负荷成本和弃风成本上，结果表明：备用需求评估方法和备用分配策略的选择对切负荷和弃风期望成本具有较大的影响，即备用需求动态评估模型和跨区域备用共享策略增加了备用购买量，从而提高了系统的可靠性；减少了切负荷量和弃风量期望，从而大大提高了系统运行的经济性。

表 7-3　经济性分析对比结果(5 机 6 节点系统)

方案	燃料成本/美元	启停成本/美元	备用购买成本/美元	弃风成本/美元	切负荷成本/美元	总成本/美元	总成本降低比例/%
方案 1	117540	800	23397	2188	81430	225355	—
方案 2	117370	800	28455	3104	57007	206736	8.26
方案 3	116530	1700	35247	681	18057	172215	23.58
方案 4	116760	1400	36545	1040	10023	165768	26.44

2. IEEE 118 节点标准系统仿真分析

在划分为三个区域的 IEEE 118 节点标准系统中应用方案 3 和方案 4，来测试备用需求动态评估模型和跨区域备用共享策略在实际互联电力系统中的适用性。如图 7-15 所示，在区域 2 节点 62 处接入一个装机为 1700MW 的风电场。

图 7-16 为各区域购买的向上、向下备用情况。受区域 2 中风电场的影响，区域 2 的备用购买量明显高于区域 1 和区域 3，这表明区域 2 的更高备用需求导致更多的备用购买量。

区域 1 与区域 2、区域 2 与区域 3 之间的备用交互结果如图 7-17 和图 7-18 所示。根据备用需求动态评估模型的计算，区域 2 是备用需求最大的区域，因此其他两个区域应分享其备用资源对该区域进行支援。但也可以看出，在某些时段下，区域 2 反而要向其他两个区域提供备用，这表明虽然已经应用了跨区域备用共享策略，但备用需求的短缺达到一定水平时仍然无法在区域间进行评估与权衡，这导致在跨区域备用共享策略下，切负荷和弃风量期望成本并不经济。

如表 7-4 所示，从经济性角度分析，备用需求动态评估模型以及基于备用需求动态评估模型的跨区域备用共享策略提供了更为准确的备用需求估算和备用分配结果，虽然增大了机组的启停成本和备用购买成本，但大大降低了切负荷成本和弃风成本，从而降低系统运行总成本，实现了备用购买成本与切负荷成本和弃风成本之间的权衡。

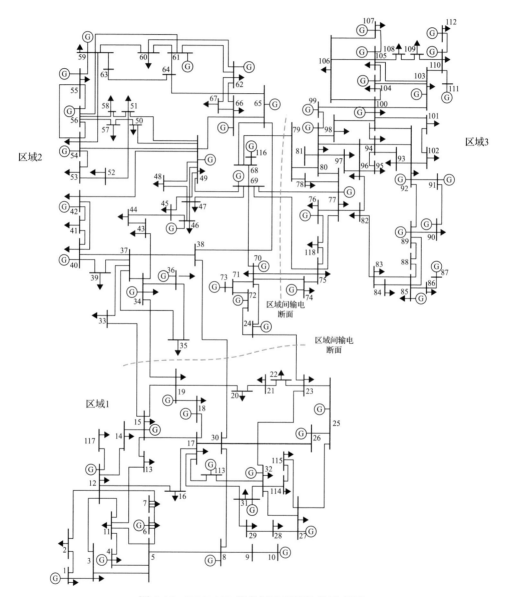

图 7-15 IEEE 118 节点标准系统结构示意图

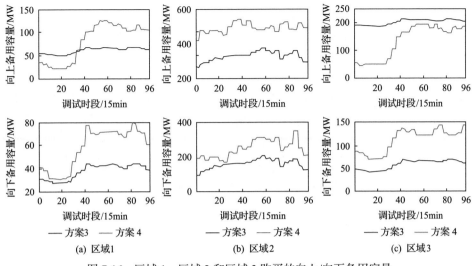

图 7-16　区域 1、区域 2 和区域 3 购买的向上/向下备用容量

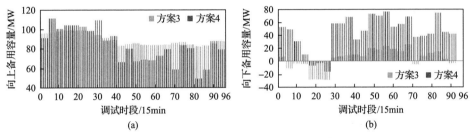

图 7-17　区域 2 从区域 1 购买的向上和向下备用容量

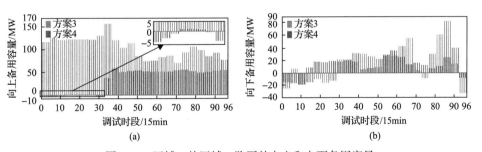

图 7-18　区域 2 从区域 3 购买的向上和向下备用容量

表 7-4　经济性分析对比结果(IEEE 118 节点标准系统)

方案	燃料成本/美元	启停成本/美元	备用购买成本/美元	弃风成本/美元	切负荷成本/美元	总成本/美元	总成本降低比例/%
方案 3	1606221	4995	644108	50265	632561	2938150	—
方案 4	1618238	6550	817831	26196	170980	2639795	10.15

7.5　基于多层级信息交互的跨区域备用优化方法

不同于欧美电力市场，我国电力系统调度有两大特点：垂直的上下分层式调度体系和从日前至日内的多时间尺度调度框架[41]。上下调度层级均有其明确的控制对象，层级之间存在信息保护。众多研究表明，区域信息集成和交互技术将极大地影响备用资源共享的效果[42]。为了解决本章提出的备用分配技术在我国的适应性问题，本节根据不同调度时间尺度内输入信息的差异，分别建立对应的区域信息集成方法。利用该信息集成方法，各区域可在保护区域内机组信息的基础上，将三类关系曲线上传至上层的调度中心。而上层调度中心根据各区域上传的关系曲线，即可在全系统内对备用资源实现高效分配。通过仿真验证，采用本章提出的信息集成和交互方法，可在信息保护和少量信息交互的基础上，近似得到与完整信息下统调模型相同的优化结果，确保了前文所述的跨区域备用共享技术在我国多层级和多时间尺度的调度框架内的适用性。

7.5.1　区域内信息集成方法

本节将介绍区域内的信息集成方法。该方法将区域内信息集成为三类时变的关系曲线，上层调度中心可根据各区域上传的关系曲线进行优化调度，而无须区域内具体的机组参数。基于上述分析，每一类集成曲线均包含用于日前调度问题的形式和用于日内调度问题的形式。为了更直观地展示关系曲线的集成过程，本节选择一个含有三台火电机组的区域作为代表。

1. 第一类信息集成曲线

火电机组的耗量特性曲线是反映火电机组单位时间内能量输入和输出关系的曲线，如图 7-19 所示。实际能量转换过程中，火电机组对应的锅炉的输入数据是燃料耗量(t 标准煤/h)，而对应的输出数据是蒸汽量(t/h)。随后，蒸汽被注入汽轮发电机，产生电能。图 7-19 直接反映了一台火电机组的发电功率(MW)与该火电机组燃料耗量(t 标准煤/h)之间的关系曲线，即火电机组耗量特性曲线。其对应的函数解析式如式(7-23)所示：

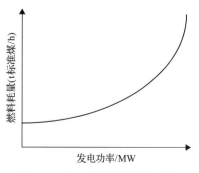

图 7-19　火电机组耗量特性曲线

$$F_i^{\text{th}} = a_i + b_i \cdot P_{i,t}^{\text{th}} + c_i \cdot (P_{i,t}^{\text{th}})^2, \quad i=1,2,3 \tag{7-23}$$

根据文献[4]可知，该耗量特性曲线上任意一点的斜率即火电机组在该点对应的耗量微增率。以含有三台火电机组的区域为例，火电机组的耗量微增率表达式如式(7-24)所示。由式(7-24)不难得出火电机组的耗量微增率与其机组有功出力之间的关系，即式(7-25)。

$$\frac{\mathrm{d}F_i^{\text{th}}}{\mathrm{d}P_{i,t}^{\text{th}}} = \lambda_i, \quad i=1,2,3 \tag{7-24}$$

$$P_{i,t}^{\text{th}} = \frac{\lambda_i - b_i}{2 \times c_i}, \quad i=1,2,3 \tag{7-25}$$

而由等微增率准则[43]可知，若负荷在多台火电机组之间进行分配，当各台火电机组的耗量微增率相等时，这个区域的总燃料消耗量最小，对应的区域总燃料成本也最小。当 $\lambda_1 = \lambda_2 = \lambda_3 = \lambda$ 时，则可以得到三台火电机组出力 $P_{1,t}^{\text{th}}$、$P_{2,t}^{\text{th}}$ 和 $P_{3,t}^{\text{th}}$ 关于 λ 的关系表达式：

$$P_{1,t}^{\text{th}} = \frac{\lambda - b_1}{2 \times c_1}, \quad P_{2,t}^{\text{th}} = \frac{\lambda - b_2}{2 \times c_2}, \quad P_{3,t}^{\text{th}} = \frac{\lambda - b_3}{2 \times c_3} \tag{7-26}$$

根据这一组关系表达式，即可绘制出每一台火电机组以有功出力为横坐标，以 λ 为纵坐标的关系曲线。考虑到实际电力系统运行调度中，对于火电机组有功出力的约束还包括出力上下限约束，如式(7-27)所示，以及跨时间断面的爬坡约束，如不等式(7-28)所示。因此需对之前绘制得到的关系曲线中 $P_{i,t}^{\text{th}}$ 的取值范围加以约束。

$$\underline{P}_i^{\text{th}} \leqslant P_{i,t}^{\text{th}} \leqslant \overline{P}_i^{\text{th}} \tag{7-27}$$

$$-\underline{\text{RR}}_i^{\text{th}} \leqslant P_{i,t+1}^{\text{th}} - P_{i,t}^{\text{th}} \leqslant \overline{\text{RR}}_i^{\text{th}} \tag{7-28}$$

如图 7-20 所示，图中左半部分的三幅小图分别为三台火电机组在考虑了出力上下限约束之后的 λ 与火电机组出力的关系曲线。根据各台机组的关系曲线可进一步计算出区域的火电机组总出力与 λ 之间的关系，如图 7-20 右侧所示。

如图 7-20 中的右上部分所示，区域的火电机组总出力与 λ 之间的关系由单台火电机组的关系曲线叠加得到。利用这一关系，当已知该区域需要承担的总有功出力时，则可按照图 7-20 叠加的反方向(图中黑色箭头所示)推导得到该区域将如

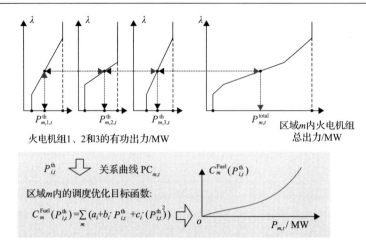

图 7-20 基于等微增率准则的区域内火电机组总出力与 λ 之间的关系曲线

何把需要承担的总有功出力分配到每一台火电机组上去。而在已知区域内每一台火电机组具体承担的有功出力的情况下，可计算得到区域总火电机组燃料成本。至此，建立了区域火电机组总出力与该区域总燃料成本之间的关系曲线，将该曲线命名为 $\mathrm{PC}_{m,t}$。

为了适应我国的多时间尺度调度框架，本章还给出了关系曲线 $\mathrm{PC}_{m,t}$ 的"修正量形式"，即 $\Delta\mathrm{PC}_x$。$\Delta\mathrm{PC}_x$ 表示关系曲线 $\mathrm{PC}_{m,t}$ 上点 x 处附近的变化量，即表示了该点处区域火电机组总出力改变量与该区域总燃料成本变化量之间的关系。$\Delta\mathrm{PC}_x$ 将在后续的日内滚动经济调度模型中应用。

2. 第二类信息集成曲线

图 7-21 中，$P_i(i=1,2,\cdots,n)$ 为火电机组 i 当前运行点出力，$P_i^{\max}$、$P_i^{\min}$ 为其出力上、下限，R_i^{up}、R_i^{dn} 为其向上、向下备用提供能力。由图 7-21 可知，火电机组单位调度时段内的备用提供能力为该机组在此时段内能够向上或向下调整有功出力的范围。因此，区域内各台火电机组能够提供的向上和向下备用的能力，不仅受到该火电机组当前运行点的影响，还受到其有功出力上下界以及爬坡能力的限制：

$$\overline{R}_{m,t} = \sum_{i \in G_m} \min\left\{ \overline{P}_i^{\mathrm{th}} - P_{i,t}^{\mathrm{th}}, \overline{\mathrm{RR}}_i^{\mathrm{th}} \right\} \tag{7-29}$$

$$\underline{R}_{m,t} = \sum_{i \in G_m} \min\left\{ P_{i,t}^{\mathrm{th}} - \underline{P}_i^{\mathrm{th}}, \underline{\mathrm{RR}}_i^{\mathrm{th}} \right\} \tag{7-30}$$

式中，G_m 为区域 m 火电机组集合。

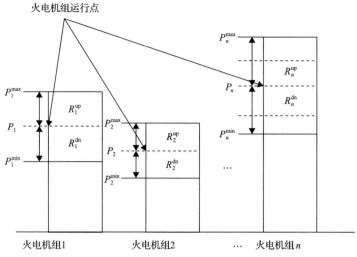

图 7-21　火电机组运行点与备用提供能力之间的耦合关系示意图

　　如图 7-22 所示，在已知备用提供能力与火电机组出力的关系后，可同样按照第一类信息集成曲线中的逆推方法得到区域内火电机组总出力与区域备用提供能力之间的关系曲线。$P_i^{\mathrm{th,max}}$ 和 $P_i^{\mathrm{th,min}}$ 为火电机组 i 的出力上下限。

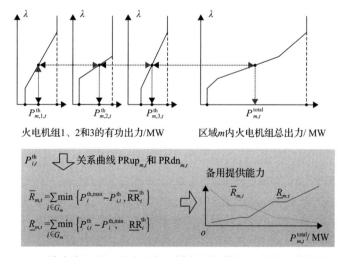

图 7-22　区域内火电机组总出力与区域备用提供能力的关系曲线集成过程

　　具体而言，当已知某区域需承担的总有功出力时即可得到该区域将如何把需承担的有功出力分配给具体的火电机组。而在确定区域内各台火电机组的运行点后，便可根据式(7-29)和式(7-30)计算得到该区域能够提供的总向上和向下备用容量。本章将区域总有功出力和区域向上/向下备用提供能力之间的关系曲线分别命名为 $\mathrm{PRup}_{m,t}$ 和 $\mathrm{PRdn}_{m,t}$。与第一类信息集成曲线相似，此类关系曲线也具有对应的修正量形式，即 $\Delta\mathrm{PRup}_x$ 和 $\Delta\mathrm{PRdn}_x$。

3. 第三类信息集成曲线

7.2 节中详细介绍的备用需求动态评估模型是贯穿于本章研究的基础。为了在垂直调度体系中实现区域间备用的高效分配，备用需求动态评估模型的相关信息也需由各区域上传给上层调度中心。

由 7.2 节中的分析可知，关系曲线 $\mathrm{RLS}_t(\overline{R}_t^{\mathrm{sys}})$ 和 $\mathrm{RWC}_t(\underline{R}_t^{\mathrm{sys}})$ 能够描述各个区域在不同调度时段内预留备用容量的效果。而在本节的信息集成方法中，依旧使用到了这一对关系曲线，用于刻画区域内预留备用与其对应的弃风和切负荷期望之间的关系。上层调度以此为依据，将向上和向下备用资源在各区域间高效分配。在本节后续的模型中，用 $\mathrm{RLS}_{m,t}$ 和 $\mathrm{RWC}_{m,t}$ 表示该关系曲线，而用于日内调度模型的修正量形式则表示为 $\Delta\mathrm{RLS}_x$ 和 $\Delta\mathrm{RWC}_x$。

图 7-23 中，$\mathrm{ERROR}_{m,t}^{\max}$、$\mathrm{ERROR}_{m,t}^{\min}$ 分别为分箱拟合历史数据中出现过的最大正向误差和最大负向误差；$\mathrm{UR\text{-}LSE}_m$ 表示切负荷期望值与系统预留的向上备用容量之间的关系曲线；$\mathrm{DR\text{-}WCE}_m$ 表示弃风期望值与系统预留的向下备用容量之间的关系曲线；$\overline{r}_{m,t}^{\mathrm{own}}$、$\underline{r}_{m,t}^{\mathrm{own}}$ 分别表示系统预留的向上备用容量和向下备用容量；$\mathrm{Load}^{\max}$、$P_{\mathrm{wind}}^{\mathrm{cap}}$ 分别表示最大负荷水平和风电装机容量。

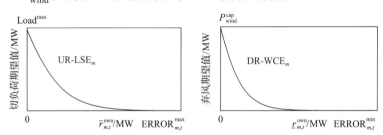

图 7-23 基于"区域向上备用-区域切负荷期望"和"区域向下备用-区域弃风期望"关系生成的信息集成曲线

7.5.2 基于多层级信息交互的多时间尺度跨区域备用优化模型

本节针对我国多时间尺度调度框架中的日前经济调度和日内滚动经济调度模型，在我国垂直调度体系下，对各时间尺度下的上层和下层调度中心的优化策略进行建模。值得注意的是，7.5.1 节提出的信息集成方法不仅适用于本节重点讨论的两个时间尺度的调度问题，也适用于其他时间尺度下的调度问题。本节仅以这两个时间尺度为例，展示不同时间尺度下垂直调度体系内各层调度中心之间的信息交互过程。

1. 日前经济调度模型

正如 7.2.3 节中对多时间尺度调度框架的介绍,日前和日内经济调度问题本身没有本质的差异,因此为了减少变量名称的使用,本节中未对日前和日内决策变量进行特定的命名区分。

1)上层跨区域功率和备用优化模型

日前的上层经济调度问题的输入信息包括各区域上传的三类信息集成曲线以及各区域的风电及负荷预测曲线。其具体的数学表达式如下。

(1)目标函数。式(7-31)为日前的跨区域功率和备用优化问题的目标函数,该函数以全系统的总运行成本最低为目标。

$$
\begin{aligned}
C_{\text{day\_ahead}}^{\text{UCC}} = &\sum_{m \in A} \sum_{t \in T} \text{PC}_{m,t}\left(P_{m,t}^{\text{total}}\right) + \sum_{m \in A} C_m^{\text{LS}} \sum_{t \in T} \text{RLS}_{m,t}\left(R_{m,t}^{\text{up}} - \tilde{R}_{m,t}^{\text{up}}\right) \\
&+ \sum_{m \in A} C_m^{\text{WC}} \sum_{t \in T} \text{RWC}_{m,t}\left(R_{m,t}^{\text{dn}} - \tilde{R}_{m,t}^{\text{dn}}\right)
\end{aligned}
\tag{7-31}
$$

其中,总运行成本包括全系统总燃料成本、系统切负荷期望总量以及系统弃风期望总量三个部分,分别如式(7-31)中右侧三部分所示。C_m^{LS} 表示区域 m 的切负荷价格。C_m^{WC} 表示区域 m 的弃风惩罚价格。$\text{PC}_{m,t}$、$\text{RLS}_{m,t}$ 和 $\text{RWC}_{m,t}$ 分别是前文所介绍的信息集成关系曲线。$P_{m,t}^{\text{total}}$ 是区域 m 在 t 时段内总的有功出力。$R_{m,t}^{\text{up}}$ 和 $R_{m,t}^{\text{dn}}$ 分别表示区域 m 在 t 时段内能够提供的向上和向下备用容量值,而 $\tilde{R}_{m,t}^{\text{up}}$ 和 $\tilde{R}_{m,t}^{\text{dn}}$ 分别表示区域 m 在 t 时段内外送的向上和向下备用容量,当 $\tilde{R}_{m,t}^{\text{up}}$ 和 $\tilde{R}_{m,t}^{\text{dn}}$ 取正值时表示备用外送,当 $\tilde{R}_{m,t}^{\text{up}}$ 和 $\tilde{R}_{m,t}^{\text{dn}}$ 取负值时表示从外区获得备用。后文中,带有“~”上标的变量均表示区域边界交易量。

(2)基础约束条件。式(7-32)和式(7-33)分别表示各区域提供向上和向下备用容量的能力受区域总有功出力限制。而不等式约束式(7-34)和式(7-35)则表示上层调度需要确保各区域拥有的向上和向下备用容量均满足一定置信度 c 下的最低安全约束。

$$
R_{m,t}^{\text{up}} \leqslant \text{PRup}_{m,t}\left(P_{m,t}^{\text{total}}\right)
\tag{7-32}
$$

$$
R_{m,t}^{\text{dn}} \leqslant \text{PRdn}_{m,t}\left(P_{m,t}^{\text{total}}\right)
\tag{7-33}
$$

$$
F_{m,t}^{-1}\left(\overline{c}_m\right) \leqslant R_{m,t}^{\text{up}} - \tilde{R}_{m,t}^{\text{up}}
\tag{7-34}
$$

$$
-F_{m,t}^{-1}\left(1 - \underline{c}_m\right) \leqslant R_{m,t}^{\text{dn}} - \tilde{R}_{m,t}^{\text{dn}}
\tag{7-35}
$$

(3)区域间联络线的约束条件。约束式(7-36)表示区域间联络线路的直流潮流约束。在式(7-36)的基础上，式(7-37)和式(7-38)进一步限制了跨区域交互的功率，从而确保跨区域预留的向上和向下备用容量在实际使用时，有足够的剩余传输通道。其中，$G_{m,l}^{\mathrm{UCC}}$ 是区域间联络线组成的网络的节点注入功率转移因子，其计算方法与线路灵敏度类似。在区域间联络线组成的网络结构中，每一个区域等效为一个功率注入节点。$L_l^{\max}$ 和 $L_l^{\min}$ 表示区域间联络线 l 的最大和最小传输容量。$\tilde{P}_{m,t}$ 表示区域 m 在 t 时段内外送的功率。

$$L_l^{\min} \leqslant \sum_{m\in A} G_{m,l}^{\mathrm{UCC}} \cdot \tilde{P}_{m,t} \leqslant L_l^{\max} \tag{7-36}$$

$$L_l^{\min} \leqslant \sum_{m\in A} G_{m,l}^{\mathrm{UCC}} \left(\tilde{P}_{m,t} + \tilde{R}_{m,t}^{\mathrm{up}} \right) \leqslant L_l^{\max} \tag{7-37}$$

$$L_l^{\min} \leqslant \sum_{m\in A} G_{m,l}^{\mathrm{UCC}} \left(\tilde{P}_{m,t} - \tilde{R}_{m,t}^{\mathrm{dn}} \right) \leqslant L_l^{\max} \tag{7-38}$$

(4)其他平衡约束。约束式(7-39)表示的是各区域有功功率平衡。而式(7-40)～式(7-42)保证全系统的功率和备用平衡。其中，$P_{m,t}^{\mathrm{wind,DA}}$ 和 $P_{m,t}^{\mathrm{load,DA}}$ 表示区域 m 在 t 时段内的日前风电功率和负荷的预测值。

$$\left(P_{m,t}^{\mathrm{total}} - \tilde{P}_{m,t} \right) + P_{m,t}^{\mathrm{wind,DA}} = P_{m,t}^{\mathrm{load,DA}} \tag{7-39}$$

$$\sum_{m\in A} \tilde{P}_{m,t} = 0 \tag{7-40}$$

$$\sum_{m\in A} \tilde{R}_{m,t}^{\mathrm{up}} = 0 \tag{7-41}$$

$$\sum_{m\in A} \tilde{R}_{m,t}^{\mathrm{dn}} = 0 \tag{7-42}$$

2)下层区域内经济调度模型

对于处于垂直调度体系下层的区域内日前经济调度问题，上层调度优化结束后得到的区域间交易量 $\tilde{P}_{m,t}$、$\tilde{R}_{m,t}^{\mathrm{up}}$ 和 $\tilde{R}_{m,t}^{\mathrm{dn}}$ 以及分配到各区提供功率和备用的任务 $P_{m,t}^{\mathrm{total}}$、$R_{m,t}^{\mathrm{up}}$ 和 $R_{m,t}^{\mathrm{dn}}$ 均是其输入信息。每个区域可以根据自身的运行计划和相关规程制定对应的调度优化模型，无须每个区域的模型保持一致。这里仅展示最基础的区域内日前经济调度模型。其具体数学表达式如下。

(1)目标函数。式(7-43)展示了最基础的区域内经济调度模型的目标函数，即以最小化区域总燃料成本为优化目标。其中，a_i、b_i 和 c_i 是该区域内火电机组 i 的燃料成本系数。$P_{i,t}^{\mathrm{th}}$ 是区域内火电机组 i 在 t 时段内的计划出力值。

$$C_{\text{day\_ahead},m}^{\text{LCC}} = \sum_{i \in G_m} \sum_{t \in T} \left[a_i + b_i \cdot P_{i,t}^{\text{th}} + c_i \cdot \left(P_{i,t}^{\text{th}} \right)^2 \right] \tag{7-43}$$

(2)约束条件。式(7-44)表示区域 m 内的功率平衡约束。式(7-45)表示区域内的直流潮流约束。式(7-46)和式(7-47)表示区域内各台火电机组提供的向上和向下备用容量之和应等于上层调度分配的备用提供任务。除此以外,机组出力的基础约束条件式(7-27)~式(7-30)也需进行考虑。

$$\sum_{i \in G_m} P_{i,t}^{\text{th}} + P_{m,t}^{\text{wind,DA}} - \tilde{P}_{m,k,t} = P_{m,t}^{\text{total}} \tag{7-44}$$

$$L_l^{\min} \leqslant \sum_{k \in \text{BUS}_m} G_{k,l}^{\text{LCC}} \left(P_{k,t}^{\text{th}} + P_{k,t}^{\text{wind,DA}} - \tilde{P}_{m,k,t} - P_{k,t}^{\text{load,DA}} \right) \leqslant L_l^{\max} \tag{7-45}$$

$$\sum_{i \in G_m} \overline{r}_{i,t}^{\text{th}} = R_{m,t}^{\text{up}} \tag{7-46}$$

$$\sum_{i \in G_m} \underline{r}_{i,t}^{\text{th}} = R_{m,t}^{\text{dn}} \tag{7-47}$$

式中,BUS_m 为区域 m 内的节点集合;$\overline{r}_{i,t}^{\text{th}}$ 和 $\underline{r}_{i,t}^{\text{th}}$ 为第 i 台火电机组在 t 时刻提供的向上和向下备用容量;$G_{k,l}^{\text{LCC}}$ 为功率转移分布因子。

2. 日内滚动经济调度模型

对于日内滚动经济调度模型中的功率和备用协同优化问题,各区域需上传"修正量形式"的三类信息集成曲线。此外,日前计划的区域间交互功率和备用,以及式(7-48)中的"日前和日内预测误差修正量" $P_{m,t}^{\text{error}}$ 也是该模型的输入信息。日前调度计划的结果是日内滚动经济调度模型(包括上层调度和下层调度)修正过程的起始点。

$$P_{m,t}^{\text{error}} = P_{m,t}^{\text{Wind,ID}} - P_{m,t}^{\text{wind,DA}} \tag{7-48}$$

式中,$P_{m,t}^{\text{Wind,ID}}$ 为日内区域 m 在调度时段 t 内的风电功率预测值。

1)上层跨区域功率和备用分配模型

(1)目标函数。式(7-49)表示日内滚动经济调度模型中的上层优化调度目标函数。上层调度以最小化全系统总修正成本为优化目标。系统总修正成本包含三部分:①全系统火电机组出力调整的燃料成本;②全系统切负荷修正期望成本;③全系统弃风量修正期望成本。

$$C_{\text{look\_ahead}}^{\text{UCC}} = \sum_{m \in A} \sum_{t \in T} \Delta \text{PC}_{P_{m,t}^{\text{DA}}} \left(\Delta P_{m,t} \right)$$
$$+ \sum_{m \in A} C_m^{\text{LS}} \sum_{t \in T} \Delta \text{RLS}_{R_{m,t}^{\text{own,DA}}} \left(\Delta R_{m,t}^{\text{up}} - \Delta \tilde{R}_{m,t}^{\text{up}} \right) \qquad (7\text{-}49)$$
$$+ \sum_{m \in A} C_m^{\text{WC}} \sum_{t \in T} \Delta \text{RWC}_{R_{m,t}^{\text{own,DA}}} \left(\Delta R_{m,t}^{\text{dn}} - \Delta \tilde{R}_{m,t}^{\text{dn}} \right)$$

式中，$\Delta P_{m,t}$ 为区域 m 在调度时段 t 内在日前区域总有功出力调度计划的基础上的修正量；$\Delta R_{m,t}^{\text{up}}$ 和 $\Delta R_{m,t}^{\text{dn}}$ 分别为区域 m 在调度时段 t 内在日前计划的向上和向下备用基础上的修正量；$\Delta \tilde{R}_{m,t}^{\text{up}}$ 和 $\Delta \tilde{R}_{m,t}^{\text{dn}}$ 分别为区域 m 在调度时段 t 内外送备用的修正量；$\Delta \text{PC}_{P_{m,t}^{\text{DA}}}$ 为第一类关系曲线 $\text{PC}_{m,t}$ 上点 $P_{m,t}^{\text{DA}}$ 处附近的变化量；$P_{m,t}^{\text{DA}}$ 为区域 m 在调度时段 t 内的日前总有功出力调度计划值。

(2)补充约束条件。相比于日前上层经济调度中列出的约束条件式(7-32)和式(7-33)，日内滚动时间尺度的上层经济调度采用式(7-50)和式(7-51)对各区域的备用提供能力进行约束。其中，ΔPRup_x 和 ΔPRdn_x 为 7.5.1 节中介绍的 $\text{PRup}_{m,t}$ 和 $\text{PRdn}_{m,t}$ 的修正量形式。

$$\Delta R_{m,t}^{\text{up}} \leqslant \Delta \text{PRup}_{P_{m,t}^{\text{DA}}} \left(\Delta P_{m,t} \right) \qquad (7\text{-}50)$$

$$\Delta R_{m,t}^{\text{dn}} \leqslant \Delta \text{PRdn}_{P_{m,t}^{\text{DA}}} \left(\Delta P_{m,t} \right) \qquad (7\text{-}51)$$

(3)修正量约束。式(7-52)描述了日内功率修正的物理含义，即通过对各区域有功出力进行调整从而满足更新预测信息下的各区域功率平衡。式(7-53)～式(7-57)描述了本调度问题中的修正量 $\Delta \tilde{P}_{m,t}$、$\Delta R_{m,t}^{\text{up}}$、$\Delta R_{m,t}^{\text{dn}}$、$\Delta \tilde{R}_{m,t}^{\text{up}}$ 和 $\Delta \tilde{R}_{m,t}^{\text{dn}}$ 对应的日前调度结果。其中，日前调度计划在此处为已知量。

$$P_{m,t}^{\text{error}} = \Delta P_{m,t} - \Delta \tilde{P}_{m,t} \qquad (7\text{-}52)$$

$$\tilde{P}_{m,t} = \tilde{P}_{m,t}^{\text{DA}} + \Delta \tilde{P}_{m,t} \qquad (7\text{-}53)$$

$$R_{m,t}^{\text{up}} = \Delta \text{PRup}_{P_{m,t}^{\text{DA}}}(0) + \Delta R_{m,t}^{\text{up}} \qquad (7\text{-}54)$$

$$R_{m,t}^{\text{dn}} = \Delta \text{PRdn}_{P_{m,t}^{\text{DA}}}(0) + \Delta R_{m,t}^{\text{dn}} \qquad (7\text{-}55)$$

$$\tilde{R}_{m,t}^{\text{up}} = \tilde{R}_{m,t}^{\text{up,DA}} + \Delta \tilde{R}_{m,t}^{\text{up}} \qquad (7\text{-}56)$$

$$\tilde{R}_{m,t}^{\text{dn}} = \tilde{R}_{m,t}^{\text{dn,DA}} + \Delta \tilde{R}_{m,t}^{\text{dn}} \qquad (7\text{-}57)$$

2)下层区域内经济调度模型

与之前介绍的日前下层经济调度相似，这里所提出的信息集成方法不要求各区域内的经济调度模型一致。各区域可根据自身需求进行建模。以式(7-43)中所示的目标函数为例，其对应的日内下层经济调度的修正模型的目标函数应为式(7-58)。其中，$P_{i,t}^{\text{th,DA}}$ 为某区域内火电机组 i 在调度时段 t 内的日前调度出力，$\Delta P_{i,t}^{\text{th}}$ 则为其对应的修正量。

$$C_{\text{look\_ahead},m}^{\text{LCC}} = \sum_{i \in G_m} \sum_{t \in T} \left(a_i + b_i \cdot \left(P_{i,t}^{\text{th,DA}} + \Delta P_{i,t}^{\text{th}} \right) + c_i \cdot \left(P_{i,t}^{\text{th,DA}} + \Delta P_{i,t}^{\text{th}} \right)^2 \right) \tag{7-58}$$

由于日内滚动时间尺度的调度模型主要介绍了新增约束条件和修正量之间的关系，故本章通过式(7-59)和式(7-60)分别对日内滚动上层和下层经济调度模型进行了总结，便于读者理解。

$$\begin{cases} \text{obj.} & \text{式}(7\text{-}49) \\ \text{st.} & \text{式}(7\text{-}32) \sim \text{式}(7\text{-}42), \text{式}(7\text{-}50) \sim \text{式}(7\text{-}57) \end{cases} \tag{7-59}$$

$$\begin{cases} \text{obj.} & \text{式}(7\text{-}58) \\ \text{st.} & \text{式}(7\text{-}27) \sim \text{式}(7\text{-}30), \text{式}(7\text{-}44) \sim \text{式}(7\text{-}47) \end{cases} \tag{7-60}$$

7.5.3　算例分析

1. 小系统仿真分析

1)三区域系统及输入信息介绍

不同于 7.3 节的两区域系统，由于本节侧重于各区域的信息集成技术，两区域系统在展示各区域集成信息时，每一类集成曲线仅有两个区域的数据作为对比，信息差异的展示和对比较为单一，故本节的小系统仿真分析采用了如图 7-24 所示的三区域系统。

该系统包含三个风电场和六台火电机组。六台火电机组的参数如表 7-5 所示。分析表 7-5 可知，每一个区域内均配置了一台 100MW 装机、12.50MW/15min 爬坡能力的火电机组，和一台 80MW 装机、10MW/15min 爬坡能力的火电机组。同时，相同有功出力情况下机组的燃料成本为 G5≥G3≥G1 和 G6≥G4≥G2。因此，承担相同的负荷需求时，区域 1 的燃料成本为全系统最低，而区域 3 则为最高。

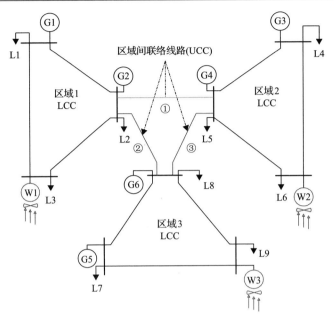

图 7-24　三区域系统结构图

表 7-5　火电机组基础参数

参数	G1	G2	G3	G4	G5	G6
出力上限/MW	100	80	100	80	100	80
出力下限/MW	50	30	50	30	50	30
爬坡速率/(MW/15min)	12.50	10	12.50	10	12.50	10
a_i/(美元/h)	10.15	74.33	10.15	74.33	10.15	74.33
b_i/(美元/(MW·h))	17.82	15.47	17.82	15.47	17.82	15.47
c_i/(美元/(MW·h)^2)	0.0128	0.0459	0.0228	0.0559	0.0328	0.0659

如图 7-24 所示，每个区域内各接入了一个风电场，其对应的接入节点为节点 3、节点 6 和节点 9。其中，风电场 1 和风电场 2 的装机容量均为 40MW，而风电场 3 的装机容量为 80MW，即系统内区域 3 的风电装机容量最大。三个风电场的预测误差历史数据展示在图 7-25 中。对比图 7-25 三个子图可知，区域 3 内由风电预测误差引入的不确定性明显大于其他两个区域。系统中三个区域的负荷占比分别为 30.10%，29.80% 和 40.10%。此外，三条区域间联络线的传输容量均为 100MW。

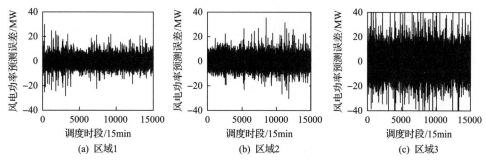

图 7-25　三个区域内风电场的预测误差历史数据

图 7-26 给出了日前和日内时间尺度的负荷预测曲线、风电功率预测曲线以及净负荷预测曲线。本章与前文一致，均不考虑负荷预测误差。由图 7-26(a)可知，区域 3 内负荷需求最大。由图 7-27(b)可知，区域 3 内风电功率最大。由图 7-26(c)可知，区域 3 净负荷需求全系统最高，调度时段 0 至 10 内区域 1 的净负荷大于区域 2，而调度时段 10 至 16 内区域 2 的净负荷大于区域 1。

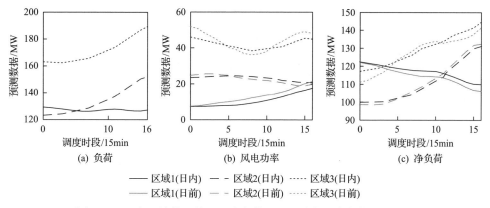

图 7-26　三个区域的日前和日内负荷、风电功率和净负荷预测曲线

根据本节理论部分所提出的区域内信息集成方法，计算得到了图 7-24 中三个区域的前两类信息集成曲线，即 $PC_{m,t}$、$PRup_{m,t}$ 以及 $PRdn_{m,t}$。而最后一类表征备用分配效率的关系曲线 $RLS_{m,t}$ 和 $RWC_{m,t}$ 则会在后续的算例分析中进行展示。前两类信息集成曲线如图 7-27 所示。以图 7-27(a)为例，该子图横坐标为对应区域的火电机组总有功出力值，纵坐标为对应区域的燃料成本。对比三个区域的第一类信息集成曲线可知，当三个区域提供相同的有功出力时，区域 3 的燃料成本最高，区域 2 次之，而区域 1 最低。这与前文根据每一台火电机组具体参数分析所得的"相同有功出力情况下机组的燃料成本为 G5≥G3≥G1 和 G6≥G4≥G2"结果一致。

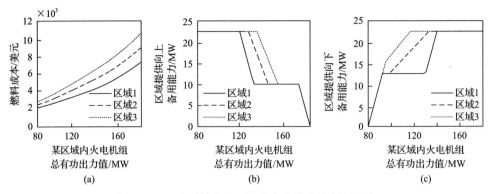

图 7-27　三个区域的前两类信息集成曲线(小系统)

2) 基础调度结果

经过仿真计算，系统中六台火电机组的日前和日内计划出力如图 7-28 所示，对比图 7-28 中两幅子图可知，由于预测信息的更新，各台发电机组的出力计划均进行了一定量的调整。其中，装机容量大、爬坡能力强的 G1、G3 和 G5 承担了系统的主要负荷。而对比这三台装机容量和爬坡能力相同的火电机组可知，燃料成本最低的 G1 承担的负荷最多,燃料成本最高的 G5 承担的负荷最少。与此类似，G2、G4 和 G6 也呈现了相似的趋势。这一分配趋势体现了第一类信息集成曲线可刻画出各区域在承担负荷效率上差异。为了更加直观地展示这一趋势，这里将各区域总的火电机组计划出力展示在了图 7-29 中。

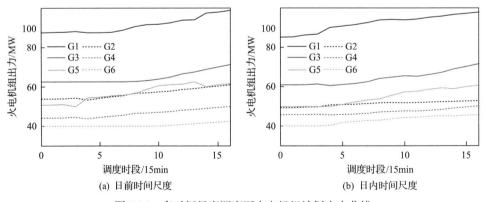

图 7-28　多时间尺度调度下火电机组计划出力曲线

图 7-30 展示了日前和日内两个时间尺度下，区域间联络线上的计划功率传输曲线。三个区域间潮流正方向的选定规则为：图 7-24 中①号线路取区域 1 向区域 2 输送功率为正值，②号线路取区域 1 向区域 3 输送功率为正值，③号线路取区域 2 向区域 3 输送功率为正值。由图 7-30 中的潮流结果可知，在该时段内，区域 1

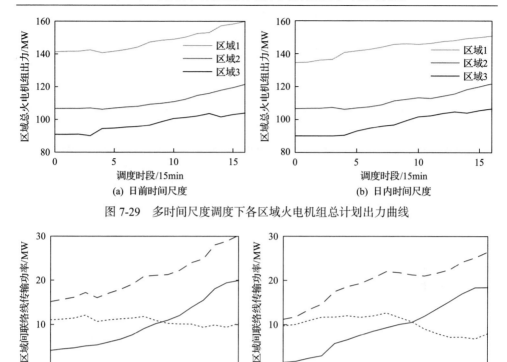

图 7-29　多时间尺度调度下各区域火电机组总计划出力曲线

图 7-30　多时间尺度调度下区域间联络线功率潮流

同时给区域 2 和区域 3 提供功率支持，而区域 2 也在向区域 3 输送功率。这主要是由于区域 3 内净负荷为全系统内最大，而区域 3 内的火电机组燃料成本却为全系统最高，因此其他两个区域为区域 3 供电可降低全系统的总运行成本。进一步对比①号线路和③号线路上的潮流计划可知，在调度时段 0 至 10 内，区域 2 向区域 3 传输的有功功率大于区域 1 向区域 2 提供的有功支持。这是由于在这一时段内，区域 2 自身的净负荷较低，有功需求较小，故区域 2 也在同时为区域 3 提供有功支援。但在调度时段 10 至 16 中，随着区域 2 内净负荷的不断增大，区域 2 向区域 3 提供的有功功率逐渐低于区域 1 给区域 2 提供的有功支持。这表明该时段内，区域 1 在给区域 2 和区域 3 同时输送功率，从而确保系统的总燃料成本最低。

图 7-31 和图 7-32 分别展示了三个区域各自提供的向上和向下备用容量以及三个区域最终拥有到的向上和向下备用资源的对比结果。

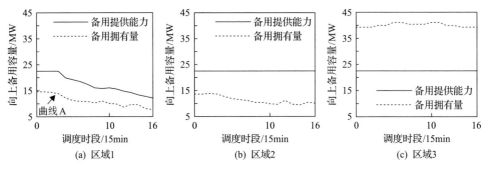

图 7-31　各区域提供向上备用的能力与拥有的向上备用资源情况对比(小系统)

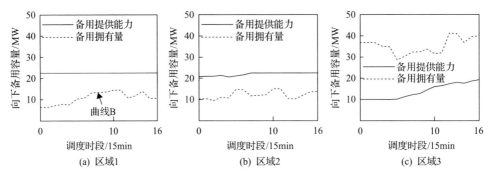

图 7-32　各区域提供向下备用的能力与拥有的向下备用资源情况对比(小系统)

由图 7-31 所展示的结果可知，区域 1 和区域 2 提供的向上备用容量均大于这两个区域分配得到的向上备用资源，说明区域 1 和区域 2 是该系统中的向上备用输出区域。与之相反，区域 3 提供的向上备用容量在该时段内始终小于其分配得到的向上备用资源，即区域 3 为该系统内向上备用资源的输入区域。结合图 7-25 所展示的三个区域预测误差历史数据可知，该分配结果表明采用了本章所提的信息集成技术后，系统仍具有高效率的备用资源分配能力，将全系统内的向上备用资源更多地分配给了预测误差较大的区域 3，从而降低了全系统的切负荷期望值。与此类似，图 7-32 则展示了系统对向下备用资源的分配情况。由于区域 3 中风电功率预测正向和负向误差均为全系统最大，因此，根据本章所提出的信息集成技术，上层统调同样将系统内的向下备用资源更多地分配给了区域 3，从而降低全系统的弃风期望值。

进一步对比图 7-31 和图 7-32 中实线的幅值可知，区域 3 提供向上备用的能力与区域 2 持平且大于区域 1，而区域 3 提供向下备用的能力则为全系统内最低。这是由于，虽然各区的火电机组装机相同，但是区域 3 承担了全系统内最少的负荷需求。因此，区域 3 内的两台火电机组均处于较低的运行点。结合图 7-21 展示的每一台火电机组运行点与备用提供能力的耦合关系示意图可知，区域 3 内的两台火电机组均拥有较大的向上空间为系统提供向上备用容量，以及相对较少的向下空间为系统提供向下备用容量，故呈现出图 7-31 和图 7-32 中所展示的备用提供能力水平。

为进一步验证采用信息集成技术后所提出的备用优化分配策略的有效性，本节采用了 7.3 节提出的备用需求动态评估模型对图 7-31 中的曲线 A 和图 7-32 中的曲线 B 进行了详细分析。在曲线 A 上选取图 7-33(a) 所示的 A1 和 A2 两点。根据 A1 点和 A2 点对应调度时段内的风电预测值可将对应数据箱中的"预留向上备用-区域切负荷期望"关系曲线取出。对比两个箱内的关系曲线可知，预留同样大小的向上备用容量时，A1 点对应时段内区域面临的切负荷期望会更高。因此，本章提出的调度模型在 A1 点时刻分配了更多的向上备用，从而降低了区域总体可能的切负荷量。同理，图 7-33(b) 则分析了向下备用的情况。上述分析说明信息集成后的调度模型依然具有跨调度时段高效分配备用资源的能力。

图 7-34(a) 和图 7-34(b) 则表示同一时间断面下，系统将向上和向下备用资源分配到三个区域的过程。以图 7-34(a) 中所展示的调度时段 0 所对应的三个区域计划分配得到的向上备用容量为例。调度时段 0 内，根据区域 1、区域 2 和区域 3 内三个风电场的预测值可以将区域 1 内 3 号箱、区域 2 内 10 号箱以及区域 3 内 10 号箱中的"预留向上备用-区域切负荷期望"关系曲线取出，分别如图 7-34(a) 中下面三个子图所示。通过曲线对比可知，预留相同的向上备用容量时，对应的区域切负荷期望是区域 3>区域 1>区域 2，即在区域 3 预留向上备用容量的效果优于其他两个区域。采用本章所提出的分层调度模型所得到的备用分配结果，也正是在该时刻下将更多的向上备用资源分配给了区域 3。同理，图 7-34(b) 展示了向下备用资源在多区域之间的高效分配情况。说明信息集成后的调度模型依然具有跨区域高效分配备用资源的能力。

2. IEEE 118 节点标准系统仿真分析

本部分采用图 7-15 所示的 IEEE 118 节点标准系统作为实际电力系统的代表，从而验证本章所提出的信息集成方法和分层优化调度模型在实际系统中的适用性。由于在三区域小系统仿真算例中，前文已经充分对采用信息集成后的调度模型资源分配效果进行了验证，这里将着重分析信息集成技术的准确性。

1)输入信息及基础调度结果

这里同样采用图 7-15 中 IEEE 118 节点标准系统的分区方法。系统中含三个风电场，分别位于区域 1 内的节点 12、区域 2 内的节点 54 以及区域 3 内的节点 106，三个风电场的装机容量分为 500MW、1000MW 和 500MW。此外，三个区域的负荷分配比例为 22.70%、41.60%和 35.70%。图 7-35 展示了日前和日内时间尺度下各区域的负荷预测曲线、风电功率预测曲线和净负荷预测信息。由图 7-35

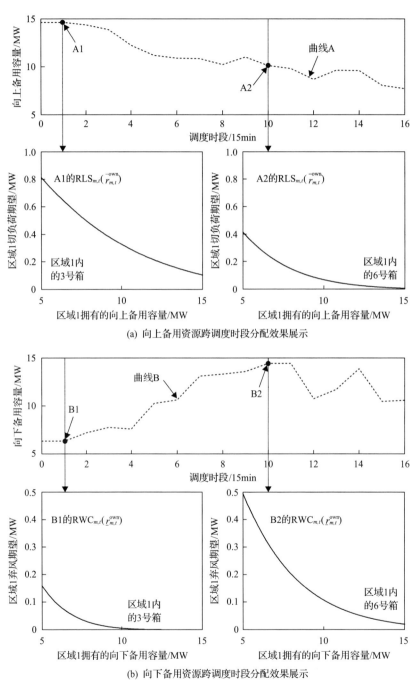

(a) 向上备用资源跨调度时段分配效果展示

(b) 向下备用资源跨调度时段分配效果展示

图 7-33　区域 1 备用容量分配在不同调度时段的分析

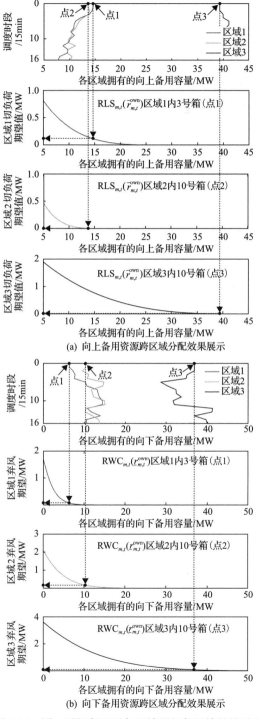

(a) 向上备用资源跨区域分配效果展示

(b) 向下备用资源跨区域分配效果展示

图 7-34　同一时间断面下各区域预留备用效果的对比

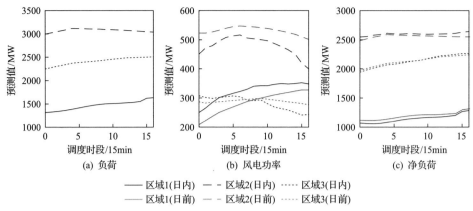

图 7-35　IEEE 118 节点标准系统日前和日内的负荷、风电功率
以及净负荷预测曲线

可知，区域 1 的负荷需求为全系统最小，而区域 2 的负荷需求为全系统最大。区域 2 的风电功率水平远高于其他两个区域。结合风电和负荷预测信息可知，区域 2 拥有全系统最高的净负荷需求，而区域 1 的净负荷需求为全系统最低。

图 7-36 展示了采用本章所提出的区域内信息集成方法所计算得到的前两类信息集成曲线，即"区域火电机组总出力-区域燃料成本"、"区域火电机组总出力-区域提供向上备用能力"以及"区域火电机组总出力-区域提供向下备用能力"关系曲线。以图 7-36(a) 为例，可以看出区域 1 在相同的区域火电机组总出力情况下，绝大多数对应了最高的区域燃料成本，这是由区域 1 内的火电机组的燃料成本系数决定的。该曲线说明区域 1 发电的单位成本较高，而区域 2 和区域 3 则适合更多地去承担系统内的有功需求。

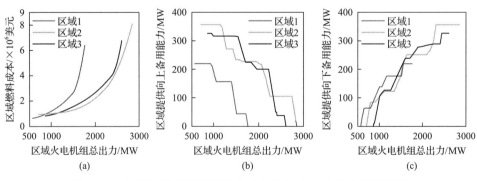

图 7-36　三个区域的前两类信息集成曲线(IEEE 118 节点标准系统)

2)算例分析

图 7-37 和图 7-38 展示了 IEEE 118 节点标准系统内，各区域提供的向上和向下备用容量以及各区域经过备用分配后得到的向上和向下备用资源。

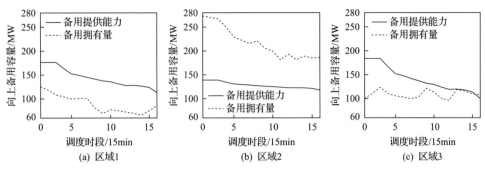

图 7-37 各区域提供向上备用的能力与拥有的向上备用资源情况对比(IEEE 118 节点标准系统)

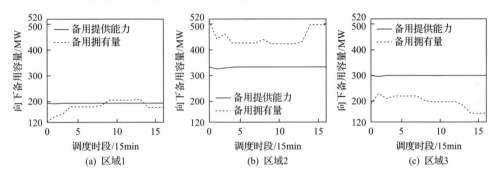

图 7-38 各区域提供向下备用的能力与拥有的向下备用资源情况对比(IEEE 118 节点标准系统)

由图 7-37 可知, 区域 1 和区域 3 提供的向上备用容量在绝大部分时段均大于其分配得到的向上备用资源, 即区域 1 和区域 3 均是该系统的向上备用资源输出区。而与区域 1 和区域 3 相反, 区域 2 提供的向上备用容量不足其分配得到的向上备用容量的一半, 即区域 2 是该系统的向上备用资源输入区。系统将更多的向上备用资源分配给了含更多风电的区域, 从而降低了全系统的切负荷期望。图 7-38 与此类似, 分析了向下备用资源的分配情况。上述算例说明, 利用信息集成曲线作为上下层调度中心的交互信息时, 上层调度仍可实现备用资源的高效分配。

为了充分验证本章所提出的区域内信息集成方法的准确性, 本节建立了一个不分层的完整信息统调模型作为对比模型。该模型主要展示无损信息交互情况下跨区域优化效果。两个模型下各区域和全系统的运行成本如表 7-6 和表 7-7 所示。

表 7-6 完整信息统调模型经济性分析

区域和全系统	燃料成本/美元	切负荷期望/美元	弃风期望/美元	总成本/美元
区域 1	84296	877	161	85334
区域 2	137786	1037	179	139002
区域 3	129244	1069	176	130489
全系统	351326	2983	516	354825

表 7-7　本章所提分层调度模型经济性分析

区域和全系统	燃料成本/美元	切负荷期望/美元	弃风期望/美元	总成本/美元
区域 1	84297	878	169	85344
区域 2	137792	1052	183	139027
区域 3	129254	1075	178	130507
全系统	351343	3005	530	354878

由表 7-6 和表 7-7 可知，对比基于本章所提出的信息集成方法的跨区域分层调度模型和不分层完整信息的统调模型，两个模型寻优后的系统运行成本之间仅有 0.015%的差异，而该差异主要来源于优化过程中的数值计算误差。

图 7-39 进一步展示了利用完整信息统调模型和本章所提出的模型分别计算得到的各区域火电机组总出力结果。由图 7-39 可知，两种模型所求得的有功出力计划基本一致，本章所提出的区域内信息集成方法能够精确地刻画区域内火电机组总出力、燃料成本、向上和向下备用提供能力以及区域弃风和切负荷期望之间的复杂关系，在保护了各区域具体的机组信息的同时，实现了功率和备用资源的高效分配。

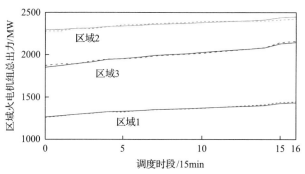

图 7-39　分层调度模型和完整信息统调模型调度结果对比
完整信息统调模型为实线；分层调度模型为虚线

本部分还在不同输入数据的情况下，对本章所提出的多时间尺度的分层调度模型的计算时间进行了统计。图 7-40 展示了 20 组不同输入数据下模型求解的计算时间。数据显示，在日前调度中，上层跨区域功率和备用协同优化平均用时 8.45s，下层区域内的经济调度模型平均用时 2.00s。而在日内滚动调度中，上层模型平均需要 2.27s 完成求解，下层则平均需要 1.11s 完成。这一统计结果证明，本章所提出的模型的计算速度满足实际电力系统的要求。

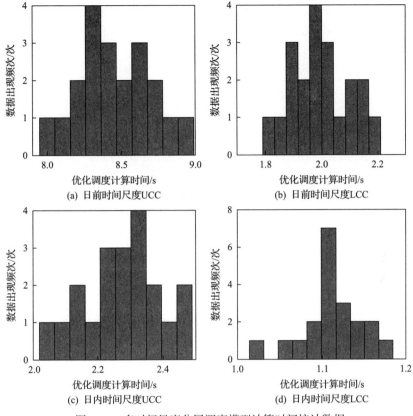

图 7-40　多时间尺度分层调度模型计算时间统计数据

7.6　本 章 小 结

　　本章在对备用需求动态评估的基础上，系统地考虑了源荷侧双重不确定性对跨区域备用优化问题的影响，并结合我国实际调度框架和调度层级对该问题的限制，构建了一套完整的跨区域备用优化体系。结论表明，跨区域备用共享模型可实现备用的高效分配，不仅缓解了部分区域备用紧缺的现状，更在保证系统供电可靠性的基础上使得全系统更经济安全地运行。

参 考 文 献

[1] 刘轶哲. 大安新艾里 49.5 兆瓦风电场电气系统设计[D]. 长春: 吉林大学, 2016.

[2] 秦嘉南. 基于动态增容的输电线路高效运行关键技术研究[D]. 上海: 上海交通大学, 2015.

[3] 董振斌, 李义容, 李海思. 考虑风电功率与需求响应不确定性的备用容量配置[J]. 电力需求侧管理, 2017, 19(1): 29-34, 44.

[4] 何仰赞, 温增银, 汪馥英, 等. 电力系统分析(下册)[M]. 武汉: 华中工学院出版社, 1985.

[5] 国家发展和改革委员会能源研究所. 中国 2050 高比例可再生能源发展情景暨路径研究[R/OL]. (2015-04-20)[2015-04-20]. http://www.echina.org/Reports-zh/china-2050-high-renewable-energypenetration-scenario-and-roadmap-study-zh.

[6] 薛禹胜, 雷兴, 薛峰, 等. 关于风电不确定性对电力系统影响的评述[J]. 中国电机工程学报, 2014, 34(29): 5029-5040.

[7] Yuan X M. Overview of problems in large-scale wind integrations[J]. Journal of Modern Power Systems and Clean Energy, 2013, 1(2): 22-25.

[8] Sun D L, Han X S, Zhang B, et al. Frequency aware robust economic dispatch[J]. Journal of Modern Power Systems and Clean Energy, 2016, 4(2): 200-210.

[9] Billinton R, Allan R N. Reliability Evaluation of Power Systems[M]. New York: Plenum, 1996.

[10] 中华人民共和国水利电力部. 电力系统技术导则: SD131—1984[S]. 北京: 水利电力出版社, 1985.

[11] 薛禹胜, 谢东亮, 薛峰, 等. 智能电网运行充裕性的研究框架: (一)要素与模型[J]. 电力系统自动化, 2014, 38(10): 1-9.

[12] Bouffard F, Galiana F D. An electricity market with a probabilistic spinning reserve criterion[J]. IEEE Transactions on Power Systems, 2004, 19(1): 300-307.

[13] 葛炬, 王飞, 张粒子. 含风电场电力系统旋转备用获取模型[J]. 电力系统自动化, 2010, 34(6): 32-36.

[14] Ortega-Vazquez M A, Kirschen D S. Estimating the spinning reserve requirements in systems with significant wind power generation penetration[J]. IEEE Transactions on Power Systems, 2009, 24(1): 114-124.

[15] 张里, 刘俊勇, 刘友波, 等. 风速相关性下的最优旋转备用容量[J]. 电网技术, 2014, 38(12): 3412-3417.

[16] 吴俊, 薛禹胜, 舒印彪, 等. 大规模可再生能源接入下的电力系统充裕性优化(一)旋转级备用的优化[J]. 电力系统自动化, 2019, 43(8): 101-109.

[17] 赖业宁, 薛禹胜, 高翔, 等. 发电容量充裕度的风险模型与分析[J]. 电力系统自动化, 2006, 30(17): 1-6.

[18] 王乐, 余志伟, 文福拴. 基于机会约束规划的最优旋转备用容量确定[J]. 电网技术, 2006, 30(20): 14-19.

[19] Doherty R, Malley M O. A new approach to quantity reserve demand in systems with significant installed wind capacity[J]. IEEE Transactions on Power Systems, 2005, 20(2): 587-595.

[20] 孟祥星, 王宏. 大规模风电并网条件下的电力系统调度[J]. 东北电力大学学报(自然科学版), 2009, 29(1): 1-7.

[21] 周任军, 姚龙华, 童小娇, 等. 采用条件风险方法的含风电系统安全经济调度[J]. 中国电机工程学报, 2012, 32(1): 56-63.

[22] Wang Z, Bian Q Y, Xin H H, et al. A distributionally robust co-ordinated reserve scheduling model considering CVaR-based wind power reserve requirements[J]. IEEE Transactions on Sustainable Energy, 2016, 7(2): 625-636.

[23] 玉华, 周任军, 韩磊, 等. 基于 CVaR 的风电并网发电风险效益分析[J]. 电力系统保护与控制, 2012, 40(4): 43-47.

[24] Wu J L, Zhang B H, Deng W S, et al. Application of Cost-CVaR model in determining optional spinning reserve for wind power penetrated system[J]. International Journal Electrical Power and Energy Systems, 2015, 66: 110-115.

[25] 陈彦秀, 彭怡峰, 李怡舒, 等. 考虑弃风与失负荷损失的含风电系统旋转备用优化调度[J]. 电力科学与工程, 2016, 32(4): 8-13.

[26] 冯慧波. 含间歇式电源的多时间尺度备用调度研究[D]. 哈尔滨: 哈尔滨工业大学, 2011.

[27] Zhang Z S, Sun Y Z, Gao D W, et al. A versatile probability distribution model for wind power forecast errors and its application in economic dispatch[J]. IEEE Transactions on Power Systems, 2013, 28(3): 3114-3125.

[28] EirGrid. EirGrid system performance data[DB/OL]. (1993-01-01)[2016-06-01]. http://www.eirgrid.com/operations/systemperformancedata.

[29] PJM. PJM data miner 2[DB/OL]. (1993-01-01) [2016-06-01]. http://dataminer2.pjm.com/feed/hrl_load_metered/ definition.

[30] Billington R, Allan R N. Reliability Evaluation of Power Systems[M]. Saskatchewan: Plenum Press, 1984.

[31] Kundur P, Balu N J, Lauby M G. Power System Stability and Control[M]. New York: McGrawHill, 1994.

[32] Concordia C. Power system stability[J]. IEEE Power Engineering Review, 1991, 5 (11): 8-10.

[33] 张国强, 张伯明. 考虑风电接入后二次备用需求的优化潮流算法[J]. 电力系统自动化, 2009, 33 (8): 25-28.

[34] Eto J H, Nelsonhoffman J, Torres C, et al. Demand response spinning reserve demonstration[R]. Berkeley: Ernest Orlando Lawrence Berkeley National Laboratory, 2007.

[35] Jiang H Y, Xu J, Sun Y Z, et al. Dynamic reserve demand estimation model and cost-effectivity oriented reserve allocation strategy for multi-area system integrated with wind power[J]. IET Generation, Transmission & Distribution, 2017, 12 (7): 1606-1620.

[36] Tuohy A, Meibom P, Denny E, et al. Unit commitment for systems with significant wind penetration[J]. IEEE Transactions on Power Systems, 2009, 24 (2): 592-601.

[37] Gooi H B, Mendes D P, Bell K R W, et al. Optimal scheduling of spinning reserve[J]. IEEE Transactions on Power Systems, 1999, 14 (4): 1485-1492.

[38] Jr Hodge P G. Automatic piecewise linearization in ideal plasticity[J]. Computer Methods in Applied Mechanics & Engineering, 1977, 10 (3): 249-272.

[39] 张丹宁, 徐箭, 孙元章, 等. 含风电电力系统日前备用动态评估与优化[J]. 电网技术, 2019, 43 (9): 3252-3260.

[40] Padhy N P. Unit commitment—a bibliographical survey[J]. IEEE Transactions on Power Systems, 2004, 19 (2): 1196-1205.

[41] 杨胜春, 刘建涛, 姚建国, 等. 多时间尺度协调的柔性负荷互动响应调度模型与策略[J]. 中国电机工程学报, 2014, 34 (22): 3664-3673.

[42] 吴文传, 张伯明, 孙宏斌. 电力系统调度自动化[M]. 北京: 清华大学出版社, 2011.

[43] Hughes F M. Power System Control and Stability[M]. Ames: Iowa State University Press, 1977.

第8章 含大规模可再生能源的交直流电力系统协同优化运行

8.1 引　　言

随着西电东送、南北互供等输电工程的开展，以及特高压直流输电工程投入运行，我国已形成大规模特高压交直流互联电力系统[1,2]，为大规模可再生能源的跨区消纳提供了有效的解决方案。

目前，我国实行分级、分区的电网调度模式，如国家电网有限公司所属调度体系由国调、分部、省调 3 级组成。在多区域连接的大型互联电力系统调度中，由于政策或技术等原因，面临获取各区域的全部信息及区域间大量数据传输的难题，往往是国调负责制定各区之间联络线输电功率，各分部、省调再确定辖区内机组出力计划[3]。各分部或省调往往只考虑本地区电网的运行情况，难以发挥整体互联电网的协同运行效果。对于多交流互联电网而言，上述现行电网调度模式给考虑多区域间源-荷互补和备用互济调度计划的制定提出了分散协调调度的新要求；对于交直流互联电网而言，由于目前国调在制定区域间直流联络线的功率传输计划时，往往根据事先商定的输电量协议，将每日直流输送功率简单地设定为分段恒功率运行模式，而未体现直流联络线的灵活调控能力，缺乏协调可再生能源出力波动和外送需要的考量，因而也需进一步研究与之相适应的、可行的分散调度模式。总之，在大规模可再生能源远距离集中外送、跨区消纳的特高压交直流电力系统中，为交流互联电网制定考虑备用互济的分散发电调度模式，为交直流互联电网制定考虑直流联络线灵活运行特性的功率传输计划，是缓解区域火电机组调节压力、提高大规模可再生能源消纳水平的有效方法和必然选择[4-18]。

本章提出考虑可再生能源出力、常规机组、负荷等多重不确定性和备用互济的交流互联电网分散协调调度方法；考虑直流联络线参与调节的交直流电力系统协同调度模型；基于改进目标级联分析法的交直流互联电力系统分散协调调度实现方法，该方法由上级调度中心主问题制定直流联络线的日前传输计划，下级区域调度中心以并行方式独立求解各区域电网发电计划的子问题，算例验证表明所提分散协调调度架构和方法在适应我国分层分区调度模式的情况下，能提高可再生能源消纳量和交直流互联系统运行安全性。

8.2　大型交直流电力系统分散协调调度架构与算法

8.2.1　电网区域分解方法

大型互联电力系统的分散协调调度架构的基础是合理的电力系统区域分解方法。

分散协调的优化调度方法在本质上是利用复杂网络分解的思想，把一个大规模的复杂系统优化问题分解为若干个小规模系统优化问题进行并行求解，并通过协调机制确保算法的收敛性和全局一致性，在保证各区域系统数据隐私和调度独立的前提下实现全网的安全经济运行。对于多区域互联电力系统而言，每一个区域均是通过联络线实现互联的独立个体，各区域通过联络线实现数据交换和功率传输，并通过区域边界耦合方程来描述各区域间的联系。因此，构造有效的边界耦合方程是分散协调优化的重要工作。只有确定了互联系统的区域分解方法，才能建立区域边界耦合方程，这也是分散协调优化中实现区域数据传递和保持区域求解一致的关键约束[19-21]。目前，主要的区域分解方法有节点撕裂法、线路撕裂法和线路复制法。

1. 节点撕裂法

节点撕裂法通过边界节点进行区域分解。节点撕裂法的分解准则如图 8-1 所示，区域 1 和区域 2 通过节点 s 实现互联，通过解裂节点 s 并分配到相邻区域，从而构造区域耦合方程，建立分散式优化模型。例如，文献[22]采用节点撕裂法进行区域分解，进而构建多区域电网分散式经济调度模型；WARD 等值和 REI 等值是基于节点撕裂法进行区域分解的典型方法，广泛用于多区域电网分散式无功优化模型[23,24]。

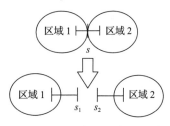

图 8-1　节点撕裂法分解准则

2. 线路撕裂法

线路撕裂法通过边界线路对互联区域进行拆分。线路撕裂法的分解准则如图 8-2 所示，区域 1 和区域 2 通过线路 mn 互联，通过在线路 mn 中引入虚拟节点 s 进行区域分解，流过该虚拟节点 s 的功率为区域耦合变量，进而构造区域耦合方程，建立分散式优化模型。例如，文献[25]采用线路撕裂法进行区域分解，进而构建多区域分散式最优潮流模型；文献[26]同样采用线路撕裂法进行区域分解，进而构建电力市场环境下的多区域分散式经济调度模型。

3. 线路复制法

线路复制法的分解准则如图 8-3 所示，区域 1 和区域 2 通过线路 mn 实现互联。通过复制线路 mn，并分配到相邻区域实现区域分解，且需要将边界线路的节点电压幅值和相角进行复制。不同于线路撕裂法，线路复制法对应的区域耦合变量是边界节点电压，能够根据边界节点的电压幅值和相角构造对应的线性边界方程，而线路撕裂法对应的区域耦合变量是线路功率。例如，文献[27]应用线路复制法对微电网进行拆分，采用交替方向乘子法求解分散式直流最优潮流模型；文献[28]和[29]均应用线路复制法进行区域分解，然后分别采用分布式内点法和Benders 分解法求解多区域分散式经济调度问题。

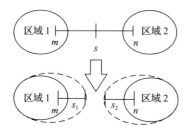

图 8-2　线路撕裂法分解准则

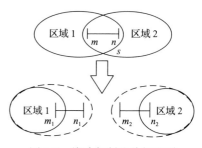

图 8-3　线路复制法分解准则

8.2.2　分散协调调度架构

传统的集中式调度架构中，位于中央的输电系统运营商(transmission system operator，TSO)对所辖区域内的各系统进行集中管理，掌握全局信息，如欧洲的CORESO，该集中式调度架构相当于 TSO 对整个系统进行统一优化调度，需要全局信息，对计算要求比较高，不适合我国这种分级、分区的复杂交直流互联系统。相比于此，复杂交直流互联系统分散协调调度可选以下 2 种架构。

1. 去中心化的分散协调调度架构

该架构中，每个本地 TSO 只需与其相邻区域进行通信即可交换联络线传输功率。直流联络线的注入功率可等效为一个虚拟发电机，且通过控制其输出特性可实现直流联络线的灵活调控，用以实现联络线和发电机组的联合优化。

2. 由上层 TSO 和下层多 TSO 组成的分散协调调度架构

该架构中，各区域 TSO 之间无须交换信息，通过上层 TSO 来协调各区域 TSO 制定高压直流输电/高压交流输电(HVDC/HVAC)联络线传输计划，即各联络线传输计划均由本地 TSO 与上层交互制定；各区域 TSO 可并行计算确定各自的发电计划，无须彼此交换信息，仅需与上层 TSO 通信；上层 TSO 不用了解各区域电网发电及内部输电计划，仅负责协调各区域 TSO 制定区域间联络线传输计划。联络线的运行约束条件包含在上层 TSO 的问题中，各地 TSO 仅负责调度其区域内发电调度计划。典型应用场景为中国国家调度中心。

8.2.3　分散协调调度算法

对于多区域互联电力系统的分散协调调度问题，其基本建模思想是将多区域调度问题分解为可各自独立求解的子区域调度问题，分散协调调度既可以保持各区域电网独立自治运行，又可以减少数据通信量，降低计算规模。多区域互联电力系统的分散协调调度模型的求解算法主要包括对偶分解类算法和原始分解类算法两种。对偶分解类算法通过求解松弛的局部优化问题，使用对偶变量来协调各个局部优化问题，包括拉格朗日松弛法(Lagrangian relaxation，LR)[30-32]、交替方向乘子法(alternating direction method of multipliers，ADMM)[33-35]、辅助问题原理法(auxiliary problem principle，APP)[36-38]、目标级联分析法(analytical target cascading，ATC)[39-41]等。原始分解类算法则将整个问题的决策变量划分为局部变量和耦合变量进行求解，包括最优条件分解法(optimal condition decomposition，OCD)[42-44]以及其他原始分解类算法[45-47]等。其中，对偶分解类算法通过构造部分拉格朗日函数将耦合约束松弛到目标函数中，实现分散求解，是最早也是目前应用最广泛的分解类算法。

1. 对偶分解类算法

1) 拉格朗日松弛法

拉格朗日松弛法是最原始的分散式求解算法之一，其基本思路是将区域耦合约束以拉格朗日乘子的方式引入目标函数中，使优化问题可分离求解，再通过各区域子问题的交替迭代计算即可获得分散式求解的结果。目前，拉格朗日松弛法被广泛用于解决多区域电网最优潮流问题，它允许松弛区域边界耦合约束以构建可根据区域划分的拉格朗日对偶问题，并通过次梯度、割平面等方法更新乘子，求解对偶问题。文献[30]通过对区域联络线增加虚拟节点实现区域分解，然后采用 LR 求解多区域直流最优潮流问题；文献[31]和[32]提出一种内点/割平面法更新拉格朗日乘子进行多区域交流最优潮流计算的方法。

2) 交替方向乘子法

交替方向乘子法是目前分散式求解的研究热点，在 LR 的基础上，ADMM 通过引入关于区域边界耦合约束的二次罚函数项，以减少拉格朗日乘子迭代的振荡幅值，加快优化问题的收敛。文献[33]提出了一种同步型 ADMM 方法，实现了 ADMM 分散式优化的并行计算；文献[34]则将 ADMM 法应用在交流最优潮流的分散式计算中；文献[35]基于二阶锥规划，建立了直流电网二阶锥最优潮流凸规划模型，并基于 ADMM 进行分布式求解。

3) 辅助问题原理法

辅助问题原理法是 LR 的另一种演化方法，其基本思想是在 LR 的基础上，将区域边界耦合方程松弛到目标函数中，并新增二次惩罚项，使优化目标具有强凸性，其算法收敛性研究参考文献[36]。文献[37]基于 APP 实现了多区域最优潮流问题的并行求解；文献[38]研究了预测矫正邻近乘子法、APP 和 ADMM 方法的并行计算效率问题。

4) 目标级联分析法

目标级联分析法是基于 ADMM 演变而来的一种分解协调算法，是一种适合多层系统的分层分散式协调优化算法。ATC 通过增加虚拟变量，将原始优化问题分解为一个主问题和多个区域子问题。文献[39]基于 ATC 将输配电网的最优潮流问题分解为上层输电系统最优潮流主问题和下层配电系统最优潮流子问题；文献[40]基于 ATC 技术，提出了求解大规模安全约束机组组合问题的分布式优化算法；文献[41]基于 ATC 技术，提出了多区互联电力系统的分散协调风险调度模型，但并未考虑多时段之间的动态耦合特性。

2. 原始分解类算法

1) 最优条件分解法

最优条件分解法是一类特殊的混合分解类算法。该算法根据最优条件中交换变量为原变量还是对偶变量，来判断属于哪种分解类算法。相比于基于拉格朗日松弛法的对偶分解类算法，OCD 的差别在于：基于拉格朗日松弛法的对偶分解类算法均将区域边界耦合约束松弛到目标函数中，而 OCD 则是将区域边界耦合约束分配到各个子区域中构建对应的子优化模型，各子优化模型只需获得相应的边界耦合变量即可。OCD 的优点是无须上级集中协调器的参与，且无须参数调整。其收敛性依赖于互联电网的耦合特征，具体的收敛证明可参考文献[42]。文献[43]将 OCD 应用到互联大系统的电力阻塞管理问题中；文献[44]将 OCD 应用到互联大系统的分散式最优潮流问题中。

2) 其他原始分解类算法

文献[45]基于多参数二次规划的关键属性提出了一种基于关键区域投影 (critical region projection，CRP) 方法的原始分解类算法，耦合变量首先固定在子问题中，然后作为主问题的一部分，采用迭代的方式进行求解。其中，最关键的步骤是由上级协调者定义需要在主问题中求解的耦合变量。在文献[45]的基础上，文献[46]继续研究了考虑系统运行不确定性的基于 CRP 的分散协调鲁棒优化方法；

文献[47]提出了"边际等价分解"的分散优化算法,将一个线性规划问题分割为多个子问题,并通过交换自由变量和绑定约束的信息来协调各子问题的解决方案。

综合以上各分散协调调度算法,LR 及增广拉格朗日松弛法(augmented Lagrangian relaxation,ALR)在耦合约束较多时,大量的拉格朗日乘子容易产生振荡,收敛性较差,且无法直接进行分解计算,需要通过辅助问题原理解决 ALR 的不可分问题,并采用对偶梯度法更新拉格朗日乘子,但对收敛性影响较大的罚参数和步长参数不易确定;ADMM 虽可减少拉格朗日乘子迭代的振荡幅值,以加快优化收敛,但存在惩罚函数形式单一的缺点;与之相比,ATC 具有级数不受限制、同级子问题可具有不同的优化形式、参数易于选择且经过严格的收敛证明等优点,克服了传统的基于拉格朗日松弛的对偶分解类算法在迭代中容易出现反复振荡的现象,因此,常应用于解决大规模系统的优化问题。因此,本章将采用 ATC 作为分散协调调度算法。

8.3　考虑备用互济的交流互联系统协同调度方法

8.3.1　安全约束分散协调调度模型

1. 考虑多重不确定性的安全约束经济调度模型

波动性可再生能源发电的大规模接入加剧了电网潮流的波动和阻塞的概率、常规机组调节的压力,增加了系统运行不确定性风险。为了保证所得调度方案实施时的可靠性,应综合考虑实时运行时可能出现的不确定性(风电出力、负荷需求的不确定性),还有机组或线路停运/故障的可能性("N–1"故障),即在制定调度方案时综合考虑多种不确定性。

在描述分散协调调度模型前,首先建立单区域考虑多重不确定性的安全约束经济调度(secure constraint economical dispatch,SCED)模型,先对风电场出力和负荷不确定性的处理方法进行说明。

模型中对于风电场出力和负荷不确定量采用仿射鲁棒优化[48,49]进行处理。风电场 j 在时段 t 的出力 w_{jt} 可以表示为

$$w_{jt} = w_{fjt} + \varepsilon_{jt} \tag{8-1}$$

式中,w_{fjt} 为风电场 j 在时段 t 的预测出力;ε_{jt} 为风电场 j 在时段 t 出力偏离 w_{fjt} 的误差,$\varepsilon_{jt}^{\min} \leqslant \varepsilon_{jt} \leqslant \varepsilon_{jt}^{\max}$,$\varepsilon_{jt}^{\min}$、$\varepsilon_{jt}^{\max}$ 由 99%风电场出力误差置信区间得到。

负荷 m 在时段 t 的数值 d_{mt} 可以表示为

$$d_{mt} = d_{fmt} + \zeta_{mt} \tag{8-2}$$

式中，d_{fmt} 为负荷 m 在时段 t 的预测值；ζ_{mt} 为负荷 m 在时段 t 偏离 d_{fmt} 的误差，$\zeta_{mt}^{min} \leqslant \zeta_{mt} \leqslant \zeta_{mt}^{max}$，$\zeta_{mt}^{min}$、$\zeta_{mt}^{max}$ 可根据要求确定，如分别取为 $-3\sigma_{dt}$ 和 $3\sigma_{dt}$（σ_{dt} 为负荷预测误差标准差），使其覆盖 99.74% 的负荷误差。

所有风电场出力误差和负荷误差由发电机组按一定的参与因子进行承担，保证功率平衡。则发电机 i 在时段 t 情况 k 下的出力 p_{git}^k 可以表示为

$$p_{git}^k = p_{gbit}^k - \eta_{it}^k \sum_{j=1}^{N_W} \varepsilon_{jt} + \eta_{it}^k \sum_{m=1}^{N_D} \zeta_{mt} \tag{8-3}$$

式中，p_{gbit}^k 为发电机 i 在时段 t 情况 k 下的基准出力，$k=0$ 表示无故障；η_{it}^k 为发电机 i 在时段 t 情况 k 下平衡风电和负荷误差的参与因子；N_W 为风电场数；N_D 为负荷数。

调度的目标函数取为

$$\min C_l = \sum_{t=1}^{T} \left[\sum_{i=1}^{N_G} C_i(p_{gbit}^0) + \sum_{k=1}^{N_K} \sum_{i=1}^{N_G} P_k C_i(p_{gbit}^k) + \sum_{i=1}^{N_G} (U_i(r_{it}^U) + D_i(r_{it}^D)) \right] \tag{8-4}$$

式中，C_l 为系统运行成本；P_k 为故障情况 k 的概率；$C_i(p_{gbit}^k)$ 为发电机 i 在时段 t 情况 k 下的燃料费用，采用二次函数形式，即 $C_i(p_{gbit}^k) = a_i (p_{gbit}^k)^2 + b_i p_{gbit}^k + c_i$，$a_i$、$b_i$、$c_i$ 为发电机 i 的燃料成本系数；$U_i(r_{it}^U)$、$D_i(r_{it}^D)$ 为发电机 i 在时段 t 提供上下行备用的费用，$U_i(r_{it}^U) = u_i r_{it}^U$，$D_i(r_{it}^D) = d_i r_{it}^D$，$u_i$、$d_i$ 是发电机 i 提供单位上下行备用的费用，r_{it}^U、r_{it}^D 为发电机 i 在时段 t 提供的上下行备用；T 为调度考虑的时段数；N_K 为考虑的故障情况数，包括发电机故障和联络线故障；N_G 为发电机数。

约束条件如下。

（1）功率平衡约束：

$$\sum_{i=1}^{N_G} p_{gbit}^k + \sum_{j=1}^{N_W} w_{fjt} + \sum_{z \in \Omega_{A_1}} T_{zA_1 t}^K = \sum_{m=1}^{N_D} d_{mt}, \quad \forall k, \forall t \tag{8-5}$$

其中，Ω_{A_1} 为区域 A_1 内联络线节点集合；$T_{zA_1 t}^k$ 为连在节点 z 上的联络线在时段 t 情况 k 下的功率，方向指向区域 A_1 为正。

（2）电机出力上下限约束：

$$P_{Gi}^{min} \leqslant p_{git}^k \leqslant P_{Gi}^{max}, \quad \forall i, \forall k, \forall t \tag{8-6}$$

式中，P_{Gi}^{min}、P_{Gi}^{max} 为发电机 i 出力下限和上限。

(3)区域内部线路潮流约束：

$$-F_l \leqslant \sum_n \pi_{ln}^k (\sum_i I_{ni}^1 p_{git}^k + \sum_z I_{nz}^4 T_{zA_1t}^k$$
$$\sum_j I_{nj}^2 w_{jt} - \sum_m I_{nm}^3 d_{mt}) \leqslant F_l \quad , \quad \forall l, \forall k, \forall t \quad (8\text{-}7)$$

式中，π_{ln}^k 为情况 k 下节点 n 对线路 l 的功率转移分布因子；I_{ni}^1、I_{nj}^2、I_{nm}^3 和 I_{nz}^4 分别为发电机 i、风电场 j、负荷 m 和联络线节点 z 对节点 n 的关联参数；F_l 为线路 l 的传输功率极限。

(4)联络线潮流约束：

$$-F_{Tz} \leqslant T_{zA_1t}^k \leqslant F_{Tz}, \quad \forall z, \forall k, \forall t \quad (8\text{-}8)$$

式中，F_{Tz} 为连在节点 z 上的联络线的传输功率极限。

(5)发电机爬坡约束：

$$-R_i^{\text{down}} \Delta T \leqslant p_{gbi(t+1)}^0 - p_{gbit}^0 \leqslant R_i^{\text{up}} \Delta T, \quad \forall i, \forall t \quad (8\text{-}9)$$

式中，R_i^{up}、R_i^{down} 为发电机 i 的上、下爬坡速率；ΔT 为一个调度时段的长度。

(6)备用约束。为保证在设定情况下发电机有充足的备用来应对电力不平衡，认为各个风电场与负荷预测误差相互独立，得到以下 2 个约束：

$$r_{it}^{\text{U}} \geqslant \max(0, p_{gbit}^k - p_{gbit}^0) - \eta_{it}^k \sum_{j=1}^{N_{\text{W}}} \varepsilon_j^{\min} + \eta_{it}^k \sum_{m=1}^{N_{\text{D}}} \zeta_m^{\max}, \quad \forall i, \forall k, \forall t \quad (8\text{-}10)$$

$$r_{it}^{\text{D}} \geqslant \max(0, p_{gbit}^0 - p_{gbit}^k) + \eta_{it}^k \sum_{j=1}^{N_{\text{W}}} \varepsilon_j^{\max} - \eta_{it}^k \sum_{m=1}^{N_{\text{D}}} \zeta_m^{\min}, \quad \forall i, \forall k, \forall t \quad (8\text{-}11)$$

为保证其他区域为本区域提供充足的备用，得到以下 2 个约束：

$$r_{TzA_1t}^{\text{U}} \geqslant \max\left\{0, T_{zA_1t}^k - T_{zA_1t}^0\right\}, \quad \forall z, \forall k, \forall t \quad (8\text{-}12)$$

$$r_{TzA_1t}^{\text{D}} \geqslant \max\left\{0, T_{zA_1t}^0 - T_{zA_1t}^k\right\}, \quad \forall z, \forall k, \forall t \quad (8\text{-}13)$$

式中，$r_{TzA_1t}^{\text{U}}$、$r_{TzA_1t}^{\text{D}}$ 为连在节点 z 上的联络线对区域 A_1 提供的上下行备用。

发电机所提供的备用受爬坡的限制：

$$r_{it}^{\text{U}} \leqslant R_i^{\text{up}} T_{10}, r_{it}^{\text{D}} \leqslant R_i^{\text{down}} T_{10}, \quad \forall i, \forall t \quad (8\text{-}14)$$

式中，T_{10} 是旋转备用响应时间（10min）。

其他区域支援备用时不能超出联络线的传输功率极限：

$$-F_{Tz} \leqslant T_{zA_1t}^0 + r_{TzA_1t}^U \leqslant F_{Tz}, \quad \forall z, \forall t \tag{8-15}$$

$$-F_{Tz} \leqslant T_{zA_1t}^0 - r_{TzA_1t}^D \leqslant F_{Tz}, \quad \forall z, \forall t \tag{8-16}$$

本区域的旋转备用需求由本区域内发电机和与本区域相连的其他区域提供的备用共同满足

$$\sum_{i=1}^{N_G} r_{it}^U + \sum_{z \in \Omega_{A_1}} r_{TzA_1t}^U \geqslant r_{dt}^U, \quad \forall t \tag{8-17}$$

式中，r_{dt}^U 为上行旋转备用容量需求。

对于本区域向其他区域提供的备用，首先向其他区域提供备用时不能超出联络线的传输功率极限，即

$$-F_{Tz} \leqslant T_{zA_1t}^0 + r_{TA_1zt}^U \leqslant F_{Tz}, \quad \forall z, \forall t \tag{8-18}$$

$$-F_{Tz} \leqslant T_{zA_1t}^0 + r_{TA_1zt}^D \leqslant F_{Tz}, \quad \forall z, \forall t \tag{8-19}$$

式中，$r_{TA_1zt}^U$、$r_{TA_1zt}^D$ 为区域 A_1 向连在联络线节点 z 上的联络线提供的上下行备用。

向其他区域提供的备用量需要在保证应对本区域风电和负荷波动的基础上得出，可得

$$\sum_{z \in \Omega_{A_1}} r_{TA_1zt}^U \leqslant \sum_{i=1}^{N_G} r_{it}^U + \sum_{j=1}^{N_W} \varepsilon_j^{\min} - \sum_{m=1}^{N_D} \zeta_m^{\max}, \quad \forall t \tag{8-20}$$

$$\sum_{z \in \Omega_{A_1}} r_{TA_1zt}^D \leqslant \sum_{i=1}^{N_G} r_{it}^D - \sum_{j=1}^{N_W} \varepsilon_j^{\max} + \sum_{m=1}^{N_D} \zeta_m^{\min}, \quad \forall t \tag{8-21}$$

2. 考虑备用互济的分散协调调度模型

本部分采用 ATC 实现分散协调调度，ATC 将互联系统调度问题构建为上级和下级调度模型，上级模型负责区域间共享变量的协调优化，下级模型负责各区域的优化调度，通过在目标函数中引入协调优化项实现上下级模型间的协调联系。

备用互济决策对初值敏感，还会对联络线功率协调优化的收敛产生影响，对联络线功率和备用互济分开进行优化协调有利于解决这个问题，为此，本章设计双层 ATC 实现综合考虑区域间功率支持和备用互济的分散协调调度，第一层为

联络线功率的协调优化，第二层为备用互济的协调优化。每一层都包括相应的上级模型和下级模型。

第一层下级优化模型在本节第一部分模型基础上保持约束条件不变，只需在目标函数中加入协调优化乘子项，第一层下级优化目标函数为

$$\min C_l + \sum_{t=1}^{T}\left\{\sum_{z\in\Omega_{A_1}}\left[\alpha_{Tzt}(\overline{T_{zA_1t}^*} - T_{zA_1t}^0) + \beta_{Tzt}(\overline{T_{zA_1t}^*} - T_{zA_1t}^0)^2\right]\right\} \tag{8-22}$$

式中，$\overline{T_{zA_1t}^*}$ 为上级下发的连在节点 z 的联络线在时段 t 的功率参考值；α_{Tzt} 和 β_{Tzt} 为协调优化的乘子。

第一层上级优化目标函数为

$$\begin{aligned}\min &\sum_{z\in\Omega_{A_1}}\left[\alpha_{Tzt}(\overline{T_{zA_1t}} - T_{zA_1t}^{0*}) + \beta_{Tzt}(\overline{T_{z'A_2t}} - T_{zA_1t}^{0*})^2\right] + \\ &\sum_{z'\in\Omega_{A_2}}\left[\alpha_{Tz't}(\overline{T_{z'A_2t}} - T_{z'A_2t}^{0*}) + \beta_{Tz't}(\overline{T_{z'A_2t}} - T_{z'A_2t}^{0*})^2\right]\end{aligned} \tag{8-23}$$

式中，$T_{zA_1t}^{0*}$ 和 $T_{z'A_2t}^{0*}$ 为区域 A_1 和 A_2 上传的连在节点 z 和 z' 上的联络线在时段 t 的功率；$\overline{T_{zA_1t}}$、$\overline{T_{z'A_2t}}$ 为上级优化模型中需要决策的下发给区域 A_1 和 A_2 下级优化模型的分别连在节点 z 和 z' 的联络线在时段 t 的功率参考值。

第一层区域耦合约束为

$$\overline{T_{zA_1t}} + \overline{T_{z'A_2t}} = 0 \tag{8-24}$$

第一层协调模型的收敛判据为

$$\begin{cases} |\overline{T_{zA_1t}^*}(\tau) - T_{zA_1t}^{0*}(\tau)| \leqslant \mu_{\mathrm{T}}, & \forall t \\ |\overline{T_{z'A_2t}^*}(\tau) - T_{z'A_2t}^{0*}(\tau)| \leqslant \mu_{\mathrm{T}}, & \forall t \end{cases} \tag{8-25}$$

式中，μ_{T} 为联络线功率的收敛阈值。在第 τ 次迭代中，若不收敛，按式(8-26)更新乘子：

$$\begin{cases} \alpha(\tau) = \alpha(\tau-1) + 2(\beta(\tau-1))^2(\overline{T^*}(\tau) - T^{0*}(\tau)) \\ \beta(\tau) = \gamma\beta(\tau-1) \end{cases} \tag{8-26}$$

式中，γ 为常数，一般取 $1\leqslant\gamma\leqslant 3$；$\overline{T^*}(\tau)$ 和 $T^{0*}(\tau)$ 为上级下发给下级的参考值和下级上传给上级的参考值。

第二层协调优化在第一层收敛后进行，得到经第一层协调优化的联络线功率，下发给各个区域，第二层下级优化模型在本节第一部分模型基础上在给定的

联络线功率下保持约束条件不变，并在目标函数中加入协调优化乘子项，第二层下级优化目标函数为

$$
\begin{aligned}
\min C_l + \sum_{t=1}^{T} \Bigg\{ & \sum_{z \in \Omega_{A_1}} \left[\alpha_{rT1zt}^{\mathrm{U}} (\overline{r_{TzA_1t}^{\mathrm{U*}}} - r_{TzA_1t}^{\mathrm{U}}) + \beta_{rT1zt}^{\mathrm{U}} (\overline{r_{TzA_1t}^{\mathrm{U*}}} - r_{TzA_1t}^{\mathrm{U}})^2 \right] + \\
& \sum_{z \in \Omega_{A_1}} \left[\alpha_{rT1zt}^{\mathrm{D}} (\overline{r_{TzA_1t}^{\mathrm{D*}}} - r_{TzA_1t}^{\mathrm{D}}) + \beta_{rT1zt}^{\mathrm{D}} (\overline{r_{TzA_1t}^{\mathrm{D*}}} - r_{TzA_1t}^{\mathrm{D}})^2 \right] + \\
& \sum_{z \in \Omega_{A_1}} \left[\alpha_{rT2zt}^{\mathrm{U}} (\overline{r_{TA_1zt}^{\mathrm{U*}}} - r_{TA_1zt}^{\mathrm{U}}) + \beta_{rT2zt}^{\mathrm{U}} (\overline{r_{TA_1zt}^{\mathrm{U*}}} - r_{TA_1zt}^{\mathrm{U}})^2 \right] + \\
& \sum_{z \in \Omega_{A_1}} \left[\alpha_{rT2zt}^{\mathrm{D}} (\overline{r_{TA_1zt}^{\mathrm{D*}}} - r_{TA_1zt}^{\mathrm{D}}) + \beta_{rT2zt}^{\mathrm{D}} (\overline{r_{TA_1zt}^{\mathrm{D*}}} - r_{TA_1zt}^{\mathrm{D}})^2 \right] \Bigg\}
\end{aligned} \tag{8-27}
$$

式中，$\overline{r_{TzA_1t}^{\mathrm{U*}}}$ 和 $\overline{r_{TzA_1t}^{\mathrm{D*}}}$ 为上级下发的连在节点 z 上的联络线向区域 A_1 提供的上下行备用量参考量；$\overline{r_{TA_1zt}^{\mathrm{U*}}}$ 和 $r_{TA_1zt}^{\mathrm{D*}}$ 为上级下发的区域 A_1 向连在节点 z 上联络线提供的上下行备用参考量；下标 1 代表联络线向区域 A_1 提供的上下行备用所对应的乘子项，下标 2 代表区域 A_2 向联络线提供的上下行备用所对应的乘子项。

第二层上级优化目标函数为

$$
\begin{aligned}
\min \Bigg\{ & \sum_{z \in \Omega_{A_1}} \left[\alpha_{rT1zt}^{\mathrm{U}} (\overline{r_{TzA_1t}^{\mathrm{U}}} - r_{TzA_1t}^{\mathrm{U*}}) + \beta_{rT1zt}^{\mathrm{U}} (\overline{r_{TzA_1t}^{\mathrm{U}}} - r_{TzA_1t}^{\mathrm{U*}})^2 \right] + \\
& \sum_{z \in \Omega_{A_1}} \left[\alpha_{rT1zt}^{\mathrm{D}} (r_{TzA_1t}^{\mathrm{D}} - r_{TzA_1t}^{\mathrm{D*}}) + \beta_{rT1zt}^{\mathrm{D}} (r_{TzA_1t}^{\mathrm{D}} - r_{TzA_1t}^{\mathrm{D*}})^2 \right] + \\
& \sum_{z \in \Omega_{A_1}} \left[\alpha_{rT2zt}^{\mathrm{U}} (\overline{r_{TA_1zt}^{\mathrm{U}}} - r_{TA_1zt}^{\mathrm{U*}}) + \beta_{rT2zt}^{\mathrm{U}} (\overline{r_{TA_1zt}^{\mathrm{U}}} - r_{TA_1zt}^{\mathrm{U*}})^2 \right] + \\
& \sum_{z \in \Omega_{A_1}} \left[\alpha_{rT2zt}^{\mathrm{D}} (\overline{r_{TA_1zt}^{\mathrm{D}}} - r_{TA_1zt}^{\mathrm{D*}}) + \beta_{rT2zt}^{\mathrm{D}} (\overline{r_{TA_1zt}^{\mathrm{D}}} - r_{TA_1zt}^{\mathrm{D*}})^2 \right] + \\
& \sum_{z' \in \Omega_{A_2}} \left[\alpha_{rT1z't}^{\mathrm{U}} (\overline{r_{Tz'A_2t}^{\mathrm{U}}} - r_{Tz'A_2t}^{\mathrm{U*}}) + \beta_{rT1z't}^{\mathrm{U}} (\overline{r_{Tz'A_2t}^{\mathrm{U}}} - r_{Tz'A_2t}^{\mathrm{U*}})^2 \right] + \\
& \sum_{z' \in \Omega_{A_2}} \left[\alpha_{rT1z't}^{\mathrm{D}} (\overline{r_{Tz'A_2t}^{\mathrm{D}}} - r_{Tz'A_2t}^{\mathrm{D*}}) + \beta_{rT1z't}^{\mathrm{D}} (\overline{r_{Tz'A_2t}^{\mathrm{D}}} - r_{Tz'A_2t}^{\mathrm{D*}})^2 \right] + \\
& \sum_{z' \in \Omega_{A_2}} \left[\alpha_{rT2z't}^{\mathrm{U}} (\overline{r_{TA_2z't}^{\mathrm{U}}} - r_{TA_2z't}^{\mathrm{U*}}) + \beta_{rT2z't}^{\mathrm{U}} (\overline{r_{TA_2z't}^{\mathrm{U}}} - r_{TA_2z't}^{\mathrm{U*}})^2 \right] + \\
& \sum_{z' \in \Omega_{A_2}} \left[\alpha_{rT2z't}^{\mathrm{D}} (\overline{r_{TA_2z't}^{\mathrm{D}}} - r_{TA_2z't}^{\mathrm{D*}}) + \beta_{rT2z't}^{\mathrm{D}} (\overline{r_{TA_2z't}^{\mathrm{D}}} - r_{TA_2z't}^{\mathrm{D*}})^2 \right] \Bigg\}
\end{aligned} \tag{8-28}
$$

式中，$r_{TzA_1t}^{U*}$、$r_{TzA_1t}^{D*}$、$r_{Tz'A_2t}^{U*}$ 和 $r_{Tz'A_2t}^{D*}$ 为区域 A_1 和 A_2 上传的连在节点 z 和 z' 上的联络线向区域 A_1 和 A_2 提供的上下行备用量；$r_{TA_1zt}^{U*}$、$r_{TA_1zt}^{D*}$、$r_{TA_2z't}^{U*}$ 和 $r_{TA_2z't}^{D*}$ 为区域 A_1 和 A_2 上传的区域 A_1 和 A_2 向连在节点 z 和 z' 上联络线提供的上下行备用量。

　　第二层区域耦合约束为

$$\overline{r_{TzA_1t}^{U}} = \overline{r_{TA_2z't}^{U}}, \qquad \overline{r_{TzA_1t}^{D}} = \overline{r_{TA_2z't}^{D}}, \qquad \overline{r_{TA_1zt}^{U}} = \overline{r_{Tz'A_2t}^{U}}, \qquad \overline{r_{TA_1zt}^{D}} = \overline{r_{Tz'A_2t}^{D}} \qquad (8\text{-}29)$$

式中，"—"表示是上级的决策值。

　　第二层模型的收敛判据和乘子更新方法与第一层类似，不在此赘述。

　　综上，所提出的双层分散调度框架如图 8-4 所示。

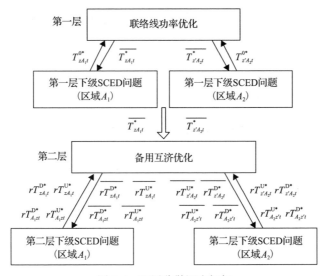

图 8-4　双层分散调度框架

8.3.2　不确定性约束转化方法

　　8.3.1 节所建立的模型是包含不确定性约束的二次规划模型，为了便于求解，需要将不确定性约束转化为确定性约束[50,51]，由于约束式 (8-6) 和式 (8-7) 中包含不确定量 ε_{jt} 和 ζ_{mt}，需要进行转化，为了便于说明，以下转化过程将代表情况的上标 k 和时间下标 t 省略，并将变量写成矩阵的形式，得

$$P_G^{\min} \leqslant P_{GB} - \mathrm{diag}(\boldsymbol{\eta})\mathbf{1}^1\boldsymbol{\varepsilon} + \mathrm{diag}(\boldsymbol{\eta})\mathbf{1}^2\boldsymbol{\zeta} \leqslant P_G^{\max} \qquad (8\text{-}30)$$

$$-\boldsymbol{F} \leqslant \boldsymbol{\pi}(\boldsymbol{I}^2(\boldsymbol{W}_F + \boldsymbol{\varepsilon}) - \boldsymbol{I}^3(\boldsymbol{D}_F + \boldsymbol{\zeta}) + \boldsymbol{I}^4\boldsymbol{T})$$
$$\boldsymbol{I}(P_{GB} - \mathrm{diag}(\boldsymbol{\eta})\mathbf{1}^1\boldsymbol{\varepsilon} + \mathrm{diag}(\boldsymbol{\eta})\mathbf{1}^2\boldsymbol{\zeta})) \leqslant \boldsymbol{F} \qquad (8\text{-}31)$$

式中，$\mathbf{1}^1$ 为元素全为 1 的 $N_G \times N_W$ 矩阵，$\mathbf{1}^2$ 为元素全为 1 的 $N_G \times N_D$ 矩阵。

为了便于说明，设定：

$$A = \begin{bmatrix} I \\ -I \\ \pi I \\ -\pi I \end{bmatrix}, \quad B = \begin{bmatrix} -\mathrm{diag}(\boldsymbol{\eta})\mathbf{1}^1 \\ \mathrm{diag}(\boldsymbol{\eta})\mathbf{1}^1 \\ -\pi I \mathrm{diag}(\boldsymbol{\eta})\mathbf{1}^1 + \pi I^2 \\ \pi I \mathrm{diag}(\boldsymbol{\eta})\mathbf{1}^1 - \pi I^2 \end{bmatrix}, \quad H = \begin{bmatrix} \mathbf{0} \\ \mathbf{0} \\ \pi I^4 \\ -\pi I^4 \end{bmatrix} \tag{8-32}$$

$$C = \begin{bmatrix} \mathrm{diag}(\boldsymbol{\eta})\mathbf{1}^2 \\ -\mathrm{diag}(\boldsymbol{\eta})\mathbf{1}^2 \\ \pi I \mathrm{diag}(\boldsymbol{\eta})\mathbf{1}^2 - \pi I^3 \\ -\pi I \mathrm{diag}(\boldsymbol{\eta})\mathbf{1}^2 - \pi I^3 \end{bmatrix} \quad e = \begin{bmatrix} P_G^{\max} \\ -P_G^{\min} \\ F - \pi I^2 W_F + \pi I^3 D_F \\ F + \pi I^2 W_F - \pi I^3 D_F \end{bmatrix} \tag{8-33}$$

式中，I 为 N_G 阶单位矩阵。

那么，上述 2 个约束可以进一步转化为

$$A P_{GB} + B \boldsymbol{\varepsilon} + C \boldsymbol{\zeta} + H T \leqslant e \tag{8-34}$$

对于 $\boldsymbol{\varepsilon}^{\min} \leqslant \boldsymbol{\varepsilon} \leqslant \boldsymbol{\varepsilon}^{\max}$、$\boldsymbol{\zeta}^{\min} \leqslant \boldsymbol{\zeta} \leqslant \boldsymbol{\zeta}^{\max}$，式(8-34)都要成立，那么对于每个约束 i，有式(8-35)成立：

$$A_i P_{GB} + H_i T - e_i + \max_{\boldsymbol{\varepsilon}^{\min} \leqslant \boldsymbol{\varepsilon} \leqslant \boldsymbol{\varepsilon}^{\max}} B_i \boldsymbol{\varepsilon} + \max_{\boldsymbol{\zeta}^{\min} \leqslant \boldsymbol{\zeta} \leqslant \boldsymbol{\zeta}^{\max}} C_i \boldsymbol{\zeta} \leqslant 0 \tag{8-35}$$

式中，$\displaystyle\max_{\boldsymbol{\varepsilon}^{\min} \leqslant \boldsymbol{\varepsilon} \leqslant \boldsymbol{\varepsilon}^{\max}} B_i \boldsymbol{\varepsilon}$ 和 $\displaystyle\max_{\boldsymbol{\zeta}^{\min} \leqslant \boldsymbol{\zeta} \leqslant \boldsymbol{\zeta}^{\max}} C_i \boldsymbol{\zeta}$ 可以表达为

$$\max_{\boldsymbol{\varepsilon}^{\min} \leqslant \boldsymbol{\varepsilon} \leqslant \boldsymbol{\varepsilon}^{\max}} B_i \boldsymbol{\varepsilon} = \sum_j \max(B_{ij}, 0)\varepsilon_j^{\max} + \sum_j \min(B_{ij}, 0)\varepsilon_j^{\min} \tag{8-36}$$

$$\max_{\boldsymbol{\zeta}^{\min} \leqslant \boldsymbol{\zeta} \leqslant \boldsymbol{\zeta}^{\max}} C_i \boldsymbol{\zeta} = \sum_m \max(C_{im}, 0)\zeta_m^{\max} + \sum_m \min(C_{im}, 0)\zeta_m^{\min} \tag{8-37}$$

引入中间行向量 z_{iw}、$\tilde{z}_{iw}$、z_{id}、$\tilde{z}_{id}$，对式(8-35)进行等效转化，最终可表达为

$$A_i P_{GB} + H_i T - e_i + z_{iw} \boldsymbol{\varepsilon}^{\max} + \tilde{z}_{iw} \boldsymbol{\varepsilon}^{\min} + z_{id} \boldsymbol{\zeta}^{\max} + z_{id} \boldsymbol{\zeta}^{\min} \leqslant 0, \quad \forall i \tag{8-38}$$

$$z_{iw} \geqslant \mathbf{0}, z_{iw} \geqslant B_i, \quad \tilde{z}_{iw} \leqslant \mathbf{0}, \tilde{z}_{iw} \leqslant B_i, \quad \forall i \tag{8-39}$$

$$z_{id} \geqslant \mathbf{0}, z_{id} \geqslant C_i, \quad \tilde{z}_{id} \leqslant \mathbf{0}, \tilde{z}_{id} \leqslant C_i, \quad \forall i \tag{8-40}$$

经过这样的转化，约束中的不确定量可以得到有效的处理，8.3.1 节所建立的模型转化为确定性二次规划模型，可以采用成熟的求解器进行求解。

8.3.3　算例分析

为了验证模型的有效性和合理性，本节采用 2 区 78 节点系统进行模型验证，在 MATLAB 平台借助 Yalmip 工具箱编程求解，求解器采用 Gurobi 7.0，测试环境 CPU 为 Intel Core i7 2.0GHz，8GB 内存。

具体而言，采用 2 个新英格兰 39 节点组成的互联系统进行模型验证，两区命名为区域 A_1 和区域 A_2，区域 A_1 的 39 节点和区域 A_2 的 39 节点相连，区域 A_2 无风电场，区域 A_1 分别在 8、20、39 节点接入风电场，每个风电场含有 250 台额定功率为 2MW 的风电机组，风电机组切入风速 v_i=4m/s，额定风速 v_r=12.5m/s，切出风速 v_o=20m/s，风速预测和负荷预测误差的方差均为预测值的 8%，风电机组强迫停运率 q=0.05，系统失负荷概率要求 LOLP=0.03，两区发电机强迫停运率相同，如表 8-1 所示，联络线故障概率取为 0.001。进行 6 个时段的优化调度，每个时段长度为 0.5h，各个时段的预测负荷和风速如表 8-2 所示，将区域 A_2 的机组成本系数加倍，联络线的传输功率极限为 2000MW，对于协调调度算法，取 $\alpha(0)=\beta(0)$=0.1，γ=1，μ_T=0.5，μ_{rT}=0.1（μ_{rT} 为备用的收敛阈值）。

经过编程求解，得到两区旋转备用需求如表 8-3 所示。

可见，由于区域 A_1 有风电场接入，在相同的可靠性水平下，A_1 的备用都高于 A_2，说明风电出力不确定会使系统在相同的可靠性水平下增加对旋转备用的需求。

表 8-1　发电机组强迫停运率

序号	强迫停运率
1	0.0267
2	0.0192
3	0.0205
4	0.0194
5	0.0163
6	0.0202
7	0.0177
8	0.0173
9	0.0228
10	0.0283

表 8-2 预测负荷和风速

时段	预测负荷/MW	预测风速/(m/s)
1	3875	7.3
2	3125	9.7
3	4585	8.3
4	4790	11.5
5	5000	13.0
6	5415	11.0

表 8-3 两个区域旋转备用需求

时段	区域 A_1 旋转备用需求/MW	区域 A_2 旋转备用需求/MW
1	1109.94	1081.79
2	1153.86	1085.38
3	1124.95	1078.70
4	1205.99	1077.85
5	1240.93	1077.00
6	1185.23	1075.37

为了验证考虑风电机组强迫停运的必要性，给出风速为 9m/s 时，系统旋转备用需求与风电机组强迫停运率之间的关系，如图 8-5 所示。

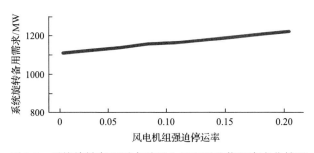

图 8-5 系统旋转备用需求随风电机组强迫停运率变化情况

可见，对于新英格兰 39 节点系统，系统旋转备用需求与风电机组强迫停运率之间近似呈线性关系，而风电机组强迫停运率越大，系统备用需求也越大，说明考虑风电机组强迫停运率可以更准确地给出系统旋转备用需求，防止备用不足。

经过协调优化求解，得到各时段联络线的功率，方向为由区域 A_1 指向区域 A_2 为正，如图 8-6 所示。区域之间备用互济情况如表 8-4 所示。

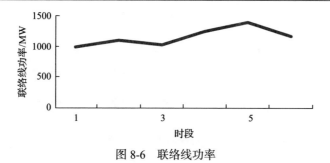

图 8-6　联络线功率

表 8-4　备用互济的决策

时段	A_1 对 A_2 上行备用/MW	A_2 对 A_1 上行备用/MW	A_1 对 A_2 下行备用/MW	A_2 对 A_1 下行备用/MW
1	63.44	694.81	0.00	0.00
2	0.00	699.70	0.00	0.00
3	10.00	752.62	0.00	26.77
4	0.00	958.50	0.00	64.24
5	0.00	806.35	10.11	0.00
6	0.00	910.50	0.00	45.36

由图 8-6 可见，区域 A_1 向 A_2 提供功率支持，这是由于区域 A_1 的发电机成本较低，因此向成本高的 A_2 提供功率支持，证明了分散协调算法能取得整体更优的结果。从备用互济可以看出，区域 A_2 向 A_1 提供很大的上行备用，这是因为一方面区域 A_1 中有风电接入，备用需求较大，另一方面区域 A_1 向 A_2 提供功率支持，使得区域 A_1 中的发电机出力普遍较大，发电机故障后需要的上行备用较大，因此需要区域 A_2 提供一定的上行备用。

为了验证分散协调调度算法的有效性，得到迭代过程中的运行成本收敛曲线如图 8-7 和图 8-8 所示，其中第一层 ATC 迭代 32 次收敛，第二层 ATC 迭代 25 次收敛。由图 8-7 可见，在第一层 ATC 迭代过程中，区域 A_1 的成本逐渐增大，区域 A_2 的成本逐渐减小，这是因为区域 A_1 的发电机成本较低，在协调调度过程中，A_1 向 A_2 提供的功率支持逐渐增多，互联系统总发电成本不断减小，最后趋于收敛。在第二层 ATC 迭代过程，互联系统总发电成本也在不断减小，这证明了分散协调调度算法的有效性。为了说明互联互备模式的经济性，下面给出了不同运行方式下的发电成本，如表 8-5 所示。可见，互联互备运行方式可以有效提高互联系统的运行经济性，原因在于采用互备方式，两个区域备用可以共享，互联系统为防止发电机故障的备用量降低，使发电成本较低的 A_1 区域可以多发电，向发电成本较高的 A_2 区域多提供功率支持，从而互联区域的总发电费用降低。

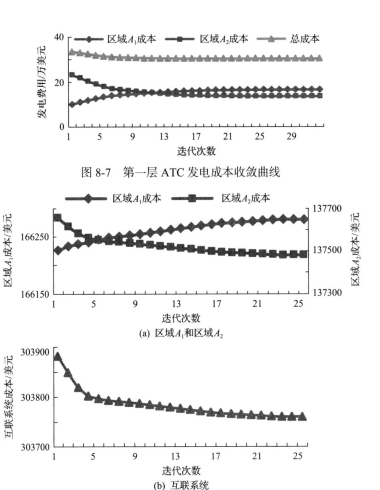

图 8-7　第一层 ATC 发电成本收敛曲线

(a) 区域A_1和区域A_2

(b) 互联系统

图 8-8　第二层 ATC 发电成本收敛曲线

表 8-5　不同运行方式发电成本比较

运行方式	A_1发电费用/美元	A_2发电费用/美元	总发电费用/美元
不互联	87910.95	264211.47	352122.42
互联不互备	124121.25	193338.54	317459.79
互联互备	166280.29	137480.59	303760.88

　　算例分析表明：所提分散协调调度方法能够根据可再生能源出力波动合理调度送、受端资源，在显著降低运行成本的同时，提高了可再生能源的消纳，并保证了调度运行的可靠性。

8.4　考虑直流传输功率优化的交直流互联系统协同调度方法

大规模可再生能源发电往往难以完全就地消纳，通过特高压交流、直流送出是目前我国可再生能源集中开发利用的主要方式，如我国西北可再生能源基地。图 8-9 展示出了一种典型的交直流跨区互联系统，其中送端电网位于区域 A，其大规模风电通过特高压交流和特高压直流联络线分别送到两个受端电网，分别位于区域 B 与区域 C。

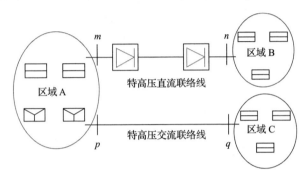

图 8-9　含风电的交直流跨区互联系统
▭ 火电；▽ 风电

该系统协同调度的关键是互联系统的分布式调度架构的选择和联络线的处理。考虑到直流联络线功率不适合节点相角差的分析方法，且直流联络线可以灵活地控制其功率，因而传递功率是可控变量，可作为耦合变量。因此，本节采用线路撕裂法，将联络线功率直接作为区域耦合变量，避免了边界节点相角差分析法难以处理直流线路潮流的弊端，通过在联络线边界节点处增加虚拟发电机来表征联络线的功率注入，通过该虚拟发电机的出力特性建模来模拟直流联络线的灵活可控性。算法方面采用 ATC。

分散协调调度架构采用 8.2.2 节所述第 2 种架构。该架构中，每个区域调度中心只负责制定本区域发电计划，上级调度中心负责协调；上级调度中心可视为一个独立的联络线运营管理实体，它只负责制定联络线传输计划。因此，联络线的运行特性约束体现在上级调度中心主问题而非下级区域子问题中，上级调度中心主问题不再需要区域一致性约束。本节所提分散协调调度架构可充分利用上级调度中心的计算能力，减轻下级调度中心的计算负担，对于我国多级调度中心的分级、分区的电力调度模式具有更好的适应性。

8.4.1 交直流联络线运行特性模型

1. 直流联络线运行模型

目前，直流联络线的灵活运行特性在互联电网经济运行中的作用逐渐受到重视，已有部分学者针对直流联络线的运行特性进行了初步研究，包括分挡运行、多输电单元建模等。文献[4]和[5]虽考虑了直流联络线的灵活运行特性，但本质上仍属于单一区域、集中式发电调度方法。文献[22]从数学模型的角度对直流联络线的运行特性进行了建模，但建模较为复杂，且忽略了直流联络线的功率调整次数、最小调整速率等特性。本章将直流联络线功率视为可优化的调度资源，对直流联络线以虚拟发电机建模，对其出力进行优化。为反映直流联络线的灵活运行特性，虚拟发电机的出力特性不同于常规发电机组，具体如下。

1) 出力上下限约束

出力上下限约束用以反映直流联络线的传输极限：

$$\underline{T}_{mn}^{\mathrm{dc}} \leqslant \tilde{T}_{t}^{\mathrm{dc}} \leqslant \overline{T}_{mn}^{\mathrm{dc}}, \quad \forall t, \ m \in \Omega_{\mathrm{dc}}^{\mathrm{A}}, \ n \in \Omega_{\mathrm{dc}}^{\mathrm{B}} \tag{8-41}$$

式中，$\tilde{T}_{t}^{\mathrm{dc}}$ 为直流联络线虚拟发电机出力；$\overline{T}_{mn}^{\mathrm{dc}}$、$\underline{T}_{mn}^{\mathrm{dc}}$ 分别为直流联络线 mn 的传输上、下限；$\Omega_{\mathrm{dc}}^{\mathrm{A}}$、$\Omega_{\mathrm{dc}}^{\mathrm{B}}$ 分别为区域 A、B 中的直流联络线节点。

2) 相邻时段的出力方向调整约束

为了保护直流换流器，直流联络线虚拟发电机的出力在相邻时段不能异向调整。以 0、1 变量 x_t^+、x_t^- 分别表示虚拟发电机的出力在时段 t 是否爬坡、是否滑坡，具体如下：

$$\begin{cases} x_t^+ + x_t^- \leqslant 1 \\ x_t^+ + x_{t+1}^- \leqslant 1 \\ x_{t+1}^+ + x_t^- \leqslant 1 \end{cases} \tag{8-42}$$

3) 相邻时段的出力次数调整约束

用以反映直流联络线功率在一个调度周期之内不能频繁调整，以保证其运行可靠性：

$$\sum_{t \in T} (x_t^+ + x_t^-) \leqslant S \tag{8-43}$$

式中，S 为直流联络线在一个调度周期内允许的功率调整次数。

4) 相邻时段的出力连续性同向调整约束

用以反映直流联络线功率在相邻时段不能连续同向调整的特性:

$$\begin{cases} x_t^+ + x_{t+1}^+ \leqslant 1 \\ x_t^- + x_{t+1}^- \leqslant 1 \end{cases}, \quad \forall t \tag{8-44}$$

以上约束 2)、3)、4) 中的 x_t^+ 和 x_t^- 均可用直流联络线的功率变化来表示:

$$\begin{cases} \tilde{T}_{t+1}^{dc} - \tilde{T}_t^{dc} \leqslant M^+ x_{t+1}^+ \\ \tilde{T}_t^{dc} - \tilde{T}_{t+1}^{dc} \leqslant M^- x_{t+1}^- \end{cases}, \quad \forall t \tag{8-45}$$

式中, M^+、M^- 均为使算式成立的常数。

5) 出力调整速率约束

不同于常规发电机组的爬坡和滑坡速率, 直流联络线虚拟发电机出力的最小调整量应不低于某一固定值, 以避免直流联络线功率的小幅度反复调节:

$$x_t \underline{\delta}^{dc} \leqslant \left| \tilde{T}_{t+1}^{dc} - \tilde{T}_t^{dc} \right| \leqslant x_t \overline{\delta}^{dc}, \quad \forall t \tag{8-46}$$

式中, $\underline{\delta}^{dc}$、$\overline{\delta}^{dc}$ 分别为虚拟发电机的出力最小调整量和最大调整量。

6) 出力的阶梯化约束

为保持直流联络线的功率变化呈阶梯化状态, 虚拟发电机的出力在 1 次爬坡或滑坡后, 需至少平稳运行 1 个最小调整时间间隔, 以 0、1 变量 a_t^+、a_t^- 分别表示虚拟发电机的出力在时刻 t 是否开始调整、是否结束调整, 可得如下约束:

$$\begin{cases} a_t^- + \sum_{\tau=t+1}^{\min(T, t+N_T)} a_\tau^+ \leqslant 1 \\ a_t^+ \geqslant x_{t+1} - x_t \\ a_t^- \geqslant x_t - x_{t+1} \\ a_t^+ + a_t^- \leqslant 1 \\ a_t^+ + a_{t+1}^- \leqslant 1 \\ a_t^- + a_{t+1}^- \leqslant 1 \end{cases}, \quad \forall t \tag{8-47}$$

式中, N_T 为设定的最小调整间隔时段数。

7) 调度周期内的总传输电量约束

直流联络线的每日外送电量计划是由日前协议或市场交易来确定的, 具体如下:

$$\left(1-\rho^{\mathrm{dc}}\right)Q^{\mathrm{dc}}\leqslant\sum_{t\in T}\tilde{T}_t^{\mathrm{dc}}\leqslant\left(1+\rho^{\mathrm{dc}}\right)Q^{\mathrm{dc}} \tag{8-48}$$

式中，Q^{dc} 为直流联络线的日计划传输电量；ρ^{dc} 为直流联络线允许的传输电量偏差比例。

2. 交流联络线运行模型

1）出力上下限约束

出力上下限约束用以反映交流联络线的传输极限：

$$0\leqslant\tilde{T}_t^{\mathrm{ac}}\leqslant\overline{T}_{pq}^{\mathrm{ac}},\ \forall t\ ,\ \ p\in\varOmega_{\mathrm{ac}}^{\mathrm{A}}\ ,\ \ q\in\varOmega_{\mathrm{ac}}^{\mathrm{C}} \tag{8-49}$$

式中，$\tilde{T}_t^{\mathrm{ac}}$ 为交流联络线虚拟发电机的出力；$\overline{T}_{pq}^{\mathrm{ac}}$ 为交流联络线 pq 的传输上限；$\varOmega_{\mathrm{ac}}^{\mathrm{A}}$、$\varOmega_{\mathrm{ac}}^{\mathrm{C}}$ 分别为区域 A、C 中的交流联络线节点。

2）调度周期内的总传输电量约束

交流联络线的每日外送电量计划是由日前协议或市场交易来确定的，具体如下：

$$\left(1-\rho^{\mathrm{ac}}\right)Q^{\mathrm{ac}}\leqslant\sum_{t\in T}\tilde{T}_t^{\mathrm{ac}}\leqslant\left(1+\rho^{\mathrm{ac}}\right)Q^{\mathrm{ac}} \tag{8-50}$$

式中，Q^{ac} 为交流联络线的日计划传输电量；ρ^{ac} 为交流联络线允许的传输电量偏差比例。

8.4.2　分散协调调度模型

1. 上级协调调度中心主问题

在分散协调调度框架中，跨区系统被分解为两个相互独立的子网络。其中，联络线节点的电压相角则作为区域耦合变量，以此将多区电力系统分散调度问题分解为上级主问题和区域电网子问题。

在如图 8-10 所示的基于传统 ATC 的分散协调调度框架中，主优化问题负责协调联络线节点电压相角，并将相角参考值（$\tilde{\theta}_{st}^{\mathrm{A}*}$、$\tilde{\theta}_{s't}^{\mathrm{A}*}$、$\tilde{\theta}_{st}^{\mathrm{B}*}$、$\tilde{\theta}_{s't}^{\mathrm{B}*}$）发送给对应的区域电网子优化问题，各子优化问题独立求解本区域发电计划，并与主问题下发的电压相角参考值进行协调，然后将得到的电压相角（$\theta_{st}^{\mathrm{A}*}$、$\theta_{s't}^{\mathrm{A}*}$、$\theta_{st}^{\mathrm{B}*}$、$\theta_{s't}^{\mathrm{B}*}$）反馈给主问题。然而，在 8.4.1 节所建直流联络线运行特性模型中引入了大量的整数和连续变量，若由区域电网制定联络线传输计划，则将进一步增加区域电网的计算复杂度，而上级调度中心主问题的计算能力却未被充分利用，不仅如此，对于我国具有多级调度中心的分层分区的电力调度模式，相比于下级调度中心，上级调度中心更适合制定联络线的传输计划。

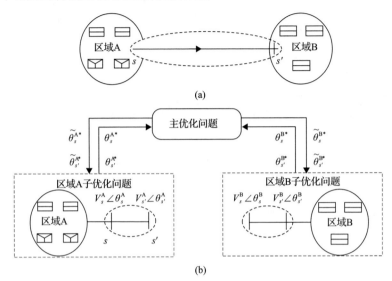

(a)

(b)

图 8-10　基于传统 ATC 的区域分解和信息交互准则

▭ 火电；▽ 风电

在本章所提基于改进 ATC 的分散协调调度模型(图 8-11)中，上级协调调度中心作为整个系统的中央协调者，并不了解各区域电网，但完全掌握着联络线的运行特性，并负责制定联络线的日前传输计划。上级协调调度中心接收由下级区域调度中心上传的联络线虚拟发电机的最优出力，通过协调优化以最小化联络线功率偏差，更新联络线传输计划的参考值，并下发给相应的下级区域调度中心。上级协调调度中心的主优化模型如下。

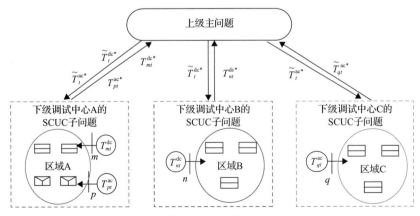

图 8-11　基于改进 ATC 的区域分解和信息交互准则

1) 目标函数

$$
\begin{aligned}
\min \sum_{t \in T} \Bigg(& \sum_{m \in \Omega_{dc}^{A}} \left\{ \alpha_{mt}^{dc} \left(\tilde{T}_t^{dc} - T_{mt}^{dc*} \right) + \left[\beta_{mt}^{dc} \left(\tilde{T}_t^{dc} - T_{mt}^{dc*} \right) \right]^2 \right\} \\
& + \sum_{n \in \Omega_{dc}^{B}} \left\{ \alpha_{nt}^{dc} \left(\tilde{T}_t^{dc} - T_{nt}^{dc*} \right) + \left[\beta_{nt}^{dc} \left(\tilde{T}_t^{dc} - T_{nt}^{dc*} \right) \right]^2 \right\} \\
& + \sum_{p \in \Omega_{ac}^{A}} \left\{ \alpha_{pt}^{ac} \left(\tilde{T}_t^{ac} - T_{pt}^{ac*} \right) + \left[\beta_{pt}^{ac} \left(\tilde{T}_t^{ac} - T_{pt}^{ac*} \right) \right]^2 \right\} \\
& + \sum_{q \in \Omega_{ac}^{C}} \left\{ \alpha_{qt}^{ac} \left(\tilde{T}_t^{ac} - T_{qt}^{ac*} \right) + \left[\beta_{qt}^{ac} \left(\tilde{T}_t^{ac} - T_{qt}^{ac*} \right) \right]^2 \right\} \Bigg)
\end{aligned}
\tag{8-51}
$$

式中，α_{mt}^{dc}、α_{nt}^{dc} 分别为与直流联络线虚拟发电机相对应的 ATC 乘子一次项；α_{pt}^{ac}、α_{qt}^{ac} 分别为与交流联络线虚拟发电机相对应的 ATC 乘子一次项；β_{mt}^{dc}、β_{nt}^{dc} 分别为与直流联络线虚拟发电机相对应的 ATC 乘子二次项；β_{pt}^{ac}、β_{qt}^{ac} 分别为与交流联络线虚拟发电机相对应的 ATC 乘子二次项；T_{mt}^{dc*}、T_{nt}^{dc*} 分别为由下级区域电网子问题上传的直流联络线虚拟发电机的最优出力值；T_{pt}^{ac*}、T_{qt}^{ac*} 分别为由下级区域电网子问题上传的交流联络线虚拟发电机的最优出力值。

2) 直流联络线运行约束

参考式 (8-41) ~ 式 (8-48)。

3) 交流联络线运行约束

参考式 (8-49) 和式 (8-50)。

与基于传统 ATC 的分散协调调度模型相比，本章所提上级协调调度中心主优化问题包括了联络线的所有运行约束条件，因而不再需要区域一致性约束。当联络线功率偏差满足 8.4.3 节第一部分中的收敛判据时，上级协调调度中心主问题确定的联络线传输计划为最终的联络线功率传输方案，可下发给相应的下级区域调度中心执行。

2. 下级区域调度中心子问题

在本章所提交直流电力系统的分散协调调度模型中，每个区域电网均为一个具备自治能力的独立调度控制中心，可独立求解其区域内的含安全约束的机组组合问题 (unit combination problem with safety constraints, SCUC)，而无须与相邻区域进行通信。各下级区域电网在独立求解本区域 SCUC 子问题时，需与上级协调调度中心下发的联络线功率参考值进行协调。具体表现为在优化目标中增加线性惩罚项及二次惩罚项构成联络线功率偏差校正项，以使下级区域调度中心优化的联络线功率值尽量逼近上级调度中心的下发值。因此，下级区域调度中心的子优化问题的优化目标包括区域发电费用项、弃风惩罚项及联络线功率偏差校正项。以区域电网 A 为例，其对应的下级区域调度子问题的优化模型如下。

（1）目标函数：

$$\min \sum_{t \in T} \left(\sum_{i \in \Omega_{\text{G}}^{\text{A}}} \left[a_i \left(P_{it}^{\text{G}} \right)^2 + b_i P_{it}^{\text{G}} + u_{it} c_i + v_{it} C_i^{\text{SU}} \right] + \sum_{j \in \Omega_{\text{W}}^{\text{A}}} C^{\text{WS}} P_{jt}^{\text{WS}} \right.$$
$$+ \sum_{m \in \Omega_{\text{dc}}^{\text{A}}} \left\{ \alpha_{mt}^{\text{dc}} \left(\tilde{T}_t^{\text{dc*}} - T_{mt}^{\text{dc}} \right) + \left[\beta_{mt}^{\text{dc}} \left(\tilde{T}_t^{\text{dc*}} - T_{mt}^{\text{dc}} \right) \right]^2 \right\}$$
$$\left. + \sum_{p \in \Omega_{\text{ac}}^{\text{A}}} \left\{ \alpha_{pt}^{\text{ac}} \left(\tilde{T}_t^{\text{ac*}} - T_{pt}^{\text{ac}} \right) + \left[\beta_{pt}^{\text{ac}} \left(\tilde{T}_t^{\text{ac*}} - T_{pt}^{\text{ac}} \right) \right]^2 \right\} \right) \tag{8-52}$$

（2）火电机组最小启停时间约束：

$$-u_{i,t-1} + u_{it} - u_{ik} \leqslant 0, \quad k = t, \cdots, t + \text{MU}_i - 1, \quad \forall i \in \Omega_{\text{G}}^{\text{A}}, \quad \forall t \tag{8-53}$$

$$u_{i,t-1} - u_{it} + u_{ik} \leqslant 1, \quad k = t, \cdots, t + \text{MD}_i - 1, \quad \forall i \in \Omega_{\text{G}}^{\text{A}}, \quad \forall t \tag{8-54}$$

式中，$u_{i,t-1}$ 为火电机组 i 在 $t-1$ 时刻的开机状态，1 为开，0 为闭。

（3）火电机组启、停动作约束：

$$-u_{i,t-1} + u_{it} - v_{it} \leqslant 0, \quad \forall i \in \Omega_{\text{G}}^{\text{A}}, \quad \forall t \tag{8-55}$$

$$u_{i,t-1} - u_{it} - w_{it} \leqslant 0, \quad \forall i \in \Omega_{\text{G}}^{\text{A}}, \quad \forall t \tag{8-56}$$

（4）系统功率平衡约束：

$$\sum_{i \in \Omega_{\text{G}}^{\text{A}}} P_{it}^{\text{G}} + \sum_{j \in \Omega_{\text{W}}^{\text{A}}} \left(P_{jt}^{\text{W}} - P_{jt}^{\text{WS}} \right) = \sum_{k \in \Omega_{\text{D}}^{\text{A}}} D_{kt} + \sum_{m \in \Omega_{\text{dc}}^{\text{A}}} T_{mt}^{\text{dc}} + \sum_{p \in \Omega_{\text{ac}}^{\text{A}}} T_{pt}^{\text{ac}}, \quad \forall t \tag{8-57}$$

（5）火电机组出力上、下限约束：

$$u_{it} \underline{P}_i^{\text{G}} \leqslant P_{it}^{\text{G}} \leqslant u_{it} \overline{P}_i^{\text{G}}, \quad \forall i \in \Omega_{\text{G}}^{\text{A}}, \quad \forall t \tag{8-58}$$

（6）火电机组爬坡、滑坡速率约束：

$$-u_{it} \text{DR}_i \leqslant P_{it}^{\text{G}} - P_{it-1}^{\text{G}} \leqslant u_{it-1} \text{UR}_i, \quad \forall t \tag{8-59}$$

(7) 系统正、负旋转备用约束：

$$P_{it}^{G} + r_{it}^{u} \leqslant u_{it} \overline{P}_{i}^{G} , \quad 0 \leqslant r_{it}^{u} \leqslant u_{it} \mathrm{UR}_{i} , \quad \forall i \in \Omega_{G}^{A} , \quad \forall t \tag{8-60}$$

$$P_{it}^{G} - r_{it}^{d} \geqslant u_{it} \underline{P}_{i}^{G} , \quad 0 \leqslant r_{it}^{d} \leqslant u_{it} \mathrm{DR}_{i} , \quad \forall i \in \Omega_{G}^{A} , \quad \forall t \tag{8-61}$$

$$\sum_{i \in \Omega_{G}^{A}} \left(P_{it}^{G} + r_{it}^{u} \right) + \sum_{j \in \Omega_{W}^{A}} \left(P_{jt}^{W} - P_{jt}^{WS} \right) \geqslant \sum_{k \in \Omega_{D}^{A}} D_{kt} + \sum_{m \in \Omega_{dc}^{A}} T_{mt}^{dc} + \sum_{p \in \Omega_{ac}^{A}} T_{pt}^{ac} + R_{t}^{+A} , \quad \forall t \tag{8-62}$$

$$\sum_{i \in \Omega_{G}^{A}} \left(P_{it}^{G} - r_{it}^{d} \right) + \sum_{j \in \Omega_{W}^{A}} \left(P_{jt}^{W} - P_{jt}^{WS} \right) \leqslant \sum_{k \in \Omega_{D}^{A}} D_{kt} + \sum_{m \in \Omega_{dc}^{A}} T_{mt}^{dc} + \sum_{p \in \Omega_{ac}^{A}} T_{pt}^{ac} - R_{t}^{-A} , \quad \forall t \tag{8-63}$$

(8) 弃风量约束：

$$0 \leqslant P_{jt}^{WS} \leqslant P_{jt}^{W} , \quad \forall j \in \Omega_{W}^{A} , \quad \forall t \tag{8-64}$$

(9) 联络线虚拟发电机出力上、下限约束：

$$\underline{T}_{mn}^{dc} \leqslant T_{mt}^{dc} \leqslant \overline{T}_{mn}^{dc} , \quad \forall t , \quad m \in \Omega_{dc}^{A} , \quad n \in \Omega_{dc}^{B} \tag{8-65}$$

$$0 \leqslant T_{pt}^{ac} \leqslant \overline{T}_{pq}^{ac} , \quad \forall t , \quad p \in \Omega_{ac}^{A} , \quad q \in \Omega_{ac}^{C} \tag{8-66}$$

(10) 区域电网内部潮流安全约束：

$$\left| \sum_{i \in \Omega_{G}^{A}} H_{li}^{G} P_{it}^{G} + \sum_{j \in \Omega_{W}^{A}} H_{lj}^{W} \left(P_{jt}^{W} - P_{jt}^{WS} \right) \right.$$
$$\left. - \sum_{p \in \Omega_{ac}^{A}} H_{lp}^{ac} T_{pt}^{ac} - \sum_{m \in \Omega_{dc}^{A}} H_{lm}^{dc} T_{mt}^{dc} - \sum_{k \in \Omega_{D}^{A}} H_{lk}^{D} D_{kt} \right| \leqslant \overline{F}_{l} , \quad \forall l \in L^{A} , \quad \forall t \tag{8-67}$$

式中，a_i、b_i、c_i 为火电机组的耗量系数；P_{jt}^{W}、P_{jt}^{WS} 分别为风机 j 在时刻 t 的预测出力和弃风量；P_{it}^{G}、u_{it} 分别为火电机组 i 在时刻 t 的出力和启停机状态；v_{it}、w_{it} 分别为火电机组 i 在时刻 t 的启机动作、关机动作；C_{i}^{SU} 为火电机组 i 的开机费用；C^{WS} 为弃风惩罚费用；Ω_{G}^{A}、Ω_{W}^{A}、Ω_{dc}^{A}、Ω_{ac}^{A}、Ω_{D}^{A} 分别为区域 A 的火电机组集合、风电机组集合、直流联络线节点集合、交流联络线节点集合和负荷节点集合；$\tilde{T}_{t}^{dc*}$、$\tilde{T}_{t}^{ac*}$ 分别为上级调度中心下发的直流联络线功率参考值、交流联络线功率参考值；T_{mt}^{dc}、T_{pt}^{ac}分别为下级区域调度中心中直流联络线、交流联络线虚拟发电机出力；D_{kt}为负荷k在时刻t的预测值；MU_i、MD_i分别为火电机组i的最小开机时间、最小关机时间；$\underline{P}_i^G$、$\overline{P}_i^G$分别为火电机组i的最小出力、最大出力；r_{it}^u、r_{it}^d为t时刻火电机组i的上、下备用容量；UR_i、DR_i分别为火电机组i的爬坡速率、滑坡速率；R_t^{+A}、R_t^{-A}分别为区域 A 在时刻t所需的正备用容量和负备用容量；H_{li}^G、H_{lj}^W、H_{lm}^{dc}、H_{lp}^{ac}、H_{lk}^D分别为火电机组i、风机j、直流联络线虚拟发电机m、交流联络线虚拟发电机p和负荷k的功率转移分布因子；L^A为区域 A 的内部线路集合，$\overline{F}_l$为线路l的功率传输上限。

与基于传统 ATC 的分散协调调度模型相比，本章所提基于改进 ATC 的分散协调调度模型中的下级区域调度中心子优化模型中不再包含联络线的运行约束。当所有的下级区域调度中心获得各自最优的发电计划后，即上传联络线虚拟发电机的最优出力至上级调度中心进行协调优化。

8.4.3　改进的 ATC 分布式算法

1. 收敛判据和乘子更新

在基于传统 ATC 的分散协调调度模型中，由于互联区域均需要制定相应的联络线传输计划，因此其收敛判据必须分别检查区域电网制定的联络线功率计划与上级调度中心下发的区域一致性协调变量间的功率偏差是否均满足收敛精度要求。

与此不同的是，在本章所提基于改进 ATC 的分散协调调度模型中，联络线功率传输计划由上级调度中心而非下级区域电网制定，因而上级调度中心主优化问题中不再需要区域一致性约束。相应的收敛判据如式 (8-68) 所示，在第τ次迭代中，通过判断上级协调调度中心下发的联络线传输功率参考值与下级区域调度中心上传的联络线虚拟发电机出力之间的偏差的平均值是否满足收敛精度的要求来判定是否收敛。

$$\begin{cases} \dfrac{\max\left(\dfrac{1}{T}\sum_{t\in T}\left|\tilde{T}_t^{dc*}(\tau)-T_{mt}^{dc*}(\tau)\right|, \dfrac{1}{T}\sum_{t\in T}\left|\tilde{T}_t^{dc*}(\tau)-T_{nt}^{dc*}(\tau)\right| \right)}{\overline{T}_{mn}^{dc}} \leqslant \varepsilon^{dc} \\[3mm] \dfrac{\max\left(\dfrac{1}{T}\sum_{t\in T}\left|\tilde{T}_t^{ac*}(\tau)-T_{pt}^{ac*}(\tau)\right|, \dfrac{1}{T}\sum_{t\in T}\left|\tilde{T}_t^{ac*}(\tau)-T_{qt}^{ac*}(\tau)\right| \right)}{\overline{T}_{pq}^{ac}} \leqslant \varepsilon^{ac} \end{cases} \tag{8-68}$$

式中，ε^{ac}、ε^{dc}分别为交流联络线和直流联络线对应的算法收敛阈值。

以直流联络线节点 m 和交流联络线节点 p 为例，若第 τ 次迭代中不满足收敛判据，则根据式(8-69)和式(8-70)更新第 $\tau+1$ 次的算法乘子：

$$\begin{cases} \alpha_{mt}^{\mathrm{dc}}(\tau+1) = \alpha_{mt}^{\mathrm{dc}}(\tau) + 2\beta_{mt}^{\mathrm{dc}}(\tau)^2 \left(\tilde{T}_t^{\mathrm{dc}*}(\tau) - T_{mt}^{\mathrm{dc}*}(\tau) \right) \\ \beta_{mt}^{\mathrm{dc}}(\tau+1) = \gamma\beta_{mt}^{\mathrm{dc}}(\tau) \end{cases}, \quad \forall t \qquad (8\text{-}69)$$

$$\begin{cases} \alpha_{pt}^{\mathrm{ac}}(\tau+1) = \alpha_{pt}^{\mathrm{ac}}(\tau) + 2\beta_{pt}^{\mathrm{ac}}(\tau)^2 \left(\tilde{T}_t^{\mathrm{ac}*}(\tau) - T_{pt}^{\mathrm{ac}*}(\tau) \right) \\ \beta_{pt}^{\mathrm{ac}}(\tau+1) = \gamma\beta_{pt}^{\mathrm{ac}}(\tau) \end{cases}, \quad \forall t \qquad (8\text{-}70)$$

式中，γ 为算法参数。对于凸优化问题来说，γ 必须大于等于 1，以保证式(8-51)和式(8-52)中的算法乘子二次项序列不是递减的[52-54]。

2. 分布式计算流程

对于我国含有多级调度中心的分级、分区的电力调度模式，各个区域电网的发电计划将由分布在不同地理位置的计算机分别计算，再将区域电网计算结果上传给上级调度中心进行协调。可见，实际的计算模式为多机分布式并行计算。

在本章所提基于改进 ATC 的分散协调调度架构下，各下级区域电网之间无须进行通信来交互任何信息，仅需与上级协调调度中心进行通信。因此，本章所提模型可采用并行计算的方式在不同的处理器上分别独立求解各下级区域调度中心子问题，更适合我国实际的分级分区的电力调度体制。

并行计算的求解步骤如下，求解流程图如图 8-12 所示。

步骤 1：将交直流外送系统分解为互不联系的孤立区域。

步骤 2：设置迭代次数 $\tau = 1$，初始化联络线功率参考值 $\tilde{T}_t^{\mathrm{dc}*}(\tau-1)$ 和 $\tilde{T}_t^{\mathrm{ac}*}(\tau-1)$ 及算法乘子，并下发给各下级区域调度中心子问题。

步骤 3：各下级区域调度中心以并行计算的方式独立求解各个区域电网的 SCUC 子问题，分别得到最优的联络线虚拟发电机出力值 $T_{mt}^{\mathrm{dc}*}(\tau)$、$T_{nt}^{\mathrm{dc}*}(\tau)$、$T_{pt}^{\mathrm{ac}*}(\tau)$ 和 $T_{qt}^{\mathrm{ac}*}(\tau)$，并将其上传给上级协调调度中心主问题进行协调。

步骤 4：求解上级调度中心主问题，更新联络线功率参考值 $\tilde{T}_t^{\mathrm{dc}*}(\tau)$ 和 $\tilde{T}_t^{\mathrm{ac}*}(\tau)$，并再次下发给相应的下级区域调度中心。

步骤 5：根据式(8-68)判断是否满足收敛条件，若是，则迭代结束，否则转向步骤 6 进行下一次迭代优化。

步骤 6：设置迭代次数 $\tau = \tau+1$，按式(8-69)和式(8-70)更新算法乘子，转向步骤 3。

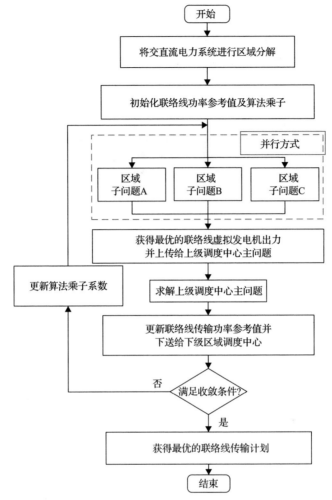

图 8-12　基于改进 ATC 的分散协调调度模型求解流程图

8.4.4　算例分析

本章针对 2 个含大规模风电的 3 区域交直流外送系统进行算例分析。其中，调用 Gurobi 6.0 优化算法，在一台具有 4 核处理器、主频 3.2GHz 和 8GB RAM 的个人计算机上进行测试，下级区域调度子问题分别在 3 个处理器中并行求解。

1. 算例 1：区域 18 节点交直流电力系统

算例 1 由 3 个相同的 6 节点系统[55]（即区域 A、B 和 C）组成，如图 8-13 所示。区域 A 的节点 3 与区域 C 的节点 5 通过一条 HVAC 联络线连接，区域 A 的节点 5 与区域 B 的节点 5 通过一条 HVDC 联络线连接，两个相同的风电场分别位于区域

A 的节点 2 和节点 4，区域 A 的日负荷和每个风电场的出力曲线如图 8-14 所示，区域 A 的风电渗透率(调度周期内总风电出力与总负荷的比值)高达 82%，并将区域 A 的内部线路传输极限加倍，以实现更大的风电接入。为区分 3 个区域，将区

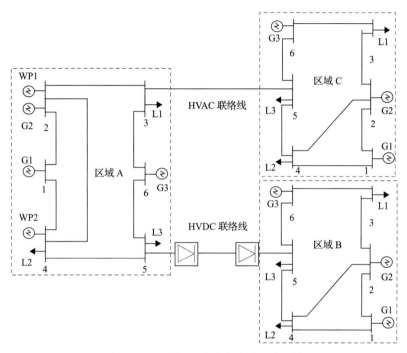

图 8-13　3 区域 18 节点交直流电力系统

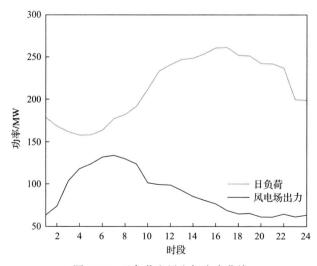

图 8-14　日负荷和风电场出力曲线

域 A、B 和 C 中的火电机组耗量系数分别乘以 1.0、2.0 和 2.0，区域 A、B 和 C
的负荷分别乘以 1.0、1.2 和 1.2，以此来实现区域 A 的功率跨区输送到区域 B 和
C，实现风电的跨区消纳。设置 HVDC 和 HVAC 联络线传输电量偏差为 0；传输
容量限制分别为 50～150MW 和 0～100MW；每日计划传输电量分别为 2GW·h
和 1.5GW·h；HVDC 联络线的功率调整速率为 10～30MW；弃风惩罚成本为
100 美元/MW；HVDC 联络线每日允许功率调整次数 $S=6$；最小持续时间间隔 $N_T =$
2；收敛阈值为 $\varepsilon_{ac}=\varepsilon_{dc}=1\%$；算法乘子的初始值 $\alpha_{mt}^{dc}=\beta_{mt}^{dc}=\alpha_{nt}^{dc}=\beta_{nt}^{dc}=\alpha_{pt}^{ac}=\beta_{pt}^{ac}=$
$\alpha_{qt}^{ac}=\beta_{qt}^{ac}=0.2$；$\gamma=1.2$；区域耦合变量的初始值 $\tilde{T}_t^{dc*}=\tilde{T}_t^{ac*}=0$。

为验证所提模型的有效性，在每日传输电量相同的前提下，设置四种 HVDC
联络线功率传输模式进行对比分析。

模式 1：考虑 HVDC 联络线的灵活可控性，由虚拟发电机来建模直流联络线
的灵活调节能力，将联络线传输功率与区域发电机出力一同优化。

模式 2：不考虑 HVDC 联络线的灵活调整能力，采用 HVDC 联络线功率固定
分段的传输模式，即在负荷高峰时期传输更多功率，在负荷低谷时期传输更少
功率。

模式 3：与模式 2 类似，采用 HVDC 联络线功率固定分段的传输模式，在风
电大发时段传输更多功率，在风电少发时段传输更少功率。

模式 4：不考虑 HVDC 联络线的灵活调整能力，采用恒定功率传输模式，即
HVDC 联络线的传输功率在整个调度周期内保持恒定。

采用所提改进 ATC 的分散协调方法优化模式 1；采用传统集中式方法优化模
式 2、3、4。优化得到的 HVDC 联络线功率传输计划和优化结果对比分别如图 8-15
和表 8-6 所示，可得以下结论。

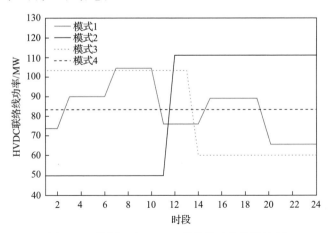

图 8-15　算例 1 中 HVDC 联络线功率传输计划

表 8-6　算例 1 不同传输模式对比

对比项	模式 1	模式 2	模式 3	模式 4
弃风率/%	1.4	10.2	1.8	5.1
受端电网峰谷差率/%	49.8	44.8	64.6	53.9
发电成本/美元	346226	381228	356451	367541

(1)在考虑直流联络线灵活调节特性的模式 1 中,直流联络线传输功率在风电大发时段和负荷高峰时段都有所抬升。由此可见,直流联络线传输功率的灵活调节,有利于将送端区域低谷时段的富余风电输送到受端区域,实现风电资源的跨区消纳。

(2)尽管模式 2 中受端电网峰谷差率最小,但模式 2 中的弃风率和发电成本远大于模式 1、3 和 4,而模式 3 中的弃风率大于模式 1,且模式 3 中受端电网峰谷差率比模式 1 高约 29.7%。模式 1 中,虽然受端电网峰谷差率略高于模式 2,但弃风率和发电成本却是最小的。由此可见,通过充分利用 HVDC 联络线的灵活调节能力,可以促进交直流外送系统中风电的跨区消纳,减轻受端电网的调峰压力,提高整个系统的运行经济性。

为测试所提模型的收敛性,选取典型的第 3、8、11 和 19 个调度时段进行分析。下级区域调度中心子问题上传的与上级协调调度中心主问题下发的联络线耦合变量如图 8-16 所示。可见,当算法收敛系数 $\varepsilon_{ac}=\varepsilon_{dc}=1\%$ 时,所提模型在迭代 14 次之后即收敛,得到全局最优解。

为验证所提模型的计算效率,采用集中式调度、传统 ATC 调度以及改进 ATC 调度三种方法对算例 1 进行计算,结果对比如表 8-7 所示。其中,集中式调度方法中存在一个可对整个系统进行完全控制的虚拟中央调度实体。在传统 ATC 调度方法中,联络线的复杂运行约束包含在相应的下级区域电网子问题中,上级调度中心主问题的唯一约束是区域一致性约束。此外,设置传统 ATC 调度方法的算法参数和收敛阈值与改进 ATC 调度方法相同。

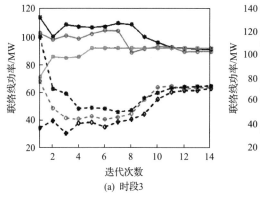

(a) 时段3

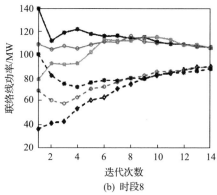

(b) 时段8

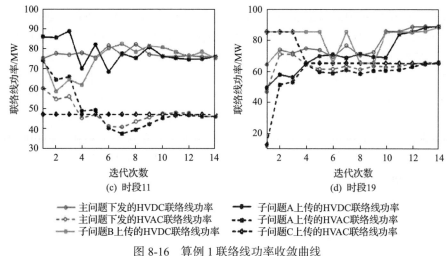

(c) 时段11　　　　　　　　　　(d) 时段19

　→— 主问题下发的HVDC联络线功率　　→— 子问题A上传的HVDC联络线功率
　→-○- 主问题下发的HVAC联络线功率　　→-■- 子问题A上传的HVAC联络线功率
　→— 子问题B上传的HVDC联络线功率　　→-●- 子问题C上传的HVAC联络线功率

图 8-16　算例 1 联络线功率收敛曲线

表 8-7　算例 1 不同调度方法对比

调度方法	迭代次数	弃风率/%	计算时间/s	发电成本/美元
集中式调度	—	1.4	27.3	346021
改进 ATC 调度	14	1.4	53.2	346226
传统 ATC 调度	18	1.4	79.4	346219

由表 8-7 可见，本章所提改进 ATC 调度方法优化得到的发电成本比集中式调度方法高 0.06%，与传统 ATC 调度方法的结果基本相同；本章所提改进 ATC 调度方法收敛所需的迭代次数和计算时间均低于传统 ATC 调度方法。需说明的是，分散协调调度的目的主要是实现区域调度的独立，保证区域电网信息隐私性，并不是提高计算效率。

2. 算例 2：区域 354 节点交直流电力系统

算例 2 由三个 IEEE 118 节点系统[①]组成，包括 354 个节点、558 条内部线路、162 台火电机组、5 个风电场、273 个负荷节点、1 条 HVDC 联络线和 1 条 HVAC 联络线，区域 A 的节点 65 和区域 C 的节点 65 通过一条 HVAC 联络线连接，区域 A 的节点 25 和区域 B 的节点 25 通过一条 HVDC 联络线连接，5 个相同的风电场分别位于区域 A 的节点 36、38、63、68 和 77，区域 A 的日负荷是算例 1 中区域 A 日负荷的 26 倍，每个风电场出力是算例 1 的 13 倍，区域 A 的风电渗透率高达53%，负荷和火电机组成本系数的处理方式与算例 1 保持相同。HVDC 和 HVAC

---

① IIT. Index of data illinois institute of technology[EB/OL]. http://motor.ece.iit.edu/data.

联络线的传输容量限制分别为 400~1500MW 和 0~1500MW,日前计划传输电量均为 25GW·h。

与算例 1 类似,算例 2 同样采用前述四种 HVDC 联络线功率传输模式。计算结果对比如表 8-8 所示,从中可得结论:通过灵活调整 HVDC 联络线的传输功率可以有效促进大规模风电的跨区消纳,提高整个系统的运行经济性。

表 8-8 算例 2 不同传输模式结果对比

对比项	模式 1	模式 2	模式 3	模式 4
弃风率/%	1.1	12.5	5.5	8.3
受端电网峰谷差率/%	44.8	36.4	55.2	45.4
发电成本/美元	21015000	21744100	21262600	21573900

表 8-9 给出了算例 2 应用集中式调度、改进 ATC 调度和传统 ATC 调度三种方法的计算结果。其中,集中式调度和改进 ATC 调度的计算时间分别为 1224.2s 和 920.7s,这说明,本章所提方法的计算时间优势将随电网规模的扩大而逐渐体现出来。然而,传统 ATC 调度的计算时间仍然大于集中式调度的计算时间,原因是在传统 ATC 调度中,联络线的复杂运行约束包含在相应的下级区域电网子问题中,增加了区域电网的计算复杂性,未能充分利用上级调度中心的计算能力。此外,传统 ATC 调度必须分别检查下级区域电网上传的联络线功率传输方案与上级调度中心主问题下发的区域一致性协调变量在所有调度时刻的交互偏差是否满足收敛精度,因而需要更多的迭代次数才能收敛。

表 8-9 算例 2 不同调度方法结果对比

调度方法	迭代次数	弃风率/%	计算时间/s	发电成本/美元
集中式调度	—	1.1	1224.2	20991200
改进 ATC 调度	19	1.1	920.7	21015000
传统 ATC 调度	24	1.1	1438.3	21013000

值得注意的是,在实际的大规模交直流电力系统中,区域电网子问题的计算可由分布于不同地理位置的区域计算机同时进行,然后将优化方案上传至上级调度中心进行协调,即多机分布式并行计算。因此,相比于传统集中式调度方法,本章所提基于并行计算模式的分散调协调度模型对于我国多级调度中心的分级、分区的电力调度模式具有更好的适应性。由于能够执行并行计算,本章所提方法在计算速度与求解规模等方面,均比传统集中式调度方法更具优势。

总之,通过考虑 HVDC 联络线的灵活可控性,本章所提方法不仅可促进大规模可再生能源的跨区消纳，还可保持大规模分级、分区的交直流电力系统的调度独立性，适合运用在我国的交直流跨区互联电力系统中。

8.4.5　算法收敛性讨论

对于本章所提算法的收敛性，文献[54]已证明当优化问题为凸时，乘子法可收敛到原问题的最优解(式(8-51)和式(8-52)中的增广拉格朗日罚函数项与式(8-69)和式(8-70)所示的算法乘子更新过程被称为乘子法[52,53])。

本章还对算法的收敛性进行了数值讨论。由于本章所提方法的收敛性依赖于式(8-51)和式(8-52)中的拉格朗日二次项乘子的序列，而二次项乘子主要由 γ 决定，因此本章对算例 1 采用不同的 γ 值(分辨率为 0.05)进行重复测试，以研究其对迭代次数和计算精度(即发电成本误差)的影响，结果如图 8-17 所示。

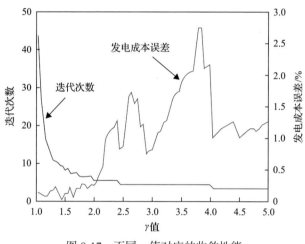

图 8-17　不同 γ 值对应的收敛性能

可见，一方面，较大的 γ 可以减少迭代次数，但会引起发电成本误差的不良波动。原因是较大的 γ 会对原始可行解的偏差施加更严格的惩罚，这将促使不同的区域电网尽早达成一致的耦合变量，收敛到最优解将变得更加困难。另一方面，较小的 γ 允许每个区域电网实现更大的最优性，但将使耦合变量达到一致变得更加困难，需要的迭代次数将增多。经过多次测试，建议设置 $1<\gamma\leqslant 2$ 以确保式(8-51)和式(8-52)中的二次项乘子序列递增，以获得在大多数情况下满意的结果。

8.5　本　章　小　结

针对含大规模可再生能源并网的互联电力系统分散协调调度问题，本章提出了一种考虑多重不确定性和备用互济的互联电网安全约束分散协调调度方法。采用随机-鲁棒优化框架建立了考虑多重不确定性的安全约束经济调度模型；采用双层 ATC 实现了备用互济的分散协调调度。算例分析表明，考虑风电机组故障可更准确地确定系统备用需求，设计的双层 ATC 可有效实现对联络线功率和区域间备用互济的分散协调调度。

　　针对含大规模可再生能源并网的交直流电力系统跨区域优化运行问题，本章提出了基于改进目标级联分析法的分散协调调度模型。为充分利用跨区直流联络线的灵活调整能力以提高大规模可再生能源的跨区消纳能力，对跨区直流联络线的灵活运行特性进行了精细化建模，引入虚拟发电机来模拟直流联络线的灵活运行特性；考虑送受端电网的发电和负荷互补特性，实现联络线传输功率与区域发电机出力的联合优化，在更大的空间范围内实现可再生能源跨区消纳；将交直流外送系统的日前发电计划问题分解为上级协调调度中心负责确定联络线的传输计划主问题，下级区域调度中心通过并行方式独立求解各区域电网发电计划的子问题。算例结果表明，所提方法符合我国电网分级、分区的电力调度模式，考虑直流联络线的灵活调节特性，适合大规模可再生能源的跨区消纳，提高了整个系统的运行经济性。

参 考 文 献

[1] 刘振亚. 全球能源互联网[M]. 北京: 中国电力出版社, 2015.

[2] 纪忱. 含高比例风电的交直流混联系统发电备用协调优化[D]. 济南: 山东大学, 2018.

[3] 王秀丽, 李骏, 黄镔, 等. 促进风电消纳的省区两级电力系统调度模型[J]. 电网技术, 2015, 39(7): 1833-1838.

[4] 钟海旺, 夏清, 丁茂生, 等. 以直流联络线运行方式优化提升可再生能源消纳能力的新模式[J]. 电力系统自动化, 2015, 39(3): 36-42.

[5] 王斌, 夏叶, 夏清, 等. 直流跨区互联电网发输电计划模型与方法[J]. 电力系统自动化, 2016, 40(3): 8-13.

[6] 王斌, 夏叶, 夏清, 等. 基于 Benders 分解法的交直流互联电网安全约束经济调度[J]. 中国电机工程学报, 2016, 36(6): 1588-1595, 1771.

[7] 崔杨, 赵玉, 邱丽君, 等. 改善受端电网调峰裕度的特高压直流外送风火协调调度[J]. 电力系统自动化, 2018, 42(15): 126-132.

[8] 许丹, 王斌, 张加力, 等. 特高压直流外送风光火电力一体化调度计划模型[J]. 电力系统自动化, 2016, 40(6): 25-29.

[9] 韩红卫, 涂孟夫, 张慧玲, 等. 考虑跨区直流调峰的日前发电计划优化方法及分析[J]. 电力系统自动化, 2015, 39(16): 138-143.

[10] Feng W, Tjernberg L, Mannikoff A, et al. A new approach for benefit evaluation of multiterminal VSC–HVDC using a proposed mixed AC/DC optimal power flow[J]. IEEE Transactions on Power Delivery, 2014, 29(1): 432-443.

[11] Beerten J, Cole S, Belmans R. Generalized steady-state VSC MTDC model for sequential AC/DC power flow algorithms[J]. IEEE Transactions on Power Systems, 2012, 27(2): 821-829.

[12] Meng K, Zhang W, Li Y, et al. Hierarchical SCOPF considering wind energy integration through multiterminal VSC-HVDC grids[J]. IEEE Transactions on Power Systems, 2017, 32(6): 4211-4221.

[13] Cao J, Du W, Wang H, et al. Minimization of transmission loss in meshed AC/DC grids with VSC-MTDC networks[J]. IEEE Transactions on Power Systems, 2013, 28(3): 3047-3055.

[14] Cao J, Du W, Wang H. An improved corrective security constrained OPF for meshed AC/DC grids with multi-terminal VSC-HVDC[J]. IEEE Transactions on Power Systems, 2016, 31(1): 485-495.

[15] 卫志农, 季聪, 郑玉平, 等. 计及 VSC-HVDC 的交直流系统最优潮流统一混合算法[J]. 中国电机工程学报, 2014, 34(4): 635-643.

[16] 王斌, 夏叶, 夏清, 等. 考虑风电接入的交直流互联电网动态最优潮流[J]. 电力系统自动化, 2016, 40(24): 34-41.

[17] Baradar M, Hesamzadeh M, Ghandhari M. Second-order cone programming for optimal power flow in VSC-type AC-DC grids[J]. IEEE Transactions on Power Systems, 2013, 28(4): 4282-4291.

[18] Carrizosa M, Navas F, Damm G, et al. Optimal power flow in multi-terminal HVDC grids with offshore wind farms and storage devices[J]. International Journal of Electrical Power & Energy Systems, 2015, 65: 291-298.

[19] 陆文甜. 含连续/离散控制的多区域电力系统分布式优化调度方法研究[D]. 广州: 华南理工大学, 2018.

[20] 冯汉中. 含风电接入交直流互联电力系统最优潮流的分散式优化方法[D]. 广州: 华南理工大学, 2017.

[21] 赵文猛. 含风电接入的大规模电力系统日前优化调度研究[D]. 广州: 华南理工大学, 2016.

[22] Zheng W, Wu W, Zhang B. Fully distributed multi-area economic dispatch method for active distribution networks[J]. IET Generation, Transmission & Distribution, 2015, 9(12): 1341-1351.

[23] 刘志文, 刘明波. 基于 Ward 等值的多区域无功优化分解协调算法[J]. 电力系统自动化, 2010, 34(14): 63-69.

[24] 刘志文, 刘明波, 林舜江. REI 等值技术在多区域无功优化计算中的应用[J]. 电工技术学报, 2011, 26(11): 191-200.

[25] Bakirtzis A, Biskas P. A decentralized solution to the DC-OPF of interconnected power systems[J]. IEEE Transactions on Power Systems, 2003, 18(3): 1007-1013.

[26] Yingvivatanapong C, Lee W, Liu E. Multi-area power generation dispatch in competitive markets[J]. IEEE Transactions on Power Systems, 2008, 23(1): 196-203.

[27] 欧阳聪, 刘明波, 林舜江, 等. 采用同步型交替方向乘子法的微电网分散式动态经济调度算法[J]. 电工技术学报, 2017, 32(5): 134-142.

[28] 陆文甜, 刘明波, 林舜江, 等. 基于分布式内点法的多区域互联电力系统最优潮流分散式求解[J]. 中国电机工程学报, 2016, 36(24): 6828-6837.

[29] Li Z, Wu W, Zhang B, et al. Decentralized multi-area dynamic economic dispatch using modified generalized Benders decomposition[J]. IEEE Transactions on Power Systems, 2015, 33(1): 526-538.

[30] Conejo A, Aguado J. Multi-area coordinated decentralized DC optimal power flow[J]. IEEE Transactions on Power Systems, 1998, 13(4): 1272-1278.

[31] Aguado J, Quintana V, Conejo A. Optimal power flows of interconnected power systems[C]. IEEE Power Engineering Society Summer Meeting, New York, 1999: 814-819.

[32] Aguado J, Quintana V. Inter-utilities power-exchange coordination: A market-oriented approach[J]. IEEE Transactions on Power Systems, 2001, 16(3): 513-519.

[33] Tomaso E. Distributed optimal power flow using ADMM[J]. IEEE Transactions on Power Systems, 2015, 3(3): 1005-1011.

[34] Zhang Y, Hong M, Dall'Anese E, et al. Distributed controllers seeking AC optimal power flow solutions using ADMM[J]. IEEE Transactions on Smart Grid, 2018, 9(5): 4525-4537.

[35] 韩禹歆, 陈来军, 王召健, 等. 基于自适应步长 ADMM 的直流配电网分布式最优潮流[J]. 电工技术学报, 2017, 32(11): 26-37.

[36] Cohen G. Auxiliary problem principle and decomposition of optimization problems[J]. Journal of Optimization Theory and Applications, 1980, 32(3): 277-305.

[37] Kim B, Baldick R. Coarse-grained distributed optimal power flow[J]. IEEE Transactions on Power Systems, 1997, 12(2): 932-939.

[38] Kim B, Baldick R. A comparison of distributed optimal power flow algorithms[J]. IEEE Transactions on Power Systems, 2000, 15(2): 599-604.

[39] Mohammadi M, Mehrtash M. Diagonal quadratic approximation for decentralized collaborative TSO+DSO optimal power flow[J]. IEEE Transactions on Smart Grid, 2018(99): 1.

[40] Kargarian A, Yong F, Li Z. Distributed security-constrained unit commitment for large-scale power systems[J]. IEEE Transactions on Power Systems, 2015, 30(4): 1925-1936.

[41] 文云峰, 郭创新, 郭剑波, 等. 多区互联电力系统的分散协调风险调度方法[J]. 中国电机工程学报, 2015, 35(14): 3724-3733.

[42] Conejo A, Nogales F, Prieto F. A decomposition procedure based on approximate Newton directions[J]. Mathematical Programming, 2002, 93(3): 495-515.

[43] Biskas P, Bakirtzis A. Decentralised congestion management of interconnected power systems[J]. IET Generation, Transmission and Distribution, 2002, 149(4): 432-438.

[44] Biskas P, Bakirtzis A. Decentralised security constrained DC-OPF of interconnected power systems[J]. IET Generation, Transmission and Distribution, 2004, 151(6): 747-754.

[45] Guo Y, Tong L, Wu W, et al. Coordinated multi-area economic dispatch via critical region projection[J]. IEEE Transactions on Power Systems, 2017, 32(5): 3736-3746.

[46] Guo Y, Bose S, Tong L. On robust tie-line scheduling in multi-area power systems[J]. IEEE Transactions on Power Systems, 2018, 33(4): 4144-4154.

[47] Zhao F, Litvinov E, Zheng T. A marginal equivalent decomposition method and its application to multi-area optimal power flow problems[J]. IEEE Transactions on Power Systems, 2014, 29(1): 53-61.

[48] Vrakopoulou M, Margellos K, Lygeros J, et al. A probabilistic framework for reserve scheduling and $n-1$ security assessment of systems with high wind power penetration[J]. IEEE Transactions on Power Systems, 2013, 28(4): 3885-3896.

[49] Warrington J, Goulart P, Mariethoz S, et al. Policy-based reserves for power systems[J]. IEEE Transactions on Power Systems, 2013, 28(4): 4427-4437.

[50] Jabr R A. Adjustable robust OPF with renewable energy sources[J]. IEEE Transactions on Power Systems, 2013, 28(4): 4742-4751.

[51] Jabr R A, Karaki S, Korbane J A. Robust multi-period OPF with storage and renewables[J]. IEEE Transactions on Power Systems, 2015, 30(5): 2790-2799.

[52] Dormohammadi S, Rais-Rohani M. Exponential penalty function formulation for multilevel optimization using the analytical target cascading framework[J]. Structural and Multidisciplinary Optimization, 2013, 47(4): 599-612.

[53] Tosserams S, Etman L, Papalambros P, et al. An augmented lagrangian relaxation for analytical target cascading using the alternating direction method of multipliers[J]. Structural and Multidisciplinary Optimization, 2006, 31(3): 176-189.

[54] Michelena N, Park H, Papalambros P Y. Convergence properties of analytical target cascading[J]. AIAA Journal, 2003, 41 (5): 897-905.

[55] Yong F, Shahidehpour M, Li Z. AC contingency dispatch based on security-constrained unit commitment[J]. IEEE Transactions on Power Systems, 2006, 21 (2): 897-908.

第9章 高比例可再生能源接入的输配电网协同优化

9.1 引　言

在输电网层面，受电网外送通道、系统调峰能力等因素的影响，系统消纳大规模集中式可再生能源的能力容易受到限制[1,2]。在配电网层面，分布式可再生能源，尤其是分布式光伏的大量接入，给电力系统调度运行带来了新的挑战[3-5]。运行方式呈现更加灵活多变的趋势，传统"被动配电网"逐渐转变为"主动配电网"，输电网与配电网间的互动日益密切，传统的以输电调度为主的管理模式难以适应[6]，甚至威胁电力系统的安全经济运行[7]。在这种背景下，采用原有的输配电网相互独立的调度模式，难以充分利用输配电网中的可调度资源，面临着集中式与分布式可再生能源的双重消纳难题[8,9]。

主动配电网(active distribution networks，ADN)作为承载各种分布式能源的重要平台，是推动输配协同调度模式建设的重要环节，在以《关于进一步深化电力体制改革的若干意见》[10]为标志的新一轮电力体制改革中，提出了完善配电侧市场交易机制，放开售电市场等重点改革任务。这势必会催生出一大批分布式能源发电商、售电公司、掌握需求侧响应资源的负荷聚合商等新兴市场主体[11]。在这种背景下，如何实现输电网、配电网以及配电侧用户等各方的友好互动，激励弹性用户积极响应电网功率需求，实现资源的全局优化配置，消纳可再生能源，提高系统经济性，也是在输配协同研究中需要解决的问题。

目前，国内外的一些知名的国际组织和专家学者已经认识到了输配电网相互独立的能量管理模式的局限性。国际智能电网行动网络组织(International Smart Grid Action Network，ISGAN)和欧洲互联电网组织(European Network of Transmission System Operator，ENTSO)对多个国家的电力机构进行调研，发布报告指出了 TSO 和配电网运营商(distribution system operator，DSO)在系统运行、市场出清、网络规划、数据共享等方面进行协作的必要性并提出了相关建议[12,13]。2015 年举行的 IEEE General Meeting 专门设置了输配协同能量管理专题讨论，2017 年国际大电网会议(International Council on Large Electric Systems，GIGRE)都柏林研讨会也设置了题为"DSO 和 TSO 协调下的网络优化和电力系统控制"主题报告会议[14]，来自多个国家的学者分别进行了论文报告。

有关输配协同的研究处于起步阶段，研究者从输配电网潮流计算、态势感知、安全分析、有功/无功优化等基础问题出发，对输配协同的机制与算法进行了探讨。

在潮流计算方面，文献[15]和[16]提出一种基于"主从分裂"理论的输配电网分布式潮流计算方法，将输电网视为"主系统"，配电网视为"从系统"，进而将系统潮流计算分解为输电网潮流计算子问题和配电网潮流计算子问题，在 TSO 与 DSO 之间迭代求解，每次迭代过程中，TSO 仅需要向 DSO 传递边界节点电压状态量，DSO 仅需向 TSO 传递边界节点的等效负荷信息。文献[15]和[16]给出了主从分裂理论求解潮流非线性方程组的一般性结论，并证明了此方法在一定条件下的局部线性收敛性。

在机组组合方面，文献[17]中研究人员通过大系统分解理论中的目标级联分析法将机组组合这一复杂的混合整数规划问题进行分解，将输配电网在边界节点处通过有功功率进行解耦，从而将输配电网机组组合问题分解为一个发输电系统机组组合子问题和若干个配电系统发电子问题，将区域间耦合变量的一致性约束以罚函数的形式松弛到目标函数中，各子问题独立求解的同时仅需传递部分边界功率信息进行协调，最终模型收敛到最优解，制定整体机组组合计划。

在电网态势感知方面，文献[18]提出一种从输配协同角度考虑的配电网态势快速感知方法。将经过戴维南等值后的输电网接入配电网根节点，感知配电网负荷变化后的态势。该方法无须输、配电网间多次进行信息交互，具有感知速度快、计算精度高的优点。文献[19]将集中式的输配电网状态估计问题分解成发输电状态估计子问题和配电系统状态估计子问题，交替求解过程中不断更新边界节点电压与功率信息，收敛速度较快。

在电网事故分析与电压稳定评估方面，文献[20]提出了一种应用于输配协同预想事故分析的"广义主从分裂"（G-MSS）理论。通过 G-MSS 理论对广义输配协同模型（G-TDCM）问题的最优性条件进行异质分解（HGD），将大规模 G-TDCM 问题分解为一系列发输电系统子问题和配电系统子问题，通过少量信息交互实现了分布式求解，并从数学上严格证明了算法的最优性与收敛性，即分解后子问题的最优 KKT 条件与原问题的 KKT 条件相同。该方法具有一定的普适性，后续分别应用于静态电压稳定评估[21]、经济调度[22,23]、最优潮流[24]等方面，是输配协同研究领域现有研究成果中的重要组成部分。但是，研究中没有考虑可再生能源及负荷带来的不确定性。另外，当模型中引入整数变量时，模型将变得非凸，收敛性便无法得到保证，针对这一缺点，文献[25]提出一种基于 G-MSS 的输配电网分布式无功优化方法，利用罚函数法处理导致无功优化模型非凸的大量离散变量，从而保持模型的可微性，不会影响边界灵敏度因子的求解，实现了输、配电网无功电压协调控制。

在经济调度方面，文献[26]利用改进的多参数规划法研究了输配协同动态经济调度问题，将输配边界的有功功率定义为扰动参数，研究其对经济调度最优解的影响。算法具有较快的收敛速度，并且能够适应更复杂的网络结构。文献[27]

利用改进的 Benders 分解法研究了输配协同无功优化问题，在每次计算信息交互的过程中，TSO 向 DSO 传递功率、电压状态量，DSO 向 TSO 反馈可行割及最优割。由于配电网潮流的非线性并不能保证 Benders 算法的收敛性，文中利用二阶锥规划技术对配电网潮流进行凸松弛，并设计了相应的割平面公式以保证算法的收敛性，算例结果表明该方法能够有效缓解配电网过电压并减少网损，并对通信故障的发生具有鲁棒性。文献[28]同样利用 Benders 分解法求解输配协同经济调度问题，并将 DSO 反馈的割平面定义为配电网需求的投标函数，形成了一种通用的模式，取得了良好的效果。但是上述基于数学规划的两种分解方法中类似于可行域、割平面等的数学概念在实际系统中没有明确的物理意义，相比于完全分布式优化区域分解机制不明确，仅仅是从数学方法上实现了分布式求解。

高比例可再生能源接入的电力系统中，输配协同主要聚焦于输电侧大规模集中式可再生能源与配电侧分布式可再生能源接入对系统运行造成的影响，以及在这种情况下如何更好地进行优化调度。本书中的输配协同优化主要作为配电侧（第 5、6 章）与输电侧（第 7 章、第 8 章）的"桥梁"，并且加入了负荷代理商、虚拟电厂等形式的最小调度单元。

针对输配协同优化问题，本章建立了输配协同的分层分布式调度模型，已有相关研究成果对模型的可行性进行了验证[26-32]。其中，文献[29]在高比例风电接入的电力系统中，计及风电不确定性，进行正常运行状态下的输配协同经济调度，模型中充分调度配电网侧灵活性资源以促进输电网侧风电消纳；文献[26]中提出计及安全约束的输配协同机组组合，在考虑运行风险的前提下，完成输配协同的调度计划；文献[27]和[28]则考虑事故后的恢复调度问题，通过输配协调的方式，调动配电网侧资源参与恢复调度，以加快恢复进程，提高恢复效率。虽然考虑的问题不尽相同，但均需配电网灵活调控接入的灵活性资源，空间结构类似，为避免内容重复，仅以含高比例风电电力系统的输配协同经济调度为例，重点介绍输配协同分级的建模。

9.2 多层级协调的输配协同调度框架

理论上，实现输、配电网调度的全局优化可以直接利用集中式的优化方法，但是在实际电力系统中，输、配电网隶属于不同的调度管辖范围，集中优化需要调度中心得到全局系统的数据，而配电网数据又具有"分布广，数量多"的特点，这使得优化模型的规模大幅增加，计算成本较高，对数据通信可靠性的要求较高。而且，在市场化建设较为完善的地区电网或面临电力市场化改革的地区电网，配电网的自主性程度较高，各主体间信息的私密性使得集中优化难以实现。基于以上两点考虑，输配协同优化调度需结合分布式优化方法。

可再生能源在输电侧多为大规模集中式接入，其不确定性主要通过不确定优化技术处理，主要方法有：基于场景的随机优化、鲁棒优化、机会约束规划和区间优化等。而在配电侧，可再生能源、灵活性资源多为分散式接入，研究人员逐渐倾向结合市场机制对分布式发电进行分区、分层管理，引入多智能体系统、虚拟电厂等概念，利用多种资源平抑可再生能源波动，表现出了良好的效果。由于输、配电网量级和市场化的差异，需设置合理的方法应对不确定性。针对集中式可再生能源的波动性和不确定性处理问题，在第 2 章有详细的建模方法，在此处不再赘述。

基于以上研究需求与现状，针对输配协同调度问题，本章进一步考虑了配电网自治能力，提出一种输配电网分层分布式多源协调优化调度体系，给出了对集中式和分布式可再生能源不确定性的处理方法。利用分层调度和基于目标级联分析法的分布式优化技术，使得各利益主体在考虑自主运行特性的独立调度的基础上协同寻优。

目前在国外(欧洲、美国等)，市场化程度较高的地区电网中，输电网与配电网的运行是分开的，实施输配协同优化有体制上的保证。而国内，目前虽然仍是输配一体化的格局，但在电力市场改革背景下，输、配电分离是未来电网发展的趋势，同时有条件的发电企业被允许进入售电侧，市场化程度会越来越高。而且即使不考虑市场因素，输配协同优化也能够减轻复杂大电网整体调度的压力。因此研究输配协同优化具有一定的现实意义。

为适应多种类型自治主体的调度需求，将整个电力系统按结构与功能进行了层次划分，提出了输配电网分层分布式调度框架，如图 9-1 所示，整体上分为 3 层：输电网调度层、配电网调度层和局部优化层。其中，局部优化层是指某一主

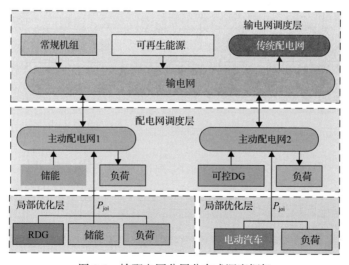

图 9-1　输配电网分层分布式调度框架

动配电网内部，负荷聚合商等对应的优化层，对分布式可再生能源发电(renewable distributed generation，RDG)结合储能系统(energy storage system，ESS)进行联合出力优化，面向的是由大量分布式电源形成的独立利益主体[11]，其权益分别隶属于所对应的可再生能源投资供应商。与传统分区控制不同的是，局部优化层更强调自优化能力而不是单纯地执行集中机构的调度指令。

在分层分布式调度框架下，TSO 和各 DSO 均具有自治能力，独立对其管辖区域内的发电设备进行调度，并根据输配边界电价相互合作安排功率传输计划，发电计划的制定需兼顾输、配电网中的发电资源，并满足整体运行约束，保证系统的安全、经济运行。由于一个 TSO 需面向多个 DSO，可以自然地作为一个"协调者"协调输配电网间的传输功率。各调度中心之间必须建立良好的双向通信网络，以传递必要的协调信息。另外，本章方法也需要先进的配电侧量测设备、支持分布式发电商自优化的智能决策系统及相应的市场机制以提供底层技术支撑。

在上述调度框架的基础上，输、配电网间形成了一种"集中协调，分散自治"的运行模式。

"集中协调"是指：各子问题的优化计算和信息交互均有"协调者"有序地组织和协调。输电网层是配电网层的"协调者"，配电网层是局部优化层的"协调者"。通过集中协调，使得各区域子问题的优化计算和信息交互过程变得有序化，提高信息反馈的及时性，从而提升分解协调计算效率。"分散自治"是指：各个区域或自治主体相对独立地开展优化决策，自行维护基础数据、网络模型、计划和预测数据等边界条件，仅在上级调度中心的协调下进行有限的信息交互，寻求全局最优。通过"分散自治"，一方面赋予了各个区域优化决策的自主权，且允许各区域根据自身需求充分考虑个性化差异；另一方面将大系统的优化问题解耦，降低模型的复杂度。

另外，需要说明的是，上述输配协同的调度模式，既适用于当前电力系统的管制环境，配电网运行的同时受上级调度机构的监管，在上级调度机构允许的范围内行使自主决策权，也同样适用于电力市场环境，各主体间存在信息的不完全共享。本章的目的不在于探讨配电网运行主体的归属，只是探讨一种电网运行模式，在这种模式下各机构能够各司其职，提高整个电网的经济性与运行效率并减少冗余度。

9.3　多层级协调的输配协同优化模型

9.3.1　多层级电网模型解耦

将输配全局系统分解为输电子系统和配电子系统的关键是通过合适的区域间耦合变量将优化问题解耦。本章基于 ATC 技术[19,33,34]，采用如图 9-2 所示的系统分解机制。ATC 是基于拉格朗日松弛的对偶分解类算法，其分解的数学形式与输配电网实际运行中的物理特点相符，输配电网边界传输的有功功率作为交互信息，无须传递边界节点相角信息，输、配电网均可开展优化决策，松弛后在各目标函数中加入罚函数，最终得到数学上近似全局最优的控制优化效果。分解后，输电网层面将输配边界功率视为虚拟负荷，配电网层面将边界功率视为虚拟电源。

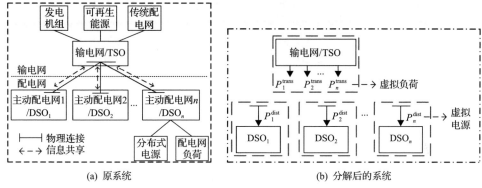

(a) 原系统　　　　　　　　　　　　　　(b) 分解后的系统

图 9-2　输配电网分解示意图

在上述分解机制的基础上，若将输、配电网当作独立优化的主体，则对于 TSO，设 x 为优化变量，其优化问题表示为

$$\begin{aligned} &\min f(x)\\ &\text{s.t. } g(x) \leqslant 0\\ &\qquad h(x) = 0 \end{aligned} \tag{9-1}$$

下面两个公式为 TSO 问题的不等式约束与等式约束，不等式约束包括机组出力约束等，等式约束包括功率平衡约束等。

同理设 y_i 为第 i 个 DSO 的决策变量，其优化模型为

$$\begin{aligned} &\min f(y_i)\\ &\text{s.t. } g(y_i) \leqslant 0\\ &\qquad h(y_i) = 0 \end{aligned} \tag{9-2}$$

本节中为方便表述，i 可取 1、2、3。

通常情况下，输电网和配电网是通过变电系统相互连接，彼此之间存在耦合变量，令 x、y 表示各自系统内部独有的变量，变量集 z 表示两者之间的耦合变量。则 TSO 优化问题重新表示为

$$\begin{aligned} &\min f(x, z_1, z_2, z_3)\\ &\text{s.t. } g(x, z_1, z_2, z_3) \leqslant 0\\ &\qquad h(x, z_1, z_2, z_3) = 0 \end{aligned} \tag{9-3}$$

第 k 个 DSO 优化问题表示为

$$\begin{aligned} &\min f(y_k, z_k) \\ &\text{s.t. } g(y_k, z_k) \leqslant 0 \\ &\quad\; h(y_k, z_k) = 0 \end{aligned} \tag{9-4}$$

由于耦合变量 z 的存在，式(9-3)和式(9-4)无法独立求解。为了将优化问题分解为能够独立求解的形式，将原系统分解为图 9-4(b)所示的两层级结构，TSO 位于上层，DSO 位于下层。选取输配边界的有功功率作为耦合变量，假设功率正方向为输电网流向配电网。分解后的输、配电子系统独立求解满足本区域运行约束的发电计划，且需满足如下的一致性约束：

$$c_k = P_k^{\text{trans}} - P_k^{\text{dist}} = 0 \tag{9-5}$$

式中，P_k^{trans} 为输电网层面配电网 k 的虚拟有功负荷；P_k^{dist} 为配电网 k 层面输电网的等效有功注入；上标 trans 和 dist 分别表示变量所属层面为输电网和配电网。

值得注意的是，P_k^{trans} 和 P_k^{dist} 的物理意义是相同的，在区域独立优化的同时应该保持一致。因此在 ATC 分布式优化方法中利用罚函数对约束进行松弛。定义罚函数为 $\pi(c)$，并采用增广拉格朗日罚函数形式，表示为

$$\pi(c) = \boldsymbol{v}^{\text{T}} \boldsymbol{c} + \|\boldsymbol{w} \circ \boldsymbol{c}\|_2^2 = \sum_{j \in D} \left(v_j c_j + \|w_j \circ c_j\|_2^2 \right) \tag{9-6}$$

式中，$\boldsymbol{v}$、$\boldsymbol{w}$ 为算法乘子向量；符号。为逐项相乘计算；D 为配电网的集合。

以输配协同经济调度为例，基于以上原理，TSO 优化模型可表示为

$$\begin{aligned} &\min f(x, P_k^{\text{trans}}) + \sum_{k=1}^{3} \left\{ v_k (P_k^{\text{trans}} - P_k^{\text{dist}*}) + \left[w_k (P_k^{\text{trans}} - P_k^{\text{dist}*}) \right]^2 \right\} \\ &\text{s.t. } g(x, P_k^{\text{trans}}) \leqslant 0 \\ &\quad\; h(x, P_k^{\text{trans}}) = 0 \end{aligned} \tag{9-7}$$

第 i 个 DSO 优化模型为

$$\begin{aligned} &\min f(y_k, P_k^{\text{dist}}) + \left\{ v_k (P_k^{\text{trans}*} - P_k^{\text{dist}}) + \left[w_k (P_k^{\text{trans}*} - P_k^{\text{dist}}) \right]^2 \right\} \\ &\text{s.t. } g(y_k, P_k^{\text{dist}}) \leqslant 0 \\ &\quad\; h(y_k, P_k^{\text{dist}}) = 0 \end{aligned} \tag{9-8}$$

式中，$P_k^{\text{dist}*}$ 和 $P_k^{\text{trans}*}$ 为从相邻区域获取的耦合变量值，上标"*"表示该项为已知

量。通过罚函数的设置，使得耦合变量在计算过程中尽量接近相邻区域传递的边界功率值，最终达到一致。通过以上处理，输配电网间的优化问题实现了完全解耦，输配电网的优化可以进行分布式计算。

以含高比例可再生能源的输配协同经济调度为例，应用上述分解方法，可以得到以下的各调度层的优化模型。

9.3.2　局部优化层优化模型

局部优化层是调度框架下的最小优化单元，构造该优化层的原因在于：①通常情况下 RDG 数量较少且位置分散，缺乏大规模集中式可再生能源发电的平滑效应，出力具有很强的不确定性和波动性，难以精确预测，而可控分布式发电 (controllable distributed generation，CDG)能够提供的调节能力有限，随着储能技术的发展，ESS 的应用更加灵活，容量与 RDG 也容易匹配，因此，在配电网、微网的运行中常将 RDG 和 ESS 的出力联合调度；②局部优化层面向的是未来售电侧市场中越来越多的售电主体，可能以智能体或虚拟电厂的形式存在，根据配电网电价，优化其内部发电资源实现利益最大化，并向上级申报发电计划[35,36]。

局部优化层的优化目标有两个：①最大化联合发电的收益，即最大化可再生能源利用；②减少调度周期内可再生能源出力的波动。本节在建立分布式风电机组与 ESS 的联合优化模型的基础上，利用场景生成技术描述分布式风电出力的不确定性，该模型较易于调整为分布式光伏发电机组与 ESS 的联合优化调度模型。

$$\max \ E\left(\sum_{t=1}^{T} f(s, P_t^{\mathrm{joi}})\right) = \sum_{s=1}^{N_{\mathrm{S}}} p^s\left(\sum_{t=1}^{T} f(s, P_t^{\mathrm{joi}})\right) \tag{9-9}$$

$$f(s, P_t^{\mathrm{joi}}) = \rho_{\mathrm{sell},t} P_{\mathrm{com},t}^s - \alpha_t\left(P_{\mathrm{com},t}^s - \sum_{t=1}^{T} P_{\mathrm{com},t}^s \middle/ T\right)^2 - \beta_t\left|P_{\mathrm{com},t}^s - P_t^{\mathrm{joi}}\right| \tag{9-10}$$

式中，T 为调度周期时长；N_{S} 为场景数；p^s 为风电场景 s 的概率；$\rho_{\mathrm{sell},t}$ 为 RDG 和 ESS 在 t 时刻的联合售电价格；$P_{\mathrm{com},t}^s$ 为场景 s 下 RDG 和 ESS 的联合出力；P_t^{joi} 为系统 t 时刻联合出力计划值；α_t 和 β_t 为 t 时刻出力波动的惩罚系数。

为使式(9-10)中第 3 项惩罚项最低，P_t^{joi} 在数学上趋向于不同场景下 $P_{\mathrm{com},t}^s$ 的期望值。式(9-10)的前两项保证了每个风电场景下的 RDG 的最大化利用和平抑出力波动；第 3 项保证了总出力的波动最小。

约束条件：

$$P_{\mathrm{com},t}^s = P_{\mathrm{w},t}^s + P_{\mathrm{dis},t}^s - P_{\mathrm{ch},t}^s, \quad \forall s \tag{9-11}$$

$$0 \leqslant P_{\mathrm{w},t}^s \leqslant P_{\mathrm{w},t}^{\mathrm{forecast},s}, \quad \forall s \tag{9-12}$$

$$0 \leqslant P_t^{\mathrm{joi}} \leqslant P_{\mathrm{dis}}^{\max} + \bar{P}_{\mathrm{w}} \tag{9-13}$$

$$0 \leqslant P_{\mathrm{ch},t}^s \leqslant u_{\mathrm{ch},t}^s P_{\mathrm{ch}}^{\max}, \quad \forall s \tag{9-14}$$

$$0 \leqslant P_{\mathrm{dis},t}^s \leqslant u_{\mathrm{dis},t}^s P_{\mathrm{dis}}^{\max}, \quad \forall s \tag{9-15}$$

$$u_{\mathrm{dis},t}^s + u_{\mathrm{ch},t}^s \leqslant 1, \quad \forall s \tag{9-16}$$

$$E_t^s = E_{t-1}^s + P_{\mathrm{ch},t}^s \eta_{\mathrm{ch}} - P_{\mathrm{dis},t}^s \big/ \eta_{\mathrm{dis}}, \quad \forall s \tag{9-17}$$

$$\underline{E} \leqslant E_t^s \leqslant \bar{E}, \quad \forall s \tag{9-18}$$

$$E_T^s = E_0^s, \quad \forall s \tag{9-19}$$

式中，$P_{\mathrm{w},t}^s$ 和 $P_{\mathrm{w},t}^{\mathrm{forecast},s}$ 分别为 t 时刻场景 s 下 RDG 的调度值和预测值；$P_{\mathrm{dis},t}^s$、$P_{\mathrm{ch},t}^s$、$u_{\mathrm{dis},t}^s$、$u_{\mathrm{ch},t}^s$ 分别为 ESS 在场景 s 下的放/充电功率及标志位；η_{ch} 和 η_{dis} 分别为充/放电效率值；$P_{\mathrm{ch}}^{\max}$、$P_{\mathrm{dis}}^{\max}$、$\underline{E}$、$\bar{E}$ 分别为 ESS 充/放电功率最大值及电量上/下限；$\bar{P}_{\mathrm{w}}$ 为配电网风电机组的最大出力值；E_t^s、E_T^s、E_0^s 分别是 t 时刻、调度结束与起始时刻的 ESS 电量。约束式(9-11)~式(9-13)限制了 $P_{\mathrm{com},t}^s$ 和 P_t^{joi} 的出力范围；约束式(9-14)~式(9-19)为每个风电场景下 ESS 的充放电约束。

局部优化层在计算得到期望最优的发电计划后，直接将 P_t^{joi} 上报给相应的DSO。局部优化层可以设置匹配不同售电主体的优化目标，可以轻松地扩展为考虑多种发电、负荷资源的联合单元，形成"自发自用，余量上网"的模式，更加符合未来主动配电网发展的实际需求。

需要说明的是，本章所设计的优化模型主要针对日前计划的制定。因此储能装置与整个系统的调度时间尺度保持一致，但是储能是一种灵活的调节装置，需要更加灵活的优化模型。

9.3.3 配电网调度层优化模型

配电网调度层可以优化的资源包括：①向上级输电网购买的电量；②本区域内的 CDG；③消纳 RDG 和 ESS 的联合出力。在本章中，假设通过 RDG 与 ESS的配合，局部优化层联合出力整体上表现出可控性，其内部对出力波动具有调节能力，因此配电网层面仅需对可控变量进行优化。另外，从充分利用可再生能源的角度出发，模型中对联合出力进行全额消纳。

配电网 k 的优化目标为

$$\min C_{\mathrm{D}}^k = C_{\mathrm{G}}^k + C_{\mathrm{buy}}^k + \pi(P_{k,t}^{\mathrm{dist}}, P_{k,t}^{\mathrm{trans*}}) \tag{9-20}$$

式中，C_{G}^k 为配电网 k 中 CDG 的发电成本；C_{buy}^k 为配电网向输电网购电的成本；$\pi(\cdot)$ 为一致性约束惩罚函数。各项表达式如式(9-21)~式(9-23)所示。

$$C_{\mathrm{G}}^k = \sum_{t=1}^{T} \sum_{i=1}^{N_{\mathrm{G}}^{\mathrm{dist},k}} \left[a_i^k + b_i^k P_{\mathrm{G},i,t}^{\mathrm{dist},k} + c_i^k (P_{\mathrm{G},i,t}^{\mathrm{dist},k})^2 \right] \tag{9-21}$$

$$C_{\mathrm{buy}}^k = \sum_{t=1}^{T} \lambda_t^k P_{k,t}^{\mathrm{dist}} \tag{9-22}$$

$$\pi(P_{k,t}^{\mathrm{dist}}, \overline{P_{k,t}^{\mathrm{trans}}}) = \sum_{t=1}^{T} \left\{ v_{k,t} (\overline{P_{k,t}^{\mathrm{trans}}} - P_{k,t}^{\mathrm{dist}}) + \left[w_{k,t} (\overline{P_{k,t}^{\mathrm{trans}}} - P_{k,t}^{\mathrm{dist}}) \right]^2 \right\} \tag{9-23}$$

式中，$P_{\mathrm{G},i,t}^{\mathrm{dist},k}$ 为配电网 k 中发电机 i 在 t 时刻的计划出力；a_i^k、b_i^k、c_i^k 为配电网 k 中发电机 i 的成本系数；λ_t^k 为输配边界的节点电价；$N_{\mathrm{G}}^{\mathrm{dist},k}$ 为配电网 k 中 CDG 机组数。

约束条件如下。

(1)机组出力范围约束：

$$\underline{P}_{\mathrm{G},i}^{\mathrm{dist},k} \leqslant P_{\mathrm{G},i,t}^{\mathrm{dist},k} \leqslant \overline{P}_{\mathrm{G},i}^{\mathrm{dist},k} \tag{9-24}$$

式中，$\overline{P}_{\mathrm{G},i}^{\mathrm{dist},k}$ 和 $\underline{P}_{\mathrm{G},i}^{\mathrm{dist},k}$ 为机组 i 有功出力上下限。

(2)有功功率平衡约束：

$$\sum_{i=1}^{G^{\mathrm{dist},k}} P_{\mathrm{G},i,t}^{\mathrm{dist},k} + P_{k,t}^{\mathrm{dist}} + \sum_{m=1}^{R^{\mathrm{dist},k}} P_{m,t}^{\mathrm{joi}} = \sum_{j=1}^{N_{\mathrm{load}}^{\mathrm{dist},k}} P_{\mathrm{L},j,t}^{\mathrm{dist},k} \tag{9-25}$$

式中，$R^{\mathrm{dist},k}$ 和 $N_{\mathrm{load}}^{\mathrm{dist},k}$ 分别为配电网 k 中局部调度单元和常规负荷节点数；$P_{\mathrm{L},j,t}^{\mathrm{dist},k}$ 为负荷 j 在 t 时刻的功率预测值。

(3)边界功率传输约束，用以反映输配电网间由提前协议或市场交易确定的计划电量，具体如下：

$$\underline{P}_{\mathrm{b}}^{\mathrm{dist},k} \leqslant P_{k,t}^{\mathrm{dist}} \leqslant \overline{P}_{\mathrm{b}}^{\mathrm{dist},k} \tag{9-26}$$

$$(1-\rho)Q^k \leqslant \sum_{t=1}^{T} P_{k,t}^{\mathrm{dist}} \tau \leqslant (1+\rho)Q^k \tag{9-27}$$

式中，$\overline{P}_{\mathrm{b}}^{\mathrm{dist},k}$ 和 $\underline{P}_{\mathrm{b}}^{\mathrm{dist},k}$ 分别为边界传输功率上下限；Q^k 为输电网与配电网 k 之间的

计划传输电量；ρ 为允许的偏差比例；τ 为每个时段的时间跨度。

(4)线路安全约束，为简化模型，本节采用文献[37]提出的线性化的配电网交流潮流，其准确性已在文献[26]中得到验证：

$$\sum_{i:i\to j}\left(p_{i\to j,t}^{k}-l_{i\to j,t}^{k}\right)+p_{j,t}^{k}=\sum_{m:j\to m}p_{j\to m,t}^{k},\forall j\in N^{\mathrm{dist},k}$$

$$p_{j,t}^{k}=\begin{cases}P_{\mathrm{G},j,t}^{k}-P_{\mathrm{L},j,t}^{k}+P_{k,t}^{\mathrm{dist}},j\in\Omega^{\mathrm{root}}\\P_{\mathrm{G},j,t}^{k}-P_{\mathrm{L},j,t}^{k},\ j\notin\Omega^{\mathrm{root}}\end{cases}\quad\forall j\in N^{\mathrm{dist},k}$$

$$l_{i\to j,t}^{k}=\frac{\left(\left(\hat{P}_{i\to j,t}^{k}\right)^{2}+\left(\hat{Q}_{i\to j,t}^{k}\right)^{2}\right)R_{i\to j,t}^{k}}{\left(\hat{V}_{i,t}^{k}\right)^{2}}+\frac{2\left(p_{i\to j,t}^{k}-\hat{P}_{i\to j,t}^{k}\right)\hat{P}_{i\to j,t}^{k}R_{i\to j,t}^{k}}{\left(\hat{V}_{i,t}^{k}\right)^{2}} \tag{9-28}$$

$$\underline{P_{i\to j}^{k}}\leqslant p_{i\to j,t}^{k}\leqslant\overline{P_{i\to j}^{k}},\ \forall\left(i\to j\right)\in L^{\mathrm{dist},k}$$

式中，$N^{\mathrm{dist},k}$、$L^{\mathrm{dist},k}$、Ω^{root} 为配电网中节点、线路及根节点集合；$p_{i\to j,t}^{k}$ 为配电网 k 中线路 ij 的有功功率；$l_{i\to j,t}^{k}$ 为线路 ij 在时刻 t 的有功损耗；$p_{j,t}^{k}$ 为节点注入功率；$\hat{P}_{i\to j,t}^{k}$、$\hat{Q}_{i\to j,t}^{k}$ 和 $\hat{V}_{i,t}^{k}$ 分别为时间 t 线路 ij 的有功功率、无功功率和电压幅值的运行基点；$R_{i\to j,t}^{k}$ 为线路 ij 的电阻；$\overline{P_{i\to j}^{k}}$ 和 $\underline{P_{i\to j}^{k}}$ 为配电网 k 线路 ij 的有功传输上下限；$i\to j$ 指线路 ij，有方向。

由于配电网中 CDG 的装机容量小且爬坡速度快，因此本章忽略了其爬坡约束。如需考虑机组爬坡，添加相应的约束即可。

9.3.4　输电网调度层优化模型

本节的分布式计算中，既要考虑可再生能源不确定性，又要兼顾计算效率。区间优化法(interval optimization，IO)计算效率较高，基于场景的随机优化法(stochastic optimization，SO)可更为准确地反映间歇式能源的随机特性，本节采用将两种方法结合的改进区间优化法[38](improved interval optimization，IIO)。以风电为例进行说明，为达到全部或部分消纳风电并满足实时功率平衡的目的，将系统应对风电不确定性、波动性的调度能力分解为两个部分：①各时刻，系统备用容量需满足风电预测区间的限制，以应对风电功率预测误差带来的不确定性；②时刻间，常规机组需具备足够的爬坡能力以应对所有风电预测场景中最大的风电功率波动。

为便于分析，图 9-3 仅给出 3 个时刻，其中曲线 abc 为风电预测期望值，$\overline{abc}$ 为风电出力上边界，$\underline{abc}$ 为出力下边界。为满足上述调度要求①，从时间断面 t_1 分析，当调度计划按照点 a 制定时，为应对风电出力，系统内的火电机组应至少

提供 $R_{t1}^- = \overline{a}\underline{a}$ 的下调备用和 $R_{t1}^+ = a\overline{a}$ 的上调备用，以应对实时运行中风电可能出现的波动；t_2 和 t_3 时刻以此类推。为满足要求②，以时间为轴横向分析，$t_1 \sim t_2$ 时，风电最大上爬坡场景如 s_1 所示，其尾部位于 t_2 的上边界，对应常规机组最大的下爬坡需求；最大的风电下爬场景如 s_3 所示，其尾部位于 t_2 时刻的下边界，对应常规机组最大的上爬坡需求。同理，$t_2 \sim t_3$ 的爬坡场景如 s_2 和 s_4 所示。可以看出，在 t_2 时刻上爬坡场景对应两个运行点，单个场景无法表示。因此，IIO 将风电功率建模为 5 个典型场景：风功率预测场景 s_0、奇偶时刻间的上爬坡场景 s_1、偶奇时刻间的上爬坡场景 s_2、奇偶时刻间的下爬坡场景 s_3、偶奇时刻间的下爬坡场景 s_4。另外，仅需将 s_2 和 s_4 在 $t=t_1$ 处缺失的功率值分别用上下边界值代替，这样通过爬坡场景限制，在各时间点系统为满足要求①产生的备用约束自然形成。相较于 SO 的大量风电场景，IIO 能保持较高的计算效率且并不会使目标函数严重恶化；而相比于 IO，IIO 利用典型爬坡场景代替了极限爬坡场景，改善了模型的保守性。IIO 可以适用于各种场景生成方法，具体可参考文献[38]。

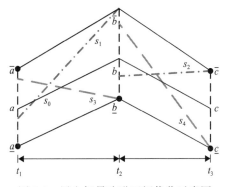

图 9-3　风电场景改进区间优化示意图

　　输电网层建模为能量和备用协调优化模型，模型分为两个阶段：阶段 1 决策预测场景下的发电机出力基准值和输配边界功率；阶段 2 根据爬坡场景确定备用需求及常规机组间备用经济分配。两阶段相互影响协调优化，基本思路是找到一组最优的发电基点及功率交换计划，在预测场景下最优，并满足爬坡场景下的调整需求。为简化表述，下文中输电网机组的相关变量省去了上标"trans"。

　　输电网中，TSO 的决策变量为常规机组出力与备用、风电出力以及输配边界功率。目标函数为

$$\min C^{\mathrm{T}} = C_{\mathrm{G}} + C_{\mathrm{R}} + \sum_s C_{\mathrm{WS}}^s - C_{\mathrm{sell}} + \pi(P_{k,t}^{\mathrm{trans}}, P_{k,t}^{\mathrm{dist}*}) \qquad (9\text{-}29)$$

式中，C^{T} 为输电网的总费用；C_{G} 和 C_{R} 分别为常规机组的发电成本和备用成本；

C_{WS}^s 为场景 s 下的弃风惩罚成本；C_{sell} 为输电网向配电网售电的收益。各项表达式如下：

$$C_G = \sum_{t=1}^{T} \sum_{i=1}^{G} \left(a_i + b_i P_{G,i,t} + c_i P_{G,i,t}^2 \right) \tag{9-30}$$

$$C_R = \sum_{t=1}^{T} \left(\sum_{i}^{G} q_i^U R_{i,t}^U + \sum_{i}^{G} q_i^D R_{i,t}^D \right) \tag{9-31}$$

$$C_{WS}^s = \sum_{t=1}^{T} \sum_{s=1}^{N_S} \sum_{w=1}^{N_W} \rho_w^{WS} P_{w,t}^{WS,s} \tag{9-32}$$

$$C_{sell} = \sum_{t=1}^{T} \sum_{k=1}^{N^{dist}} \lambda_t^k P_{k,t}^{trans} \tag{9-33}$$

$$\pi(P_{k,t}^{trans}, \overline{P_{k,t}^{dist}}) = \sum_{t=1}^{T} \sum_{k=1}^{N^{dist}} \left\{ v_{k,t}(P_{k,t}^{trans} - \overline{P_{k,t}^{dist}}) + \left[w_{k,t}(P_{k,t}^{trans} - \overline{P_{k,t}^{dist}}) \right]^2 \right\} \tag{9-34}$$

式中，$P_{G,i,t}$、$R_{i,t}^U$、$R_{i,t}^D$ 分别为输电网中机组 i 在 t 时刻的有功出力及正、负备用值；q_i^U、q_i^D 分别为机组 i 提供正负备用的价格；ρ_w^{WS} 为风电场 w 的弃风惩罚成本；$P_{w,t}^{WS,s}$ 为风电场 w 在爬坡场景 s 下的弃风量；N_G、N_W、N^{dist} 分别为发电机、风电场和输配边界节点数。

(1)预测场景约束：

$$\underline{P}_{G,i} \leqslant P_{G,i,t} \leqslant \overline{P}_{G,i} \tag{9-35}$$

$$\sum_{i=1}^{N_G} P_{G,i,t} + \sum_{w=1}^{N_W} (P_{w,t}^{wind,0} - P_{w,t}^{WS,0}) = \sum_{j=1}^{N_L} P_{L,j,t} + \sum_{k=1}^{N^{dist}} P_{k,t}^{trans} \tag{9-36}$$

$$-r_{d,i} \leqslant P_{G,i,t} - P_{G,i,t-1} \leqslant r_{u,i} \tag{9-37}$$

$$0 \leqslant R_{i,t}^U \leqslant \min(\overline{P}_{G,i} - P_{G,i,t}, R_{i,t}^{U,max}) \tag{9-38}$$

$$0 \leqslant R_{i,t}^D \leqslant \min(P_{G,i,t} - \underline{P}_{G,i}, R_{i,t}^{D,max}) \tag{9-39}$$

$$\underline{T}_l \leqslant \sum_{b=1}^{N_B} G_{l,b} \left[P_{G,b,t} + (P_{b,t}^{wind,0} - P_{b,t}^{WS,0}) - P_{L,b,t} - P_{b,t}^{trans} \right] \leqslant \overline{T}_l, \quad \forall l \in L \tag{9-40}$$

$$\underline{P}_b^{trans,k} \leqslant P_{k,t}^{trans} \leqslant \overline{P}_b^{trans,k}, \forall k \tag{9-41}$$

$$(1-\rho)Q^k \leqslant \sum_{t=1}^{T} P_{k,t}^{\text{trans}} \tau \leqslant (1+\rho)Q^k, \quad \forall k \tag{9-42}$$

式中，N_L 和 N_B 分别为负荷和系统节点数，L 为输电线路集合；发电机部分变量物理意义与配电网优化模型中变量一致；$R_{i,t}^{\text{U,max}}$、$R_{i,t}^{\text{D,max}}$ 分别为机组 i 在 t 时刻能够提供的最大正、负备用；$R_{i,t}^{\text{U}}$ 和 $R_{i,t}^{\text{D}}$ 为 t 时刻系统正、负备用需求；$r_{\text{u},i}$ 和 $r_{\text{d},i}$ 分别为机组 i 的上爬坡、下爬坡能力；$P_{w,t}^{\text{wind,0}}$ 和 $P_{w,t}^{\text{WS,0}}$ 分别为预测场景下的风电功率预测值和计划弃风量；$G_{l,b}$ 为节点 b 对支路 l 的发电转移分布因子；$\bar{T}_l$ 和 $\underline{T}_l$ 分别为线路 l 传输有功功率的上下限；$P_{\text{L},j,t}$ 为节点 j 在 t 时刻的负荷预测值；$\bar{P}_b^{\text{trans},k}$ 和 $\underline{P}_b^{\text{trans},k}$ 为输电网层与第 k 个配电网的边界传输功率上下限。

　　式(9-35)为发电机出力范围约束，式(9-36)为功率平衡约束，式(9-37)为发电机爬坡约束，式(9-38)和式(9-39)为备用约束，式(9-40)为线路安全约束，式(9-41)和式(9-42)为边界功率约束。需要说明的是，传统的 IO 和 IIO 要求基准场景下不允许弃风出现[39]，但是此时可能存在模型无可行解的情况，因此本章将预测场景弃风也添加到了模型中。

　　(2) 爬坡场景约束：

$$\underline{P}_{\text{G},i} \leqslant P_{\text{G},i,t}^s \leqslant \bar{P}_{\text{G},i}, \quad \forall s \tag{9-43}$$

$$P_{\text{G},i,t}^s = P_{\text{G},i,t} + \Delta r_{i,t}^{\text{u},s} - \Delta r_{i,t}^{\text{d},s}, \quad \forall s \tag{9-44}$$

$$0 \leqslant \Delta r_{i,t}^{\text{u},s} \leqslant R_{i,t}^{\text{U}}, 0 \leqslant \Delta r_{i,t}^{\text{d},s} \leqslant R_{i,t}^{\text{D}}, \quad \forall s \tag{9-45}$$

$$P_{\text{G},i,t}^{s_1} - P_{\text{G},i,t+1}^{s_1} \geqslant r_{\text{d},i}, \quad \forall t \in \Omega^{\text{odd}} \tag{9-46}$$

$$P_{\text{G},i,t}^{s_2} - P_{\text{G},i,t+1}^{s_2} \geqslant r_{\text{d},i}, \quad \forall t \in \Omega^{\text{even}} \tag{9-47}$$

$$P_{\text{G},i,t+1}^{s_3} - P_{\text{G},i,t}^{s_3} \leqslant r_{\text{u},i}, \quad \forall t \in \Omega^{\text{odd}} \tag{9-48}$$

$$P_{\text{G},i,t+1}^{s_4} - P_{\text{G},i,t}^{s_4} \leqslant r_{\text{u},i}, \quad \forall t \in \Omega^{\text{even}} \tag{9-49}$$

$$0 \leqslant P_{w,t}^{\text{WS},s} \leqslant P_{w,t}^{\text{wind},s}, \quad \forall s \tag{9-50}$$

式中，Ω^{odd}、Ω^{even} 为奇数、偶数时刻集合；$P_{\text{G},i,t}^s$ 为机组 i 在场景 s 下的 t 时刻出力；$\Delta r_{i,t}^{\text{u},s}$ 和 $\Delta r_{i,t}^{\text{d},s}$ 为机组在场景 s 下需要的上、下备用调整需求；$P_{w,t}^{\text{wind},s}$ 为场景 s 下的风电功率预测值。式(9-43)~式(9-45)为爬坡场景下机组出力限制；式(9-46)~式(9-49)分别为 4 个爬坡场景下的机组爬坡约束，其中风电上爬坡场景对应机组

下爬坡能力约束，风电下爬坡场景对应机组上爬坡能力约束；式(9-50)为弃风量约束。爬坡场景下功率平衡约束及线路安全约束与式(9-36)和式(9-40)类似。

9.4　多层级协调的输配协同优化求解

为实现输、配电网的分散自治与集中协调，在分布式建模原理的基础上，本节设计了输配协同求解流程，各区域独立优化的同时仅需传递边界功率信息进行协调，既保证了信息的私密性又能实现更大范围内调度资源的优化配置。求解前，局部优化层首先根据 RDG 预测曲线和售电电价进行联合优化，将结果上报给DSO，作为输入条件，以进行输配电网的优化。多区域协调调度的分布式求解方法具体见 8.3.3 节，本节输配协同问题中以 ATC 为例进行求解。

ATC 技术在解决多层级、多主体协调优化问题时，具有级数不受限制、同级子问题可具有不同的优化形式、参数易于选择等优点[40]，其针对凸优化问题求解的收敛性在文献[41]和[42]中已经得到严格证明。

基于 ATC 的算法流程如图 9-4 所示，其具体步骤如下。

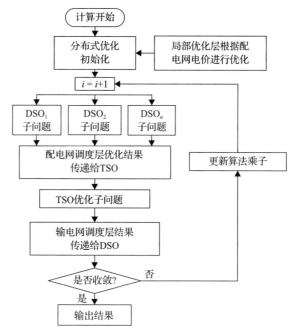

图 9-4　基于 ATC 的输配电网计算流程

步骤 1：局部优化层首先参考配电网下发的电价，按式(9-9)～式(9-19)进行优化，结果作为输入条件代入分布式优化中。

步骤 2：初始化算法乘子、配电网虚拟有功注入功率 $\overline{P_{k,t}^{\text{trans}}}$，设置迭代标志 $i=0$。

步骤 3：设置 $i=i+1$，各 DSO 按式 (9-20)～式 (9-28) 求解其优化调度子问题，将得到的输配边界虚拟注入功率 $P_{k,t}^{\text{dist},(i)}$ 传递给其上级 TSO，各 DSO 可并行求解，加快计算速度。

步骤 4：TSO 接收到配电网的数据后，综合风电及负荷预测信息，按照式 (9-29)～式 (9-50) 求解输电网调度层子问题，得到一组最优的发电基点及功率交换计划值，并将输配边界虚拟负荷值 $P_{k,t}^{\text{trans},(i)}$ 传递给各 DSO。

步骤 5：利用式 (9-51) 判断循环是否收敛，若是，则输出计算结果，否则，继续步骤 6。

$$
\begin{aligned}
&\left| P_{k,t}^{\text{trans},(i)} - P_{k,t}^{\text{dist},(i)} \right| \leqslant \varepsilon_1, \qquad \forall k, \forall t \\
&\left| \frac{f_a^{(i)}(x) - f_a^{(i-1)}(x)}{f_a^{(i)}(x)} \right| \leqslant \varepsilon_2, \quad \forall a \in T \cup D
\end{aligned}
\tag{9-51}
$$

式中，ε_1 和 ε_2 为收敛系数；$f_a(x)$ 为区域 a 的目标函数值；T 和 D 分别为输电网和配电网集合。

步骤 6：利用式 (9-52) 更新算法乘子 v、w，返回步骤 3 开始新一轮迭代。

$$
\begin{aligned}
v_{k,t}^{(i+1)} &= v_{k,t}^{(i)} + 2\left(w_{k,t}^{(i)} \right)^2 \left(P_{k,t}^{\text{trans},(i)} - P_{k,t}^{\text{dist},(i)} \right) \\
w_{k,t}^{(i+1)} &= \gamma w_{k,t}^{(i)}
\end{aligned}
\tag{9-52}
$$

式中，γ 为常数，其值一般取 $1 \leqslant \gamma \leqslant 3$；$v$ 和 w 的初值一般取较小的常数。

9.5　算　例　分　析

本节以 24h 的日前调度为例，验证所提出的分布式输配协同调度策略的有效性。基于 MATLAB 采用 Yalmip 编程求解，求解器选择 CPLEX，测试环境 CPU 为 Intel Core i5 3.2 GHz，8GB 内存。

9.5.1　T6D1 算例系统

这里以 6 节点输电网和 1 个主动配电网互联系统 (以下简称 T6D1 系统) 为例，系统结构如图 9-5 所示。输电网火电机组、CDG 数据和线路数据来自文献 [19]，具体数据与第 2 章相同，风电、负荷预测值如图 9-6 所示。集中式风电发电量超过 30%，RDG 容量在分布式机组中的占比约为 25%，满足高比例的要求。输配电网间的日计划交换电量为 1100MW·h，允许偏差 $\rho=0$，弃风惩罚费用为 100 美元/MW。算法收敛系数 $\varepsilon_1=\varepsilon_2=0.001$，算法乘子初始值 $v_{k,t}=w_{k,t}=0.5$，$\gamma=1.5$，分布式计算的共

享变量 $\overline{P_{k,t}^{\text{trans}}}$ 初值设置为 0。

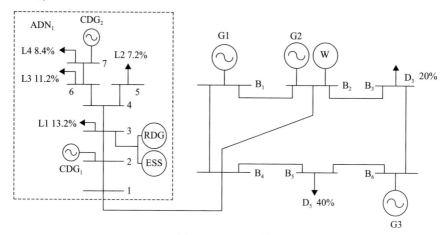

图 9-5 T6D1 系统

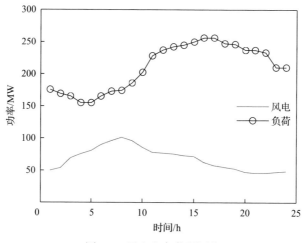

图 9-6 风电和负荷预测值

1)局部优化层优化结果

本节假设主动配电网中的 RDG 为风力发电机,局部优化层售电价格及 ESS 参数见表 9-1 和表 9-2。目标函数中的惩罚系数 α_t 和 β_t 分别设置为实时电价的 1.2 倍。采用蒙特卡罗采样法生成 1000 个风电场景,并采用基于 K-means 聚类的场景缩减技术将场景缩减为 20 个。

表 9-1 局部优化层售电价格

用电时刻	电价/(美元/(MW·h))	用电时刻	电价/(美元/(MW·h))
0:00～8:00	3	8:00～24:00	5

表 9-2 ESS 参数

参数	$\underline{E}/(\text{MW}\cdot\text{h})$	$\overline{E}/(\text{MW}\cdot\text{h})$	$P_{\text{ch}}^{\max}/\text{MW}$	$P_{\text{dis}}^{\max}/\text{MW}$	充电效率	放电效率
数值	12	60	10	10	0.9	0.9

按式(9-9)~式(9-19)所构建的模型进行优化后的结果如图 9-7 所示，其中图 9-7(a)为某个风电场景下的优化结果，图 9-7(b)为系统整体优化结果，可以看出：RDG 的期望出力值基本与预测曲线保持一致，说明局部优化层在每个风电场景下均能够充分利用分布式可再生能源，没有弃风；通过储能装置充放电的配合，

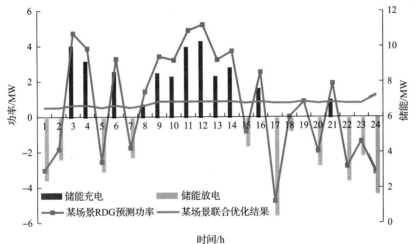

(a) 某个风电场景下的优化结果

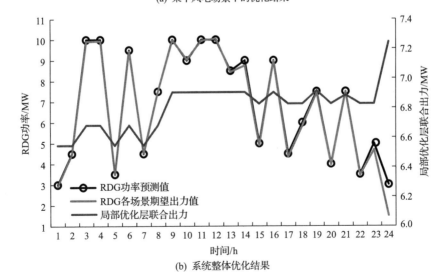

(b) 系统整体优化结果

图 9-7 局部优化层优化结果

联合出力特性整体上较为平滑，减少了 RDG 出力大范围波动对配电网的影响，整体上表现出可控性；联合出力在售电价格高时较售电价格低时更大，实现了经济性优化。

2) 输配电网优化结果

为分析本章所提输配电网分布式协同优化的有效性与优越性，这里设置了如下几个运行场景。

模式 1：输、配电网独立优化。

模式 2：输、配电网集中优化。

模式 3：输、配电网分布式协同优化。

其中模式 1 是指配电网按照式(9-20)～式(9-28)计算出等效边界功率，提交给输电网，输电网层面固定边界功率进行优化。所有模式中均利用蒙特卡罗采样生成风电场景。计算结果如表 9-3 所示，其中 C_T、C_R、C_{WS}、C_{WS0}、C_{sell}、C_{TA} 分别为输电网发电成本、备用成本、爬坡场景弃风成本、基准场景弃风成本、售电收益、总成本(不含收益)；C_D 和 C_{buy} 分别为配电网发电成本、购电成本；C_{total} 为总成本。

表 9-3　成本对比

对比项		模式 1	模式 2	模式 3
输电网成本/美元	C_T	39304.56	38277.20	38282.77
	C_R	2847.04	3611.17	3611.18
	C_{WS}	21217.59	3909.43	3909.43
	C_{WS0}	2614.00	0	0
	C_{sell}	4449.30	4354.16	4363.35
	C_{TA}	65983.19	45797.80	45803.38
配电网成本/美元	C_D	10505.13	11440.55	11462.07
	C_{buy}	4449.30	4354.16	4363.35
C_{total}/美元		76488.32	57238.35	57265.45
迭代次数		1	1	9
求解时间/s		0.1	0.1	0.5

从计算结果可以看出，模式 1 下，配电网考虑其内部发电资源进行边界功率预测，直接上报给输电网执行功率计划，没有考虑输、配电网之间发电能力的协调，相比于模式 3 整体运行成本提高了 33.57%，主要体现在弃风成本的大幅增加。

在预测场景下，模式 1 中弃风成本 C_{WS0} 增加，而模式 3 下则不会弃风。

图 9-8 给出了模式 1 和模式 3 输配边界功率对比曲线，可以看出，在输配电网日交换电量一致的前提下，模式 3 输配边界功率曲线峰值发生了转移，即在风电预测出力较高的 4 至 10 时刻间，配电网能够主动响应降低 CDG 出力计划以更多地消纳输电网中大规模集中式风电，从而提高风电消纳水平。

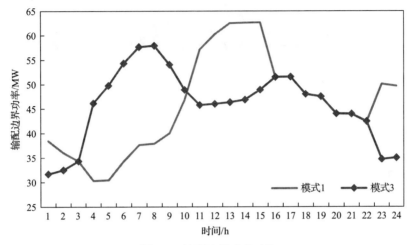

图 9-8　输配边界功率对比

在爬坡场景下，模式 1 中弃风成本 C_{ws} 大幅增加，说明输电网机组无法提供足够的备用应对爬坡场景下可能出现的风电功率波动，只能大量弃风以满足功率平衡的需求。图 9-9 给出了两种模式下常规机组的备用容量，可以看出在时刻 4 至 9 间，模式 1 中常规机组无法提供足够的负备用以应对风电的向上波动，而模式 3 中通过输配电网间的全局协调，能够提供更多备用，减少了爬坡场景下的弃

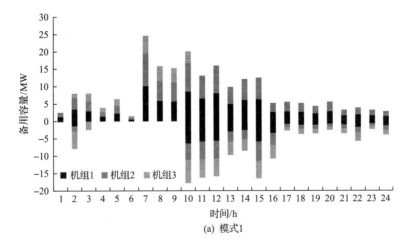

(a) 模式1

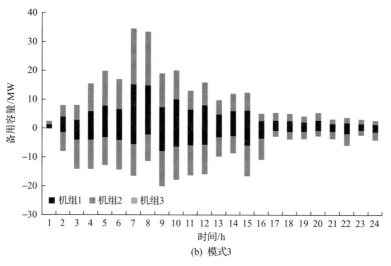

(b) 模式3

图 9-9　备用容量对比

风成本。显然，模式 1 大大增加了实时运行中系统出现功率失衡的风险，而输配协调的模式有利于提高电网整体运行经济性和风电消纳能力。

　　而对于模式 2 和模式 3，从表 9-3 的计算结果可以看出，模式 3 总成本与模式 2 输配电网全局集中优化的总成本几乎一致，这表明了本章所提出的方法的计算精度在可行范围内。图 9-10 给出了输、配电网总成本的收敛曲线，结果表明经过 9 次迭代分布式协同优化方法收敛到最优解，求解器总求解时间为 0.5s。从博弈的角度分析：输、配电网一方面要追求自身发电成本的最低，另一方面还要兼顾相邻区域功率转移需求进而满足一致性约束，迭代的过程即各主体在区域最优与整体最优之间折中的过程。

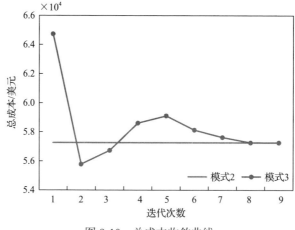

图 9-10　总成本收敛曲线

3) 不同风电发电量占比对比

为研究本章方法对不同风电电量渗透率下的适应性，改变输电网中集中式风电发电量占总负荷的比例得到模式 1 和模式 3 日前计划的弃风率，如图 9-11 所示。从中可以看出随着风电发电量占比的增加，当占比超过 0.25 时，模式 1 弃风率便会逐渐增加，而模式 3 当风电发电量占比超过 0.40 时弃风率才会有明显增加。显然，模式 3 在应对高比例风电接入时仍具有优越性。但由于算例设置的限制，算例系统的负荷与配电侧的灵活性资源有限，因此在风电发电量占比继续升高时，消纳的风电不再增加，而弃风率为弃风量占弃风量与风电实际发电(消纳)量之和的比例，因此在配电侧灵活性资源不再增加的前提下，两种模式的弃风率随着集中式风电接入比例的上升而不断接近。在这种情况下，要想减小弃风率，需要通过市场等方式增加配电网的灵活性，见第 6 章，以及挖掘输电侧其他的灵活性资源，如区域间联络线等。

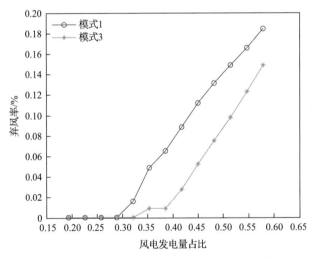

图 9-11　不同风电电量渗透率下日前计划的弃风率对比

9.5.2　T24D33/T118D33 算例系统

为进一步验证本章方法在复杂系统中的有效性，采用 T24D33 和 T118D33 系统，分别为改进的 IEEE 24 节点和 IEEE 118 节点输电网与 IEEE 33 节点配电网相连。算例数据来源于文献[19]和[26]。参数设置见表 9-4，设置一个 RDG 和 ESS 的联合发电单元位于主动配电网节点 3，弃风惩罚费用为 100 美元/MW。

集中优化和本章方法的结果如表 9-5 所示。本章方法中：T24D33 算例总成本误差为 0.032%，经过 9 次迭代达到收敛条件，求解时间为 1.34s；T118D33 算例总成本误差为 0.038%，经过 7 次迭代达到收敛条件，求解时间为 3.1s，表明本章方

表9-4　算例参数设置

参数	T24D33	T118D33
主动配电网节点	3,6,9	3,34,100
风电场节点	13, 21	7,18,102
传输电量/(MW·h)	2000,1000,2000	500,600,300
允许偏差/%	2	2
算法乘子	$v_{k,t} = w_{k,t} = 0.5,\ \gamma=1.5$	$v_{k,t} = w_{k,t} = 0.5,\ \gamma=1.5$
收敛系数	$\varepsilon_1 = \varepsilon_2 = 0.001$	$\varepsilon_1 = \varepsilon_2 = 0.0001$
初始功率/MW	0	0

表9-5　T24D33 和 T118D33 算例系统计算结果对比

对比项	T24D33		T118D33	
	模式 3	模式 2	模式 3	模式 2
输电网/美元	672478.33	672858.02	1721300.02	1720430.10
配电网 1/美元	23727.13	23634.04	13951.93	14005
配电网 2/美元	25461.89	25157.91	17611	17657
配电网 3/美元	24529.89	24310.85	14380	14484
总成本/美元	746197.24	745960.82	1767242.93	1766576
迭代次数	9	1	7	1
求解时间/s	1.34	0.3	3.1	1.2

法对于大规模系统仍具有较好的收敛性与计算效率。两个算例系统目标函数的收敛曲线参考图 9-12。

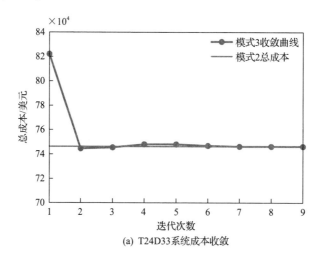

(a) T24D33系统成本收敛

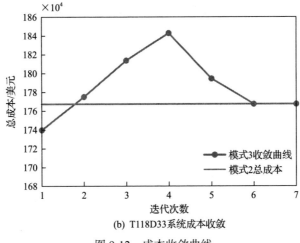

(b) T118D33系统成本收敛

图 9-12　成本收敛曲线

　　需要指出的是，本章提出了一种适用于未来市场环境下考虑可再生能源并网不确定性的输配协同优化方法，需要在保持各利益主体间信息私密性的同时达到整体最优，模式 2 不满足该要求。设置模式 2 集中优化的目的并不是说明其相较于分布式协同优化结果更优，而是作为对比项说明本章所提方法计算结果的精度。

　　在中国电力市场化改革背景下，越来越多的增量化配电网具备了本章描述的有自主发电管理和调度功能的主动配电网特征，若实现输配两侧调度积极互动，将有利于激发配电网内部的主动管理作用，在更大范围内优化消纳高比例可再生能源。

9.6　本　章　小　结

　　随着分布式电源、储能及主动负荷等灵活性设备大量接入配电系统，配电网的运行更加灵活多变，输配电网间的功率、信息呈现双向流动的趋势，传统的输配电网独立运行以及只考虑单个决策主体的研究模式难以适应电网未来发展的要求，急需建立输电网、配电网以及用户各方间的友好互动机制。

　　针对输配协同优化模型框架，本章所提的模型具有一定的普适性，并以输配协同经济调度为例对模型进行了具体说明，应用场景不限于此，涉及输配协调的优化问题皆可用本章所提框架，依据其实际优化对象和优化目标进行调整，通过输配协同优化达到更好的指标特性。

　　本章建立了一种多层级协调的输配电网协同优化调度方法，在尊重输、配信息私密性的前提下，考虑了配电网的自治性，通过交互输、配边界的功率信息达成输配协调，合理利用配电网侧的灵活性资源，促进消纳风电等可再生能源。以输配协同经济调度为例验证了分层分布式的多层级调度框架的可行性，结果表明，所提方法完成了对输、配电网中多种类型发电资源的优化，在配电网拥有一定调控能力后，不仅解决了信息过多难以处理的问题，而且对平抑风电波动、促进风电消纳有积极影响，在保证安全性的前提下，提高了电网整体运行经济性。

参 考 文 献

[1] 中华人民共和国国务院新闻办公室. 国务院办公厅关于印发能源发展战略行动计划（2014-2020年）的通知[EB/OL]. （2014-06-07）[2019-02-26]. http://www.scio.gov.cn/32344/32345/33969/34729/xgzc34735/Document/1481687/1481687.htm.

[2] 朱凌志, 陈宁, 韩华玲. 风电消纳关键问题及应对措施分析[J]. 电力系统自动化, 2011, 35（22）: 29-34.

[3] 韩雪, 任东明, 胡润青. 中国分布式可再生能源发电发展现状与挑战[J]. 中国能源, 2019（6）: 32-36.

[4] 国家能源局. 国家能源局关于加快推进分散式接入风电项目建设有关要求的通知[EB/OL]. （2017-05-27）[2017-05-27]. http://zfxxgk.nea.gov.cn/auto87/201706/t20170606_2801.htm.

[5] 国家能源局. 国家能源局关于进一步落实分布式光伏发电有关政策的通知[EB/OL]. （2014-09-02）[2021-08-03]. http://zfxxgk.nea.gov.cn/auto87/201409/t20140904_1837.htm.

[6] 孙宏斌, 张伯明, 吴文传, 等. 自律协同的智能电网能量管理系统家族:概念、体系架构和示例[J]. 电力系统自动化, 2014（9）: 1-5.

[7] 郑宗强, 韩冰, 闪鑫, 等. 输配电网高级应用协同运行关键技术分析[J]. 电力系统自动化, 2017, 41（6）: 122-128.

[8] 康重庆, 姚良忠. 高比例可再生能源电力系统的关键科学问题与理论研究框架[J]. 电力系统自动化, 2017, 41（9）: 2-11.

[9] 姚良忠, 朱凌志, 周明, 等. 高比例可再生能源电力系统的协同优化运行技术展望[J]. 电力系统自动化, 2017, 41（9）: 36-43.

[10] 中共中央国务院. 中共中央国务院关于进一步深化电力体制改革的若干意见[EB/OL].（2015-03-15）[2015-03-15]. http://tgs.ndrc.gov.cn/zywj/ 201601/t20160129_773852.html.

[11] 黄伟, 李宁坤, 李玟萱, 等. 考虑多利益主体参与的主动配电网双层联合优化调度[J]. 中国电机工程学报, 2017, 37（12）: 3418-3428, 3669.

[12] Zegers A, Brunner H. TSO-DSO interaction: An overview of current interaction between transmission and distribution system operators and an assessment of their cooperation in Smart Grids[EB/OL].（2014-09-01）[2019-02-26]. https://smartgrids.no/wp-content/uploads/sites/4/2016/01/ISGAN-TSO-DSO-interaction.pdf.

[13] ENTSO（European Network of Transmission System Operators）. Towards smarter grids: Developing TSO and DSO roles and interactions for the benefit of consumers[EB/OL].（2019-02-26）[2019-02-26]. https://docplayer.net/37791696-Towards-smarter-grids-developing-tso-and-dso-roles-and-interactions-for-the-benefit-of-consumers.html.

[14] 闫丽霞, 刘东, 陈冠宏, 等. 2017年国际大电网会议都柏林研讨会报道体验未来的电力系统[J]. 电力系统自动化, 2018, 42（11）: 1-7, 142.

[15] 孙宏斌, 张伯明, 相年德, 等. 发输配全局潮流计算第二部分: 收敛性、实用算法和算例[J]. 电网技术, 1999, 23（1）: 50-53.

[16] Sun H, Guo Q, Zhang B, et al. Master-slave-splitting based distributed global power flow method for integrated transmission and distribution analysis[J]. IEEE Transactions on Smart Grid, 2015, 6（3）: 1484-1492.

[17] Kargarian A, Fu Y. System of systems based security-constrained unit commitment incorporating active distribution grids[J]. IEEE Transactions on Power Systems, 2014, 29(5): 2489-2498.

[18] 丰颖, 贠志皓, 孙景文, 等. 输配协同的配电网态势快速感知方法[J]. 电力系统自动化, 2016, 40(12): 37-44.

[19] 孙宏斌, 张伯明, 相年德. 发输配全局状态估计[J]. 清华大学学报 (自然科学版), 1999, 39(7): 20-24.

[20] Li Z, Wang J, Sun H, et al. Transmission contingency analysis based on integrated transmission and distribution power flow in smart grid[J]. IEEE Transactions on Power Systems, 2015, 30(6): 3356-3367.

[21] Li Z, Guo Q, Sun H, et al. A distributed transmission-distribution-coupled static voltage stability assessment method considering distributed generation[J]. IEEE Transactions on Power Systems, 2018, 33(3): 2621-2632.

[22] Li Z, Guo Q, Sun H, et al. Coordinated economic dispatch of coupled transmission and distribution systems using heterogeneous decomposition[J]. IEEE Transactions on Power Systems, 2016, 31(6): 4817-4830.

[23] Li Z, Guo Q, Sun H, et al. A new LMP-sensitivity-based heterogeneous decomposition for transmission and distribution coordinated economic dispatch[J]. IEEE Transactions on Smart Grid, 2018, 9(2): 931-941.

[24] Li Z, Guo Q, Sun H, et al. Coordinated transmission and distribution AC optimal power flow[J]. IEEE Transactions on Smart Grid, 2018, 9(2): 1228-1240.

[25] 赵晋泉, 张振伟, 姚建国, 等. 基于广义主从分裂的输配电网一体化分布式无功优化方法[J]. 电力系统自动化, 2019, 43(3): 108-115.

[26] Lin C, Wu W, Chen X, et al. Decentralized dynamic economic dispatch for integrated transmission and active distribution networks using multi-parametric programming[J]. IEEE Transactions on Smart Grid, 2018, 9(5): 4983-4993.

[27] Lin C, Wu W, Zhang B, et al. Decentralized reactive power optimization method for transmission and distribution networks accommodating large-scale DG integration[J]. IEEE Transactions on Sustainable Energy, 2017, 8(1): 363-373.

[28] Yuan Z, Hesamzadeh M R. Hierarchical coordination of TSO-DSO economic dispatch considering large-scale integration of distributed energy resources[J]. Applied energy, 2017, 195: 600-615.

[29] 张旭, 王洪涛. 高比例可再生能源电力系统的输配协同优化调度方法[J]. 电力系统自动化, 2019, 43(3): 67-75.

[30] Nawaz A, Wang H, Wu Q, et al. TSO and DSO with large-scale distributed energy resources: A security constrained unit commitment coordinated solution[J]. International Transactions on Electrical Energy Systems, 2019, 30(3): 1-26.

[31] Zhao J, Wang H, Liu Y, et al. Coordinated restoration of transmission and distribution system using decentralized scheme[J]. IEEE Transactions on Power Systems, 2019, 34(5): 3428-3442.

[32] Zhao J, Liu Y, Wang H, et al. Receding horizon load restoration for coupled transmission and distribution system considering load-source uncertainty[J]. Electrical Power and Energy Systems, 2020, 116: 1-14.

[33] Zhou M, Zhai J, Li G, et al. Distributed dispatch approach for bulk AC/DC hybrid systems with high wind power penetration[J]. IEEE Transactions on Power Systems, 2018, 33(3): 3325-3336.

[34] 谢敏, 吉祥, 柯少佳, 等. 基于目标级联分析法的多微网主动配电系统自治优化经济调度[J]. 中国电机工程学报, 2017, 37(17): 4911-4921.

[35] 齐琛, 汪可友, 李国杰, 等. 交直流混合主动配电网的分层分布式优化调度[J]. 中国电机工程学报, 2017, 37(7): 1909-1917.

[36] Wu X, Wang X, Qu C. A hierarchical framework for generation scheduling of microgrids[J]. IEEE Transactions on Power Delivery, 2014, 29(6): 2448-2457.

[37] Zheng W, Wu W, Zhang B, et al. Fully distributed multi-area economic dispatch method for active distribution networks[J]. IET Generation, Transmission & Distribution, 2015, 9(12): 1341-1351.

[38] Pandzic H, Dvorkin Y, Qiu T, et al. Toward cost-efficient and reliable unit commitment under uncertainty[J]. IEEE Transactions on Power Systems, 2016, 31(2): 970-982.

[39] 汪超群, 韦化, 吴思缘. 计及风电不确定性的随机安全约束机组组合[J]. 电网技术, 2017, 41(5): 1419-1427.

[40] 文云峰, 郭创新, 郭剑波, 等. 多区互联电力系统的分散协调风险调度方法[J]. 中国电机工程学报, 2015, 35(14): 3724-3733.

[41] Tosserams S, Etman L F P, Papalambros P Y, et al. An augmented Lagrangian relaxation for analytical target cascading using the alternating direction method of multipliers[J]. Structural and Multidisciplinary Optimization, 2006, 31(3): 176-189.

[42] Michelena N, Park H, Papalambros P. Convergence properties of analytical target cascading[J]. AIAA Journal, 2012, 41(5): 897-905.